全国优秀教材（高等教育类）二等奖

第二届国家级一流优质课程主干核心教材

第五届海军优秀教材一等奖

飞行综合控制系统
（第2版）

吴文海 编著

U0282192

西安交通大学出版社
XI'AN JIAOTONG UNIVERSITY PRESS

内容提要

本书介绍了飞行控制系统的基本理论与技术，除绪论外，全书共分八章。绪论介绍了飞机及其飞行控制系统的基本知识；第一、二章简要介绍了被控对象——飞机的气动特性、运动方程和飞行操纵原理；第三章介绍了飞行控制系统的基本原理，包括飞机角运动、航迹运动控制的基本控制律与特点；第四章介绍了飞行控制系统的主要分系统；第五章介绍了飞机操纵伺服控制系统；第六、七两章介绍了现代飞行控制技术与飞行综合控制技术；第八章介绍了航母舰载机着舰引导与起飞控制技术。

本书既可用作各航空院校相关专业教学，又可供相关工程技术与研究人员参考使用。

图书在版编目(CIP)数据

飞行综合控制系统/吴文海编著.—2版.—西安:西安交通大学出版社,2018.11(2024.3重印)
普通高等教育"十三五"规划教材
ISBN 978-7-5693-0896-9

Ⅰ.①飞… Ⅱ.①吴… Ⅲ.①飞行控制系统—高等学校—教材 Ⅳ.①V249

中国版本图书馆 CIP 数据核字(2018)第 222337 号

书　　名	飞行综合控制系统(第2版)
编　　著	吴文海
责任编辑	李　颖
出版发行	西安交通大学出版社
	(西安市兴庆南路1号　邮政编码 710048)
网　　址	http://www.xjtupress.com
电　　话	(029)82668357　82667874(市场营销中心)
	(029)82668315(总编办)
传　　真	(029)82668280
印　　刷	西安日报社印务中心
开　　本	787mm×1092mm　1/16　　印张 20.5　　字数 492 千字
版次印次	2019 年 3 月第 1 版　　2024 年 3 月第 5 次印刷
书　　号	ISBN 978-7-5693-0896-9
定　　价	78.00 元

如发现印装质量问题，请与本社市场营销中心联系。
订购热线：(029)82665248　(029)82667874
投稿热线：(029)82665397
读者信箱：banquan1809@126.com

教材编委会成员

主 任 委 员　王德心

副主任委员　王海东　　王守权　　赵育良

委　　　员　徐风磊　　孙　强　　姜文豪　　孙中华

主　　　审　耿昌茂　　范彦铭　　朱　鹰

编　　　著　吴文海

副　编　著　曲志刚　　姜玉红　　周思羽

参　编　者　高　阳　　王子健　　齐银鹏　　高　丽

校对与绘图　姜玉红　　高　阳　　汪　节　　郭晓峰
　　　　　　张　杨　　宋立廷

作者简介

　　吴文海,江苏黄桥人,1962年生,工学博士,海军首批中青年学科带头人。现为海军航空大学导航、制导与控制专业教授,博士生导师,中国航空学会舰载机分会委员,中国系统工程学会军事系统工程专业委员会委员。36年来一直致力于飞行控制专业的教学和科研工作。1991年至2000年间,从事过各类先进导航系统的引进工程研究,推进了5型国产飞机导航能力的提升,具有丰富的航空工程经历。2000年后,主持完成了基础性研究课题28项,引领研究团队实现了从基础理论向工程实现的迈进,支持了多型航空重点装备的研发,参与了国产首批舰载机研制过程的技术协作攻关与研发设计审查。主持建设的"飞行控制系统"课程,2007年被评为全军百门优质课程,2008年被教育部和原总参谋部评为国家级精品建设课程。2008年获得军队院校育才"金奖"。在无人机飞行控制、舰载机着舰引导和现代战机自主攻击导引等领域,已发表SCI、EI论文80余篇,代表作有《现代战机攻击导引轨迹控制技术及其应用》、《飞行综合驾驶系统导论》和《直升机飞行控制系统》等。

再版前言

　　本书是论述飞机飞行控制系统基本理论与技术的专著,既可用于各航空院校相关专业的教学,又可作为航空工程技术与研究人员学习、掌握飞行控制系统基本原理的入门读本。

　　本书于 2007 年首次公开出版,2011 年第 2 次印刷,得到了军内外同行的广泛好评,承蒙广大读者的关爱,本书也得到了不少改进及再版建议。

　　鉴于本书早已脱销,作者继续本着由浅入深、循序渐进、学以致用、用学结合的原则编著了第 2 版。此次新版以被控对象运动特性的研究为前提,控制理论的应用为基础,从多个角度阐述了飞行控制系统的基本理论,包括系统的原理、结构及相关技术。全书结构进一步优化,除绪论外,全书共分八章。绪论介绍了飞机及其飞行控制系统的基础知识;第一、二章简要介绍了被控对象——飞机的气动特性、运动方程和飞行操纵原理;第三章介绍了飞行控制系统的基本原理,包括飞机角运动、线运动控制的基本控制律和特点;第四章介绍了飞机飞行控制系统的主要分系统;第五章介绍了飞机飞行控制的操纵伺服系统;第六、七两章介绍了最新飞行控制技术,包括飞行综合控制方面的内容;第八章介绍了固定翼舰载机着舰引导与起飞控制技术。

　　本书由吴文海编著,曲志刚、姜玉红和周思羽为副编著,耿昌茂教授、范彦铭研究员和朱鹰研究员等主审。参加修订撰写的主要作者还有高阳、王子健、齐银鹏和高丽等。姜玉红、高阳、汪节、郭晓峰、张杨、宋立廷负责了大量的校对与绘图工作。

　　南京航空航天大学江驹教授,西北工业大学章卫国教授,空军工程大学倪世宏教授等多位专家审阅了全书,提出了许多宝贵意见。

　　本书再版得到了海军航空大学机关及领导的高度重视,尤其是青岛校区机关及各级领导给予了大力支持,作者的同事杨建新和田建学等也对本书的撰写给予了热情的帮助。

　　清华大学朱纪红教授,南京航空航天大学吴在桂教授,中国航空工业首席专家范彦铭、张志冰和张勇研究员等提供了极其宝贵的技术资料,也对书稿提出了许多宝贵意见,在此谨致以诚挚谢意。

　　最后,还要特别感谢参加第 1 版工作的尚华、曲建岭、于建立、李亚飞、殷磊、韩超、庄大伟和涂磊等同仁。

　　由于作者水平有限,工作很忙,书中难免存在错误与不当之处,恳请读者批评指正。

海军航空大学"飞行控制系统"国家级精品建设课程组

hkdx_2017@126.com

2018 年仲夏于青岛

目　录

绪　论

第一节　被控对象——飞机

飞机(Fixed-wing Aircraft)是有动力装置和机翼、能靠自身动力在太空或大气中飞行且密度大于空气的航空器。了解被控对象——飞机,是学习、研究其控制器——飞行控制系统的基础。

一、飞机分类

飞机构造的多样性使得飞机的分类也不统一。飞机的分类可以按飞机的用途来划分,也可以按速度、结构和外形来划分,还可以按飞机的性能年代来划分。

飞机按用途可以分为军用飞机和民用飞机两大类。军用机是指用于各个军事领域的飞机,如歼击机、强击机、轰炸机、侦察机和预警机等,而民用机则是泛指一切非军事用途的飞机。

按构造的不同可将飞机分为不同的类别:

- 按机翼数目一般可分为双翼飞机和单翼飞机;
- 按发动机类型可分为活塞式飞机、螺旋桨式飞机和喷气式飞机;
- 按发动机数目可分为单发动机飞机、双发动机飞机、三发动机飞机和四发动机飞机;
- 按起落地点可分为陆上飞机、雪(冰)上飞机、水上飞机、两栖飞机和舰载飞机;
- 按起落方式可分为滑跑起落式飞机和垂直/短距起落式飞机。

按飞机的飞行性能进行分类:

- 按飞机的飞行速度可分为亚声速飞机、超声速飞机和高超声速飞机;
- 按飞机的航程可分为近程飞机、中程飞机和远程飞机。

构造类型不同的飞机,其空气动力特性也不一样。按空气动力特性的不同,又可将飞机分为固定翼飞机和旋翼飞机(直升机)。本书未特别说明时均指固定翼飞机。

二、飞机组成

飞机一般由机身、起落装置、动力装置、机翼和尾翼、飞行控制系统和其他机载系统等部分组成,如图 0-1 所示。此外,作战飞机还配备了机载武器系统,包括武器和弹药、火力控制系统、武器挂载和发射装置等。

机身——用于装载人员、货物、武器、机载设备和燃料等,通过机身将飞机各部分连成一个

图 0-1　飞机组成

整体。

起落装置——供飞机起飞、着陆、滑行和停放之用,包括起落架、机翼增升装置、起飞加速装置和着陆减速装置,舰载机还有拦阻钩等。

动力装置——产生推力使飞机前进的发动机装置,飞机一般装有 1~4 台发动机。

尾翼——安装在飞机尾部,起纵向、侧向平衡和稳定作用,一般分为垂直尾翼(简称垂尾)和水平尾翼(简称平尾)两个部分。尾翼的布局形式,通常有双垂尾尾翼、V 型尾翼、"十"字型尾翼和 T 型尾翼等。

机翼——产生升力的主要部件,分为左右机翼,对称安装在机身两侧。其中,配合尾翼改变飞行姿态和飞行方向、改善飞行性能的可操纵活动翼面称为机翼操纵面,包括副翼、升降副翼、襟副翼等。此外,机翼上还装有增升装置。

三、飞机操纵面

飞机操纵面及其操纵策略,控制着飞机的飞行状态。常规飞机一般有主、次两类操纵面(及其操控机构),如图 0-2 所示。

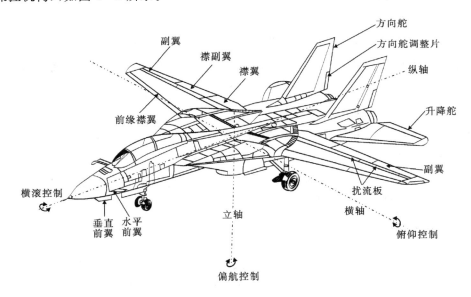

图 0-2　飞机操纵面

（一）主操纵面

用以控制飞机的俯仰、航向和倾斜（滚转）运动，一般包括平尾（升降舵）、方向舵和副翼。

在垂直尾翼上，与机身相连的固定部分叫垂直安定面，活动部分叫方向舵；在水平尾翼上，与机身相连的固定部分叫水平安定面，活动部分叫升降舵。现代的跨声速、超声速飞机为提高高速飞行时的纵向操纵性能，水平尾翼通常采用水平安定面和升降舵合为一体的全动水平尾翼。

（二）次操纵面

用以调整飞行状态，改善飞行性能。主要有调整片、前翼、襟翼、前缘襟缝翼、减速板（扰流板）和油门节流。

飞机的增升装置包括各种前、后缘襟翼和缝翼。襟翼由 2～3 个小翼片组成，包括简单襟翼、开裂式襟翼、开缝襟翼、后退式襟翼和前缘襟翼等结构形式。

（三）操纵面功能

飞机的主操纵面——平尾（升降舵）、方向舵和副翼，分别由飞机的俯仰（升降）、方向（航向）和滚转（副翼）三个操纵系统（俗称控制通道）进行控制。人工驾驶时，由驾驶员通过操纵驾驶杆和脚蹬来实现。

设计飞机时，总是保证俯仰、航向和滚转（倾斜）运动的操纵方向与驾驶员的操纵习惯相一致：拉杆，升降舵上偏（平尾前缘往下后缘往上），飞机抬头；推杆，升降舵下偏，飞机低头。左压杆，副翼左上右下出舵，飞机向左倾斜；右压杆，副翼左下右上出舵，飞机向右倾斜。左蹬舵，方向舵左出舵，飞机机头向左偏；右蹬舵，方向舵右出舵，飞机机头向右偏。

飞机的次操纵面可由飞行员通过座舱内的操控装置操控，也可由飞行控制系统自动控制。譬如，调整片可由飞行员通过调效电动机构控制，用于调节飞机上的气动力矩，在飞机长时间等速平飞时，消除不平衡力矩，以减轻飞行员的疲劳；襟翼是在起飞和着陆时增大机翼面积和机翼弯度的增升装置，包括前缘缝翼与后缘襟翼；扰流板可使飞机减速，在飞机陡降时可增大阻力、减小升力；发动机油门节流用以调节飞机的飞行推力。

（四）操纵面组合控制

现代飞机为了完成复杂的飞行任务，实现更高的飞行性能，设置了更多的操纵面，如图 0-2 所示。在飞机前部分别设置了水平和垂直鸭式舵面或附加腹鳍舵，以产生直接升力和侧力。例如，水平鸭翼的对称偏转与平尾的结合，使纵向力矩互相对消，可产生向上的升力；而借助垂直鸭翼与方向舵的协调偏转可产生直接侧力等。

有的垂直起降飞机，在机翼翼端安装的发动机短舱可转动 0°～90°，平飞时产生向前的推力，垂直起落、悬停时产生升力，调整推力也可控制姿态，如图 0-3(a) 所示。有的垂直起降飞机，其发动机喷管可旋转 0°～90°，例如鹞式飞机，从而产生附加升力与操纵力矩，如图 0-3(b) 所示。

如上所述，副翼是控制飞机做滚转运动的操纵面，是机翼后缘的一部分，对称装在左、右机翼上。在现代战机上，副翼还被赋予了一些新的功能，如升降副翼是铰接在机翼后缘并能同时实现飞机俯仰和滚转控制的操纵面；襟副翼是能起襟翼和副翼双重作用的操纵面。

操纵面的综合利用和组合控制可以充分挖掘各操纵面机体结构的潜力，使飞机性能得到

(a)发动机短舱转向　　　　　　　　　　(b)发动机喷管转向

图 0 - 3　垂直与短距起降时推力转向

大幅提升,而使付出的代价(增重等)控制在有限范围内。譬如,国外某型战机采用多操纵面控制,各操纵面主要功能见表 0 - 1。

表 0 - 1　操纵面组合控制

功能	操纵面组合
俯仰 控制	平尾,前翼,升降副翼组合 平尾,副翼组合
滚转 控制	副翼,差动平尾组合 副翼,扰流片组合 扰流片,差动平尾组合 副翼,减速板组合 副翼,襟翼组合
增升	襟翼,前缘襟翼组合 襟翼,襟副翼组合
增阻	减速板,扰流板,卸升板组合
减阻	前、后缘襟翼组合

　　需要指出的是,现代飞机的飞行控制系统已不限于传统气动操纵面控制,具有飞行控制能力的各种方法都可以加以利用,并成为飞行控制系统的组成部分。

四、飞机发展需求

　　决定飞机发展的因素很多,难以精确预测。根据目前新一代军用和民用飞机任务需求而开展的新技术验证机和发展研究情况来看,与飞行控制系统密切相关的新任务需求可概括如下。

(一)军用飞机

- 高机动能力——固定翼飞机的过失速机动能力和敏捷性,是取得空战优势的关键因素之一,也是现代和未来先进战斗机的主要特征之一;
- 高生存性和隐身能力——突防和战斗的生存性;

- 短距起降能力——使空中封锁机场的作用降低；
- 精确打击能力——远程奔袭并能实现(自主/自动)精确打击。

分析表明,未来新一代军用飞机的基本特征是:①布局——具有较第四代战机更先进的翼平面构型的无尾布局;②结构——更多地采用整体加强的复合材料结构;③控制——采用主动气流控制、保形射流矢量推力和多变量重构控制;④低成本,低可探测性。

(二)民用飞机

- 短距起降能力;
- 新航行体制下的四维导航能力;
- 高可靠性与高派遣率。

此外,飞行安全是现代飞行控制面临的主要问题之一。现代战斗机为满足全包线超机动能力和高机敏性要求,放宽了静稳定性,相应的不稳定和过失速机动使得飞行安全问题十分凸显:大型军用运输机在超低空重载空投过程中出现性能突变容易造成机毁人亡;民用飞机的短距起降和舰载机起飞/着舰过程中的多种因素使得飞行事故屡屡发生;固定翼或单旋翼战术无人机在试验中也常常发生飞行事故。

第二节　飞行控制系统的原理与结构

一、飞行控制系统的定义与基本功能

(一)飞行控制系统的定义

飞行控制系统(Flight Control System,FCS)是在人工操纵与自动驾驶基础上发展起来的一种飞机系统,一般由不同功能的分系统或部件组成,能部分或全部地代替驾驶员,控制飞机的角运动、重心运动(航迹运动)和飞行速度,改变飞机的几何形状与(结构)模态,并且是能改善飞行品质和保障飞行安全的机载控制系统。

从系统结构而言,飞行控制系统是由将飞行控制指令从驾驶员或其他信号源传递到相应的力和力矩发生器的部件组成的系统。这些部件包括计算机、传感器、操纵与显示装置、伺服执行机构(舵机及作动器等)、自测试装置、专用信息传输链及其接口装置。

从控制理论而言,飞行控制系统实际是控制器,飞机是被控对象,两者构成飞机飞行控制系统。因此,严谨地讲,飞机上俗称的飞行控制系统实际上是飞行控制器。

本书着重介绍固定翼飞机自动飞行控制系统(以下简称飞行控制系统)的功能结构、一般原理及相关技术。

(二)飞行控制系统的基本功能

1. 实现飞机的自动飞行

飞机的自动飞行控制就是利用一套专门的系统,在无人参与的情况下,自动操纵飞机按期望的姿态和航迹飞行,通常可实现对飞机三轴角运动及飞机三个方向空间位置的自动(操纵和稳定)控制。例如,对于完全无人驾驶的飞行器(如无人机或导弹等),其飞行可以完全自动控

制;对于有人驾驶的飞机(如民用客机或军用飞机),在某些飞行阶段(如巡航等)驾驶员可以不直接参与操纵,而由飞行控制系统实现对飞机飞行的自动控制,但驾驶员应完成对自动飞行指令的设置和飞行状态的实施监督,且可以随时切断自动控制而实现人工驾驶。采用自动飞行的好处主要有以下几点。

(1)长距离飞行时解除驾驶员的疲劳,减轻驾驶员的工作负担;

(2)在不良天气或复杂环境下,驾驶员难以精确控制飞机的姿态和航迹,自动飞行控制系统可以实现对飞机姿态和航迹的精确控制;

(3)对于某些飞行操纵任务,如进场着陆,驾驶员难以精确完成,采用自动飞行控制则可以较好地完成这些任务。

飞行控制系统的具体功能包括:姿态(俯仰和滚转)保持(改平)、航向保持、高度保持、空速保持、高度选择、航向选择、自动导航及转弯盘旋、自动地形跟随/回避、自动航向/交通(飞行)管理、自动攻击导引、自动进场着陆/着舰,等等。

直升机的飞行控制系统还有一些独特的功能,如垂直升降、自动悬停、自转、自动过渡飞行、自动载荷稳定和控制吊放声纳功能等。

2.改善飞机的飞行性能

飞机飞行性能是用各项飞行参数描述的飞机质心运动特性,包括基本飞行性能、续航性能、机动性能和起降性能。

一般来说,飞机的飞行性能和品质主要由飞机自身的气动特性和发动机特性决定。但随着飞行高度和速度的增加,飞机的自身特性将会变坏。如飞机在高空飞行时,由于空气稀薄,飞机的阻尼特性变坏,致使飞机角运动产生严重的摆动,靠驾驶员人工操纵将会很困难。此外,设计飞机时,为了减小质量和阻力,改善机动性,常将飞机设计成静不稳定的。对于这种静不稳定的飞机,驾驶员是难以驾驭的。为了解决这类问题,可以在飞机上安装不同类型的飞行控制系统,如增稳系统或阻尼器系统,来提高飞行过程的稳定性——使静不稳定的飞机变成静稳定的,使阻尼特性不好的飞机变成好的。这种系统也是飞机飞行不可缺少的组成部分,但它不是用来实现飞机的自动飞行控制,而是用来改善飞机的某些特性,实现所期望的飞行品质和飞行控制性能。

此外,一些新型飞机的飞行控制系统还具有自修复飞行控制功能,对飞机舵面卡死、缺损和翼面缺损等飞机结构故障进行检测和隔离,并利用飞机多操纵面的气动力冗余和信号冗余重构控制律,使飞机增加对结构故障的适应性,并能继续安全飞行,甚至继续执行任务,从而有效地提高飞机的可靠性。

二、飞行控制系统的基本原理

(一)自动飞行控制系统的雏形——自动驾驶仪

自动驾驶仪(Autopilot,简称驾驶仪)是一种简单的飞行控制系统,它使用无线电/雷达信号、航向和姿态角测量信号、大气数据系统的飞行参数或人工输入的指令信号,模仿飞行员的人工操纵,达到自动驾驶飞机的目的。

假设要求飞机作水平直线飞行,飞行员应如何控制飞机呢?飞机受干扰(如突风干扰)偏离原姿态,例如飞机抬头,飞行员用眼睛观察到仪表板上地平仪的变化,由大脑做出决定,通过神经系统传递到手臂,推动驾驶杆,经机械操纵系统驱动平尾(升降舵),产生相应的低头力矩,使飞机趋于水平;随着修正的继续,飞行员根据地平仪的指示,逐步回收驾驶杆;当飞机恢复水平时,将驾驶杆回收中立,使平尾回到原先中立平衡位置,停止修正。这一过程可用图 0－4 表示。

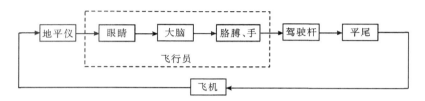

图 0－4　人工驾驶原理框图

驾驶仪模仿飞行员自动驾驶时,必须包含与眼、脑、手相对应的装置,并与飞机组成如图 0－5 所示的闭环控制系统。

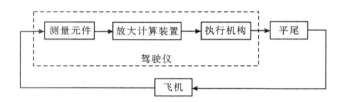

图 0－5　自动驾驶原理框图

自动驾驶的原理是:按偏差自动调节。飞机偏离原(期望)飞行状态后,测量元件测量到偏离的大小和方向,并输出相应的信号,该信号经放大、计算后,按偏差自动调节规律,控制执行机构操纵相应舵面,使飞机向着修正偏差恢复原(期望)飞行状态的方向运动。当飞机回到原(期望)飞行状态时,测量元件输出信号为零。操纵机构也控制舵面回到原位,飞机重新按原(期望)状态飞行。因此,驾驶仪中的测量元件、放大计算装置和执行机构可代替飞行员的眼睛、大脑神经系统和四肢,自动驾驶飞机。

驾驶仪一般由以下部件组成:

(1)测量元件(反馈元件)——测量飞机的运动参数。例如垂直陀螺和航向陀螺测量俯仰角、滚转角及偏航角,速度陀螺测量角速度。

(2)给定装置——供驾驶员给出指令信号,以控制飞机的姿态、航向和高度。

(3)信号(计算)装置——把各种敏感元件的输出信号处理为符合控制要求的信号,包括综合装置、微分器、限幅器及滤波器等,它又称作计算装置。

(4)放大元件——对上述装置的输出信号进行放大、处理。

(5)执行机构——根据放大元件的输出信号驱动舵面偏转,包括舵机及其传动装置。

(二)自动飞行控制系统的执行机构——舵回路

由上可见,驾驶仪的放大元件、执行机构(舵机)犹如驾驶员的大脑和四肢,根据修正飞行状态偏差的指令,自动控制舵面的偏转量。实现自动驾驶的控制中枢是根据飞行控制指令自动驱动飞机操纵面的舵回路(如图 0-6 所示),又称作操纵面伺服机构。

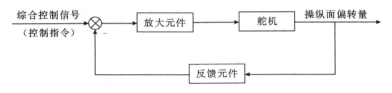

图 0-6 舵回路原理框图

舵回路是由放大元件、舵机和反馈元件等组成的自动控制回路——伺服操纵系统,输入量是飞行控制指令——综合控制信号,输出量是舵机带动舵面偏转的角度或角速度。

综合控制信号由自动飞行控制系统的控制规律(以后简称控制律)决定的。

飞行控制系统的子系统(控制器)通过舵回路控制飞机的操纵面,达到飞行控制的目的。

一般说来,二代固定翼飞机的操纵面有三类:平尾(或升降舵)、副翼和方向舵,所以驾驶仪的舵回路一般也有三个:平尾(升降)舵回路、副翼(倾斜)舵回路和方向(航向)舵回路。

另外,驾驶仪从信号(包括测量信号和操纵信号)的产生,经信号的综合、放大,到舵机带动舵面转动,这样一条传递途径也称为"通道"。一套完整的驾驶仪,一般由三个通道组成,分别称作平尾(升降)通道(或俯仰通道、纵向通道)、副翼通道(或倾斜通道)、方向舵通道(或航向通道)。

三代后飞机的自动飞行控制中枢——舵回路已经获得长足发展,操纵使用性好、控制可靠性高、机构更为紧凑的电传、光传操纵控制系统越来越多地得以使用。因其采用了一些辅助操纵面自动控制,飞行控制信号的通道也有所增加,基本形式如图 0-7 所示。它表明了飞行控

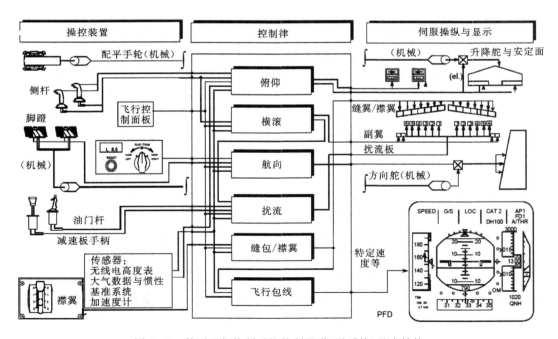

图 0-7 某型飞行控制系统控制通道(子系统)基本结构

制信号(通道)的一般作用过程:驾驶控制指令→控制律解算(飞控计算机)→伺服操纵(舵回路)。

上述飞行控制通道与被控对象(飞机)构成各种闭环控制回路。

(三)飞行控制系统的典型子系统——基本控制器(回路)

飞行控制系统的诸多功能由一些完成各类基本功能的控制器(构成的子系统)来实现,如阻尼器(增稳系统)、姿态控制器、高度控制器和航迹控制器等。

1.阻尼器(增稳系统)

阻尼器是由传感器、校正网络、放大器、舵机和飞机机体组成的反馈系统。若仅采用角速度陀螺作为传感器来增加对飞机角运动(短周期)振荡的阻尼,减小飞机的摆动,就称为阻尼器。若增加感受加速度信号或迎角、侧滑角信号的传感器,用以改善飞机的静稳定性,就称为增稳系统。

阻尼器与驾驶员的机械操纵系统是相互独立的,控制关系如图0-8所示,它在使用范围内自动参与飞机操纵而又不妨碍驾驶员操纵,因此常对阻尼器权限加以限制,或者在反馈回路引入高通滤波网络,但这又同时限制了其工作范围和效能。

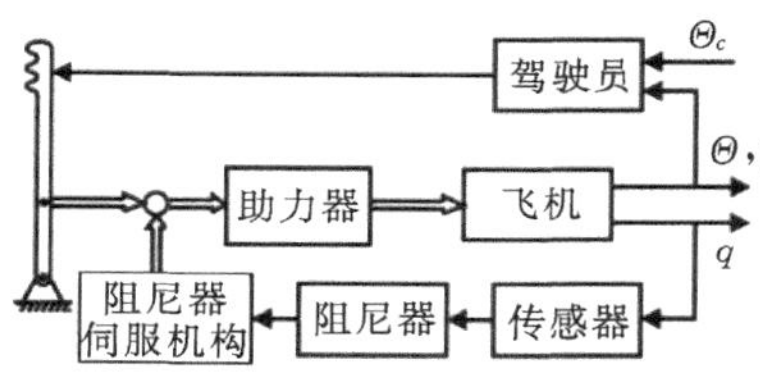

为了实现阻尼器和驾驶员并行工作,要把阻尼器伺服机构的机械输出再传送到操纵传动机构,使阻尼器控制指令与驾驶员操纵指令叠加复合,但要避免阻尼器控制对驾驶杆的反作用。

图0-8　阻尼器与驾驶员的相互控制关系

在现代战机上,这种阻尼器的作用已经拓展为控制增稳,以提高飞机的稳定性和操纵性,并解决它们之间的矛盾。有关内容将在第五章中介绍。

2.角运动控制回路

角运动控制回路完成驾驶仪的基本功能:姿态(俯仰角和倾斜角)稳定与控制。驾驶仪稳定飞机俯仰角和倾斜角的原理是类似的:按姿态偏差调节飞行姿态。

控制俯仰角基本原理及其与阻尼器控制的相互关系如图0-9所示。在驾驶仪自动控制飞行姿态时,飞行员把控制权交给驾驶仪,必要时进行干预。此时,姿态控制器一般应带动驾驶杆,以便驾驶员监控它的工作。驾驶仪一般设有保障飞行安全的装置,保证驾驶员对它的优

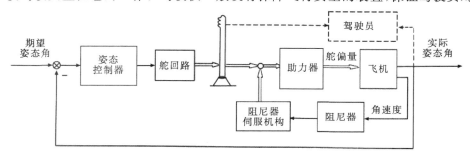

图0-9　姿态控制原理

先控制,并且不影响阻尼器的正常工作。

航向角控制原理与姿态角控制类似,因此又把它们统称为角运动控制。不过,飞机的航向控制与滚转角控制是紧密相关的,有关内容将在第二章侧向运动分析中讨论。

3. 航迹控制回路

飞机航迹控制的问题比较复杂。一般根据飞机航迹运动的特点,从纵向、侧向两个方面进行研究。有关内容将在第一、二章中详细叙述。这里仅希望读者明确:一般是在姿态(包括航向角)控制的基础上,构成航迹控制回路,航迹控制器根据实际航迹与期望航迹的偏差,生成航迹控制指令,并将其送入姿态控制器,通过飞行航向和姿态的控制,适时地修正航迹偏差,使飞机按期望航迹飞行。航迹控制回路的一般结构如图 0 - 10 所示。

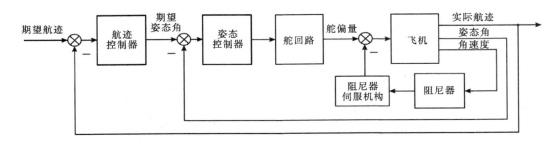

图 0 - 10   航迹控制原理

期望航迹可以是静态的——事先由飞行员设定的,如自动导航中的计划航线;也可以是动态的——飞行中随时更改的,如战术飞行中飞行员根据空中敌我态势的变化随时制定的飞行路线。

高度稳定就是一种简单的航迹控制问题。稳定飞机高度时,一般由驾驶员将飞机操纵到预定高度后,接通定高功能回路(如图 0 - 11 所示),使高度控制回路根据飞机高度的偏差信号,操纵平尾(升降舵),自动稳定飞行高度。

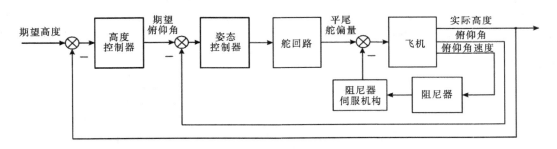

图 0 - 11   高度控制原理

战机自动攻击导引,则是非常复杂的航迹控制问题。此外,在航空交通管制和战术飞行管理中,需要在指定时间使飞机抵达指定位置。因此,航迹控制不仅是三维的,还可能是四维的,并且与飞行速度等飞行状态的控制密切相关,有关问题将在第六章中详细讨论。

三、飞行控制系统的总体结构

　　飞行控制系统是完成各种单一功能控制子系统的总和。常规飞行控制系统的总体结构如图 0 - 12 所示，系统主要由完成三个功能任务的层次构成：最低层的任务是提高飞机运动和突风减缓的固有阻尼——三个运动轴方向的阻尼器功能；第二层的任务是稳定飞机的姿态角——基本驾驶仪的功能（主要进行角运动控制）；第三层的任务是控制飞行高度、航迹和飞行速度，实现较高级的自动驾驶功能——飞行自动控制。

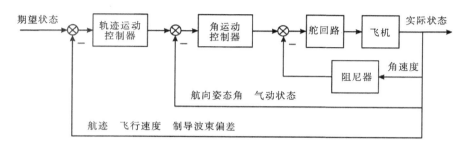

图 0 - 12　常规飞行控制系统

　　20 世纪 80 年代开始，飞行控制系统发生了重大变化，除使用电传操纵外，还采用了现代控制及电子技术，构成多回路综合控制的现代飞行控制系统。但是，它所反映的功能层次基本未变，如图 0 - 13 所示。

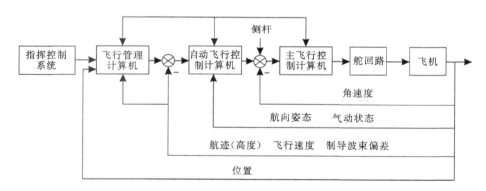

图 0 - 13　现代飞行控制系统

　　取消机械操纵系统，飞行员通过内控制系统"主飞行控制计算机"控制飞行航迹。飞行姿态控制器和飞行航迹控制器被综合成"自动飞行控制计算机"，它包含所有纵向和横侧向运动的控制器功能。

　　通过"飞行管理计算机"进行导航计算和飞行航线计算，构成飞机三维运动航迹控制的顶层回路。该回路与地面指挥控制系统、机载系统直接通信，进行数据交换，从根本上协调各回路的控制，进而根据测量的飞行位置与飞行监控所规定的飞行航迹进行比较，实现航迹优化控制和自动驾驶程序控制。在飞行中，飞行员可通过操控装置（如侧杆等）干预自动飞行控制过程,确保飞行安全。

操纵机构由控制各操纵面的子系统组成,如图 0-12 和图 0-13 所示的每一子系统均设置了一个控制各操纵面的飞控执行机构——舵回路,并且进一步发展成电传、光传操纵系统,以成就高品质的飞行控制。

第三节　飞行控制系统的发展与展望

自 1903 年 12 月,美国莱特兄弟成功实现人类首次有人驾驶飞机飞行以来,飞行控制系统(FCS)从简单机械操纵系统开始,先后经历助力机械操纵系统、增稳与控制增稳系统,到目前正在应用的电传操纵系统和综合飞行控制系统,以及正在研发的光传操纵系统,共计百余年的飞速发展历程。回顾该历程不难发现,FCS 的发展总是与飞机发展需求的提高相适应,在解决各阶段性能问题的过程中不断完善、革新,反过来又促进飞机平台的革命性飞跃,其主要发展关系如图 0-14 所示。

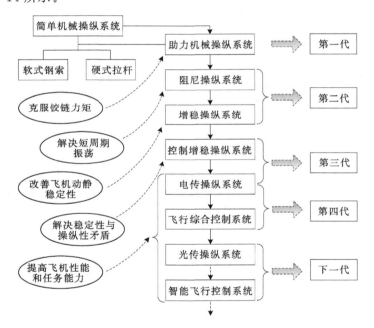

图 0-14　飞控系统与飞机的发展过程

一、传统飞行控制系统

(一)飞机的平衡与可控——助力机械操纵系统与自动驾驶仪

最初的飞机尺寸小、速度慢,由简单的机械操纵系统控制,即驾驶杆和脚蹬的运动通过钢索(软式)或拉杆(硬式)的传递直接操纵舵面偏转。此时,飞行员的体力和脑力可以承受住飞行的工作负荷。即便如此,人们仍在不断寻求减轻飞行操纵负担的办法。1914 年,美国 Sperry 公司研发了电动陀螺稳定器,用于稳定飞机平飞时的角运动,这成为后来自动驾驶仪的雏形。

第二次世界大战期间，飞机的尺寸、重量和飞行速度明显提高。一方面，舵面铰链力矩增大，飞行员难以直接通过机械链拉动舵面，从而出现了液压助力器；另一方面，为了能够执行长时间的飞行任务和增加轰炸瞄准的精度，出现了功能较为完善的自动驾驶仪，如美国的 C-1、A-12，前苏联的 АЛ-5 等，以舵回路姿态稳定为主，辅之较少的输入指令（如转弯、升降、高度保持等）来操纵飞机。二战后，飞机飞行速度可以超过马赫数 2，在此情况下飞行员操纵飞机时，已无法直接承受舵面上的铰链力矩，因此出现了全助力操纵系统，并且安装了人感系统来为飞行员提供适当的操纵感，系统的高可靠性则通过多余度配置来实现。美国的 F-86、F-104、B-727 以及苏联的 МИГ-19 等均装有此类系统。这是第一次切断驾驶杆与舵面的直接联系，有效提高了舵面操纵效能，是 FCS 发展的第一次变革。

（二）飞机的稳定性与操纵性——增稳与控制增稳系统

20 世纪 50 年代中期以后，随着飞机向高空、高速发展，飞行包线不断扩大，飞机的操稳特性变化加剧，单纯依靠改变人工操纵系统和飞机气动布局，难以对飞机进行有效控制。于是，将增稳控制引入到人工操纵中，形成了具有增稳功能的全助力操纵系统，实现了人工操纵与自动控制的初步结合。但是，增稳系统在增大系统阻尼和静稳定性的同时，降低了飞机的操纵反应灵敏性，使飞机的操纵性变坏，不利于机动飞行。为此，在增稳系统的基础上增加了杆力（或杆位移）指令前馈，发展成为控制增稳系统。装有此类系统的飞机有 F-14、F-15 和 МИГ-21 等。控制增稳系统的引入，有效地解决了高空高速飞机稳定性与操纵性之间的矛盾，扩展了飞行包线，成为 FCS 发展的第二次变革。

（三）精确安全的航迹控制——自动飞行控制系统

自 20 世纪 60 年代，自动驾驶仪的功能开始扩展，与机载无线电导航、惯性导航等系统交联，增加了航迹控制（外回路）部分；又与仪表着陆系统（ILS）交联，实现了自动进场/着陆控制，进一步扩大了外回路功能；与自动油门综合后，形成了较为完整的自动飞行控制系统（APCS），如美国的 PB-20D、SP-177 等。此时 APCS 的功能不再仅是姿态的稳定与控制，还有航迹的操纵和保持。至此，以机械操纵系统为主体的飞行控制系统发展到了顶峰。

二、现代飞行控制系统

（一）现代飞机发展的深远影响——主动控制与电传操纵

传统飞机的设计基本上是气动布局、机体结构和推进系统三者之间的协调和迭代优化过程，如图 0-15 所示。机载飞控系统虽对飞机性能有所改善，但并无本质改变，且操纵权限受到严格限制，只能算是"被动"控制。到了 20 世纪 60 年代，随着对飞机性能需求的不断提高，在传统飞机设计过程中产生了诸多难以克服的矛盾。例如，传统飞机为获得稳定性需用较大的平尾和垂尾，或者为提供足够的升力需要增大机翼面积等，这些都增加了飞机重量，而为了保证较好的机动性，需增加发动机推力以增大推/重比，又导致重量再增加，反过来又影响了飞机升限和机动性，同时还增加了阻力和油耗。为此，于 60 年代中期有人提出了一种新的飞机设计思想——主动控制技术（ACT）。即在飞机设计的最初阶段，就充分考虑飞行控制对提高飞机性能的作用和潜力，就可以放宽对气动结构和发动机方面的限制，而依靠控制系统主动地提供补偿,从而形成飞行控制、气动布局、机体结构和推进系统四者的综合协调。

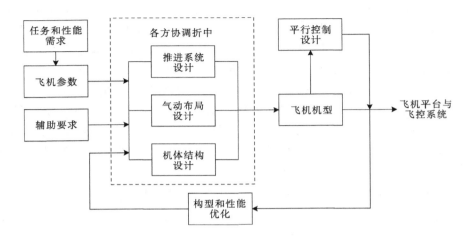

图 0-15　传统飞机设计过程

　　与此同时,机械操纵系统的发展也出现了许多难以克服的缺陷:体积、重量很大,结构复杂;力反传问题严重,会使驾驶杆产生非周期振荡;被炮火击中易使整个系统失灵,战斗生存率低;控制增稳系统的舵面操纵权限有限,难以满足整个飞行包线内的飞行品质要求等。这些缺陷一度制约着FCS进一步发展,究其原因,根本在于机械杆系的存在。为此,得益于电子计算机的飞速发展、现代控制理论和余度技术的日趋成熟,20世纪70年代初,在控制增稳系统的基础上,产生了一种全新的电子飞行控制系统——电传操纵(FBW)系统。它不仅较好地克服了机械操纵系统的固有缺陷,还可便捷地实现主动控制功能,成为FCS发展的第三次变革。

　　ACT与FBW的工程应用改变了传统飞机的设计理念,大幅提升了飞机的飞行品质和任务能力,同时促进了综合飞行控制的迅速发展,成为第三代军机和先进民机的典型标志,如F-16、F-18、Su-27、EF-2000、Mirage2000、JAS-39、J-10以及A-320、A-380、B-777、B-787等。20世纪70年代至80年代是验证ACT/FBW的兴盛时期,表0-2列出了采用ACT/FBW的部分飞机及验证项目。早期的FBW为模拟式,为了确保安全可靠,不仅采用了多余度配置,而且带有机械备份,以提供非相似余度,并且通过采用边界控制(设置迎角和过载限制),实现了"无忧"操纵。20世纪70年代后期,F-16成为第一架采用模拟式FBW和ACT的生产型飞机。但是由于模拟式FBW存在研制成本昂贵、灵活性差、设计复杂等缺点,随着数字技术和大规模集成电路的发展,80年代,FCS实现了由模拟式向数字式的过渡。1978年,美国最先在F-18飞机上采用了数字式FBW,但仍保留机械备份系统,于1981年首飞的"美洲虎"战斗机则成为第一架无机械备份的数字式FBW飞机。

　　目前,多余度数字式FBW发展已比较成熟,除了广泛应用于现役先进战机(如F-22、F-35、苏-35等)和新型民机(如空客A-320、A-380、波音B-777、B-787等)外,正不断向直升机(如UH-60M、H-92、CH-53K等)、教练机(如雅克-130、T-50、L-15等)和公务机等平台扩展。

表 0 - 2　采用 ACT/FBW 的部分飞机及验证项目

飞机	YF - 16(美) 20世纪70年代	F - 16(美) 20世纪70年代末 —20世纪80年代	F - 18(美) 20世纪70年代末 —20世纪80年代	美洲虎(英) 20世纪70年代 —20世纪80年代	F - 104C(德) 20世纪70年代 —20世纪80年代	T - 2(日) 20世纪80年代
FBW 形式	模拟	模拟	数字	数字	数字	数字
余度数	4	4	4	4	4	3
备份	无	无	机械	无	机械	无
ACT 功能	1. 放宽静稳定性 2. 机动增强 3. 直接力控制 4. 阵风减缓 5. 飞行包线检测	1. 放宽静稳定性 2. 迎角自动限制 3. 机内自检测	主操纵面及前后缘襟翼和前轮控制	1. 放宽静稳定性 2. 采用光耦合数据传输	1. 放宽静稳定性 2. 直接力控制	1. 放宽静稳定性 2. 机动载荷控制 3. 直接力控制
状态	研究	生产	生产	研究	研究	生产
故障 等级	双故障 安全	双故障 安全	双故障 安全	双故障 安全	—	双故障 安全
备注	第一架无机械 备份的模拟式	第一架生产型	第一架数字式	第一架无机械 备份的数字式	—	—

对于单套电传操纵系统来说,要达到规定的可靠性指标是困难的。尽管单个部件的可靠性已经很高,组合而成的系统却难以超过机械操纵系统的可靠性。仅采用提高部件可靠性的办法,对提高系统的可靠性并不显著,而且付出的代价很大。为了实现电传操纵系统的可靠性指标,目前采用的主要方法是余度技术。其基本思想是:通过增加余度资源,使得部分部件发生故障时,不影响或少影响系统的功能与性能,从而提高系统的任务可靠性。但反过来看,增加余度资源的同时增加了系统的复杂程度,增加了系统的出错率,如果设计不当,系统可靠性反而下降。因此,在进行余度系统设计时,需从可靠性、质量、空间、费用、维修性及研制周期等方面全面考虑,在满足要求的条件下,系统的余度结构应尽量简单。

(二)基于性能优化的功能集成——综合飞行控制

综合飞行控制是现代飞机飞行控制发展的客观需求和必由之路,主要基于以下观点:(1)传统飞机的各子系统(如飞控、火控、推进等)基本上是独立完成各自功能,相互之间信息交互很少,造成驾驶舱内仪表日益拥挤,驾驶员工作负担繁重且易出错,影响飞行安全和作战任务的完成;(2)传统飞机的设计技术已经比较成熟,在此基础上要想通过飞机单个子系统的改善来提高整机性能和作战能力的潜力较小,代价较高,而通过对机载子系统的综合集成则效果显著,这是由"整体大于部分之和"所必然决定的;(3)为了确保安全性和可靠性,要求现代飞机采用余度管理、重构控制等技术,这对系统的综合化、自动化和智能化提出了更高要求。20世纪70年代,FBW 与 ACT 的工程运用使系统的综合变得易于实现,进而促进了 FCS 与其他机载系统的交联,以期实现多种控制功能的集成和优化,由此推动了综合飞行控制系统(IFCS)的发展。

1975 年,美国通过 FireFly 研究计划最先确立了综合飞行/火力控制(IFFC)的概念。之后,先进战斗机技术综合(AFTI)计划对 IFFC 技术进行了广泛验证,结果表明:IFFC 技术可使作战效能大大提高,如使空空导弹命中率提高两倍、首次攻击时间缩短一半、投弹精度提高一倍等。随着现代飞机变几何进气道以及具有推力矢量和反推特性的发动机的采用,机体/进气道/发动机之间的耦合作用增强,同时对飞行经济性和机动性要求的提高,使综合飞行/推进控制(IFPC)开始成为研究热点。IFPC 主要研究进程如图 0 - 16 所示,到 20 世纪 80 年代后期,主要集中在推力矢量的实现和应用上。利用 IFPC 技术可极大提高飞机的轨迹和姿态控制能力,并减少油耗、增大航程;结合推力矢量技术,又可使飞机具备大迎角和过失速机动能力,从而在空战中获取较大优势。在 IFFC 和 IFPC 的基础上,20 世纪 80 年代中期 Knox 提出了综合飞行/火力/推进控制(IFFPC)概念。IFFPC 通过将飞行、火力、推进、导航及航电等子系统综合,大大提高了飞机的总体性能和攻击能力。目前,IFFPC 技术已在 F - 15、F - 16 新改进型和 F - 22、F - 35、Su - 37 等新型战机上得到应用。

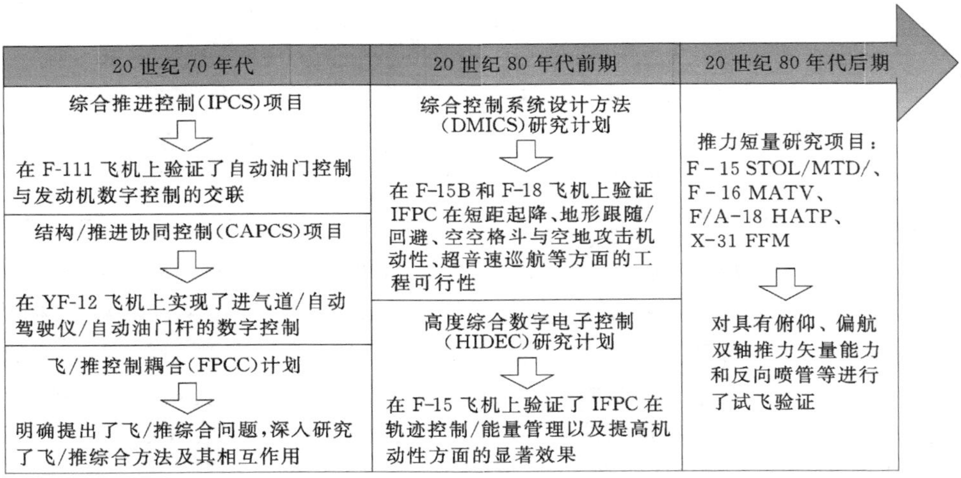

20 世纪 70 年代	20 世纪 80 年代前期	20 世纪 80 年代后期
综合推进控制(IPCS)项目	综合控制系统设计方法(DMICS)研究计划	推力短量研究项目:F - 15 STOL/MTD/、F - 16 MATV、F/A-18 HATP、X - 31 FFM
在 F-111 飞机上验证了自动油门控制与发动机数字控制的交联	在 F-15B 和 F-18 飞机上验证 IFPC 在短距起降、地形跟随/回避、空空格斗与空地攻击机动性、超音速巡航等方面的工程可行性	
结构/推进协同控制(CAPCS)项目		
在 YF-12 飞机上实现了进气道/自动驾驶仪/自动油门杆的数字控制	高度综合数字电子控制(HIDEC)研究计划	对具有俯仰、偏航双轴推力矢量能力和反向喷管等进行了试飞验证
飞/推控制耦合(FPCC)计划	在 F-15 飞机上验证了 IFPC 在轨迹控制、能量管理以及提高机动性方面的显著效果	
明确提出了飞/推综合问题,深入研究了飞/推综合方法及其相互作用		

图 0 - 16 综合飞行/推进控制的研究进程

此外,IFCS 也已从控制功能的综合发展到控制、管理功能的综合,其具体体现为飞行管理系统(FMS)。FMS 以飞行管理计算机为核心,通过多路传输总线将 IFPC 系统与导航系统和飞机通用系统(如环境控制、电气管理、燃油管理等)等综合,控制飞机自动实现最佳的飞行性能和轨迹,以最小的运行成本完成飞行任务。目前,FMS 在 F - 22、F - 35、B - 777 等先进飞机上已得到应用,并成为第四代战斗机的典型标志之一。表 0 - 3 列出了部分新型飞机 FCS 的实现功能和结构特点。

表 0 - 3　新型飞机飞行控制系统的功能与结构特点比较

机型	功能	结构特点	备注
SU - 33	主飞行控制（常规控制增稳） 自动驾驶 着舰引导/攻击导引/自动导航 发动机自动油门控制	四余度模拟电传系统 三通道单余度数字自动飞行控制计算机	电传系统
F - 22	主飞行控制（常规控制增稳） 自动驾驶 发动机自动油门控制 自动导航	三余度数字电传系统,分布式结构 飞行控制计算机采用独立的三个数字计算模块用于不同的软件	飞行管理系统
F - 35	主飞行控制（常规控制增稳） 自动驾驶 发动机自动油门控制 自动导航	三余度数字电传系统,分布式结构 飞行控制计算机采用独立的三个数字计算模块用于不同的软件	飞行管理系统
波音 777	主飞行控制（常规控制增稳） 自动驾驶功能 飞行管理系统	三余度数字电传系统,分布式结构 硬件/软件非相似三余度 三余度主飞行控制计算机 三余度自动驾驶计算机 三余度飞行管理计算机	飞行管理系统
RAH - 66 科曼奇	主飞行控制（常规控制增稳） 自动驾驶功能 飞/推综合控制 自动导航	四余度数字电传系统 飞行控制计算机采用独立的三个数字计算模块分别用于主飞行控制和自动驾驶功能及飞/推综合控制功能	飞行管理系统

三、未来飞行控制系统

（一）最具潜力的先进控制系统——光传操纵系统

光传操纵（FBL）系统是指采用光纤代替电缆作为信号传输媒介、以光信号的形式传递控制指令和反馈信息的飞行控制系统。相比于 FBWS,FBLS 具有抗电磁干扰性强、光纤重量轻、数据传输速率高且容量大、电隔离性和抗腐蚀性好等优点,被认为是最具潜力的未来先进控制系统。

20 世纪 70 年代至 90 年代,美国先后开展了数字战术飞行控制系统（DIGTAC）计划、先进数字光传控制系统（ADOCS）计划、光纤控制一体化（FOCSI）计划和光传操纵飞机闭环测试（FACT）计划等,对 FBL 概念进行演示验证、架构设计和飞行测试。1994 年,麦道公司开始致力于光传硬件（FLASH 计划）的开发和仿真演示,并已在光数据总线、光传飞控计算机、远程终端/分布部件和光驱动作动器等硬件方面取得了诸多研究成果。但由于光计算机、光作动器等关键技术还远未成熟,FBLS仍未投入实际使用。最新的F-35战斗机和B-787飞机也只是在航电系统中实现了光纤数据传输。但波音公司在接下来的B-737MAX飞机开发计划中,首次将光传操纵作为先进技术采用。

可以预见,随着光传飞控系统的关键技术(高性能光缆、光放大器、光计算机、光作动器等)不断发展完善,其必将成为未来飞控系统的发展方向。但立足于现状,基于可实现技术的电传/光传复合系统应是目前工程研究的重点。

(二)满足未来飞机的发展需要——分布式智能光传飞控系统

近年来,随着对飞机飞行性能、高机动性和多任务适应性要求的不断提高,智能变形飞行器成为新的研究领域和热点。其在飞行过程中可以根据需要主动改变气动外形,在大幅扩展现有飞行器飞行包线的同时,能够始终保持最优的气动性能,成为未来军用飞机的发展方向。但是,需考虑如下几个控制因素:

(1)智能变形飞行器的飞行控制与气动、结构、推进之间存在强耦合,且还存在快时变、强非线性等问题,使其舵面控制十分复杂;

(2)各种创新气动操纵面的引入使驱动器增多、耦合度增强,为确保可靠性需要进行大量的实时故障检测,并具备重构控制能力;

(3)为提高应对各种复杂环境和不同任务的适应能力,要求飞行器不仅能够自动完成预先规划的航路和任务,还需要针对各种不确定性的复杂形势使飞行器具有在线感知、评估和决策能力,即自主控制,这是对未来飞行控制的巨大挑战;

(4)日益复杂的多任务需求驱动飞行器具备高效的协同作战能力,使控制功能拓展为群体控制、决策和管理;

(5)无论是重构控制、自主控制还是协同控制,都是在综合控制的基础上实现的,即首先需要对飞行器的各关键子系统(飞行、推进、导航、通信、环境、任务管理等)进行控制优化和综合管理。

满足以上需求的FCS需要具备很高的数据传输速率和容量、强大的数据处理能力、优越的环境适应性能以及低廉的系统开发、扩展和运行成本。据此,分布式智能光传飞控系统可成为与之相适应的未来发展需要。图0-17给出了一种基于AS-1773A光传数据总线和远程智能终端的分布式光传飞控系统结构。座舱接口终端可接收所有传感器数据并进行处理,远程作动器接口终端负责进行控制指令解算,并产生相应的作动器信号,两者均具有嵌入式故障自监控模块和可升级软件结构;飞控计算机主要执行飞行管理与决策、余度管理、系统重构等任务;所有节点之间通过开放式光纤网络连接和通信,具有高度的互通性和生存性。该系统不仅承袭了FBLS的诸多优点,且其分布式结构提高了系统的灵活性和可靠性,增强了使用和维护效能,降低了生产和装配成本。

总的来说,随着MEMS技术的发展以及智能变形飞行器设计概念的演进,实现大量智能型控制节点的完全分布式飞行控制系统已经成为可能,完全分布的开放式飞行控制系统将会是未来发展的方向之一。其系统设计的基本思想如下:

(1)应用分布式智能网络,将伺服操纵装置、发动机操纵装置、灵巧作动器、灵巧传感器、控制显示装置和飞行操纵系统等以节点的形式构成局域网;

(2)多数传感器信号处理和作动器控制闭环在传感器和作动器的安装位置附近完成,控制

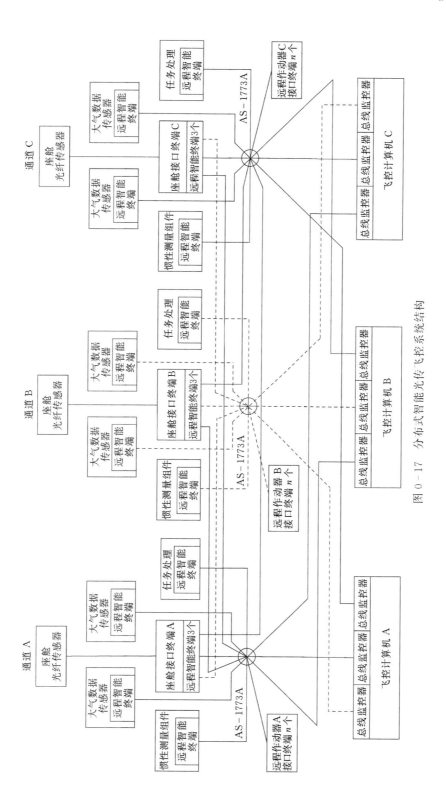

图 0 - 17　分布式智能光传飞控系统结构

节点由容错开放式结构光纤网络连接;

（3）每个节点处理计算机由包含嵌入式微处理器、存储器、电源、光纤网络接口及输入输出接口的多个外场可更换模块(Line Replaceable Module,LRM)组成;

（4）节点具有专用的自监控功能、系统余度管理和控制功能,网络和通信软件与应用程序之间采用硬件隔离,便于功能扩展和应用优化;

（5）同时节点能够自动预测、诊断,提供飞机健康状态的全局信息,并对网络中断或传感器/作动器的异常情况报警。

第四节　飞行控制技术的未来发展

未来飞机由传统大气层内飞行向临近空间/太空空间飞行、由有人/无人独立飞行向有人/无人一体协同飞行、由低速飞行向超高速飞行等转变,相应飞行控制也面临由单机自动控制到集群自主控制、由计算机集中控制到分布式网络控制、由传统操纵面控制到广义操纵面控制、由航空器控制到空天飞行器控制等转变。

一、自主飞行控制技术

自主控制技术使无人飞行器在不需要人为干预的情况下以最优的方式完成给定控制任务,并且具有快速有效的自主适应能力、在线环境态势感知能力以及信息处理和控制重构能力。自主控制技术主要解决控制系统在典型使用环境中出现的大量不确定性问题,主要包含如下一些技术:

- 在线态势感知和智能决策与控制;
- 在线故障诊断与自修复重构;
- 协同网络间信息融合与环境感知;
- 复杂不确定环境的建模;
- 人工智能模型的描述和测试方法;
- 仿生集群自主协同控制;
- 大规模实时群计算技术等。

二、智能型自适应容错控制技术

伴随着空天飞行、远程作战、高超声速、变结构体等一系列能力需求的提升,对新一代飞行器的控制能力提出了新的要求。由于飞行包线的急剧扩展,飞行器气动力呈现出明显的非线性、强耦合特点,加之各类不确定性的影响,使飞行器建模难度倍增,传统的增益预置控制方法已经无法应对。此外,如何在机翼或操纵面受损的情况下保持稳定控制能力,在确保飞行安全的条件下提高作战任务完成率,也是飞行控制设计过程中必须面对的问题。

对于被控对象、环境具有未知与随机不确定性的系统,自适应控制具有良好的控制能力。自适应控制是一种基于数学模型的控制方法,但它所依据的模型和干扰的先验知识很少,可在系统的运行过程中不断提取飞机模型信息,基于该辨识信息,实时调整控制律参数,适应飞机模型与环境的不断变化，使得飞机响应逼近参考模型，从而达到稳定控制的目的。自适应控制能力的实现是远程作战飞机、高超声速飞行器、变体飞机等飞行器控制性能提升的有力保证。

三、多操纵面综合控制与重构技术

随着现代作战模式、任务装载、新型动力、隐身要求的变化以及可靠性、机动性、安全性等性能要求的不断提高，飞机的气动布局发生了很大变化，并趋于多任务、高机动性、高超声速和高隐身化，操纵面数量和功能设计更加复杂、组合方式多样、非线性及力矩耦合特性更加明显。因此，基于完善的故障检测及诊断措施，实时地对多操纵面控制系统进行一体化控制及重构，可实现面向任务的多模态、多目标飞行控制系统综合设计，提高多操纵面控制的能量传输与管理能力，充分保证操纵面故障时的飞行安全。为此，需要研究的关键技术包括：

- 多目标非线性控制分配；
- 多模态多任务飞行控制律综合设计；
- 多操纵面及传感器信息实时动态重构等。

四、有人/无人机协同控制与管理技术

随着无人作战飞机逐渐融入到我军作战体系，无人机与有人机（包括无人机群与有人机之间）协同作战成为未来的主要作战模式之一。多机协同编队技术是编队内飞机共享信息资源、完成队形管理和防撞、执行既定协同战术的重要技术保证。编队飞行控制主要解决编队集结、编队飞行、队形转换、编队解散等综合控制问题，同时还需要综合考虑编队间容错、编队间防撞等因素，从而保证编队的安全性。涉及的关键技术包括：

- 有人/无人机协同编队流程与队形管理技术；
- 有人/无人机协同队形精确飞行控制技术；
- 编队内相对导航与自主防撞技术；
- 基于攻击任务的编队综合控制技术等。

五、复杂战场环境下特殊任务的飞行控制技术

该技术主要解决远程作战飞机在高威胁作战区的任务生存能力问题，面向特殊飞行任务模式（如突防、战略打击等），完成自动突防、多目标自动引导及轰炸、快速逃逸、内埋重型武器投放稳定与控制等功能。该技术是提高战机任务生存力、减轻飞行员负荷、提升任务效能的强有力手段。

六、推力矢量控制技术

推力矢量技术是高敏捷性、高隐身性和超机动性飞机的主要特征。推力矢量综合控制是将推力矢量装置及其控制系统作为飞行控制系统的广义操纵效应器而与飞行控制系统融为一体，并与气动舵面协同工作，以为飞机提供充分的操纵效能，从而有效地利用推力矢量装置来改善飞机的机动性、起飞着陆性能、大迎角飞行的稳定性和可操纵性。

大迎角飞行与机动是推力矢量战斗机的重要特征之一。在大迎角飞行条件下，飞机流场

呈现高度非线性并带有非定常迟滞效应,气动力交联耦合严重,气动舵面操纵效能迅速下降,从而使动力学建模和飞行控制律设计尤为困难。为此,需要研究的关键技术包括:

- 大迎角动力学建模技术;
- 大迎角飞行控制律设计技术;
- 广义操纵效应器的效能分配与故障重构技术;
- 推力矢量控制的人机功效技术;
- 推力矢量控制飞行品质评估技术等。

七、垂直/短距起降控制技术

具备垂直/短距起降能力的飞机兼具旋翼和固定翼飞机的优势,既可以减少甚至摆脱对飞行跑道的依赖,又具备较大的飞行速度、航程、载荷和优异的机动性能。垂直/短距起降控制技术能够有效提升飞机应对复杂战场环境的适应能力。由于垂直/短距起降飞机在起降过程中主要采用发动机矢量喷管、推力风扇等新型操纵效应器,与常规气动舵面相比,其对控制律的设计提出了新的要求,需要在保证可控性的前提下,充分考虑各种故障情况以及扰动情况的鲁棒性,尤其需要抑止模态切换的瞬态特性。涉及的关键技术包括:

- 垂直/短距起降飞行品质评估与控制律设计技术;
- 垂直/短距起降人机功效设计技术;
- 垂直/短距起降安全性评估技术;
- 垂直/短距起降飞/发一体化综合设计技术等。

八、高超声速飞行控制技术

近 5 年来,美国实施了以 X-43A、HTV-2A、X-37B、X-51A 等验证机为代表的一系列高超声速飞行器的验证试飞,将这一领域的军事应用前景展现出来,尤其是验证结果成败参半,也说明了该技术的复杂性。针对此类飞行器的关键控制技术包括:

- 高超声速飞行动力学建模技术;
- 高度综合化机体/发动机一体化控制技术;
- 对参数不确定性的自适应控制技术;
- 高精度、高动态的姿态和航迹控制技术;
- 高机动控制技术;
- 高带宽控制效应器(如等离子体流程控制)设计技术;
- 控制效应器的热防护技术等。

第五节　本书的内容安排

本书是飞行器导航、制导与控制专业的教科书,主要阐述飞行控制的基本原理和控制规律(又称调节规律,简称控制律)的设计方法。众所周知,设计控制系统首先要研究控制对象并建立系统的数学模型。飞机是飞行控制的对象,是空中飞行的六自由度飞行器,其数学模型的建立比较复杂。

第一章简要介绍空气动力学的基本知识,描述飞机运动状态的常用坐标系和主要参数,分析作用在飞机上的力和力矩,以及飞机平衡、稳定性、操纵性和敏捷性等基本知识。

第二章推导飞机运动方程,建立适合于飞行控制系统分析和设计的被控对象的数学模型。

第三章介绍飞机角运动控制、航迹运动控制的基本原理与控制规律。

第四章介绍飞行控制分系统,包括传感器分系统、导航分系统、控显分系统、机内自测试分系统、自动配平与自动回零分系统、飞行控制计算机以及信号综合的原理结构。

第五章介绍操纵伺服系统,包括助力器和舵机、舵机与飞机操纵系统的连接、阻尼增稳与控制增稳、电传操纵系统和光传操纵系统。

第六章介绍现代飞行控制技术,包括飞行指引系统、飞行管理系统(包括制导系统)、飞行/火力综合控制技术和飞行/推进综合控制技术。

第七章介绍飞行综合控制系统,包括飞机主动控制技术、余度技术与故障监控、现代战机攻击导引系统、舰载机着舰导引系统、低空突防技术和自修复飞行控制技术等。

第八章介绍固定翼舰载机的飞行控制技术,主要包括着舰引导技术和弹射起飞技术。

本书的内容体系如图 0-18 所示,主要包括飞行控制的基本理论与技术,它是学习飞行控制专业课程的基础。

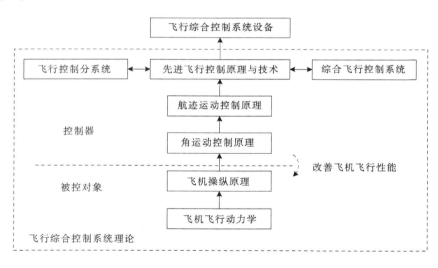

图 0-18　课程体系结构

复习思考题

1.说明飞机发展的简史历程,并思考今后的演变。
2.飞机由哪几部分组成?说明有人驾驶飞机与无人驾驶飞机的异同。

3.简述飞机的操纵面及其操纵系统的类别,理解操纵系统的发展历程。

4.分析多操纵面控制的特点,理解现代战机实现多操纵面控制的意义。

5.理解飞行控制系统的定义,分析人工飞行控制与自动飞行控制的区别。

6.结合自动控制的基础知识,思考飞行控制系统完成有关功能的职能原理。

7.运用自动控制原理,分析舵回路的原理结构,并从控制原理上说明采用位置、速度两种反馈形式对飞行控制系统结构的影响。

8.叙述驾驶仪的基本原理及其发展过程。

9.运用自动控制原理,理解各基本控制器的工作原理。

10.查阅资料叙述飞行控制系统及飞行综合控制的发展简史。

11.初步理解飞行控制系统的原理结构特点。

12.简述战斗机代次划分及其飞行控制的特点。

13.简述飞机气动布局的含义,并说出正常式布局与鸭式布局飞机的区别及特点。

14.查阅资料了解操纵面的综合利用与组合控制。

第一章

被控对象——飞机的运动特性

　　分析被控对象——飞机的运动特性,是研究控制器——飞行控制系统的基础。学习飞行力学基础知识,是分析飞机运动特性、掌握飞行控制原理的基础,对于指导飞行实践、保证飞行安全、分析飞行事故等方面具有重要作用。因此,本章在介绍空气动力学基础知识后,着力分析飞机运动所受到的力和力矩,阐述飞机运动特性的基本概念。

第一节　空气动力学的基本概念

　　空气动力学(aerodynamics)是物理学的一个分支,主要研究空气和其他气体的运动规律,重点研究物体与空气之间相对运动时,空气对物体所施作用力及力矩的规律。空气动力学的研究方法和物理学的其他分支一样,有理论研究和实验研究两个方面,二者互为补充。研究目的是认识空气流动现象的本质,找出其共同的规律。

一、基本概念

(一)流体与流场

　　可流动的介质称为流体,包括液体和气体。流体所占据空间中流动参数和状态参数的分布情况以及随时间的变化情况称为流场。空气场是一种典型流场。

(二)空气的状态参数与状态方程

　　空气的状态由其温度 T、密度 ρ、压强 p 三个参数确定。

　　空气温度 T 为绝对温度。绝对温度计的刻度是以分子停止不规则运动时的温度作为零度,单位为 K。

　　空气密度 ρ 表示单位体积内空气的质量,单位是 kg/m^3。

　　空气压强 p 表示单位面积上所受到的作用力。这是空气分子无规则运动、连续碰撞物体表面产生的结果。由于空气分子是向四面八方作无规则运动,因此,不管物体的表面朝什么方向,它都可以受到空气压强的作用,并且压强的大小与表面朝向无关。

　　在理想气体条件下,上述三个状态参数之间有如下关系

$$p = \rho RT \tag{1-1}$$

式中,空气常数 $R = 287.042 \ J/(kg \cdot K)$(对干燥空气而言)。

式(1-1)称为气体的状态方程,反映了气体状态改变时压强随密度和温度变化的规律。

(三)定常流动与非定常流动

如果流场中各点的速度、加速度以及状态参数等不随时间发生变化(但在各点上的数值可以不同),则称为定常流动。反之,若这些量随时间发生变化,则称为非定常流动。

(四)流线和流管

流场中可以描绘出这样一类曲线,在某个瞬间,曲线上每点的切线与该点的流速方向一致,称这类曲线为流线。在研究流体运动时,我们可以想象许多条流线围成管状,管内的流体只在管内流动而不流出,管外的流体也不会流入,此管称为流管(如图1-1所示)。对于空间流动而言,就好像在真实的管子内流动一样。

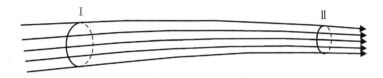

图1-1 流管内的流动情况

(五)马赫数 Ma

定义马赫数 Ma 为气流速度 V 和当地声速 c 之比

$$Ma = V/c$$

空气中的声速即声波的传播速度,也就是空气受到微弱扰动时的传播速度。飞机(扰动源)使空气受扰,该扰动以声速向四周传播。当飞行速度小于声速时,前方空气已受到扰动,将绕过飞机,空气密度不发生太大变化;飞行速度接近声速时,扰动源和扰动波几乎同时到达,前方空气已来不及躲开,局部的空气密度将明显增大;飞行速度超过声速后,前方空气在没有受到扰动的情况下接近飞机,飞机前面邻近处的空气密度将会突然增大,形成激波。

(六)临界马赫数 Ma_{lj}

当小于声速的气流流经机翼时,翼面上各点的流速是不同的,有的地方流速比远前方小,有的地方比远前方大。若迎面气流速度逐渐增大,则翼面上流速的最大值也会增大,该处的温度则要降低,因而声速也降低。当迎面气流速度达到某一值时,翼面上最大速度处的流速等于当地声速,我们把此时飞行速度与声速之比称为临界马赫数 Ma_{lj}。一般飞机的临界马赫数为0.8左右。当机翼表面的流速均达到超声速时,我们称此时的飞行速度与声速之比为上临界马赫数 Ma_{lj}',它一般在1.36左右。

飞机飞行速度的范围这样划分:$Ma<0.5$,为低速飞行;$0.5<Ma<Ma_{lj}$,为亚声速飞行;$Ma_{lj}<Ma<Ma_{lj}'$,为跨声速飞行;$Ma_{lj}'<Ma<5$,为超声速飞行;$Ma>5$,为高超声速飞行。

(七)气流下洗

匀直气流流过一升力面时,流线发生弯曲,气流速度大小和方向发生改变。如气流流过一具有一定正迎角的机翼时,不仅速度大小发生变化,且方向会向下倾斜,形成下洗。这种向下倾斜的气流称为下洗流,下洗流在垂直于来流方向上的速度分量称为下洗速度(当机翼产生负升力,气流向上倾斜时,称为上洗。气流速度向上的分量,称上洗速度),下洗流速度方向与来流速度方向之间的夹角为下洗角,如图1-2所示。

气流下洗的原因可从两方面理解。从空气动力学的观点理解,升力面可用涡线或涡面来代替,对有限翼展机翼(如真实飞机的机翼)可用一Π形涡系代替,气流下洗可看作是旋涡诱导的结果。从力学观点理解,机翼的升力(假定向上)是气流作用的结果,根据作用力与反作用力原理,机翼必然会给气流一个向下的作用力,使气流产生向下的加速度,从而改变其大小和方向,形成下洗。

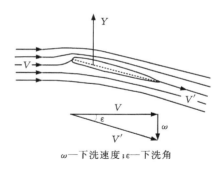

ω—下洗速度;ε—下洗角

图1-2　气流下洗示意图

气流下洗的程度与飞机的展弦比和迎角有关。展弦比越小,迎角越大,则下洗角也越大。气流下洗是从机翼前方到机翼后方逐渐完成的,机翼处的下洗速度可取机翼前方和后方的平均值。由于下洗的存在,流过机翼的实际气流向下倾斜,使得机翼的有效迎角减小,飞机的有效升力减小。同时,下洗流产生的实际升力向后倾斜,形成诱导阻力。升力为零时不会产生下洗,也没有诱导阻力。下洗流的影响范围一般近似认为局限于以翼展为直径的圆筒内。对飞机而言,飞行中各升力部件(机翼、鸭翼、平尾等)之间会产生一定影响,如机翼的下洗会使升降舵(平尾)效能降低。考虑飞机气动布局时,应尽量减小前翼下洗流对后翼的影响。

(八)运动的相对性

不论是空气静止、飞机运动,还是飞机静止、空气运动,只要飞机相对空气的相对运动相同,作用在飞机上的空气动力就完全相同,这就是运动的相对性。

二、低速流体的两个基本方程

(一)连续方程(质量守恒方程)

空气流过流管时,流管截面面积与流速之间应有一定的关系,这个关系就是连续方程。它是空气流动时所遵循的客观规律,也是空气动力学最重要的基本方程之一。

在定常流动时,任取如图1-1所示一流管,并任意截取两个截面Ⅰ和Ⅱ,以V_1、ρ_1、A_1、m_1和V_2、ρ_2、A_2、m_2分别表示截面Ⅰ和Ⅱ处的气流速度、密度、截面面积和单位时间流过的空气质量。根据质量守恒定律及空气流动的连续性,在单位时间内,从截面Ⅱ流出的空气质量必须等于从截面Ⅰ流入的空气质量

$$m_1 = \rho_1 A_1 V_1 = m_2 = \rho_2 A_2 V_2$$

由于截面Ⅰ和Ⅱ是任意截取的,可将上式写成

$$\rho V A = C \tag{1-2}$$

这就是连续方程,是质量守恒定律在空气动力学中的应用。在飞行速度不太大的情况下,空气流过飞机时,其压强和温度变化很小,因而密度变化也很小,这时可以认为空气是不可压缩的流体,ρ为常数。于是,由上述连续方程可见:横截面大则流速小,横截面小则流速大。

(二)伯努利方程(能量守恒定律)

伯努利方程体现了能量守恒定律在流管上的应用。它表述了流体在流动中的压强与流速

之间的关系,是研究气流特性和空气动力产生和变化的基本定理之一。

在定常流中任选一个流管并任意截取两个截面Ⅰ和Ⅱ,如图 1-3(a)所示,分析这段流管的受力情况,如图 1-3(b)所示。

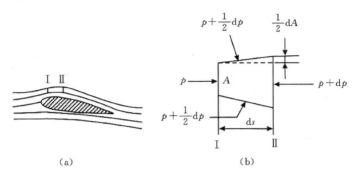

(a)   (b)

图 1-3　流管段受力图

分别以 A、p 和 $A+dA$、$p+dp$ 表示截面Ⅰ和Ⅱ的面积和压强。规定压力的正方向为向右作用的方向。上、下两边的压强是变化的,但所取微段长度很小,可用平均压强 $p+dp/2$ 表示。这样,截面Ⅰ和Ⅱ的作用力分别为 pA 和 $-(A+dA)(p+dp)$,上、下两边面积的水平分力为 $(p+dp/2)dA$。略去高阶小量,以上各水平分力之和为 $-Adp$。微段流体质量为 ρAds,其中 ds 为微段长度。微段流体的加速度为

$$\frac{dV}{dt} = \frac{dV}{ds}\frac{ds}{dt} = \frac{dV}{ds}V$$

空气微段流体的重量远远小于作用在端面上的压强,可以忽略不计。根据牛顿第二定律得

$$-Adp = \rho Ads \cdot \frac{dV}{ds}V$$

最后可得

$$-dp = \rho VdV$$

在低速不可压缩的假设下,密度 ρ 为常数,上式沿流管积分,得到

$$p + \frac{1}{2}\rho V^2 = C \qquad\qquad (1-3)$$

式(1-3)称为伯努利公式,表示静压 p 与动压 $(\rho V^2)/2$ 之和沿流管不变。动压的物理意义是单位体积空气流动的动能。当 $V=0$ 时,动压为零,此时静压达到最大值,以 p_0 表示,此值称为总压。式(1-3)可写为

$$p + \frac{1}{2}\rho V^2 = p_0$$

这表明,在同一流管中,流速大的地方静压小,流速小的地方静压大,静压最大处的流速为零,即为总压。

三、空气动力实验

空气动力实验是进行空气动力学研究的一种主要手段。它通过相关实验设备观察气体的

流动现象,测量气流与物体之间相互作用的物理量,并找出气体流动的规律。

（一）实验分类

空气动力实验一般分为实物实验和模型实验两大类。

实物实验,如飞机试飞和导弹实弹发射等,不会发生模型与环境模拟失真问题,是最后鉴定实物气动力特性的手段,但实验费用较大,实验条件难以控制,而且不可能在产品研制的初始阶段进行,故空气动力实验一般多指模型实验。

模型实验采用与真实物体几何相似的模型,在人工控制的条件下进行。为使模型实验结果能够应用于实际情况,应保证模型流场与真实流场之间的相似,即除保证模型与实物几何相似之外,还应使两个流场有关的相似准数对应相等,如雷诺数、马赫数等。这样,它们的无量纲空气动力特性才能相同。

模型空气动力实验按照模型与气体相对运动的形式,还可细分为两类:

①气体静止而物体运动的实验,这是空气动力实验最先采用的形式。如早期将模型装在可旋转的支臂上,通过旋转支臂来测量模型所受空气动力的悬臂实验;有动力或无动力飞行器模型在空气中飞行而进行的模型自由飞实验等。

②物体静止而气体运动的实验,风洞就是这种实验装置。风洞实验是空气动力实验中使用最为广泛的一种手段,几乎没有一种飞机和导弹在研制过程中是不经过风洞实验的。

（二）风洞实验

风洞的原理是使用动力装置在一个专门设计的管道内驱动一股可控气流,使其流过安置在实验段(风洞的中心部件)的静止模型,以模拟实物在静止空气中的运动,进而测量作用在模型上的空气动力,观察模型表面及周围的流动现象。测量气动参数的飞机风洞实验,如图1-4所示。

图1-4　飞机风洞实验

风洞主要按实验段速度范围分类,速度范围不同,其工作原理、结构和典型尺寸等也各不相同。

- 低速风洞:$Ma = 0 \sim 0.3$;
- 亚声速风洞:$Ma = 0.3 \sim 0.8$;
- 跨声速风洞:$Ma = 0.8 \sim 1.4$;
- 超声速风洞:$Ma = 1.5 \sim 5.0$;
- 高超声速风洞:$Ma = 5.0 \sim 10$;

- 高焓高超声速风洞:$Ma>10$。

风洞实验的主要优点是:①实验条件(包括气流状态和模型状态两方面)易于控制;②流动参数可各自独立变化;③模型静止,测量方便且准确;④不受大气环境变化的影响;⑤与其他空气动力实验手段相比,廉价、可靠。缺点是难以满足全部相似准数相等,存在洞壁和模型支架干扰等,但可通过数据修正方法部分或全部克服。

总之,由于实际流动的复杂性,单纯理论或计算结果都必须通过实验验证才能应用于实际问题,有关流动机制的研究更需要依靠实验,因此空气动力实验有着重要的意义和广泛的发展前景。

第二节 飞机坐标系与运动参数

一、坐标系

为了确切地描述飞机的运动状态,必须选定适当的坐标系。例如,确定飞机相对于地面的位置可用地面坐标系,飞机的转动可用机体坐标系表示,飞机的轨迹运动可采用速度坐标系。当然,还有其他的坐标系。本章只介绍下述三种常用坐标系。

(一)地面坐标系(地轴系)$O_d x_d y_d z_d$

地面坐标系 $O_d x_d y_d z_d$ 如图1-5所示,原点 O_d 取为地面的某一点(如飞机的起飞点)。$O_d x_d$ 轴处于地平面内指向某一方向(如指向飞行航线);$O_d y_d$ 轴垂直地面向上;$O_d z_d$ 轴垂直于 $x_d O_d y_d$ 平面。用地面坐标系描述飞机航迹是最方便的。如果取 $O_d x_d$ 轴指向飞行航线,那么坐标 $O_d x_d = L$ 表示航程,而 $O_d z_d = Z$ 表示侧向偏离,$O_d y_d = H$ 表示飞行高度。

(二)机体坐标系(机体轴系)$O x_t y_t z_t$

机体坐标系 $O x_t y_t z_t$ 如图1-6所示,其与飞机固定。原点 O 取在飞机重心处,$O x_t$ 轴处于飞机的对称平面内,与机身轴线一致,指向前方,一般称此轴为飞机纵轴;$O y_t$ 轴也处于对称平面内垂直于 $O x_t$ 轴,指向上方,称为飞机立轴;$O z_t$ 轴垂直于平面 $x_t O y_t$,指向右方,称为飞机横轴。

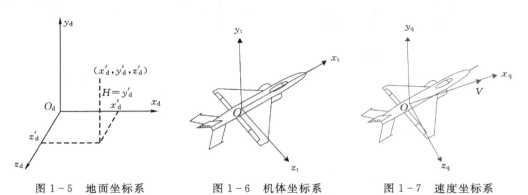

图1-5 地面坐标系　　　图1-6 机体坐标系　　　图1-7 速度坐标系

（三）速度坐标系（速度轴系）$Ox_qy_qz_q$

速度坐标系也称为气流坐标系，如图 1-7 所示。原点 O 取在飞机重心处，Ox_q 轴与飞机飞行速度矢量 $\mathbf{V}$ 重合，Oy_q 轴在飞机对称平面内并垂直于 Ox_q，指向上方；Oz_q 垂直于 x_qOy_q 平面，指向右方。

飞机运动方程的建立同各矢量（力、线速度、角速度等）在指定坐标系内的投影相关，但力和速度都可在多个坐标系内确定自己的投影。因此，矢量在选定坐标系内的投影同样也可通过坐标变换而转化为在其他坐标系内的投影。这就涉及坐标转换矩阵的建立，读者可自行推导，其他相关文献资料对此也有详细介绍。

二、飞机运动的参数

飞机运动的参数由机体轴系、地轴系与速度轴系之间的相互关系描述。

（一）机体轴系与地轴系的关系

机体轴系与地轴系之间的关系由偏航角 ψ、俯仰角 θ 及倾斜角 γ 描述。

1. 偏航角 ψ

飞机纵轴 Ox_t 在水平面内的投影与应飞航线的夹角称为偏航角。以机头左偏航为正（如图 1-8 所示），反之为负。

2. 俯仰角 θ

飞机纵轴 Ox_t 与水平面的夹角称为俯仰角。以抬头为正（如图 1-8 所示），反之为负。

3. 倾斜角 γ

飞机立轴 Oy_t 与过其纵轴铅垂平面的夹角称为倾斜角（又称滚转角）。以飞机右倾为正（如图 1-9 所示），反之为负。

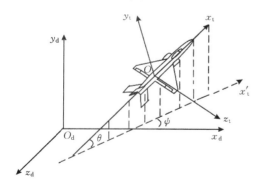

图 1-8 偏航角与俯仰角

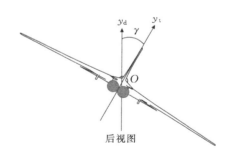

图 1-9 倾斜角

应该指出，坐标轴正负方向的确定及姿态角正负方向的确定，都遵循右手定则。比如，右手四指从 x_t 轴的正方向转向 y_t 轴的正方向，拇指的方向即为轴的正方向。又如在判断 ψ 的正负时，以右手四指握 y_d 轴并指向偏航的方向，竖直的大拇指如与 y_d 的正方向一致，ψ 便为正。对于 θ 与 γ 的判别也可采用类似的方法。

(二)速度轴系与机体轴系的关系

1. 迎角 α

速度矢量 V 在飞机对称面上的投影与机体轴 Ox_t 的夹角称为迎角。以 V 在 Ox_t 轴之下为正,如图 1-10 所示。

2. 侧滑角 β

速度矢量 V 与飞机对称面的夹角称为侧滑角。以 V 处于对称面之右时为正,如图 1-10 所示。

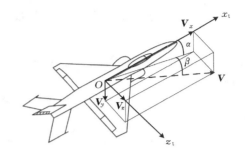

图 1-10 迎角与侧滑角

(三)速度轴系与地轴系的关系

速度矢量与地轴系之间的关系如图 1-11 所示,由以下两个角度描述。

1. 航迹倾斜角 Θ

飞行速度矢量 V 与水平面的夹角称为航迹倾斜角(又称俯仰轨迹角 Θ),V 向上时 Θ 为正。不难看出,当 $\beta=0$、$\gamma=0$ 时,航迹倾斜角、俯仰角与迎角具有关系:$\Theta=\theta-\alpha$。

2. 航迹偏转角 ψ_s

飞行速度矢量 V 在水平面内的投影与 $O_d x_d$ 轴的夹角称为航迹偏转角。V 在 $O_d x_d$ 左边时 ψ_s 为正。当 $\beta=0$ 时,航迹偏转角与偏航角相等,即 $\psi_s=\psi$。

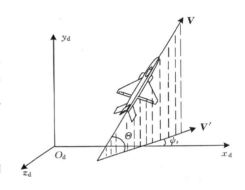

图 1-11 航迹倾斜角与航迹偏转角

三、飞机运动的过载

推力矢量 P 与气动力矢量 R 之和相对于飞机重力的比称为过载 n。

$$n=\frac{P+R}{G}$$

过载是无量纲量。它在机体坐标系中的投影(n_{x_t}、n_{y_t}、n_{z_t})分别称为前向过载、法向过载和侧向过载,在速度坐标系中的投影(n_{x_q}、n_{y_q}、n_{z_q})分别称作切向过载、法向过载和横向过载。

飞机在小迎角、小侧滑角以及较小的推力偏角条件下飞行时,可近似认为

$$n_{x_t}\approx\frac{P-X}{G};n_{y_t}\approx\frac{Y}{G};n_{z_t}\approx\frac{Z}{G};n_{x_t}\approx n_{x_q};n_{y_t}\approx n_{y_q};n_{z_t}\approx n_{z_q}$$

式中,X、Y、Z 分别表示飞机运动时所受的阻力、升力和侧力。

四、飞机运动的描述

把飞机视为刚体,飞机在空间的运动有六个自由度。三个线运动(重心运动)的自由度分别是前后(进退运动)、上下(升降运动)和左右(侧向运动);三个角运动(绕重心运动)的自由度

分别是俯仰运动、偏航运动和横滚运动。

上述六个自由度的运动可分为对称平面内的运动（纵向运动）和非对称平面内的运动（横侧向运动）。纵向运动包括进退运动、升降运动和俯仰运动；横侧向运动包括侧向运动、偏航运动和横滚运动。

在纵向与横侧向两组运动中，每组内部各自由度之间的气动力交联比较强，而两组之间的气动力交联很弱，这样划分就可使问题大为简化。

五、飞机舵面的操纵

飞机的运动通常是利用操纵面（如升降舵、方向舵、副翼等）和油门杆进行控制的。现代飞机除上述传统操纵面外，还增加了其他操纵面，如水平前翼、垂直前翼、前缘缝翼、全动平尾和全动垂尾等。飞机运动又具有六个自由度，使得飞机的操纵机构不仅复杂而且各有不同。但是，各个舵面的操控关系是相同的。于是，不妨以传统舵——杆的基本操纵，来定义舵面的偏转极性及其所产生的力矩极性。

平尾（升降舵）偏转角用 δ_z 表示，规定平尾前缘上偏、后缘下偏（以后简称下偏）为正，反之为负。

方向舵偏转角用 δ_y 表示，规定方向舵后缘向右偏转为正，反之为负。

副翼偏转角用 δ_x 表示，规定右副翼向下、左副翼向上为正，反之为负。

油门杆偏转角用 δ_P 表示，规定油门杆前推，发动机推力加大为正，反之为负。

关于上述三种舵面的正负方向也可按如图1-12所示的右手定则来记忆。当四指与相关舵面转动方向一致时，大拇指如与对应的坐标轴正方向一致则为正值。

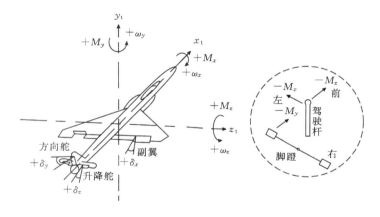

图 1-12 操纵机构的偏转极性

驾驶员通过驾驶杆、脚蹬和操纵杆系操纵舵面。驾驶杆和脚蹬操纵的正方向如图1-12所示：驾驶杆前推（使飞机低头）为正，左压驾驶杆（使飞机左倾）为正，右蹬脚蹬（使飞机右摆头）为正。根据这种规定的极性，可得出一个简单而有用的规则：操纵面的正偏角产生负控制力矩。例如平尾后缘下偏（$+\delta_z$），产生指向 Oz_t 轴左方的力矩（$-M_z$）。这样设计的杆舵运动关系，符合人机工效特点。

第三节　纵向运动作用在飞机上的力和力矩

建立飞机纵向运动方程，分析飞机的运动特性，必须明确作用在飞机上的力和力矩。

一、纵向力

作用在飞机上的纵向力包括升力 Y、阻力 X、推力 P 和重力 G，前两种属于气动力。下面重点介绍气动力。

（一）升力

升力是用来平衡飞机的重力，并使飞机在纵向平面作机动所必需的力。飞机的升力主要是由机翼在一定的迎角下，气流和机翼作相对运动而产生的。

在亚声速流中，升力的产生可用伯努利方程来解释。当气流以某一迎角 α 流过机翼时（如图 1-13 所示）。上表面拱起使流管变细。由连续方程知，上表面流速加快，下表面气流受到阻挡，流速减小。按照伯努利方程，流速加快的上表面压力降低，流速减小的下表面压力增高，机翼上、下表面形成压力差，在垂直于飞行速度方向上的压力差之和就是升力。在一定迎角范围内，升力随迎角增大而增大。

超声速飞行时，升力也是由上下翼面的压力差形成的。为简单起见用一平板来代替机翼，如图 1-14 所示。超声速飞行时流经平板上表面的图形类似于流经凸角的情况，在前缘出现膨胀波，膨胀波后面的气流压力降低，流速加快。平板下表面类似于凹角情况，在前缘产生斜激波，斜激波后面的压力突然升高，而速度下降。于是在上表面低压区与下表面高压区之间形成压力差，从而产生沿平板法向的空气动力的合力，这个合力在垂直于自由流速度方向的分量就是升力。迎角越大，上下表面压力差越大，升力也就越大。飞机除了机翼产生升力外，机身、水平尾翼也产生升力，但其均很小，所以飞机的升力主要是由机翼产生的。

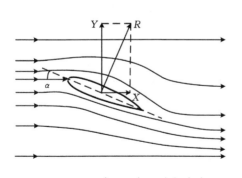

图 1-13　亚声速飞机升力的产生

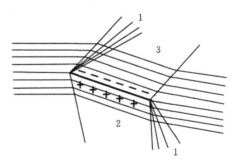

1—膨胀区；2—压缩区；3—稀疏区

图 1-14　超声速飞机升力的产生

飞机升力的大小与机翼面积 S、飞行速度 V、大气密度 ρ、迎角 α 和马赫数 Ma 有关，可近似表示为

$$Y = \frac{1}{2}\rho V^2 S c_y = q S c_y$$

式中，c_y 表示机翼产生的升力系数。c_y 不是常数，而是迎角和马赫数的函数，即 $c_y = c_y(\alpha, Ma)$。在马赫数 Ma 一定时，c_y 和 α 的关系可近似表示为如图 1-15 所示的形式。一般说来，当迎角 $\alpha = 0$ 时，$c_y \neq 0$，升力不为零，这是因为机翼翼型一般是非对称的，上表面比下表面更弯曲，使上表面流速仍大于下表面流速，因而有一定的升力。对于对称翼剖面机翼，当 $\alpha = 0$ 时，$c_y = 0$。在 α 不大的范围内，一般是 0° 至 15°～20° 范围内，c_y 与 α 近似呈线性关系。当迎角 α 大于临界迎角 α_{lj} 时，c_y 将随 α 的增大而减小。这是因为 $\alpha > \alpha_{lj}$ 时，机翼上表面气流分离形成旋涡，如图 1-16 所示，于是阻力增大，升力反而下降。因此，飞行控制中，必须对飞机飞行的迎角进行限制（它应小于临界迎角），否则飞机将失速，影响飞行安全。

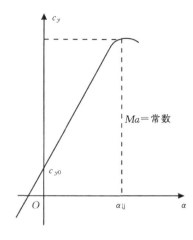

图 1-15　升力系数 c_y 与 α 的关系

c_y 和 α 的关系可由下式表示

$$c_y = c_{y0} + c_y^\alpha \alpha$$

式中，c_{y0} 表示 $\alpha = 0$ 时的升力系数，$c_y^\alpha = \dfrac{\partial c_y}{\partial \alpha}$ 表示 c_y 对 α 的偏导数。本书后面的类似符号含义相同。

当马赫数一定，$\alpha \leqslant \alpha_{lj}$ 时，c_y^α 近似为常数（等于 c_y-α 曲线中直线段的斜率）。当马赫数改变时，c_y^α 是马赫数的函数，c_y^α 随马赫数变化的大致关系如图 1-17 所示。

在亚声速飞行时，升力系数曲线的斜率 c_y^α 基本保持不变；在超声速飞行时，c_y^α 随马赫数的增大而减小；在跨声速飞行时，c_y^α 随马赫数的变化而剧烈变化。

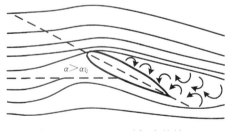

图 1-16　$\alpha > \alpha_{lj}$ 时气流的情况

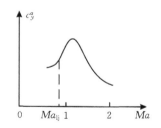

图 1-17　升力系数 c_y^α 与 Ma 的关系

机翼升力在机翼上的作用点，称为机翼的压力中心，如图 1-18(a) 所示。整架飞机升力的作用点，称作飞机的压力中心。

当迎角增加时，机翼前缘上表面的气流速度比后缘大，所以新的压力中心就要前移。这样就给分析作用于飞机上的力和力矩带来不便。试验表明：在小于临界迎角的范围内，当迎角改变时，机翼升力相当于在原有升力 Y 之外又增加一个附加升力 ΔY_{jy}。其作用点的位置基本不变，被称作机翼的焦点，如图 1-18(a) 所示。

当迎角改变时，水平尾翼的升力也随着变化，其附加升力 ΔY_{pw} 的作用点位置也基本不变，这个作用点称为水平尾翼的焦点,还有机身附加升力 ΔY_{js} 的作用点,即机身焦点,其位置也基本不变。因此,飞机各部分附加升力的合力 $\Delta Y = \Delta Y_{pw} + \Delta Y_{jy} + \Delta Y_{js}$ 的作用点位置也基本不变,称之为飞机的焦点。传统飞机的焦点一般在重心之后,如图 1-18(b)所示。

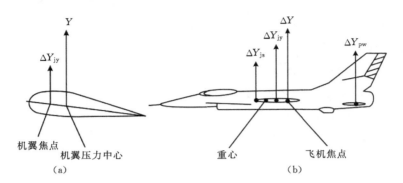

图 1-18 压力中心与焦点

(二)阻力

阻力是飞机在空气中运动时,由于摩擦和其他原因而产生的。阻力的方向与飞行速度方向相反,大小与机翼面积 S、飞行速度 V、大气密度 ρ、迎角 α 和马赫数 Ma 等有关,可近似表示为

$$X = \frac{1}{2}\rho V^2 S c_x = qSc_x$$

式中,c_x 表示阻力系数。c_x 不是一个常数,而是迎角 α 和马赫数 Ma 的函数,即 $c_x = c_x(\alpha, Ma)$。当马赫数一定时,c_x 随 α 的变化关系,如图 1-19 所示;当 α 一定时,c_x 随马赫数的变化关系,如图 1-20 所示。

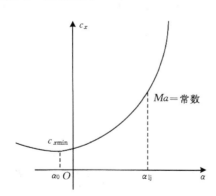

图 1-19 阻力系数 c_x 与 α 的关系

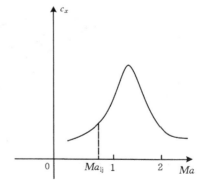

图 1-20 阻力系数 c_x 与 Ma 的关系

由图 1-19 可见,c_x 和 α 之间并非线性关系,当 $\alpha=0$ 时,$c_x \neq 0$,且当 $\alpha = \alpha_0$ 时,存在一个最小的阻力系数 $c_{x\min}$。当 $\alpha > \alpha_{lj}$ 时,c_x 增加剧烈,这是由机翼表面气流分离引起的。另外由图 1-20 可见,在亚声速飞行时,c_x 基本不变;在跨声速飞行时,c_x 随马赫数急剧增加,形成一种

障碍,通称为音障。所以飞机要达到超声速必须加大发动机推力冲过音障。当飞机达到超声速飞行时,c_x 随马赫数增大而减小。

1. 阻力的分类和成因

根据阻力与升力的关系,可以将其分为零升阻力和升致阻力。零升阻力包括摩擦阻力、压差阻力和零升波阻;升致阻力包括诱导阻力和升致波阻。

摩擦阻力是由空气的粘性所导致的,气流与飞机的附面层摩擦将会产生阻力,如图 1-21 所示。根据牛顿内摩擦应力公式

$$\tau = \mu \frac{\partial V}{\partial n}$$

式中 τ、μ、$\partial V/\partial n$ 分别是切向应力、空气粘性系数和沿物体表面的速度梯度。由于紊流附面层的速度梯度要大于层流附面层的速度梯度,因此紊流附面层的摩擦阻力也大于层流附面层的摩擦阻力。

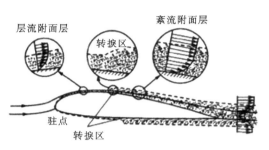

图 1-21　附面层

压差阻力也和附面层有关,气流会在机翼后缘的某点后分离形成低压的旋涡区,导致机翼前缘的压强大于后缘的压强,形成压力差,即诱导阻力。机翼的分离点越靠前,旋涡区也就越大,气流动能损失也就越大,压差阻力也越大。

飞机的波阻是指飞机超声速飞行时机身头部、机翼前缘、尾翼前缘产生的激波而使阻力骤然增加,由于波阻在升力为零的情况下也存在,因此称为零升波阻。因此,超声速的战斗机会选择尖锐头部、细长机身、大后掠角、尖的前缘薄翼型等气动外形设计。

在亚声速飞行时,升致阻力主要是诱导阻力,超声速飞行时主要是升致波阻。

在亚声速飞行时,由于机翼下缘的压力大于上缘的压力(升力产生的原因),而翼展的长度又是有限的,因而,机翼下缘的气流会经过翼尖绕到机翼上缘去。由此,伴随着飞机的向前飞行,翼尖会拖出长长的旋涡,即"卡门涡旋",这会对机翼自身产生下洗的作用,另外,机翼对平尾也会有下洗的作用。下洗作用会导致升力不再是垂直于远方气流的速度,而是后仰产生一个分量,这就是诱导阻力。诱导阻力系数等于下洗角与升力系数的乘积,因此,飞机的展弦比越大,即下洗影响越小,诱导阻力就越小。

超声速飞行时,当出现迎角后,在升力增加的同时,波阻也会增大,其结果相当于机翼上的总压力差不再垂直于自由气流,而是后仰产生一个向后的分量,即升致波阻。

摩擦阻力、压差阻力和升致阻力的系数随马赫数的变化关系,如图 1-22 所示。

2. 升阻比和极曲线

升阻比和极曲线综合表达了飞机升力系数和阻力系数随迎角、马赫数的变化规律,它们是衡量飞机空气动力特性的重要参数。

升阻比是同一迎角下,升力系数和阻力系数之比。战斗机最大升阻比在亚声速飞行时约为 13,起飞着陆状态下约为 7。起落架、减速板、载弹、重量等都会减小升阻比。最大升阻比是评价飞机空气动力性能好坏的主要参数之一。飞机航程、续航时间、下滑距离和升限等一些飞

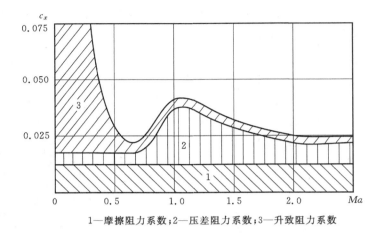

1—摩擦阻力系数;2—压差阻力系数;3—升致阻力系数

图 1-22　某型飞机总阻力系数 c_x 的各组成部分随 Ma 的变化情况

机的战术技术性能,都直接取决于最大升阻比。

将飞机升力系数和阻力系数随迎角的变化关系综合为一条曲线的形式,就是飞机的极曲线,如图1-23所示。它比较全面地表达了飞机的空气动力性能。

从极曲线上可以查出各迎角下的升力系数和阻力系数。已知各迎角下的升力系数,就可以很快地查出该迎角所对应的阻力系数。由于极曲线上未标明各迎角的大小值,所以极曲线上各点所对应的迎角值需要从升力系数与迎角的关系曲线上查出。极曲线与横坐标的交点,为零升阻力系数,对应的迎角为无升力迎角。此外,从坐标的原点作极曲线的切线(纵坐标与横坐标的比例需相同),则切点对应的迎角为有利迎角。

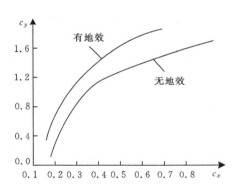

图 1-23　飞机起飞着陆的极曲线示意图

另外,在起飞着陆阶段,由于地面屏蔽效应而使机翼的升力特性有所提高。在机翼下方,由于襟副翼下偏,会产生一种气垫即压力升高区;在机翼上方,流速加快,压力进一步降低。所以在接近地面飞行时,同一迎角下的升力系数要额外增大,从而使地面效应影响下的极曲线要往上移。

(三)推力

发动机的推力是飞机飞行的动力,推力方向一般与飞机纵轴平行,推力的大小随飞行速度和高度而变化。大致关系如图1-24所示:速度增大,推力增大(随发动机类型不同而存在差异);高度增加,推力减小。

发动机的推力还取决于油门杆的位置 δ_p,油门杆前推时(δ_p 为正),推力增大。

除上述三种力外,飞机的纵向运动还受到自身重力的影响。

二、纵向力矩

作用在飞机上,绕飞机横轴 Oz_t,使飞机产生纵向运动的力矩,称作俯仰力矩 M_z。它主要由下列三种力矩复合而成。

(一)俯仰稳定力矩

如前所述,传统飞机的焦点一般在重心之后(如图 1 – 18(b)所示),其位置基本不变。因此,在产生升力的同时就产生了绕 Oz_t 轴的力矩,该力矩可表示为

$$M_z = M_{z0} + M_z^\alpha \alpha$$

式中,M_{z0} 表示 $\alpha = 0$ 平尾在中立位置时的俯仰力矩。当迎角改变时,飞机各部分产生附加升力,形成附加俯仰力矩 $M_z^\alpha \alpha$,这里 $M_z^\alpha = \dfrac{\partial M_z}{\partial \alpha}$,表示 Ma 一定时,单位迎角变化所产生的俯仰力矩。

如图 1 – 25 所示,飞机的焦点在重心之后,当 $\alpha > 0$ 时,力矩 $M_z^\alpha \alpha$ 的方向绕负 Oz_t 轴,根据右手定则定义 $M_z^\alpha \alpha$ 为负力矩。当迎角增大时,此力矩力图使飞机低头,使迎角减小,犹如弹簧的恢复力矩,试图使迎角保持不变,所以称之为俯仰稳定力矩。

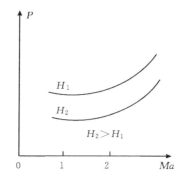

图 1 – 24 推力与高度、马赫数的关系

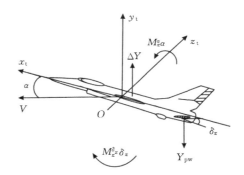

图 1 – 25 俯仰稳定力矩与俯仰操纵力矩

常规飞机气动外形设计使得飞机的焦点位于重心之后,才能保证 $M_z^\alpha < 0$,从而保证飞机具有这种静稳定特性。当飞机受到微小而短暂的扰动作用时,在平衡迎角 α_0 的基础上,增加了一个微小的增量 $\Delta \alpha$。如 $M_z^\alpha < 0$,则稳定力矩的增量 $M_z^\alpha \Delta \alpha$ 为负,使飞机低头,飞机有恢复到原来平衡状态的趋势,飞机是纵向静稳定的。反之,如 $M_z^\alpha > 0$,则 $M_z^\alpha \Delta \alpha$ 为正,使飞机抬头,飞机有偏离原来平衡状态的趋势,飞机是纵向静不稳定的。现代战机往往在进行气动外形设计时使焦点在重心之前,从而使飞机具有静不稳定性。

(二)俯仰操纵力矩

俯仰操纵力矩主要是平尾偏转时,在水平尾翼上产生附加升力,形成的绕飞机 Oz_t 轴的力矩。

平尾是绕平行于 Oz_t 轴的铰链轴偏转的。按右手定则定义:平尾下偏(前缘向上后缘向下)为正、上偏为负。如图 1 – 25 所示,当平尾上偏,在平尾上产生负升力,此升力绕 Oz_t 轴产

生使飞机抬头的正操纵力矩;反之,产生使飞机低头的负操纵力矩。

俯仰操纵力矩大小正比于 δ_z,用 $M_z^{\delta_z}\delta_z$ 表示,不难看出,$M_z^{\delta_z}<0$。

(三)俯仰阻尼力矩

俯仰阻尼力矩主要是由水平尾翼产生的,以 $M_z^{\omega_z}\omega_z$ 表示。

当飞机以速度 V 前飞的同时又以角速度 ω_z 绕 Oz_t 轴作俯仰转动时,在水平尾翼处会产生附加气流。例如,飞机抬头(如图 1-26 所示),因水平尾翼绕 Oz_t 轴向下转动便产生向上的附加气流,同时有相对速度增量 $\Delta V = L\omega_z$,于是使合成气流的方向向上偏转,使水平尾翼的迎角增大 $\Delta\alpha$,平尾升力增大,形成反对飞机绕 Oz_t 转动的力矩 $M_z^{\omega_z}\omega_z$。此力矩始终与 ω_z 的方向相反,故称之为俯仰阻尼力矩。不难看出,$M_z^{\omega_z}<0$。

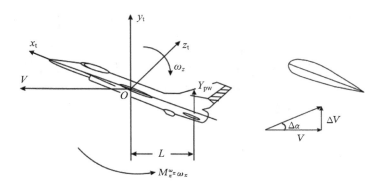

图 1-26　俯仰阻尼力矩

阻尼力矩只能阻尼飞机的转动,而不能使飞机转动后恢复到原来的位置。这与稳定力矩的性质是截然不同的。

机身等部位也会产生阻尼力矩,原理与作用也类似。

第四节　侧向运动作用在飞机上的力和力矩

侧向运动是航向运动和倾斜运动的复合运动。飞行过程中,飞机侧向所受的气动力和力矩的产生及其表达式与纵向类似。

一、侧力

飞机外形是对称的,只有在不对称气流作用下才会产生侧力。与纵向运动时升力的产生类似,当飞机飞行速度方向与其对称面不一致时,例如有一定的侧滑角飞行时,气流的对称性遭到破坏,将产生侧力,用 Z 表示。

侧力主要由机身和垂直尾翼产生。

方向舵偏转、滚转与偏航角速度运动使垂尾等部分产生局部侧滑(气流不对称),也会产生侧力。但这种侧力一般较小,可忽略不计。

侧力的作用点一般在重心之后,处于飞机纵轴 Ox_t 上,方向垂直于相对气流方向。与升

力类似,一定飞行状态下,侧力可表示为

$$Z = \frac{1}{2}\rho V^2 S c_z$$

式中,c_z 表示侧力系数,是侧滑角、方向舵偏转、滚转与偏航角速度等因素综合作用的结果。

侧滑角产生的侧力,可表示为

$$Z = \frac{1}{2}\rho V^2 S c_z^\beta \beta = Z^\beta \beta$$

式中,$c_z^\beta = \partial c_z / \partial \beta$(侧滑角侧力导数),以机翼面积 S 为参考面积,c_z^β 为负值。

同样,方向舵偏转产生的侧力可表示为

$$Z = \frac{1}{2}\rho V^2 S c_z^{\delta_y} \delta_y = Z^{\delta_y} \delta_y$$

式中,$c_z^{\delta_y} = \partial c_z / \partial \delta_y$(方向舵侧力导数),一般飞机的 $c_z^{\delta_y}$ 数值不大,可忽略不记。$c_z^{\delta_y}$ 为负值。

不难看出,侧滑角和方向舵偏转产生的侧力系数均小于零,且有

$$Z \approx Z(\beta, \delta_y)$$

二、侧向力矩

侧向力矩主要由侧力、副翼与方向舵操纵、侧向运动附加空气动力而生成,包括绕立轴的航向力矩和绕纵轴的倾斜力矩。

(一)航向静稳定力矩

由于侧力作用点一般在重心之后,在产生侧力 Z 的同时,将产生绕 Oy_t 轴的力矩 $M_y^\beta \beta$,称作航向静稳定力矩。此力矩力图使飞机机头偏转,以减小侧滑角。如图 1-27 所示,正侧滑,$\beta > 0$ 时,产生使飞机右偏航的稳定力矩——负力矩 $M_y^\beta \beta < 0$;反之,$\beta < 0$ 时,产生正力矩,$M_y^\beta \beta > 0$。因此,航向静稳定力矩系数 $M_y^\beta < 0$。

实际上,航向稳定性这个名词是不确切的,但是已经成为习惯用语。因为具有航向稳定性的飞机并不能保持预定机头方向,而是只能保证消除侧滑角,机头方向是要改变的。

(二)航向操纵力矩

方向舵偏转产生的力矩称为航向操纵力矩,用 $M_y^{\delta_y} \delta_y$ 表示。

方向舵偏转使垂直尾翼两侧的压力分布发生变化,因而产生侧力。此侧力虽小,但到 Oy_t 轴的距离很大,因而能产生足够的力矩来操纵飞机的航向运动。方向舵右出舵,$\delta_y > 0$,正舵偏角产生使飞机右摆头的负力矩,$M_y^{\delta_y} \delta_y < 0$。因此,航向操纵力矩系数 $M_y^{\delta_y} < 0$。

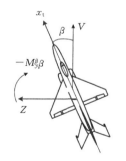

图 1-27 偏航稳定力矩

(三)航向阻尼力矩

航向阻尼力矩(又称作偏航阻尼力矩),主要由垂直尾翼产生。它的产生和性质与俯仰阻尼力矩类似。

飞行中,当飞机航向改变时,譬如绕 Oy_t 轴左摆头,航向角速度 $\omega_y > 0$ 时,飞机垂直尾翼产生了向左的附加气流,气流速度 ΔV 与 ω_y 成正比,如图 1-28(a)所示。在 ΔV 的作用下使合成气流的方向左转一个 $\Delta\beta$ 角,因而垂尾产生了向左的侧力 Z,并对重心形成了绕 Oy_t 轴的航向力矩,阻碍飞机绕立轴左摆头,即 $M_y^{\omega_y}\omega_y < 0$;反之,右摆头,$\omega_y < 0$ 时,产生阻碍飞机绕立轴右摆头的力矩,即 $M_y^{\omega_y}\omega_y > 0$。可见,该力矩的方向与 ω_y 始终相反,故称航向阻尼力矩,力矩系数 $M_y^{\omega_y} < 0$。

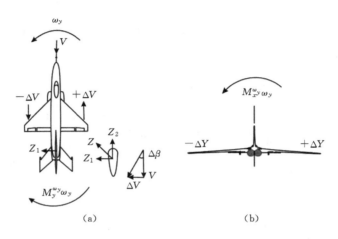

图 1-28　偏航阻尼力矩和倾斜交叉力矩

事实上,与俯仰运动一样,机身等部位也产生这种阻尼力矩。

(四)倾斜交叉力矩

当存在航向运动时,譬如飞机左摆头,$\omega_y > 0$,左机翼处相对气流速度减小 ΔV,右机翼速度增加 ΔV,因而左机翼上产生负的附加升力,右机翼上产生正的附加升力,于是绕 Ox_t 轴产生使飞机向左滚转的倾斜力矩,如图 1-28(b)所示;另外,飞机的垂直尾翼是"⊥"形,而不是"+"形,也将产生侧力,也形成使飞机向左滚转的倾斜力矩。于是,所产生的倾斜合力矩 $M_x^{\omega_y}\omega_y < 0$。反之,如果 $\omega_y < 0$,将产生相反方向的正倾斜力矩,$M_x^{\omega_y}\omega_y > 0$。因此,倾斜交叉力矩系数 $M_x^{\omega_y} < 0$。

倾斜交叉力矩反映了飞机航向运动对倾斜运动的交联影响。

(五)倾斜稳定力矩

近代飞机为了减小波阻,常采用后掠机翼。如图 1-29 所示,当后掠翼飞机产生右侧滑时,$\beta > 0$,气流流过左右机翼时,垂直于左机翼前缘的气流速度分量小于垂直于右机翼前缘的速度分量,在一定的飞行状态下,左机翼升力减小 ΔY,右机翼升力增加 ΔY,因而产生一个负的倾斜(滚转)力矩,$M_x^{\beta}\beta < 0$;反之,$\beta < 0$ 时,$M_x^{\beta}\beta > 0$。因此,倾斜稳定力矩系数 $M_x^{\beta} < 0$。

飞机的后掠角愈大,倾斜稳定力矩也愈大。对于大后掠翼飞机,$M_x^{\beta}\beta$ 往往过大,为了避免引起其他性能的恶化(后面还将谈到),通常采用下反角机翼来补偿。因此,大后掠翼角往往与下反角同时在高速飞机上采用,如图 1-30 所示。

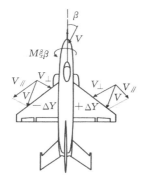 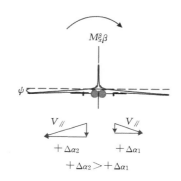

图 1-29　后掠机翼倾斜稳定力矩的产生　　　　图 1-30　下反角对倾斜稳定力矩的影响

　　当具有下反角机翼的飞机侧滑时,如 $\beta>0$,我们把气流分解为垂直于机翼前缘的分速和平行于机翼前缘的分速两部分。平行于机翼前缘的分速又可分解成平行于翼弦平面的分速和垂直于翼弦平面的分速。平行于翼弦平面的分速一般对气动力不产生什么影响,而垂直于翼弦平面的分速会使机翼有效迎角发生变化。于是,右机翼迎角增加 $\Delta\alpha_1$,左机翼迎角增加 $\Delta\alpha_2$,$\Delta\alpha_2>\Delta\alpha_1$,左右机翼升力不等,产生一个正的滚转力矩,从而削弱了后掠角引起的倾斜力矩。

　　亚声速飞机常采用直机翼,为了保证一定的倾斜稳定性,在采用直机翼的同时,常使直机翼带有一定的上反角,如图 1-31 所示。在侧滑时,左右机翼的有效迎角是不相等的。例如飞机左侧滑时,可将流过机翼的气流分解为平行于横轴和垂直于横轴的两个分速,即 $V\sin\beta$ 和 $V\cos\beta$。由于平行分速与翼弦平面有一个夹角 ψ(上反角),再将平行分速分解为与翼弦平面垂直和平行的两个分速。不难看出,左机翼垂直翼弦的分速 $V\sin\beta\sin\psi$ 向上,使其有效迎角增大 $\Delta\alpha$;而右机翼垂直翼弦平面的分速 $V\sin\beta\sin\psi$ 向下,使其有效迎角减小 $\Delta\alpha$。左机翼的有效迎角比右机翼大,从而使左机翼的升力大于右机翼的升力,两翼的升力差便形成了使飞机倾斜的力矩。左侧滑产生正的倾斜力矩,反之产生负的倾斜力矩。

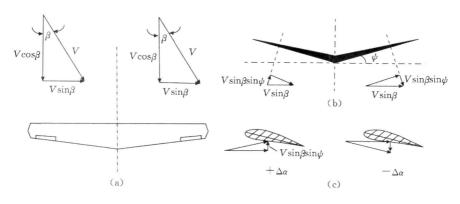

图 1-31　亚声速飞机倾斜稳定力矩的产生

　　为什么把 $M_x^\beta\beta$ 叫作倾斜稳定力矩呢? 这是因为当飞机平飞时,由于某种干扰产生倾斜,如图 1-32 所示,升力也随之倾斜,升力的水平分量将使空速矢量向左转动,因而产生左侧滑

$\beta<0$;滚转力矩 $M_x^\beta\beta>0$,此力矩力图使左倾斜的飞机恢复水平,因此把 $M_x^\beta\beta$ 称为倾斜稳定力矩,倾斜稳定力矩系数 $M_x^\beta<0$。

(六)倾斜操纵力矩

副翼偏转产生的力矩称之为倾斜操纵力矩,用 $M_x^{\delta_x}\delta_x$ 表示,如图 1-33 所示。当 $\delta_x>0$,副翼右下左上时,左机翼产生 $-\Delta Y$,右机翼产生 $+\Delta Y$,随即产生负的倾斜操纵力矩 $M_x^{\delta_x}\delta_x<0$;反之,$\delta_x<0$ 时,$M_x^{\delta_x}\delta_x>0$。因此,操纵力矩系数 $M_x^{\delta_x}<0$。

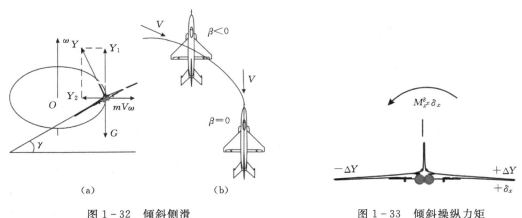

图 1-32　倾斜侧滑　　　　　　　　　　图 1-33　倾斜操纵力矩

(七)倾斜阻尼力矩

当飞机绕 Ox_t 轴转动时,例如以 $\omega_x>0$ 向右滚转,使机翼和垂直尾翼上均产生附加速度,与空速向量合成后,使机翼和垂直尾翼各部分的相对气流速度方向改变,因而产生了附加力。这些附加力的合成力矩即为倾斜阻尼力矩,大小与 ω_x 成正比,方向与 ω_x 方向相反。如图 1-34(a)所示,产生的阻尼力矩 $M_x^{\omega_x}\omega_x<0$,以阻尼右滚转。可见,阻尼力矩系数 $M_x^{\omega_x}<0$。

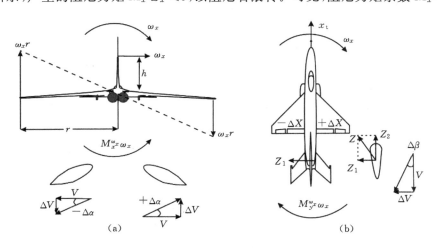

图 1-34　倾斜阻尼力矩、航向交叉力矩的产生

(八)航向交叉力矩

当飞机绕 Ox_t 轴滚转时,例如以 $\omega_x > 0$ 向右滚转,由图 1-34(a)可知,右机翼向下转动,产生向上的附加气流使右机翼的迎角增大;反之,左机翼迎角减小。因而右机翼阻力增加 ΔX,左机翼阻力减小 ΔX,如图 1-34(b)所示,产生负的航向力矩,$M_y^{\omega_x}\omega_x < 0$。同时,飞机垂直尾翼上的附加力 Z_1 绕 Oy_t 轴也产生负的航向力矩。这些力矩使飞机在滚转运动的同时发生航向运动,故称作航向交叉力矩。它反映了倾斜运动对航向运动的交联影响。不难看出,航向交叉力矩系数 $M_y^{\omega_x} < 0$。

第五节 飞机的平衡、稳定性与操纵性

飞机飞行状态的改变,归根结底,都是力和力矩作用的结果。飞机的平衡、稳定性与操纵性是阐述飞机在力和力矩作用下,保持或改变其飞行状态的基本原理,是飞机的重要性能。

一、飞机的平衡

平衡是相对的、有条件的,不平衡是绝对的。飞机的平衡也是如此。飞机能否自动保持平衡状态,是稳定性问题;如何改变其原有的平衡状态,是操纵性问题。所以,研究飞机的平衡,是分析飞机稳定性和操纵性的基础。

飞行速度大小和方向都保持不变的飞行状态,称作飞机的平衡状态。保持飞机平衡的条件是:作用在飞机上的合力和对重心的合力矩均为零。因此,飞机的平衡包括力平衡和力矩平衡。

但是,为了研究方便,常把飞机的平衡分为纵向和侧向平衡两个方面,并以机体坐标系建立平衡方程。所谓纵向平衡,是指沿飞机纵轴的合力、沿竖轴的合力以及绕横轴的俯仰合力矩均为零;所谓侧向平衡,是指沿飞机横轴的合力以及绕纵轴的滚转合力矩和绕竖轴的偏航合力矩均为零。譬如,飞机处于平直飞行状态,则纵向平衡方程为

$$\begin{cases} \sum F_x = Y - G = 0 \\ \sum F_y = P - X = 0 \\ \sum M_z = M_{z0} + M_z^\alpha \alpha + M_z^{\omega_z}\omega_z + M_z^{\delta_z}\delta_z = 0 \end{cases}$$

即

$$\begin{cases} Y = G \\ P = X \\ M_{z0} + M_z^\alpha \alpha + M_z^{\omega_z}\omega_z + M_z^{\delta_z}\delta_z = 0 \end{cases}$$

侧向平衡方程为

$$\begin{cases} Z = 0 \\ \sum M_x = M_x^\beta \beta + M_x^{\omega_x}\omega_x + M_x^{\delta_x}\delta_x + M_x^{\omega_y}\omega_y = 0 \\ \sum M_y = M_y^\beta \beta + M_y^{\omega_y}\omega_y + M_y^{\delta_y}\delta_y + M_y^{\omega_x}\omega_x = 0 \end{cases}$$

显然,上述方程描述的是飞行控制中的动态平衡过程。飞控系统完成其复杂功能的实质

就是以所需的飞行品质保持或改变所需的平衡(飞行)状态。实现这一目标的技术途径是对舵面的有效控制。自然,这也有赖于飞机稳定性与操纵性的气动外形设计。

二、飞机的稳定性与操纵性

(一)飞机稳定性

飞机在飞行中受到扰动偏离平衡状态后,自动恢复到原基准运动状态的特性,亦称飞机安定性,即飞机在扰动运动中保持其固有姿态或抵抗外界扰动的能力。通常将稳定性分成静稳定性和动稳定性。静稳定性指处于某一基准飞行状态的飞机,受微小扰动偏离平衡状态后,在扰动停止的最初瞬间具有恢复原来基准飞行状态的趋势,可用静稳定度衡量。动稳定性指在微小扰动停止后,经过扰动运动,飞机最终恢复到原来基准飞行状态的特性,其研究的是飞机在外界瞬时扰动作用下,整个扰动运动过程的问题,可用衰减时间(半衰期或倍幅时间)、摆动周期和振荡次数等指标衡量。静稳定性只表明飞机受外界扰动作用后具有恢复到原来平衡状态的趋势,并不能说明飞机最终能否恢复到原来的平衡状态。因而具有静稳定性的飞机,不一定具有动稳定性,静稳定性是动稳定性的必要条件。

按研究的运动参数划分,稳定性还可分为纵向稳定性和侧向稳定性。纵向稳定性分为纵向静稳定性和纵向动稳定性。纵向静稳定性包括迎角静稳定性(亦称过载静稳定性)和速度静稳定性(亦称定载静稳定性或直线变速静稳定性),分别指飞机抵抗迎角和速度变化的能力。纵向动稳定性指飞机受扰动偏离原来纵向平衡状态后,自动恢复到原来平衡迎角和速度的过程特性。飞机恢复纵向平衡的过程可分为两个阶段。在最初阶段,速度变化很慢,迎角变化很快,且在较短时间内基本恢复到原来的平衡迎角。之后,迎角基本不再变化,速度变化比较明显,持续时间较长,且会出现飞行轨迹起伏波动现象。恢复迎角的过程实质上是恢复飞机纵向力矩的平衡过程,称短周期模态。恢复速度的过程实质上是恢复飞机力的平衡过程,称长周期模态。

侧向稳定性分为侧向静稳定性和侧向动稳定性。侧向静稳定性包括方向静稳定性和横侧静稳定性,前者指飞机自动消除侧滑角的能力,后者指力图使飞机向侧滑反方向滚转的能力。在实际飞行中,方向和横侧静稳定性是相互影响的,这是侧向运动不同于纵向运动的特点。侧向动稳定性是指飞机侧向平衡受破坏后的恢复过程。它是在两个稳定力矩(方向稳定力矩和横侧稳定力矩)、两个阻尼力矩(方向阻尼力矩和横侧阻尼力矩)和力的共同作用下,逐步恢复的。飞机恢复侧向平衡的过程可看作是滚转、振荡和螺旋三个运动模态的叠加。在恢复侧向平衡的第一阶段以滚转为主,第二阶段以振荡为主,第三阶段以螺旋为主。

(二)飞机操纵性

飞机在飞行员的操纵下改变运动状态的特性,即飞机按照飞行员的意图做各种动作的能力,主要通过操纵机构来实现。操纵机构主要包括各个操纵面(如升降舵或全动平尾、副翼和方向舵等)和发动机油门等。将飞行员施加于驾驶杆或脚蹬的力或其相应的位移等视为操纵的"输入量",将飞机的反应状态,如迎角、侧滑角、过载、角速度、飞行速度等的变化量作为操纵的"输出量"。操纵性常以输出量和输入量的比值来表示,并作为衡量飞机操纵性好坏的指标。这些比值不宜过小,也不宜过大。如果比值过大,则飞机对小的操纵输入过于敏感,不仅难于精确控制,而且也容易因反应量过大而产生失速或结构损坏等问题;如果比值过小,则飞机对操纵输入反应迟钝,容易使飞行员产生误判,也可能造成飞机的大幅度震荡。

按研究的过程划分,通常将操纵性分为静操纵性(操纵的稳态反应)和动操纵性(操纵的动态反应)。飞机的静操纵性是研究在平衡状态时所需施加的操纵量,例如飞机在不同平飞速度时,飞行员对驾驶杆所应施加的力或位移(或升降舵偏角),即改变单位速度或单位迎角(单位过载)所需要的驾驶杆力或杆位移(或舵偏角)的大小和方向。飞机的动操纵性是研究飞机在操纵运动中输入量和输出量随时间变化的全过程,即飞行员施加操纵力和力矩后飞机的运动过程,其特征量有相位差、幅值比、超调量、过渡时间等。在设计飞机时往往要求满足各种操纵指标。

按研究的运动参数划分,操纵性还可分为纵向操纵性、方向操纵性和横侧操纵性。纵向操纵性是指在飞行员操纵驾驶杆偏转平尾(或升降舵)后,飞机改变迎角、速度等飞行状态的特性。纵向操纵性分为纵向静操纵性和纵向动操纵性。纵向静操纵性是指操纵平尾(或升降舵)后,待飞机稳定下来(通常是指平直飞行与稳定曲线飞行),杆力或杆位移与飞行状态之间的关系。纵向动操纵性是研究飞机的操纵反应。

方向操纵性是指飞行员操纵方向舵后,飞机绕竖轴转动而改变其侧滑角等飞行状态的特性。在动力不对称、有侧风等情况下,需偏转方向舵来进行方向操纵。横侧操纵性是指飞行员操纵驾驶杆偏转副翼(或左右翼上的扰流片)后,飞机绕纵轴滚转或改变其滚转角速度和倾斜角等飞行状态的特性。横侧操纵与纵向操纵和方向操纵不同。后两者是"角度操纵"(这里的纵向操纵不包括油门操纵),即一定量的升降舵或方向舵偏角对应着一定的迎角和侧滑角。而横侧操纵是"角速度操纵",即一定量的副翼偏角对应着一定的滚转角速度。方向操纵和横侧操纵往往不能分开,而要相互配合和协调动作。因为无论副翼操纵还是方向操纵都能引起三种反应或输出,即滚转、偏转和侧滑。也就是说,副翼操纵不仅产生滚转,也产生侧滑和偏转;方向操纵不仅产生偏转,也产生滚转和侧滑。如飞机转弯时往往要同时偏转方向舵和副翼,达到协调转弯的目的,由于方向运动和横侧运动的耦合作用,通常将两者合在一起,统称为侧向操纵性。

飞机的操纵性与稳定性之间存在一定的排斥关系。飞机的稳定性越好,安定性越高,但对操纵性来说却越不利。因为越稳定的飞机,要改变其状态就越困难,也就是机动性越差。所以如何权衡飞机稳定性与操纵性的关系,对于现代战斗机而言是一个非常值得研究的问题。实际上,为了获得更大的机动性,目前最先进的战斗机都被设计成静不稳定的,然后通过一些增稳措施来保证飞机的稳定性。

第六节　飞机的敏捷性

飞机的敏捷性是关于飞机机动性和机动能力变化的综合评价,是飞机改变机动状态的能力,是评价飞机飞行性能的重要指标之一。

20 世纪 80 年代之前,由于过分强调视距外或超视距外发射空/空导弹作战,使得对飞机机动性的要求降低。但随着航空技术的发展和空战策略的演变,特别是全方位近距作战空/空导弹的出现,视距内作战,即近距格斗的性能又受到重视。如果飞机的瞬时机动能力强,则在短暂的近距交火中就能很快地将机头对准对方(无需精确对准),迅速完成攻击。我们把这种瞬时的机动能力称作飞机的敏捷性。可见敏捷性是应现代空战要求而提出的,是衡量飞机作战能力的重要因素。

一、定义

飞机的敏捷性自 20 世纪 80 年代被提出以来,其定义表述甚多,也颇有争论。例如:

1. Eggold 提出:敏捷性是飞机迅速和可控地从一种机动状态转移到另一种机动状态的能力。

2. McAtee 提出敏捷性的三个指标:快速"指向"对方的能力;高转弯速率下持续机动的能力,即在较长时间内作高转弯速率的机动能力;直线加速的能力,即迅速撤离或再次进入战斗的能力。

3. Northrop 公司的定义:敏捷性是从空间状态 1(位置、速度及方位)沿最优路径(最短时间、距离或半径)至空间状态 2 的能力。

4. Eidetics 公司的定义:战斗机的敏捷性是对整个武器系统尽量减少从发现目标到消灭目标的时间的能力度量。

从以上这些定义可归纳出如下共同点:

- 提高空战格斗能力是推动研究敏捷性的动力;

- 都强调与时间有关,要求快速改变状态,因此敏捷性不是描述机动状态的指标,而是对改变机动状态过程中时间因素的度量;

- 必须迅速、可控地改变机动状态,不易控制的瞬态没有意义。

二、度量标准

按运动方式,敏捷性可分为纵向、俯仰和横向敏捷性。纵向敏捷性指飞机在平飞条件下迅速改变飞行速度方向作用力(即轴向力)的能力,故又称轴向敏捷性,通常用单位剩余功率的变化率表示。俯仰敏捷性指飞机迅速改变升力(过载)的能力,通常用飞机达到最大过载变化所需时间(飞机平飞拉起到获得最大过载,再由最大过载推杆减少至过载为零的时间)表示。横向敏捷性指飞机迅速获得最大滚转角速度的能力,因此又叫滚转敏捷性,通常用飞机绕速度矢量滚转并达到 90°倾斜角所需的最短时间或滚转角加速度表示。

从系统论的角度还将飞机敏捷性定义为包括飞机、导弹、机载设备等在内的整个武器系统的转换能力,由以下六个独立延迟时间之和表示:从雷达发现目标到飞行员确认目标;从确认目标到决定行动;从决定行动到实际操作;飞机从一种机动状态转换到另一种机动状态;机上武器从待命状态转换到发射状态;从成功发射到击中目标。此外,作者在《现代战机攻击导引轨迹控制技术及其应用》(国防工业出版社,2015)这本专著中,也曾提出过超机动自动攻击导引控制的评价指标,如图 1-35 所示。

飞机敏捷性的好坏与飞机的气动布局、机体结构以及发动机性能、推力矢量技术、飞行控制技术等密切相关。尽管有上述各种各样的度量标准,但尚无具体定论,还有待进一步研究。

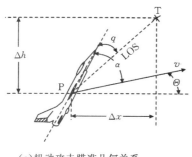

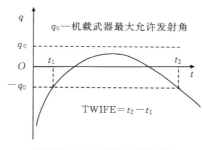

（a）机动攻击瞄准几何关系　　　（b）机动攻击导引评价优势尺度

图 1-35　机动攻击导引评价示意图

第七节　飞机的飞行包线

　　飞机的飞行包线也称飞行极限边界，一般是指在飞行过程中速度、高度、过载等不能超过的界限，用于表示飞机的飞行范围和飞行限制条件。主要包括定常水平直线飞行包线、机动飞行包线等。飞行包线与飞机的动力特性、气动力特性、使用特性以及结构特性密切相关。研究不同飞机的飞行包线，可以比较出飞机飞行性能的优劣。

　　限于篇幅，这里仅以图 1-36 所示的某型飞机定常水平直线飞行时的极限边界说明飞行包线的基本特征：

　　（1）最小平飞速度（左边界），表征飞机的最小允许飞行速度；

　　（2）最大平飞速度（右边界），表征飞机的最大允许飞行速度；

　　（3）最大飞行高度（上边界），表征飞机的最大允许飞行高度；

　　（4）最大动压（右边界），表征飞机的最大允许飞行动压。

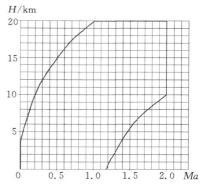

图 1-36　飞行包线

　　现代战机的飞行包线宽广，其飞控系统要尽可能地保证在全飞行包线内均具有良好的飞行控制性能。

复习思考题

1.解释名词：流场、流线、流管、定常流动。

2.请推导低速不可压流场的连续方程和伯努利方程。

3.分别叙述超声速和亚声速情况下流管截面积的变化与流速变化的关系。

4.什么叫马赫数？什么叫临界马赫数？一般飞机的临界马赫数是多少？

5. 为描述飞机的运动状态而建立的三个坐标系是怎样定义的?

6. 描述飞机运动姿态的角度有哪些? 它们是怎样定义的?

7. 飞机在空间运动有哪几个自由度?

8. 飞机各操纵面的偏转极性与操纵极性以及产生的操纵力矩的极性三者之间的关系是怎样的?

9. 作用在飞机上的纵向力有哪些? 其中升力的大小与什么因素有关?

10. 作用在飞机上的纵向力矩有哪些? 其产生的机理是什么? 请写出其表达式。

11. $M_z^\alpha \alpha$ 代表什么力矩,它是怎样产生的? M_z^α 代表什么意义? M_z^α 增大时,会对飞机产生什么影响?(从稳定性角度考虑)

12. 说明作用在飞机上的侧向力矩的产生机理,并写出其表达式。

13. $M_y^{\omega_y} \omega_y$ 是什么力矩? 它主要由飞机的哪个部位产生? 其产生机理是什么? 它会对飞机的倾斜运动产生什么影响?

14. 飞机的纵向静稳定性与纵向的平衡和操纵有什么关系?

15. 叙述飞机动稳定性和静稳定性的定义。

16. 飞机运动过载是怎样定义的? 什么是飞行包线?

17. 亚声速流动与超声速流动的本质区别是什么?

18. 飞机升力系数的大小与哪些参数有关? 说明参数变化对升力系数和升力大小的影响。

19. 飞机稳定性和操纵性的好坏由什么因素决定?

20. 飞机在某高度上的定常最大平飞速度,是否是在该高度上不可超越的最大飞行速度?

21. 说明如何操纵舵面使飞机盘旋飞行。对于无直接侧力控制的飞机,不倾斜($\psi = 0$)能否进行盘旋飞行?

22. 扰动运动模态的概念是什么? 模态的性质与各状态变量的起始条件有何关系?

23. 何谓飞机的气动焦点? 对于纵向静稳定的飞机,全机重心位置为何必须在焦点之前?

24. 莱特兄弟的飞机是纵向静不稳定的,你能否想象他们在飞行中是如何操纵的?

25. 对现代超声速高性能歼击机来说,把质心位置放在焦点之后,为何能提高机动性?

26. 国外某型战机改型时,加装翼尖舱及翼下干扰吊舱后,对飞机起降迎角范围内气动焦点的影响较大,焦点前移量超出预期,从而带来飞机纵向静不安定度过大,相对原型机安定性增加 2.5%～6% BA。为解决纵向安定性不足问题,采取增大平尾方案。试说明其动力学缘由。

第二章
飞机运动的数学模型与分析

基于飞机动力学特性的研究,特别是对作用于飞机上的力和力矩的分析,并考虑飞机滚转、航向运动动力学的交叉影响,一般视飞机为刚体,常将其六自由度运动分为纵向和侧向运动,这样就可以通过力学关系方便地建立飞机的纵向、侧向运动方程,简化飞机运动的数学模型,以更好地阐述飞机运动的基本特征与操纵原理。

第一节　飞机纵向运动方程

一、纵向运动方程的建立

运动方程必须按照一定的坐标系建立。飞机的切向力和法向力方程沿 Ox_q 和 Oy_q 轴方向建立,力矩方程按 Oz_t 轴方向建立,这样建立纵向运动方程比较方便。因为作用在飞机上的气动力(升力和阻力)都是相对于速度坐标系而言的,所建立的力方程在形式上会比较简单;一般转动惯量是相对于机体坐标系而言的,故力矩方程以机体坐标系为参考。

把作用在飞机上的力和力矩按以上所确定的坐标系进行投影,如图 2-1 所示。然后,根据动力学定律可得(无侧滑飞行时)飞机的纵向运动方程

$$m \frac{\mathrm{d}V}{\mathrm{d}t} = P\cos\alpha - X - G\sin\Theta \tag{2-1}$$

$$mV \frac{\mathrm{d}\Theta}{\mathrm{d}t} = P\sin\alpha + Y - G\cos\Theta \tag{2-2}$$

$$I_z \frac{\mathrm{d}^2\theta}{\mathrm{d}t^2} = M_z \tag{2-3}$$

式中,m 表示飞机的质量,I_z 表示飞机绕 Oz_t 轴的转动惯量。

式(2-1)~式(2-3)分别称作切向力方程、法向力方程和纵向力矩方程,描述了飞机在纵向平面内的运动特性。切向力方程和法向力方程描述了飞机的轨迹运动,纵向力矩方程描述了飞机的俯仰角运动。由于飞机的气动力和力矩是随着飞行状态的变化而变化的,所以这是一组非线性方程。基于这样的非线性微分方程组,直接分析求解飞机的运动特性是比较困难的。因此,通常要在一定的条件下,进行线性化处理,以方便飞机运动特性分析。

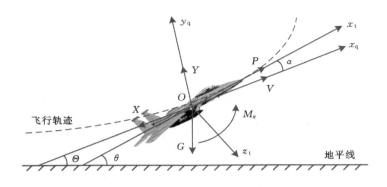

图 2 - 1　纵向受力图

二、纵向运动方程的线性化

采用小扰动法,在飞机的某平衡运动状态下,对上述非线性微分方程组进行线性化处理,以获得相对于某一飞行状态(平衡工作点)的飞机纵向运动动力学方程,进而分析飞机在该飞行状态的运动特性,包括稳定性和操纵性。这也是处理侧向运动非线性方程的基本方法。

经过线性化处理的飞机运动可分解成基准运动和在基准运动基础上叠加的扰动运动两部分。

基准运动是某平衡飞行状态的运动,如水平直线飞行、定常爬高、定常下滑等。由一些基准运动参数描述,如 H_0、Ma_0、V_0、θ_0、Θ_0、α_0、δ_{z0} 等,下标加"0"代表基准状态。它的飞行特性由此状态下的空气动力特性决定,包括发动机推力、阻力、升力和力矩,它们是基准参数与控制量的复合函数,可表示为

$$P = P(V,\rho,\delta_P), \quad Y = Y(V,\rho,\alpha,\omega_z,\delta_z)$$
$$X = X(V,\rho,\alpha,\delta_z), \quad M_z = M_z(V,\rho,\alpha,\omega_z,\delta_z)$$

如果飞行高度变化不大,那么空气密度的变化 $\Delta\rho$ 对推力、空气动力和力矩的影响很小,可以忽略。于是,上述力和力矩可表示为

$$\begin{cases} P = P(V,\delta_P) \\ Y = Y(V,\alpha,\omega_z,\delta_z) \\ X = X(V,\alpha,\delta_z) \\ M_z = M_z(V,\alpha,\omega_z,\delta_z) \end{cases}$$

分析飞机在基准状态下的飞行特性,可以分析飞机受到外干扰作用后相对基准飞行状态的控制特性。于是,运用在基准状态获得的力和力矩,将纵向运动各非线性方程的有关非线性函数在基准运动点展成泰勒级数,并取一阶导数项,可得

$$\begin{cases} P = P_0 + \left(\dfrac{\partial P}{\partial V}\right)_0 \Delta V + \left(\dfrac{\partial P}{\partial \delta_P}\right)_0 \Delta \delta_P \\[2mm] Y = Y_0 + \left(\dfrac{\partial Y}{\partial V}\right)_0 \Delta V + \left(\dfrac{\partial Y}{\partial \alpha}\right)_0 \Delta \alpha + \left(\dfrac{\partial Y}{\partial \delta_z}\right)_0 \Delta \delta_z + \left(\dfrac{\partial Y}{\partial \omega_z}\right)_0 \Delta \omega_z \\[2mm] X = X_0 + \left(\dfrac{\partial X}{\partial V}\right)_0 \Delta V + \left(\dfrac{\partial X}{\partial \alpha}\right)_0 \Delta \alpha + \left(\dfrac{\partial X}{\partial \delta_z}\right)_0 \Delta \delta_z \\[2mm] M_z = M_{z0} + \left(\dfrac{\partial M_z}{\partial V}\right)_0 \Delta V + \left(\dfrac{\partial M_z}{\partial \alpha}\right)_0 \Delta \alpha + \left(\dfrac{\partial M_z}{\partial \delta_z}\right)_0 \Delta \delta_z + \left(\dfrac{\partial M_z}{\partial \omega_z}\right)_0 \Delta \omega_z \end{cases} \quad (2-4)$$

式中，$\left(\dfrac{\partial P}{\partial V}\right)_0, \cdots, \left(\dfrac{\partial M_z}{\partial \omega_z}\right)_0$ 表示对基准运动参数的偏导数。为书写方便，引入 $P^V = \left(\dfrac{\partial P}{\partial V}\right)_0, \cdots,$

$M_z^{\omega_z} = \left(\dfrac{\partial M_z}{\partial \omega_z}\right)_0$ 等符号，将式（2-4）简写为

$$\begin{cases} P = P_0 + P^V \Delta V + P^{\delta_P} \Delta \delta_P \\[1mm] Y = Y_0 + Y^V \Delta V + Y^\alpha \Delta \alpha + Y^{\delta_z} \Delta \delta_z + Y^{\omega_z} \Delta \omega_z \\[1mm] X = X_0 + X^V \Delta V + X^\alpha \Delta \alpha + X^{\delta_z} \Delta \delta_z \\[1mm] M_z = M_{z0} + M_z^V \Delta V + M_z^\alpha \Delta \alpha + M_z^{\delta_z} \Delta \delta_z + M_z^{\omega_z} \Delta \omega_z \end{cases} \quad (2-5)$$

于是，可以分别对方程（2-1）～方程（2-3）进行线性化。

（一）切向力方程的线性化

由式（2-1）可得基准运动状态点的切向力方程

$$m \left.\frac{\mathrm{d}V}{\mathrm{d}t}\right|_{V=V_0} = P_0 \cos\alpha_0 - X_0 - G\sin\Theta_0 = 0 \quad (2-6)$$

当飞机受到瞬时小扰动后，飞机的各运动量将偏离基准状态，即

$$V = V_0 + \Delta V, \ \Theta = \Theta_0 + \Delta\Theta, \ \alpha = \alpha_0 + \Delta\alpha, \ H = H_0 + \Delta H, \ P = P_0 + \Delta P$$

于是，得到切向力方程

$$m \frac{\mathrm{d}(V_0 + \Delta V)}{\mathrm{d}t} = (P_0 + \Delta P)\cos(\alpha_0 + \Delta\alpha) - (X_0 + \Delta X) - G\sin(\Theta_0 + \Delta\Theta)$$

在基准运动状态点展成泰勒级数，并略去二阶和二阶以上的高阶无穷小量可得

$$m \frac{\mathrm{d}V_0}{\mathrm{d}t} + m \frac{\mathrm{d}\Delta V}{\mathrm{d}t} = P_0\cos\alpha_0 - P_0\sin\alpha_0 \Delta\alpha + \cos\alpha_0 P^V \Delta V + \cos\alpha_0 P^{\delta_P} \Delta \delta_P$$
$$- X_0 - X^V \Delta V - X^\alpha \Delta\alpha - X_z^{\delta_z} \Delta\delta_z - G\sin\Theta_0 - G\cos\Theta_0 \Delta\Theta$$

结合式（2-6）基准运动方程，得到小扰动方程

$$m \frac{\mathrm{d}\Delta V}{\mathrm{d}t} = -P_0\sin\alpha_0 \Delta\alpha + \cos\alpha_0 P^V \Delta V + \cos\alpha_0 P^{\delta_P} \Delta\delta_P - X^V \Delta V$$
$$- X^\alpha \Delta\alpha - X^{\delta_z} \Delta\delta_z - G\cos\Theta_0 \Delta\Theta$$

由于 α_0 一般较小，故 $\cos\alpha_0 \approx 1$，$\sin\alpha_0 \approx \alpha_0$；同时，由于 $G = mg$，则上式可写为

$$\frac{\mathrm{d}\Delta V}{\mathrm{d}t} = \frac{P^V - X^V}{m}\Delta V - \frac{P_0\alpha_0 + X^\alpha}{m}\Delta\alpha - g\cos\Theta_0 \Delta\Theta - \frac{X^{\delta_z}}{m}\Delta\delta_z + \frac{P^{\delta_P}}{m}\Delta\delta_P \quad (2-7)$$

上述方程即为切向力的线性化（增量）方程，方程的系数与基准状态有关，对于某基准状态来说均为常数，并且可通过已知飞行状态下飞机和发动机性能参数算出。

(二)法向力方程的线性化

由式(2-2)可得基准运动点状态的法向力方程

$$mV_0 \left.\frac{\mathrm{d}\Theta}{\mathrm{d}t}\right|_{\Theta=\Theta_0} = P_0 \sin\alpha_0 + Y_0 - G\cos\Theta_0 = 0 \tag{2-8}$$

由式(2-2)和式(2-5)可得瞬时小扰动后的法向力方程

$$m(V_0 + \Delta V)\frac{\mathrm{d}(\Theta_0 + \Delta\Theta)}{\mathrm{d}t} = (P_0 + P^V\Delta V + P^{\delta_P}\Delta\delta_P)\sin(\alpha_0 + \Delta\alpha) + (Y_0 + Y^V\Delta V$$
$$+ Y^\alpha\Delta\alpha + Y^{\delta_z}\Delta\delta_z + Y^{\omega_z}\Delta\omega_z) - G\cos(\Theta_0 + \Delta\Theta)$$

展成泰勒级数,并略去二阶和二阶以上的高阶无穷小量,可得

$$mV_0 \frac{\mathrm{d}\Theta_0}{\mathrm{d}t} + m\frac{\mathrm{d}\Theta_0}{\mathrm{d}t}\Delta V + mV_0\frac{\mathrm{d}\Delta\Theta}{\mathrm{d}t} = P_0\sin\alpha_0 + P_0\cos\alpha_0\Delta\alpha + \sin\alpha_0 P^V\Delta V$$
$$+ \sin\alpha_0 P^{\delta_P}\Delta\delta_P + Y_0 + Y^V\Delta V + Y^\alpha\Delta\alpha + Y^{\delta_z}\Delta\delta_z - G\cos\Theta_0 + G\sin\Theta_0\Delta\Theta$$

由于基准迎角 α_0 为较小量,将 $\cos\alpha_0 \approx 1$,$\sin\alpha_0 \approx \alpha_0$ 和 $G=mg$ 代入上式,并结合式(2-8)可得法向力线性化方程

$$\frac{\mathrm{d}\Delta\Theta}{\mathrm{d}t} = \frac{P^V\alpha_0 + Y^V}{mV_0}\Delta V + \frac{P_0 + Y^\alpha}{mV_0}\Delta\alpha + \frac{g\sin\Theta_0}{V_0}\Delta\Theta + \frac{Y^{\delta_z}}{mV_0}\Delta\delta_z + \frac{P^{\delta_P}\alpha_0}{mV_0}\Delta\delta_P \tag{2-9}$$

(三)纵向力矩方程线性化

基准运动状态点的力矩方程为

$$I_z \left.\frac{\mathrm{d}^2\theta}{\mathrm{d}t^2}\right|_{\theta=\theta_0} = M_{z0} = 0 \tag{2-10}$$

同样略去二阶及二阶以上的高阶无穷小量,可得瞬时扰动后的力矩方程泰勒级数展开式

$$I_z\left(\frac{\mathrm{d}^2\theta_0}{\mathrm{d}t^2} + \frac{\mathrm{d}^2\Delta\theta}{\mathrm{d}t^2}\right) = M_{z0} + M_z^V\Delta V + M_z^\alpha\Delta\alpha + M_z^{\omega_z}\Delta\omega_z + M_z^{\delta_z}\Delta\delta_z$$

代入基准运动方程式(2-10),可整理得

$$\frac{\mathrm{d}^2\Delta\theta}{\mathrm{d}t^2} = \frac{M_z^V}{I_z}\Delta V + \frac{M_z^\alpha}{I_z}\Delta\alpha + \frac{M_z^{\omega_z}}{I_z}\Delta\omega_z + \frac{M_z^{\delta_z}}{I_z}\Delta\delta_z \tag{2-11}$$

式(2-7)、式(2-9)和式(2-11)组成飞机纵向线性化方程。上述公式中有些变量的增量数值较大,则可采用百分比增量的形式,例如可用 $\Delta\bar{V} = \Delta V/V_0$ 来代替 ΔV 作为速度的百分比增量,这样上述三式可改写为

$$\begin{cases} \dfrac{\mathrm{d}\Delta\bar{V}}{\mathrm{d}t} = \dfrac{P^V - X^V}{m}\Delta\bar{V} - \dfrac{P_0\alpha_0 + X^\alpha}{mV_0}\Delta\alpha - \dfrac{g\cos\Theta_0}{V_0}\Delta\Theta - \dfrac{X^{\delta_z}}{mV_0}\Delta\delta_z + \dfrac{P^{\delta_P}}{mV_0}\Delta\delta_P \\[2mm] \dfrac{\mathrm{d}\Delta\Theta}{\mathrm{d}t} = \dfrac{P^V\alpha_0 + Y^V}{m}\Delta\bar{V} + \dfrac{P_0 + Y^\alpha}{mV_0}\Delta\alpha + \dfrac{g\sin\Theta_0}{V_0}\Delta\Theta + \dfrac{Y^{\delta_z}}{mV_0}\Delta\delta_z + \dfrac{P^{\delta_P}\alpha_0}{mV_0}\Delta\delta_P \\[2mm] \dfrac{\mathrm{d}^2\Delta\theta}{\mathrm{d}t^2} = \dfrac{M_z^V V_0}{I_z}\Delta\bar{V} + \dfrac{M_z^\alpha}{I_z}\Delta\alpha + \dfrac{M_z^{\omega_z}}{I_z}\Delta\omega_z + \dfrac{M_z^{\delta_z}}{I_z}\Delta\delta_z \end{cases}$$

以 $\Delta\Theta = \Delta\theta - \Delta\alpha$,$\Delta\omega_z = \dfrac{\mathrm{d}\Delta\theta}{\mathrm{d}t}$ 代入上式,进行拉氏变换并引入系数符号则得

$$\begin{cases} (s + n_{1V})\Delta\bar{V} + n_{1\alpha}\Delta\alpha + n_{1\theta}\Delta\theta = n_{1\delta_P}\Delta\delta_P - n_{1\delta_z}\Delta\delta_z \\ n_{2V}\Delta\bar{V} + (s + n_{2\alpha})\Delta\alpha - (s - n_{2\theta})\Delta\theta = -n_{2\delta_P}\Delta\delta_P - n_{2\delta_z}\Delta\delta_z \\ n_{3V}\Delta\bar{V} + n_{3\alpha}\Delta\alpha + (s + n_{3\dot\theta})s\Delta\theta = -n_{3\delta_z}\Delta\delta_z \end{cases} \tag{2-12}$$

式中,各系数表达式见表 2 - 1。

表 2 - 1　纵向方程系数表示式

系数	表达式	计算公式	单位
n_{1V}	$\dfrac{X^V - P^V}{m}$	$\dfrac{1}{mV_0}\left[q_0 S(2c_{x0} + Ma_0 c_x^{Ma}) - V_0 P^V\right]$	$1/\text{s}$
$n_{1\alpha}$	$\dfrac{P_0\alpha_0 + X^\alpha}{mV_0} - \dfrac{g\cos\Theta_0}{V_0}$	$\dfrac{1}{mV_0}\left[P_0\alpha_0 + q_0 Sc_x^\alpha - G\cos\Theta_0\right]$	$1/\text{s}$
$n_{1\theta}$	$\dfrac{g\cos\Theta_0}{V_0}$	$\dfrac{g\cos\Theta_0}{V_0}$	$1/\text{s}$
$n_{1\delta_P}$	$\dfrac{P^{\delta_P}}{mV_0}$	$\dfrac{P^{\delta_P}}{mV_0}$	$1/\text{s}$
$n_{1\delta_z}$	$\dfrac{X^{\delta_z}}{mV_0}$	$\dfrac{q_0 Sc_x^{\delta_z}}{mV_0}$	$1/\text{s}$
n_{2V}	$\dfrac{P^V\alpha_0 + Y^V}{m}$	$\dfrac{1}{m}\left[P^V\alpha_0 + \dfrac{q_0 S}{V_0}(2c_{y0} + Ma_0 c_y^{Ma})\right]$	$1/\text{s}$
$n_{2\alpha}$	$\dfrac{P_0 + Y^\alpha}{mV_0} - \dfrac{g\sin\Theta_0}{V_0}$	$\dfrac{1}{mV_0}\left[P_0 + q_0 Sc_y^\alpha - G\sin\theta_0\right]$	$1/\text{s}$
$n_{2\theta}$	$\dfrac{g\sin\Theta_0}{V_0}$	$\dfrac{g\sin\Theta_0}{V_0}$	$1/\text{s}$
$n_{2\delta_z}$	$\dfrac{Y^{\delta_z}}{mV_0}$	$\dfrac{q_0 Sc_y^{\delta_z}}{mV_0}$	$1/\text{s}$
$n_{2\delta_P}$	$\dfrac{P^{\delta_P}\alpha_0}{mV_0}$	$\dfrac{P^{\delta_P}\alpha_0}{mV_0}$	$1/\text{s}$
n_{3V}	$-\dfrac{M_z^V V_0}{I_z}$	$-\dfrac{q_0 Sb_A Ma_0}{I_z}m_z^{Ma}$	$1/\text{s}^2$
$n_{3\alpha}$	$-\dfrac{M_z^\alpha}{I_z}$	$-\dfrac{q_0 Sb_A}{I_z}m_z^\alpha$	$1/\text{s}^2$
$n_{3\theta}$	$-\dfrac{M_z^{\omega_z}}{I_z}$	$-\dfrac{q_0 Sb_A^2}{I_z V_0}m_z^{\bar\omega_z}$	$1/\text{s}$
$n_{3\delta_z}$	$-\dfrac{M_z^{\delta_z}}{I_z}$	$-\dfrac{q_0 Sb_A}{I_z}m_z^{\delta_z}$	$1/\text{s}^2$

三、纵向线性化方程中各项的物理意义

纵向运动方程中的这些系数都是由某一飞行状态的参数及其导数所组成,可以根据给定的飞行状态和已知的风洞实验曲线和数据计算获得。在给定的飞行状态下,这些参数均为常数,因而经线性化处理后的增量运动方程已经成为常系数线性微分方程组,并可进一步表示为

$$s\Delta\bar V = -n_{1V}\Delta\bar V - n_{1\alpha}\Delta\alpha - n_{1\theta}\Delta\theta + n_{1\delta_P}\Delta\delta_P - n_{1\delta_z}\Delta\delta_z \qquad (2-13)$$

$$s\Delta\Theta = n_{2V}\Delta\bar V + n_{2\alpha}\Delta\alpha + n_{2\theta}\Delta\theta + n_{2\delta_P}\Delta\delta_P + n_{2\delta_z}\Delta\delta_z \qquad (2-14)$$

$$s^2\Delta\theta = -n_{3V}\Delta\bar V - n_{3\alpha}\Delta\alpha - n_{3\dot\theta}s\Delta\theta - n_{3\delta_z}\Delta\delta_z \qquad (2-15)$$

式(2-13)表示各切向力增量所产生的切向加速度增量之和。式中：

$n_{1V}\Delta\overline{V}$ 表示速度变化而引起的切向力增量所产生的加速度增量；

$n_{1\alpha}\Delta\alpha$ 表示迎角变化所产生的加速度增量；

$n_{1\theta}\Delta\theta$ 表示俯仰角变化所引起的加速度增量；

$n_{1\delta_z}\Delta\delta_z$ 表示平尾(升降舵)偏角变化所产生的加速度增量；

$n_{1\delta_P}\Delta\delta_P$ 表示发动机油门开度(由油门杆操纵)引起推力变化所产生的加速度增量。

式(2-14)表示各法向力增量所产生的俯仰轨迹角速度增量之和。式中：

$n_{2V}\Delta\overline{V}$ 表示速度变化所产生的俯仰轨迹角速度变化；

$n_{2\alpha}\Delta\alpha$ 表示迎角变化所产生的俯仰轨迹角速度变化；

$n_{2\theta}\Delta\theta$ 表示俯仰角变化所产生的俯仰轨迹角速度变化；

$n_{2\delta_z}\Delta\delta_z$ 表示平尾(升降舵)偏角增量所产生的俯仰轨迹角速度变化；

$n_{2\delta_P}\Delta\delta_P$ 表示发动机油门开度引起推力变化所产生的俯仰轨迹角速度变化。

式(2-15)表示俯仰力矩增量所产生的俯仰角加速度增量之和。式中：

$n_{3V}\Delta\overline{V}$ 表示速度变化所产生的俯仰角加速度变化；

$n_{3\alpha}\Delta\alpha$ 表示迎角变化所产生的俯仰角加速度变化；

$n_{3\dot{\theta}}s\Delta\theta$ 表示俯仰角速度增量所产生的俯仰角加速度变化；

$n_{3\delta_z}\Delta\delta_z$ 表示平尾(升降舵)偏角增量所产生的俯仰角加速度变化。

至于这些系数的物理意义,可参考有关文献做进一步的研究。

第二节　飞机纵向运动分析

为了分析纵向运动的过程,首先必须解出线性化方程组特征方程的根,然后根据特征方程的根找出纵向运动的特点,并研究系统的稳定性。

一、飞机纵向运动特征方程的根

不妨设外加输入增量为零,则式(2-12)纵向运动方程组为

$$\begin{cases} (s+n_{1V})\Delta\overline{V} + n_{1\alpha}\Delta\alpha + n_{1\theta}\Delta\theta = 0 \\ n_{2V}\Delta\overline{V} + (s+n_{2\alpha})\Delta\alpha - (s-n_{2\theta})\Delta\theta = 0 \\ n_{3V}\Delta\overline{V} + n_{3\alpha}\Delta\alpha + (s+n_{3\dot{\theta}})s\Delta\theta = 0 \end{cases} \tag{2-16}$$

其特征方程为

$$\Delta = \begin{vmatrix} s+n_{1V} & n_{1\alpha} & n_{1\theta} \\ n_{2V} & s+n_{2\alpha} & -(s-n_{2\theta}) \\ n_{3V} & n_{3\alpha} & s(s+n_{3\dot{\theta}}) \end{vmatrix} = s^4 + a_1 s^3 + a_2 s^2 + a_3 s + a_4 = 0$$

式中

$$\begin{cases} a_1 = n_{1V} + n_{2\alpha} + n_{3\dot{\theta}} \\ a_2 = n_{1V}n_{2\alpha} + n_{3\dot{\theta}}(n_{1V}+n_{2\alpha}) + n_{3\alpha} - n_{1\alpha}n_{2V} \\ a_3 = (n_{1V}n_{2\alpha} - n_{1\alpha}n_{2V})n_{3\dot{\theta}} - (n_{1\alpha}+n_{1\theta})n_{3V} + n_{1V}n_{3\alpha} - n_{3\alpha}n_{2\theta} \\ a_4 = n_{1\theta}(n_{2V}n_{3\alpha} - n_{3V}n_{2\alpha}) + n_{2\theta}(n_{3V}n_{1\alpha} - n_{1V}n_{3\alpha}) \end{cases} \tag{2-17}$$

大量分析表明,正常构型(平尾在机翼之后)飞机的四个特征根中有两个大根、两个小根。因此,可近似将特征多项式写成两个二次因式的乘积

$$s^4 + a_1 s^3 + a_2 s^2 + a_3 s + a_4 = (s^2 + As + B)(s^2 + as + b)$$

式中,A、B、a、b 可采用数学方法进行确定,一般由下式求得

$$A = a_1, \quad B = a_2, \quad a = \frac{a_2 a_3 - a_1 a_4}{a_2^2}, \quad b = \frac{a_4}{a_2} \qquad (2-18)$$

举例说明特征根及其运动方程求解的情况。设某飞机在 $H = 11\,000$ m 高度上,以 $Ma_0 = 0.9$ 的速度作定常水平直线飞行。其主要构造参数及气动参数如下

$m = 9\,000$ kg $\quad S = 27.95$ m² $\quad b_A = 3.097$ m $\quad I_z = 7\,447$ kg·m·s² $\quad V_0 = 266$ m/s

$\rho_0 = 0.037\,1$ kg·s²/m⁴ $\quad a = 295$ m/s $\quad \alpha_0 = 3.62°$ $\quad c_{y0} = 0.246$ $\quad c_y^\alpha = 3.9$

$c_y^{Ma} = 0.23$ $\quad c_{x0} = 0.030\,6$ $\quad c_x^\alpha = 0.284$ $\quad c_x^{Ma} = 0.055$ $\quad m_z^\alpha = -0.562$ $\quad m_z^{\bar\omega_z} = -3.53$

$m_z^{\bar{\dot\alpha}} = -1.396$ $\quad m_z^{Ma} = -0.065\,4$ $\quad P^V = 0$ $\quad \theta_0 = 0$

根据上面给出的原始数据,利用表 2-1 可获得以下线性化方程的系数

$n_{1V} = 0.016\,61$ (1/s) $\qquad n_{1\alpha} = 0.005\,7$ (1/s) $\qquad n_{1\theta} = 0.036\,9$ (1/s)

$n_{2V} = 0.105$ (1/s) $\qquad n_{2\alpha} = 0.585$ (1/s) $\qquad n_{2\theta} = 0$ (1/s)

$n_{3V} = 0.898$ (1/s²) $\qquad n_{3\alpha} = 8.574$ (1/s²) $\qquad n_{3\theta} = 0.627$ (1/s)

将所求系数代入式(2-16),可得纵向线性化方程组为

$$\begin{cases} (s + 0.016\,61)\Delta\bar{V} + 0.005\,7\Delta\alpha + 0.036\,9\Delta\theta = 0 \\ 0.105\Delta\bar{V} + (s + 0.585)\Delta\alpha - s\Delta\theta = 0 \\ 0.898\Delta\bar{V} + 8.574\Delta\alpha + (s + 0.627)s\Delta\theta = 0 \end{cases} \qquad (2-19)$$

由式(2-17)计算特征方程系数,可得

$$a_1 = 1.228\,6 \qquad\qquad a_2 = 8.960\,3$$
$$a_3 = 0.109\,9 \qquad\qquad a_4 = 0.013\,84$$

由式(2-18)计算特征方程的根,由

$$(s^2 + 1.228\,6s + 8.960\,3)(s^2 + 0.012\,05s + 0.001\,545) = 0$$

得

$$\lambda_{1,2} = -0.614\,3 \pm j2.929\,7; \quad \lambda_{3,4} = -0.006\,025 \pm j0.038\,84$$

根据初始条件:$\Delta\bar{V}(0) = 0, \Delta\theta(0) = 0, \Delta\alpha(0) = 2, s\Delta\theta(0) = 0$,可求出方程组(2-19)的解为

$$\begin{cases} \Delta V(t) = 0.129\,35e^{-0.614\,3t}\cos(167.87t + 68.113) + 8.450\,6e^{-0.006\,025t}\cos(2.225\,5t - 90.327) \\ \Delta\alpha(t) = 1.998\,5e^{-0.614\,3t}\cos(167.87t - 0.403\,40) + 0.196\,02e^{-0.006\,025t}\cos(2.225\,5t + 89.615) \\ \Delta\theta(t) = 1.954\,8e^{-0.614\,3t}\cos(167.87t - 11.920) + 1.977\,5e^{-0.006\,025t}\cos(2.225\,5t + 165.27) \end{cases}$$

$$(2-20)$$

其过渡过程曲线如图 2-2 所示。其中,为了统一坐标表示,$\Delta V'$ 由 ΔV 缩小 $\frac{266}{57.3}$ 倍得到,即 $\Delta V = \frac{266}{57.3}\Delta V'$。

二、两种典型运动模态及其物理概念

由图 2-2 可以看出,迎角 $\Delta\alpha$ 在扰动运动的开始阶段变化剧烈,以后变化不大。速度 ΔV

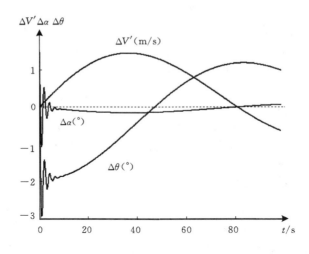

图 2 - 2   关于 ΔV、$\Delta \alpha$、$\Delta \theta$ 的过渡过程曲线

在开始阶段基本不变,以后则缓慢变化。俯仰角 $\Delta \theta$ 的运动情况则兼有以上两者特点,开始变化剧烈,以后缓慢。由此看出,运动有两种模态:一种周期很短、衰减很快;另一种周期很长,衰减很慢。周期短、衰减快的运动模态称为短周期运动;周期长、衰减慢的运动模态称为长周期运动。短周期运动对应于特征方程的一对大共轭复根,长周期运动对应于特征方程的一对小共轭复根。在外界瞬时扰动作用下,各运动参数随时间变化的动态过程正是这两种典型运动模态的叠加,这由式(2-20)也不难看出。上述运动特点的物理成因是:飞机在受到瞬时扰动后的初始时刻容易产生角运动变化,而其速度不易改变。如上例中,飞机存在初始条件 $\Delta \alpha(0) = 2°$,而其他运动参数增量的初始条件均为零,由式(2-16)中的第一式和第三式可得

$$\left.\frac{\mathrm{d}\Delta V}{\mathrm{d}t}\right|_{t=0} = - V_0 [n_{1\alpha} \Delta \alpha(0)] = - 0.052\,92\ (\mathrm{m/s^2})$$

$$\left.\frac{\mathrm{d}^2 \Delta \theta}{\mathrm{d}t^2}\right|_{t=0} = - n_{3\alpha} \Delta \alpha(0) = - 17.148\ (°/\mathrm{s^2})$$

可见,在扰动运动的初始阶段,飞机的角速度比飞行速度变化剧烈,这是飞机运动的一般特点。因为飞机的纵向静稳定度 M_z^α 较大,起始迎角变化 $\Delta \alpha(0)$ 可引起较大的恢复力矩,相比之下,飞机的转动惯量并不大,因而在扰动运动初始产生较大的角加速度 $\mathrm{d}^2 \Delta \theta / \mathrm{d}t^2$,使飞机的迎角和俯仰角迅速变化。稳定力矩使迎角增量由起始正值变为负值,反向的稳定力矩又使飞机向相反方向转动,于是形成迎角和俯仰角的短周期振荡。另一方面,飞机的阻尼力矩导数 $M_z^{\omega_z}$ 较大,所产生的阻尼力矩较大,因而飞机短周期振荡运动的衰减较快。一般情况下,飞机的短周期运动在动态过程的前几秒就基本结束,作用于飞机上的力矩也基本上恢复到原有的平衡状态。

起始迎角 $\Delta \alpha(0)$ 所产生的阻力以及俯仰角变化所产生的重力分量远远小于飞机质量,因而初始线加速度 $\mathrm{d}\Delta V / \mathrm{d}t$ 很小。但是在力矩基本恢复平衡之后,作用于飞机上的外力仍然处于不平衡状态。飞机的航迹仍未恢复到原有水平直线飞行状态,而是如图 2-3 所示的 $\Delta \Theta \neq 0$。因此,当升力大于重力沿航迹的法向分量时,产生向上的法向加速度,使航迹上弯,飞机高

度逐渐增加。与此同时,重力沿航迹切向的分力使飞行速度不断减小,升力也就不断减小。当升力小于重力的法向分量时,出现向下的法向加速度,航迹便转为向下弯曲,高度逐渐降低。这时重力的切向分量使飞行速度不断增大,又使升力在下降过程中不断增大,航迹再次上弯。如此反复,就形成飞行速度 ΔV 和俯仰轨迹角 $\Delta \Theta$ 的振荡运动。一般来说,飞机质量较大,而起恢复作用的气动力 $Y^v \Delta V$ 和起阻尼作用的力 $X^v \Delta V$ 较小,因此振荡周期较长,衰减较慢,形成长周期运动模态。在长周期运动中,飞机的重心时升时降,又称为浮沉运动。

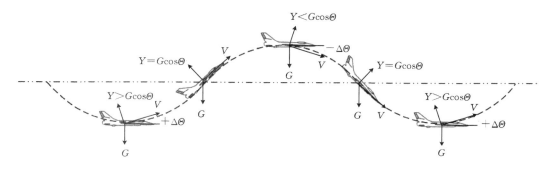

图 2 - 3　浮沉运动

综上所述,飞机的纵向扰动运动可大致分为两个阶段:初始阶段是以迎角和俯仰角速度的变化为代表的短周期运动,飞机速度基本不变;以后的阶段是以飞行速度和俯仰轨迹角的变化为代表的长周期运动,飞机迎角基本不变。

第三节　飞机侧向运动方程

飞机侧向运动方程的建立和处理方法与纵向运动方程相同,在下述分析过程中对部分相同问题采用简单处理方式。

一、侧向运动方程的建立

飞机侧向运动方程包括一个侧力方程和两个力矩方程。侧向运动必须建立在机体坐标系上,这样飞机绕 Ox_t 和 Oy_t 轴的转动惯量才能始终保持常值。如果侧向运动方程也和纵向运动方程一样建立在速度坐标系上,则飞机绕 Ox_q 和 Oy_q 轴的转动惯量为随 α 和 β 而变的变量,方程将变得更加复杂。

把作用在飞机上的力和力矩按机体坐标系进行投影,如图 2 - 4 所示,即得飞机的侧向运动方程

$$\begin{cases} m\left(\dfrac{\mathrm{d}V_z}{\mathrm{d}t} + V_y\omega_x - V_x\omega_y\right) = Z + G\cos\theta\sin\gamma \\[2mm] I_x \dfrac{\mathrm{d}\omega_x}{\mathrm{d}t} = M_x \\[2mm] I_y \dfrac{\mathrm{d}\omega_y}{\mathrm{d}t} = M_y \end{cases} \qquad (2-21)$$

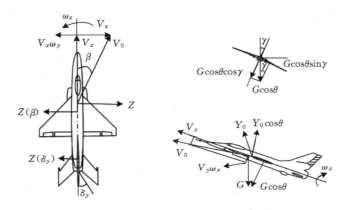

图 2 - 4 侧向运动的力和力矩

第一个方程为侧力方程,方程右端为作用在机体坐标 Oz_t 轴方向的侧力,它包括两个部分:气动侧力和重力分量。方程左端括号内为飞机沿 Oz_t 轴方向的加速度,包括三项:一项为飞行速度 V 在 Oz_t 轴方向的投影的变化率,即 $\dfrac{\mathrm{d}V_z}{\mathrm{d}t}$;一项是由坐标系转动角速度 ω_x 使速度 V_y 改变方向所产生的加速度 $V_y\omega_x$;另一项为坐标系转动角速度 ω_y 使速度 V_x 改变方向所产生的加速度 $V_x\omega_y$。

第二、第三个方程分别为绕 Ox_t 轴和 Oy_t 轴的力矩方程。

以上侧向运动方程也属于非线性方程,为了便于分析也需要进行线性化处理。

二、侧向运动方程的线性化

不妨设侧向运动方程的基准(平衡)状态参数为 H_0、Ma_0、V_0、θ_0、α_0 以及 γ_0、β_0、ω_{x0}、ω_{y0}、δ_{x0}、δ_{y0} 等。为简便表示,侧向扰动运动的各个增量均不加"Δ"符号。

(一)侧向力方程的线性化

在 $\alpha=\alpha_0$,且存在侧滑角 β 时,V_x、V_y、V_z 和 V_0 的关系为

$$V_x = V_0\cos\alpha\cos\beta, \quad V_y = -V_0\sin\alpha\cos\beta, \quad V_z = V_0\sin\beta$$

若 α、β 分别为较小量,则上式可写为

$$V_x \approx V_0, \quad V_y \approx -V_0\alpha_0, \quad V_z \approx V_0\beta$$

代入式(2-21),得

$$mV_0\left(\frac{\mathrm{d}\beta}{\mathrm{d}t} - \alpha_0\omega_x - \omega_y\right) = Z + G\cos\theta\sin\gamma \tag{2-22}$$

根据侧向气动力知识,可知

$$Z \approx Z(\beta, \delta_y) \approx \frac{\partial Z}{\partial \beta}\beta + \frac{\partial Z}{\partial \delta_y}\delta_y = Z^\beta\beta + Z^{\delta_y}\delta_y$$

同理知,不妨设 $\gamma_0=0$,则有

$$G\cos\theta\sin\gamma = \frac{\partial(G\cos\theta\sin\gamma)}{\partial\gamma}\bigg|_{t=0} \cdot \gamma = G\cos\theta_0\cos\gamma_0 \cdot \gamma = G\cos\theta_0 \cdot \gamma$$

于是,将以上两式代入式(2-22),得线性化侧力方程

$$mV_0\left(\frac{\mathrm{d}\beta}{\mathrm{d}t} - \alpha_0\omega_x - \omega_y\right) = Z^{\beta}\beta + Z^{\delta_y}\delta_y + G\cos\theta_0 \cdot \gamma \qquad (2-23)$$

(二)侧向力矩方程的线性化

倾斜及偏航力矩方程经同样的处理可以得到线性化方程

$$I_x\frac{\mathrm{d}\omega_x}{\mathrm{d}t} = M_x^{\beta}\beta + M_x^{\omega_x}\omega_x + M_x^{\omega_y}\omega_y + M_x^{\delta_x}\delta_x + M_x^{\delta_y}\delta_y \qquad (2-24)$$

$$I_y\frac{\mathrm{d}\omega_y}{\mathrm{d}t} = M_y^{\beta}\beta + M_y^{\omega_y}\omega_y + M_y^{\omega_x}\omega_x + M_y^{\delta_y}\delta_y + M_y^{\delta_x}\delta_x \qquad (2-25)$$

对式(2-23)~式(2-25)进行拉氏变换,并代入相应的系数符号,可写出线性化侧向运动方程

$$\begin{cases} (s + n_{1\beta})\beta + n_{1\omega_x}\omega_x + n_{1\gamma}\gamma + n_{1\omega_y}\omega_y = -n_{1\delta_y}\delta_y \\ n_{2\beta}\beta + (s + n_{2\omega_x})\omega_x + n_{2\omega_y}\omega_y = -n_{2\delta_x}\delta_x - n_{2\delta_y}\delta_y \\ n_{3\beta}\beta + n_{3\omega_x}\omega_x + (s + n_{3\omega_y})\omega_y = -n_{3\delta_x}\delta_x - n_{3\delta_y}\delta_y \end{cases}$$

式中各系数表达式见表2-2。

如角运动参量不大,则 $\omega_x \approx \dot{\gamma}$, $\omega_y \approx \dot{\psi}$,上式可写为

$$\begin{cases} (s + n_{1\beta})\beta + (n_{1\omega_x}s + n_{1\gamma})\gamma - s\psi = -n_{1\delta_y}\delta_y \\ n_{2\beta}\beta + (s^2 + n_{2\omega_x}s)\gamma + n_{2\omega_y}s\psi = -n_{2\delta_x}\delta_x - n_{2\delta_y}\delta_y \\ n_{3\beta}\beta + n_{3\omega_x}s\gamma + (s^2 + n_{3\omega_y}s)\psi = -n_{3\delta_x}\delta_x - n_{3\delta_y}\delta_y \end{cases} \qquad (2-26)$$

表2-2　侧向方程系数表示式

系数	表达式	计算公式	单位
$n_{1\beta}$	$-\dfrac{Z^{\beta}}{mV_0}$	$-q_0 Sc_z^{\beta}/mV_0$	1/s
$n_{1\omega_x}$	$-\alpha_0$	$-\alpha_0$	rad
$n_{1\gamma}$	$-g\cos\theta_0/V_0$	$-g\cos\theta_0/V_0$	1/s
$n_{1\omega_y}$	-1	-1	
$n_{1\delta_y}$	$-\dfrac{Z^{\delta_y}}{mV_0}$	$-q_0 Sc_z^{\delta_y}/mV_0$	1/s
$n_{2\beta}$	$-\dfrac{M_x^{\beta}}{I_x}$	$-q_0 Slm_x^{\beta}/I_x$	1/s^2
$n_{2\omega_x}$	$-\dfrac{M_x^{\omega_x}}{I_x}$	$-q_0 Sl^2 m_x^{\bar{\omega}_x}/2V_0 I_x$	1/s
$n_{2\omega_y}$	$-\dfrac{M_x^{\omega_y}}{I_x}$	$-q_0 Sl^2 m_x^{\bar{\omega}_y}/2V_0 I_x$	1/s

系数	表达式	计算公式	单位
$n_{2\delta_x}$	$-\dfrac{M_x^{\delta_x}}{I_x}$	$-q_0 S l m_x^{\delta_x}/I_x$	$1/\mathrm{s}^2$
$n_{2\delta_y}$	$-\dfrac{M_x^{\delta_y}}{I_x}$	$-q_0 S l m_x^{\delta_y}/I_x$	$1/\mathrm{s}^2$
$n_{3\beta}$	$-\dfrac{M_y^{\beta}}{I_y}$	$-q_0 S l m_y^{\beta}/I_y$	$1/\mathrm{s}^2$
$n_{3\omega_x}$	$-\dfrac{M_y^{\omega_x}}{I_y}$	$-q_0 S l^2 m_y^{\bar{\omega}_x}/2V_0 I_y$	$1/\mathrm{s}$
$n_{3\omega_y}$	$-\dfrac{M_y^{\omega_y}}{I_y}$	$-q_0 S l^2 m_y^{\bar{\omega}_y}/2V_0 I_y$	$1/\mathrm{s}$
$n_{3\delta_x}$	$-\dfrac{M_y^{\delta_x}}{I_y}$	$-q_0 S l m_y^{\delta_x}/I_y$	$1/\mathrm{s}^2$
$n_{3\delta_y}$	$-\dfrac{M_y^{\delta_y}}{I_y}$	$-q_0 S l m_y^{\delta_y}/I_y$	$1/\mathrm{s}^2$

三、侧向线性化方程中各项的物理意义

将式（2-26）中的第一式——侧力方程改写为

$$s\beta - s\psi = -n_{1\beta}\beta - n_{1\omega_x}s\gamma - n_{1\gamma}\gamma - n_{1\delta_y}\delta_y$$

如果认为 α_0、$\dot{\gamma}$ 较小，则上式可写为

$$s\psi_s = n_{1\beta}\beta + n_{1\gamma}\gamma + n_{1\delta_y}\delta_y$$

式中：$\psi_s = \psi - \beta$，$s\psi_s$ 表示航迹偏转角速度；

$n_{1\beta}\beta$ 表示侧滑角产生的侧力所引起的航迹偏转角速度；

$n_{1\gamma}\gamma$ 表示滚转角造成重力在 Oz_t 轴上的分量所引起的航迹偏转角速度；

$n_{1\delta_y}\delta_y$ 表示方向舵偏角产生的侧力所引起的航迹偏转角速度。

将式（2-26）中的第二式——倾斜力矩方程改写为

$$s^2\gamma = -n_{2\beta}\beta - n_{2\omega_x}s\gamma - n_{2\omega_y}s\psi - n_{2\delta_x}\delta_x - n_{2\delta_y}\delta_y$$

式中：$n_{2\beta}\beta$ 表示侧滑角产生的倾斜力矩所引起的倾斜角加速度；

$n_{2\omega_x}s\gamma$ 表示 ω_x 产生的阻尼力矩所引起的倾斜角加速度；

$n_{2\omega_y}s\psi$ 表示 ω_y 产生的阻尼力矩所引起的倾斜角加速度；

$n_{2\delta_x}\delta_x$ 表示由副翼偏转产生的倾斜角加速度；

$n_{2\delta_y}\delta_y$ 表示由方向舵偏转产生的倾斜角加速度。

偏航力矩方程的处理与上述类似，不再赘述。

第四节　飞机侧向运动分析

经过线性化处理的侧向运动方程也是一个线性常系数微分方程组，也可采用类似于纵向

运动的分析方法,首先解出方程的根,然后根据根的情况,找出侧向运动的特点。

一、飞机侧向运动特征方程的根

令输入和干扰为零,侧向线性化运动方程为

$$\begin{cases} (s+n_{1\beta})\beta+(n_{1\omega_x}s+n_{1\gamma})\gamma-\dot{\psi}=0 \\ n_{2\beta}\beta+(s^2+n_{2\omega_x}s)\gamma+n_{2\omega_y}\dot{\psi}=0 \\ n_{3\beta}\beta+n_{3\omega_x}s\gamma+(s+n_{3\omega_y})\dot{\psi}=0 \end{cases} \quad (2-27)$$

注意:这里的变量是 β、γ、$\dot{\psi}$。

特征方程行列式为

$$\Delta=\begin{vmatrix} s+n_{1\beta} & n_{1\omega_x}s+n_{1\gamma} & -1 \\ n_{2\beta} & s^2+n_{2\omega_x}s & n_{2\omega_y} \\ n_{3\beta} & n_{3\omega_x}s & s+n_{3\omega_y} \end{vmatrix}$$

可得特征方程

$$s^4+b_1s^3+b_2s^2+b_3s+b_4=0 \quad (2-28)$$

式中:

$b_1=n_{1\beta}+n_{2\omega_x}+n_{3\omega_y}$

$b_2=n_{1\beta}n_{2\omega_x}+n_{2\omega_x}n_{3\omega_y}+n_{3\omega_y}n_{1\beta}-n_{1\omega_x}n_{2\beta}-n_{2\omega_y}n_{3\omega_x}+n_{3\beta}$

$b_3=n_{1\beta}(n_{2\omega_x}n_{3\omega_y}-n_{2\omega_y}n_{3\omega_x})-n_{1\omega_x}(n_{2\beta}n_{3\omega_y}+n_{2\omega_y}n_{3\beta})+n_{2\omega_x}n_{3\beta}-n_{2\beta}n_{3\omega_x}-n_{1\gamma}n_{2\beta}$

$b_4=n_{1\gamma}(n_{2\omega_y}n_{3\beta}-n_{2\beta}n_{3\omega_y})$

一般情况下,正常构型飞机侧向运动的特征根都有以下特点:

①具有一个绝对值较大的负实根;

②具有一个绝对值很小的负实根,或是有一个很小的正实根;

③具有一对共轭复根,其实部的绝对值介于两个实根的绝对值之间。

下面举例研究飞机侧向运动情况。

设某飞机以 $Ma=0.9$,$H=11\,000$ m 高度作定常水平直线飞行,其主要结构参数及气动参数如下

$$m=9\,000\text{ kg} \qquad\qquad S=27.95\text{ m}^2$$

$$l=9.7\text{ m} \qquad\qquad I_x=1\,010\text{ kg}\cdot\text{m}\cdot\text{s}^2$$

$$I_y=7\,975\text{ kg}\cdot\text{m}\cdot\text{s}^2 \qquad\qquad V_0=266\text{ m/s}$$

$$a_0=0.063\,2\text{ rad} \qquad\qquad \rho_0=0.037\,1\text{ kg}\cdot\text{s}^2/\text{m}^4$$

$$C_y=0.246 \qquad\qquad C_z^{\beta}=-0.681\text{ (1/rad)}$$

$$m_x^{\beta}=-0.032\,2\text{ (1/rad)} \qquad\qquad m_y^{\beta}=-0.085\,2\text{ (1/rad)}$$

$$m_x^{\bar{\omega}_x}=-0.352 \qquad\qquad m_x^{\bar{\omega}_y}=-0.086\,6$$

$$m_y^{\bar{\omega}_x}=-0.03 \qquad\qquad m_y^{\bar{\omega}_y}=-0.158\,5$$

依表 2-2,计算得到线性化方程的系数

$$n_{1\beta}=0.102\text{ (1/s)} \qquad n_{2\beta}=11.306\text{ (1/s}^2\text{)} \qquad n_{3\beta}=3.789\text{ (1/s}^2\text{)}$$

$$n_{1\omega_x}=-0.063\,2\text{ rad} \qquad n_{2\omega_x}=2.253\text{ (1/s)} \qquad n_{3\omega_x}=0.024\,3\text{ (1/s)}$$

$$n_{1y} = -0.036\,9\,(1/s) \qquad n_{2\omega_y} = 0.554\,(1/s) \qquad n_{3\omega_y} = 0.129\,(1/s)$$

将以上数据代入式(2-28)的系数表示式中可得

$$b_1 = 2.484 \qquad b_2 = 5.024$$
$$b_3 = 8.666 \qquad b_4 = -0.0236$$

由此,侧向运动的方程为

$$s^4 + 2.484s^3 + 5.024s^2 + 8.666s - 0.0236 = 0$$

由特征方程解出的四个特征根分别代表三种典型运动模态:

模态 1　　$\lambda_1 = -2.076\,8$　　　　　　　　(大根)

模态 2　　$\lambda_2 = 0.002\,72$　　　　　　　　(小根)

模态 3　　$\lambda_{3,4} = -0.205 \pm j2.034\,1$　　　(共轭复根)

由此可见,飞机的侧向扰动运动通常由两个非周期运动模态和一个振荡模态组成。大的负实根对应于滚转运动模态,衰减很快。小实根(可正可负)对应于螺旋运动模态,这种模态运动非常缓慢。如果具有小的正实根,则对应于缓慢发散的不稳定模态。共轭复根所对应的是振荡运动模态。

飞机受到侧向干扰后,侧向运动变量的变化均由这三种典型模态的简单运动叠加而成,但不同变量、不同典型模态在扰动运动不同阶段的反应是不同的。下面较详细地说明典型模态的物理本质。

二、飞机侧向运动的典型模态

(一)滚转模态

一般说来,在扰动运动的初始瞬间,大负实根起主要作用,飞机滚转角和滚转角速度变化较大,而其他参数(如侧滑角、偏航角速度)则变化很小。这主要是由于滚转转动惯量 I_x 比偏航转动惯量 I_y 小得多。在外干扰作用下容易产生滚转运动而不易产生偏航运动。另外,飞机的滚转阻尼通常较强(如前例中 $m_x^{\omega_x} = -0.352$,而 $m_y^{\omega_y} = -0.158\,5$),运动过程能很快衰减,因此,飞机在扰动运动初始时刻表现为迅速衰减的滚转运动。

(二)荷兰滚模态(振荡模态)

滚转阻尼运动基本结束后,共轭复根的作用变得明显起来,滚转角、偏航角和侧滑角随时间周期性地变化。

如果 M_x^β 远大于 M_y^β,就会比较突出地表现出荷兰滚运动。若飞机受侧向扰动而向右倾斜(如图 2-5(a)所示),则升力 Y 的向心力分量 $Y\sin\gamma$ 指向飞机右侧,使飞机速度矢量 V 转向飞机右侧,从而形成右侧滑($\beta > 0$)。侧滑角主要产生 $M_x^\beta\beta$ 和 $M_y^\beta\beta$ 两个力矩,由于 $M_x^\beta < 0$,$M_y^\beta < 0$,右侧滑情况引起负的倾斜稳定力矩($M_x^\beta\beta < 0$),使飞机左倾斜,减小倾斜角 γ。与此同时,右侧滑引起负的航向稳定力矩($M_y^\beta\beta < 0$),使飞机向右偏转减小侧滑角 β。由于 M_x^β 远大于 M_y^β,向左滚转的力矩大于向右偏航的力矩。这样,当 γ 回到零时,机头偏转不大,仍存在侧滑角。滚转力矩 $M_x^\beta\beta$ 使飞机继续向左滚转,飞机左倾斜($\gamma < 0$)。这时,向心力 $Y\sin\gamma$ 指向飞机左侧,速度向量又转向左侧,形成左侧滑(如图 2-5(b)所示)。应补充说明的是,当飞机右侧滑时,机头向右偏转($\omega_y < 0$),因为存在交叉力矩 $M_x^{\omega_y}\omega_y$,且 $M_x^{\omega_y}$ 为负,所以 $M_x^{\omega_y}\omega_y > 0$ 使飞机向右倾斜,恰与 $M_x^\beta \beta$ 的作用相反。由于 ω_y 和 M_x^e 不大,$M_x^\beta \beta > M_x^{\omega_y} \omega_y$,飞机仍向左倾斜。

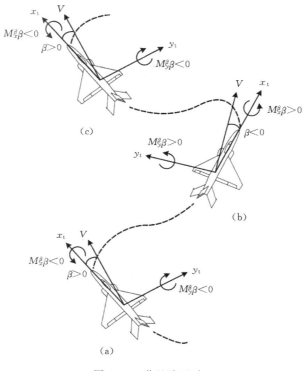

图 2-5　荷兰滚运动

　　综上所述,飞机右倾斜引起右侧滑,形成左倾斜和右偏航;进而形成左倾斜,引起左侧滑,又形成右倾斜和左偏航,进而又形成右倾斜引起右侧滑,周而复始。这就使得飞行航迹呈弯曲的 S 形。这种运动方式与荷兰人滑冰时的动作相仿,称为荷兰滚。

(三)螺旋模态

　　小实根的作用在扰动运动的后期会明显表现出来,且往往首先表现为偏航角变化,其次是滚转角的单调而缓慢的变化。

　　在 M_y^β 远大于 M_x^β 时,螺旋运动就会突出地表现出来。

　　在扰动运动后期,如果飞机仍有小的正侧滑角,则将产生如图 2-6(a)所示的两个力矩 $M_y^\beta \beta$ 和 $M_x^\beta \beta$。由于 $M_y^\beta > M_x^\beta$,力矩 $M_y^\beta \beta$ 对飞机起主要作用,使飞机机头向右偏转以减小 β 角。在机头向右偏转($\omega_y < 0$)过程中将产生交叉力矩 $M_x^{\omega_y} \omega_y$。由于 $M_x^{\omega_y}$ 为负,交叉力矩 $M_x^{\omega_y} \omega_y > 0$,使飞机向右滚转,而这时 $M_x^\beta \beta$ 使飞机向左滚转,因 M_x^β 较小,$|M_x^\beta \beta| < |M_x^{\omega_y} \omega_y|$,结果飞机向右滚转。飞机缓慢地向右滚转时,速度向量也缓慢地向右偏转,侧滑角将保留一个很小的值,飞机将继续缓慢地向右偏航。于是飞机在缓慢右偏的同时缓慢地向右滚转。飞机滚转后,升力在垂直方向的分量 $Y\cos\gamma$ 小于飞机的重力,飞行高度也将缓慢地下降,飞机最终沿着如图2-6(b)所示螺旋下降的轨迹运动,这种运动模态称为螺旋模态。

　　若 M_y^β 很大,进入螺旋运动后驾驶员又不采取措施,则上述过程会继续发展,飞机倾斜越

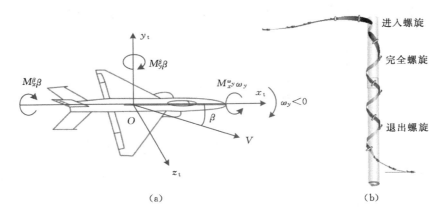

图 2-6　螺旋运动

来越厉害,向心力加大,盘旋角越来越大,而盘旋半径越来越小,飞机最终将坠入尾旋,这就是螺旋不稳定过程。

飞机侧向扰动运动按其固有特点分为三个典型模态和三个阶段,有着重要的实际意义。滚转模态衰减较快,一般总是稳定的。螺旋模态参数变化非常缓慢,即使不稳定,只要发散不太快,一般也是允许的,只要驾驶员干预就可避免进入尾旋,因此对螺旋模态的要求较低。而荷兰滚模态周期较短、参数变化较剧烈,驾驶员难以控制,因此要求这种模态不仅稳定而且要有较好的阻尼。

第五节　飞机操纵原理

一、纵向运动的操纵原理

通过对飞机纵向运动方程的讨论,我们分析了飞机的稳定性问题。飞机的操纵是指飞机在杆舵操纵下,改变其飞行状态的过程。下面我们通过对修正飞机俯仰和操纵飞机上升两类问题的讨论,阐述飞机纵向运动的操纵原理。

(一)修正飞机俯仰,保持平直飞行

飞机作水平等速直线飞行,称作平直飞行(简称平飞)。

由式(2-1)~式(2-3)纵向运动方程不难得到平飞的动力学条件:

$$P \approx X, \quad Y \approx G$$

并且,$\Theta = 0$,$\theta = \alpha$。为了保证作用于横轴的合力矩为零,平尾(升降舵)还应该调整到平衡位置——配平位置。

在飞机平飞过程中,假设某种干扰使机头上仰而爬高,出现了如图 2-7 所示的 $\Delta\theta$ 和 $\Delta\Theta$。

为了使飞机恢复平飞,必须使空速矢量恢复到水平位置。空速矢量向下的转动依赖于 $-\Delta Y$,而 $-\Delta Y$ 又要依赖于 $-\Delta\alpha$。当操纵平尾(升降舵)向下偏转时,产生负的操纵力矩 $M_z^{\delta_z}\delta_z$,飞机纵轴向水平方向转动。因飞机纵轴的转动比空速矢量的转动来得快,便出现 $-\Delta\alpha$

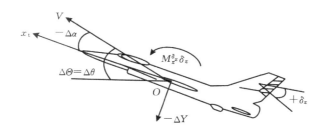

图 2-7 修正飞机俯仰

和$-\Delta Y$,于是空速矢量不断向水平位置转动;在操纵力矩的作用下,飞机的纵轴亦不断向水平位置转动。当$\Delta\theta=0$时,$\Delta\Theta=0$,$\Delta\alpha=0$,$-\Delta Y=0$,平尾也应收回原位,$\Delta\delta_z=0$,飞机恢复平直飞行。

由此可知,修正飞机抬头的舵面动作规律是:推杆平尾(升降舵)向下,飞机在舵面力矩作用下向水平位置恢复,随着飞机俯仰角逐渐趋于零,平尾(升降舵)也要逐渐回收,当飞机到达水平状态时,平尾(升降舵)应收回中立。修正飞机低头的舵面动作过程与上述过程类似,只是舵的方向相反。

(二)操纵飞机等速爬升

为了使飞机由平飞转入上升,必须使空速矢量向上转动,其转动的力应来自升力的增量ΔY,而ΔY则要靠迎角的增量$\Delta\alpha$来产生。如图 2-8(a)所示,向上偏转平尾(升降舵)产生正的俯仰操纵力矩$M_z^{\delta_z}\delta_z$,使俯仰角增加$\Delta\theta$,因空速矢量V跟不上$\Delta\theta$的变化,故出现了$\Delta\alpha$,产生了ΔY。飞机纵轴在舵面力矩作用下,不断向上转动,俯仰角就不断增大;空速向量在ΔY的作用下,不断向上转动,俯仰轨迹角不断增大,迎角又不断减小。当俯仰角达到给定的俯仰轨迹角时,俯仰轨迹角也就达到给定的轨迹角,此时$\Delta\alpha\approx0$,$\Delta Y\approx0$,$\Delta\delta_z\approx0$。

为了保持等速爬高必须符合下列条件,如图 2-8(b)所示。为保持航迹角不变,应使$Y=G\cos\Theta$;为保持上升速度不变,还应使$P=X+G\sin\Theta$;为保持飞机不绕重心转动,要求作用在飞机各轴的力矩必须平衡,即$M_x=M_y=M_z=0$。

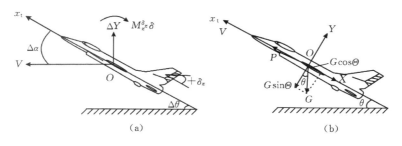

图 2-8 操纵飞机上升

由以上分析可知,人工操纵飞机上升,必须是油门杆与驾驶杆配合,拉杆操纵平尾(升降舵)上偏,飞机的俯仰角和轨迹角同时增大,当轨迹角接近规定值时,收回平尾(升降舵);在此过程中,适当调整油门杆的位置。

二、侧向运动的操纵原理

侧向运动的形式较多,例如飞机的盘旋(协调转弯)、半滚(下滑倒转)、横滚及全滚等。为简便起见,仅选择协调转弯的操纵和侧向偏离的修正为例说明侧向运动的操纵原理。

(一)操纵飞机协调转弯

协调转弯是指飞机在水平面内以一定的坡度、一定的角速度连续改变飞机航向,不掉高度、无侧滑的飞行状态。

1. 协调转弯的条件

(1)地垂面运动

在如图 2-9 所示的稳定转弯过程中,要满足高度不变,即 $\dot{H}=0$,必须使升力的垂直分量与重力平衡

$$Y\cos\gamma = G$$

此式表明,在飞机倾斜的情况下,必须增大迎角来增大升力,才能满足有效升力与重力的平衡。

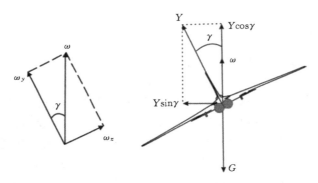

图 2-9　飞机协调转弯时的受力图

协调转弯时,俯仰角较小,迎角增量 $\Delta\alpha$ 与倾斜角 γ 有如下近似关系

平飞时,有

$$Y_0 = qS(c_{y0} + c_y^\alpha \alpha_0) = G$$

倾斜时,有

$$Y\cos\gamma = qS(c_{y0} + c_y^\alpha \alpha)\cos\gamma = G$$

所以

$$\Delta\alpha = \alpha - \alpha_0 = \frac{G}{qSc_y^\alpha}\left(\frac{1}{\cos\gamma} - 1\right)$$

$$= \frac{g}{n_{22}V_0}\left(\frac{1}{\cos\gamma} - 1\right)$$

其中 $n_{22} = \dfrac{qSc_y^\alpha}{mV_0}$。

迎角增量的存在将产生俯仰稳定力矩 $M_z^\alpha \Delta\alpha$,为平衡 $M_z^\alpha \Delta\alpha$ 一般应使平尾(升降舵)向上偏

转一定角度。

（2）水平面运动

要满足稳定转弯时无侧滑，即 $\beta = 0$，必须使飞机倾斜角 γ 与转弯角速度 ω 具有一定的配合关系，这种关系要从质点圆周运动的向心力与角速度的关系得到。使飞机以角速度作圆周运动的向心力是由 Y 的侧向分力提供的，即

$$Y\sin\gamma = -mV\omega$$

将 $Y = \dfrac{G}{\cos\gamma} = \dfrac{mg}{\cos\gamma}$ 代入可得

$$\omega = -\frac{g}{V}\tan\gamma \qquad\qquad (2-29)$$

由此可见，要想使空速矢量 V 在水平面内以 ω 的角速度转动，必须使飞机保持一定的倾斜角，其数值应满足式（2-29）所确定的关系。

如何保证飞机纵轴也在水平面内以 ω 的角速度转动呢？由图 2-9 可见，ω_y、ω_z 与 ω 有如下关系（因俯仰角 θ 较小，其影响可忽略）

$$\omega_y = \omega\cos\gamma \qquad \omega_z = -\omega\sin\gamma$$

于是，结合式（2-29）可得

$$\omega_y = -\frac{g}{V}\sin\gamma \qquad\qquad (2-30)$$

$$\omega_z = \frac{g}{V}\tan\gamma\sin\gamma \qquad\qquad (2-31)$$

因而，要想使飞机纵轴在水平面内以角速度 ω 转动，并满足无侧滑飞行，必须偏转方向舵，使飞机绕立轴以式（2-30）所确定的 ω_y 值转动；同时还必须偏转平尾（升降舵），使飞机绕横轴以式（2-31）所确定的 ω_z 值转动。也就是说，在协调转弯过程中，平尾（升降舵）的偏转角必须符合保持 $\Delta\alpha$ 和 ω_z 的要求。

式（2-29）～式（2-31）是协调转弯的三个条件。

2. 协调转弯的操纵方法

由协调转弯的条件知道，要完成协调转弯，必须协调操纵三个舵面。如要实现左转弯，就要左压杆，偏转副翼使飞机左倾斜，达到要求的倾斜角时，回收驾驶杆使副翼回到中立。与此同时左蹬舵，使方向舵向左偏转，从而使纵轴按相应的 ω_y 值转动。为了克服转弯时的惯性，开始蹬舵量大些，到进入稳态转弯后，逐渐减小蹬舵量，但仍须保留一定的舵偏角，以维持要求的角速度 ω_y。另外，为了保持高度，驾驶员还要向后拉杆，使平尾（升降舵）向上偏转，偏角应满足产生 $\Delta\alpha$ 和 ω_z 的要求。

飞机左转弯时，各舵面动作见表 2-3。

表 2-3　飞机左转弯舵面动作

飞机状态\舵面	进入转弯	继续转弯	改出转弯
副翼	左上右下	收回中立	右上左下——收回中立
方向舵	向左	收回并留小角度	向右——收回中立
平尾（升降舵）	向上	出舵一定	收回中立

人工转弯质量的好坏取决于驾驶技术的熟练程度。转弯过程中,驾驶员一方面通过地平仪观察倾斜角大小,一方面通过侧滑仪观察有无侧滑。若飞机倾斜角大或方向舵留角小,相对气流就会从机头内侧吹来,这种飞行状态叫内侧滑;反之,飞机倾斜角小,方向舵留角大,飞机摆头过快,相对气流就会从机头外侧吹来,就叫外侧滑(如图 2 - 10 所示)。飞机要正确转弯,必须消除侧滑,如果产生内侧滑,说明纵轴跟不上空速向量的转动,应加大蹬舵量,提高 ω_y。反之,如有外侧滑,则应减小蹬舵量,另外还要通过升降速度表,适时地控制平尾(升降舵)偏转角,以保持高度不变。

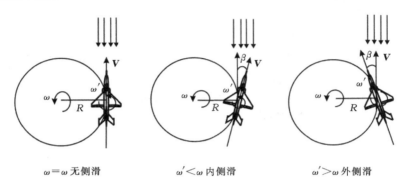

$\omega'=\omega$ 无侧滑　　　　$\omega'<\omega$ 内侧滑　　　　$\omega'>\omega$ 外侧滑

图 2 - 10　飞机内、外侧滑

(二)修正飞机侧向偏离

由侧向运动的力矩分析可知,交叉力矩使航向与滚转运动相互耦合。修正侧向偏离需三个舵面协调动作。

1. 修正飞机倾斜,保持水平飞行

例如飞机左倾斜时,要使飞机恢复平飞,必须操纵副翼右上左下出舵,使飞机改出左倾斜;操纵飞机方向舵向右,以修正飞机因左倾斜而产生的左偏航;同时操纵平尾(升降舵)向上,以免因飞机倾斜而掉高度;在飞机改出左倾斜和左偏航的过程中,也随之将三个舵面收回中立位置,飞机即可恢复平飞。

2. 修正飞机航向偏差

例如飞机左偏航时,要使飞机恢复原航向,必须操纵方向舵向右,使机头往回摆;操纵副翼右上左下,以修正飞机左偏航而产生的左倾斜;同时操纵平尾(升降舵)向上,以免因飞机倾斜而掉高度。飞机向原航向恢复和改出坡度(倾斜)的同时,随之将方向舵、副翼和平尾(升降舵)往回收;当飞机恢复原航向并改平飞时,三舵面也回到中立位置,飞机即恢复原航向作平直飞行。

3. 修正飞机航线偏离

例如飞机向右偏离应飞航线时,要使飞机恢复原航线,首先需要操纵方向舵向左,使飞机向左转,如图 2 - 11(a)所示;同时操纵副翼右上左下,以修正飞机因左偏航而产生的左倾斜;然后将方向舵和副翼回中,使飞机水平地向应飞航线飞去,如图 2 - 11(b)所示;当向右偏离逐渐减小时,操纵方向舵向右,使飞机机头向右偏,并操纵副翼右下左上,以修正飞机因右偏航而

产生的右倾斜,如图 2-11(c)所示;在飞机逐渐接近应飞航线的同时,将方向舵和副翼回中,最终使飞机恢复到原航线飞行,如图 2-11(d)所示。在整个过程中,需要操纵平尾(升降舵)向上,以免因飞机倾斜而掉高度。

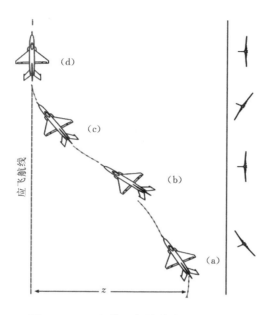

图 2-11　飞机修正航线偏离的物理过程

第六节　舰载机下滑着舰操纵原理

以航空母舰或特殊舰船为起落基地的飞机称为舰载机。与陆基飞机相比,舰载机起降飞行有其自身的特殊性,最难把握的是固定翼舰载机(以下简称舰载机)下滑着舰飞行操纵。因此,本节重点阐述舰载机下滑着舰的飞行特点及操纵原理。

一、下滑着舰飞行特点

1. 精度要求高

现代航母一般采用斜直两段式飞行甲板,如图 2-12 所示为某航母甲板配置示意图。该航母舰首的直段甲板为起飞甲板,长约 70 m～100 m;斜段甲板为降落甲板,设在主甲板左侧,与舰体龙骨轴线成 6°～13°夹角,长 220 m～270 m,宽 27 m～30 m。目前,舰载机着舰主要采取的是拦阻索阻拦着舰方式,在航母甲板着舰区域垂直于斜段甲板中心线设置了 4 根拦阻索,每隔 12 m 设一道,第一道设在距斜甲板尾端 55 m 处,由弓形弹簧张起,高出飞行甲板 30 cm～50 cm。舰载机着舰时,尾钩必须钩住其中的一根才能够成功着舰,理想着舰点位于第 2 根与第 3 根拦阻索之间。因此,舰载机着舰点必须非常准确,若太向前,飞机会脱钩;若太靠后,飞机则有可能与航母的艉部相撞,酿成大祸。根据美军着舰引导规范,舰载机着舰点的纵向高度误差应小于 0.3 m,前后水平误差小于 12.2 m,侧向偏差应小于 ±3 m。

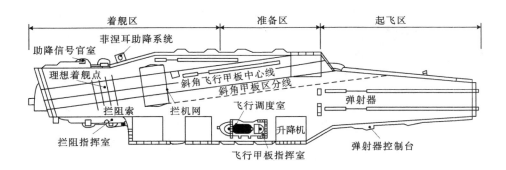

图 2-12　航空母舰甲板配置示意图

2. 触舰速度快

舰载机下滑着舰时,如果尾钩未能成功挂上拦阻索,飞行员要迅速推油门加力,进行逃逸复飞。由于着舰甲板长度有限,为了保证成功复飞,除了提高发动机推力外,舰载机在着舰时还要保持较高的触舰速度,因此舰载机采用撞舰式着舰方式,不经过陆基飞机着陆时的平飘过程,舰载机触舰时的飞行速度约为 240 km/h,这远高于陆基飞机的触地速度(陆基飞机下滑着陆飞行速度虽然较大,但是着陆前的平飘飞行过程使得其触地时的速度相对较小)。舰载机着舰时的下沉速率也相对较大(一般为 3 m/s~4.2 m/s),约是陆基飞机的两倍,在触舰过程中对舰面甲板及飞机起落装置会产生巨大的冲击力,因此对舰载机起落架的结构强度与陆基飞机相比有着更高的要求。

3. 操纵难度大

下滑着舰飞行包括纵向和横侧向两个方面的飞行操纵。舰载机向航母进近飞行中,只有纵向控制好飞行高度,侧向对准期望中心线,才能沿着由助降系统提供的理想下滑道,进行精确着舰并实现安全拦阻。理想情况下的下滑道是一条以航母行驶速度做平移运动的直线,而在实际情况下,航空母舰行驶在海面上,其甲板受海浪和海涌的影响会产生六自由度的运动,受甲板运动的影响,理想下滑道也会产生波动,如图 2-13 所示。此外,舰载机在下滑过程中还会受到舰尾流的严重干扰,为了跟踪理想下滑道,飞行员需要时刻调整飞机姿态,特别是在最后着舰的 18 s 内通常要完成上百次的操纵动作,操纵难度可想而知。

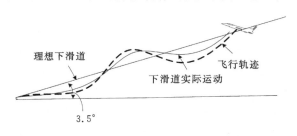

图 2-13　舰载机下滑轨迹图

二、下滑着舰飞行的受力特性分析

舰载机在下滑着舰过程中为实现下滑轨迹的精确控制,要保证下沉速率一定,这就需要保持迎角恒定,使得升力与重力相平衡;还要保持速度恒定,这就需要适时调整推力,使之与气动阻力相平衡。如图 2-14 所示,即有 $Y_0=G$,$P_0=X_0$。在实际操作中,飞行员通过驾驶杆使飞机俯仰以控制迎角,通过油门杆调节油门以调整推力。但是,由于舰载机下滑着舰时的飞行速度与陆基飞机着陆时的不同,使得驾驶杆和油门杆的操纵控制难以解耦,这是因为其气动阻力的变化具有与陆基飞机不同的特性。

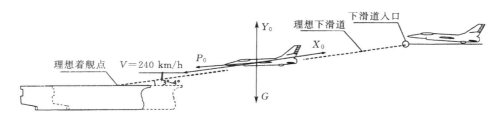

图 2-14　舰载机下滑过程的受力分析

飞机在飞行过程中引起阻力变化的主要因素是飞行速度和迎角。就舰载机下滑着舰而言,当迎角恒定时,飞行速度改变会影响飞机阻力。舰载机在下滑着舰过程中主要受两种阻力的影响如图 2-15 所示。一种被称为诱导阻力(如图 1-22③所示),是由迎角变化产生升力而诱发出来的,这种阻力会随着飞机速度的增大而减小;另一种被称为粘滞阻力(如图 1-22①、②所示),是由飞机机体与空气相互作用产生的阻力,这种阻力会随着飞机与空气相对运动速度的增大而增大。在某个飞行速度下,诱导阻力与粘滞阻力恰好相等,此时飞机所受到的总阻力最小,升阻比最大,相应的飞行速度称为有利速度 V_{yl}。

根据图 2-15 中飞机速度与飞行阻力之间的关系,可将飞行速度划分为三个区:"正区"、"反区"和"底区"。"正区"指的是飞行速度大于有利速度 V_{yl} 的区域,在该区域内粘滞阻力大于诱导阻力,并逐渐在总阻力中占主导地位,飞机的飞行轨迹和速度是稳定的,飞行轨迹可以仅通过驾驶杆进行控制。"反区"是指飞行速度小于有利速度 V_{yl} 的区域,"反区"最明显的气动特点是阻力随速度的减小而增大。在该区内诱导阻力占主导地位,飞机的飞行速度和轨迹是不稳定的。"底区"是指有利速度点附近的速度范围,在该区域飞机的阻力变化随速度变化不明显。

陆基飞机着陆下滑时速度较大,高于舰载机着舰时的飞行速度,处于"正区"范围内。在下滑着陆过程中,飞行速度稳定,仅需操纵俯仰调整下滑轨迹高度就能修正进场飞行纵向轨迹偏差,而飞行速度不用过多调整;在着陆前平飘拉起,使飞机以较低速度触地。舰载机则不同,在下滑着舰飞行整个过程中,飞行速度恒定,在 240 km/h 附近,处于如图 2-15"反区"范围内。这使得下滑着舰中飞行速度和轨迹高度控制相互耦合,需要同时操纵驾驶杆和油门才能保持飞行速度、迎角恒定,实现精确定点着舰。

总而言之,下滑着舰飞行有其特殊性! 仅靠驾驶杆无法实现舰载机下滑着舰飞行,要同时操纵驾驶杆和油门,才能很好地保持迎角恒定和速度恒定,实现纵向下滑轨迹的精确控制。

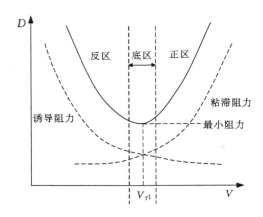

图 2-15　舰载机下滑过程的飞行速度与阻力的关系

三、下滑着舰飞行的操纵原理

鉴于舰载机下滑着舰飞行时的横侧向操纵与陆基飞机并无大的差别,因此下面仅就纵向操纵,阐述着舰反区操纵原理。

不妨分以下两种情形,说明如何稳定速度、保持迎角、修正下滑轨迹的原理过程。

（1）修正下滑轨迹偏低。拉驾驶杆飞机抬头,俯仰角增大,迎角增大,阻力增大,速度减小（图 2-16 中由 V_0 降低到 V_0'）。根据"反区"的阻力特性可知,速度减小会导致阻力增大（图 2-16 中由 X_0 增加到 X_0'）,使得飞机的速度继续降低,速度的减小又会削弱拉驾驶杆修正飞行高度偏低的努力（升力不能如期增加）。因此,必须推油门增加推力,稳定速度,使速度不会出现减小的情况,同时拉驾驶杆保持迎角恒定。

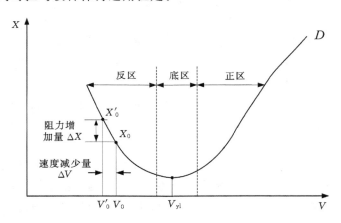

图 2-16　阻力-速度变化曲线

（2）修正下滑轨迹偏高。推驾驶杆飞机低头,俯仰角减小,迎角减小,阻力减小,速度增加。根据"反区"的阻力特性可知,速度增加会导致阻力减小,使速度继续增加。速度的增加又会导致升力增大,削弱修正下滑轨迹偏高的努力。因此,推驾驶杆的同时需要收油门减小推力来稳定速度。

当迎角保持恒定后,推油门速度增大,升力增大,下沉速度减小,以修正下滑轨迹偏低;反之,亦然。

综上所述,下滑着舰飞行过程中,实施反区操纵,飞行员操纵油门杆保持飞行速度,操纵驾驶杆保持迎角。修正下滑轨迹偏低时,拉杆——推油门;修正下滑轨迹偏高时,推杆——收油门。遵循"对中、保角、看灯"的操作口令:"对中",侧向操纵驾驶杆保证飞机的对中飞行;"保角",纵向操纵驾驶杆保持飞机的迎角(即保持下沉速度),操纵油门改变下滑轨迹的高度;"看灯",跟踪菲涅尔透镜给出的理想下滑道,保证"肉球"在中心位置("肉球",一种琥珀色的光标,位于光学助降装置中心线上,指示飞机相对于理想下滑道的高度)。

舰载机飞行员在训练"反区"操纵技术时,会在双手上绑一根绳子并绕在脖子后面,以训练推油门的同时拉杆以及收油门的同时推杆的操纵习惯。

复习思考题

1. 建立刚体飞机运动方程的假设条件有哪些? 采用机体坐标系建立方程有何优点?
2. 请写出飞机纵向运动方程,说明方程线性化的意义,对于得到的纵向运动线性化方程,请叙述方程中各项系数的物理意义。
3. 飞机纵向运动有哪两种运动模态? 说明两种模态的物理成因和特点。
4. 说明飞行员操纵飞机修正俯仰的操纵方法。
5. 请写出飞机侧向运动方程,说明方程线性化的意义,对于得到的侧向运动线性化方程,请叙述方程中各项系数的物理意义。
6. 飞机侧向运动的典型模态有哪些? 说明各种模态的物理成因和特点。
7. 什么叫协调转弯?用表达式说明协调转弯的条件,说明飞行员怎样操纵飞机才能协调转弯,若操纵不当会产生什么飞行状态?
8. 说明飞行员操纵飞机上升的操纵方法。
9. 说明修正飞机侧向偏离的基本过程。
10. 思考侧滑飞行对飞机纵向运动的影响。
11. 思考飞机纵向和侧向运动方程的状态空间描述。

第三章

飞机飞行控制的基本原理

在绪论中提到：角运动是线运动的控制基础；控制中枢舵回路的控制特点及其综合控制信号，反映了飞行控制的基本控制规律，是实现角运动自动控制的基础。因此，本章首先介绍飞行控制的基本控制律，然后再分别具体介绍纵向运动与横侧向运动的飞行控制原理，从角运动和线运动两个方面，阐述飞行控制理论的最基本内容。

第一节　飞行控制的基本控制律

正如绪论所述，飞行控制系统的子系统（控制器）通过舵回路控制飞机的操纵面，达到自动飞行控制的目的。实现自动飞行控制的控制中枢——舵回路，根据飞行控制指令自动驱动飞机操纵面。因此，先介绍飞行控制常采用的两种基本控制律：比例式控制律和积分式控制律，以便进一步研究飞行控制系统的基本控制原理。

一、比例式控制律

飞行控制律，反映了操纵面偏转量（舵回路的输出量，如舵机杆位移量）与综合控制信号（控制指令）之间的关系。如果操纵面偏转角与综合控制信号成正比则称为比例式控制律。

一种具有比例式控制律的俯仰角运动控制回路的原理结构如图 3-1 所示。垂直陀螺仪稳定的电刷 B 与随飞机俯仰而俯仰的电阻 A 构成了俯仰角电位计测量元件。舵机操纵舵面的同时带动反馈电位计电刷 C，反馈电位计的电阻固定于飞机机体上，因此反馈电位计能够测量操纵面偏转角，与放大器和舵机所构成的舵回路可实现比例式控制。根据图 3-1 可画出如图 3-2 所示的俯仰角运动回路的动态结构（放大器增益用 K_1 表示；舵机可视为带有惯性的积分环节，时间常数为 T；反馈电位计的增益用 K_f 表示）。于是，得到控制律

$$\delta_z = \frac{1/K_f}{\dfrac{T}{K_1 K_2 K_f}s^2 + \dfrac{1}{K_1 K_2 K_f}s + 1} u_{\Delta\theta}$$

当设计保证 $K_1 K_2 K_f \gg 1 > T$ 时[①]，舵机惯性可忽略，上式可简写为

$$\delta_z = \frac{1}{K_f} u_{\Delta\theta} \tag{3-1}$$

---

① 设计应保证舵机时间常数远小于 1。

式(3-1)表明舵偏角与综合控制信号成正比,比例系数为舵回路反馈增益的倒数 $1/K_f$。产生比例式控制律的根本原因是舵回路采用了位置反馈。

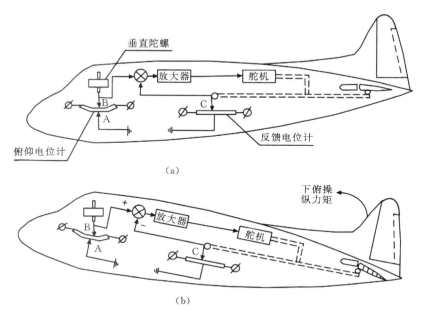

图 3-1　某型比例式俯仰角运动控制原理图

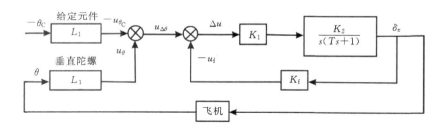

图 3-2　某型飞机比例式俯仰角运动回路结构图

如图 3-2 所示,垂直陀螺的俯仰角信号增益用 L_1 表示,将 $u_{\Delta\theta}=L_1(\theta-\theta_C)$ 代入式(3-1)得

$$\delta_z = L_\theta(\theta-\theta_C) \tag{3-2}$$

式中,$L_\theta=L_1/K_f$,L_θ 称作俯仰角信号传动比,它表示单位俯仰角变化所产生的平尾(升降舵)偏转量。

式(3-2)是比例式俯仰角运动控制律的最简单形式,平尾(升降舵)操纵面只受俯仰角偏差信号控制。为了改善比例式控制律控制角运动的性能,还可引入其他控制信号。具有比例式角运动控制系统的原理框图,一般如图 3-3 所示,由此可得到比例式控制律的一般形式为

$$\delta = \frac{1}{K_f}u_{zon} = \frac{1}{K_f}(u_1+u_2+u_3+\cdots-u_C) \tag{3-3}$$

式中,δ 表示某个控制通道操纵面的偏转角,K_f 表示该通道舵回路反馈信号的增益。

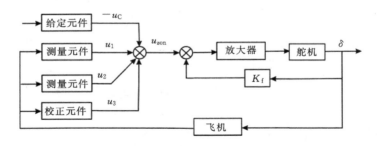

图 3-3　比例式角运动控制原理框图

二、积分式控制律

如果舵回路的输出量(操纵面偏转角)与综合控制信号的积分成正比,则为积分式控制律。具有积分式控制律的俯仰角控制回路的原理与动态结构分别如图 3-4 和图 3-5 所示。它与图 3-3 所示的比例式控制律的主要区别是:舵回路不是采用位置反馈,而是速度反馈(采用测速发电机作为反馈元件);供飞行控制的测量信号,除垂直陀螺的俯仰角信号外,还有角速度陀螺的俯仰角速度信号以及由微分器产生的俯仰角加速度信号。按上述假设同样可推导出这种角运动回路的控制律

$$\delta_z = \frac{K_1 K_2/(K_1 K_2 K_f + 1)}{s\left(\dfrac{T}{K_1 K_2 K_f + 1}s + 1\right)} u_{zon}$$

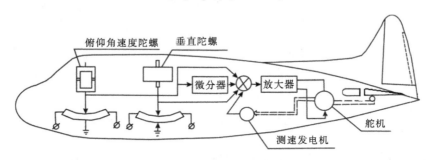

图 3-4　某型积分式俯仰角运动控制原理图

可见,速度反馈改善了舵回路的动态特性,惯性减小了 $(K_1 K_2 K_f + 1)$ 倍,只要 $K_1 K_2 K_f \gg 1$,则控制律可简写为

$$\delta_z = \frac{1/K_f}{s} u_{zon} \tag{3-4}$$

上式表明,操纵面偏转角与综合控制信号的积分成正比,故称积分式控制律。产生积分式控制律的根本原因是舵回路采用了速度反馈。

将 $u_{zon} = u_\theta + u_{\dot\theta} + u_{\ddot\theta} - u_{\theta_C} = L_1(\theta - \theta_C) + L_2\dot\theta + L_3\ddot\theta$ 代入式(3-4)可得

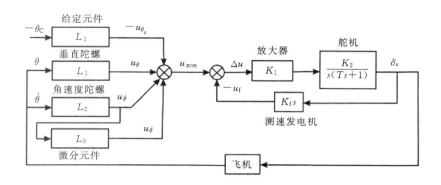

图 3-5　积分式角运动控制原理框图

$$\delta_z = L_\theta \int (\theta - \theta_C)\mathrm{d}t + L_{\dot\theta}\theta + L_{\dot\theta}\dot\theta \tag{3-5}$$

或

$$\dot\delta_z = L_\theta(\theta - \theta_C) + L_{\dot\theta}\dot\theta + L_{\ddot\theta}\ddot\theta \tag{3-6}$$

式中，$L_\theta = L_1/K_f$，$L_{\dot\theta} = L_2/K_f$，$L_{\ddot\theta} = L_3/K_f$，分别表示俯仰角信号、俯仰角速度信号和俯仰角加速度信号的传动比。L_1、L_2、L_3 分别表示俯仰、俯仰角速度、俯仰角加速度测量元件的增益。

第二节　飞机纵向角运动控制的原理

　　飞机的纵向角运动即指飞机的俯仰运动。飞行控制系统稳定和操纵俯仰角一般是通过升降（或平尾）通道控制飞机的升降舵（或平尾）来完成的。下面将分别介绍具有比例式控制律和积分式控制律的俯仰角控制回路控制俯仰运动的过程，以说明综合控制信号的不同分量在控制俯仰角运动过程中所起的作用，以及信号传动比对飞行控制性能的影响。

一、比例式俯仰角回路的控制原理

　　自动控制俯仰角运动包括两个方面的内容：自动稳定俯仰角和操纵飞机达到期望俯仰角。自动稳定俯仰角是指当飞机在干扰作用下偏离了规定的俯仰角时，俯仰角回路自动修正偏离，使飞机回到或接近回到期望的俯仰角下继续飞行；操纵飞机俯仰是指驾驶员利用操纵装置给出期望的俯仰角指令信号，使飞机达到期望的俯仰角并保持该俯仰角继续飞行。它们的本质一样：按偏差自动操纵飞机的平尾（升降舵），以一定的精度使飞机按期望的俯仰角飞行。

（一）稳定俯仰角的过程

　　以如图 3-1 所示的比例式俯仰角回路为例，说明稳定俯仰角的一般过程。

　　以飞机平飞为基准状态时，不妨视 $\theta_C = 0$，则式（3-2）控制律为

$$\delta_z = L_\theta\theta \tag{3-7}$$

1. 瞬时干扰下的稳定过程

　　飞机平飞时，$\theta = \theta_C \approx 0$，图 3-1 中电刷 B 和 C 均处于电阻中点位置（两电位计实际上是按惠斯顿电桥联接的），$u_{\Delta\theta} = u_f = 0$，放大器输入输出信号均为零，舵机制动升降舵归于原位（可

视为 $\delta_z=0$)。从控制律中看,这是显而易见的。$\theta=0$、$\delta_z=0$,飞机保持水平状态继续飞行。

当飞机受瞬时干扰力矩作用而抬头时,$\theta>0$,由于俯仰电位计电阻随飞机一起抬头,电刷 B 被陀螺稳定而相对电阻向右滑动(实际上是电阻动),产生与 θ 成正比的 u_θ 信号加入放大器(不妨设 $u_{\Delta\theta}>u_f$),控制舵机操纵升降舵向下出舵(因为 $\theta>0$,故 $\delta_z>0$),同时带动反馈电刷 C 滑动产生 u_f;当 $u_{\Delta\theta}=u_f$ 时,放大器输入信号为零,升降舵向下偏转量一定,产生负的操纵力矩 $M_z^{\delta_z}\delta_z$,以修正飞机抬头,这体现了俯仰角回路对飞机俯仰运动的稳定作用。

飞机向水平位置恢复中,俯仰(偏离)角减小,电刷 B 相对电阻向左滑动,使 $u_{\Delta\theta}$ 减小,$u_{\Delta\theta}<u_f$,输入放大器的信号又不为零,但极性(相位)变化,舵机操纵升降舵向反方向转动,使升降舵开始收舵。与此同时反馈电刷 C 也向反方向滑动,即向电阻中点靠拢,故使 u_f 减小。随着修正过程的继续,俯仰(偏离)角不断减小,$u_{\Delta\theta}$ 也就不断减小,升降舵继续回收,u_f 也不断减小;理想情况是,当飞机恢复到平飞时,$\theta=\theta_C=0$,$u_{\Delta\theta}=0$;升降舵亦收回原位,$\delta_z=0$,$u_f=0=u_{\Delta\theta}$,放大器输入输出为零,使飞机重新保持水平飞行。

上述自动稳定俯仰角的过程如图 3-6 所示。但应当指出,这是忽略了飞机和角运动控制回路惯性的理想控制过程,实际的飞行过程可能是如图 3-7 所示的衰减振荡过程。其动态过程反映了系统的自动控制性能。

不论是从理想稳定过程曲线还是从实际稳定过程曲线来看,只采用式(3-7)的比例式控制律是能抵抗瞬时干扰而保持飞机俯仰角稳定的,但其调节时间、振荡次数等性能指标只适用于要求不高的飞机。因为增大 L_θ 可使偏舵量增大,从而加快了修正过程,即减少了过渡过程的调节时间。但考虑到飞机惯性的存在及其自身阻尼的不足,当 $\theta=0$ 时,$\dot\theta\neq0$(且为最大值),故造成修正过头,引起反复修正的振荡现象,使实际的调节时间不仅没有减小反而增长了。因此,对于只有角位置信号的比例式控制,通过改变 L_θ 传动比来得到满意的动态品质是困难的。

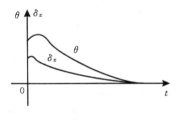

图 3-6　理想稳定过程

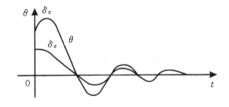

图 3-7　实际稳定过程

为了改善动态品质,可以采用角速度陀螺仪将俯仰角速度信号引入到综合控制信号中,以产生附加舵偏角以及附加的俯仰操纵力矩。如果附加力矩的方向与俯仰角速度的方向相反,则此附加力矩就相当于阻尼力矩,用以补偿飞机本身自然阻尼的不足。引入角速度信号后,式(3-2)控制律变为

$$\delta_z=L_\theta(\theta-\theta_C)+L_{\dot\theta}\dot\theta \tag{3-8}$$

式中,$L_{\dot\theta}$ 为俯仰角速度信号的传动比,由比例式控制律的一般形式——式(3-3)可知,$L_{\dot\theta}=L_2/K_f$。$L_{\dot\theta}\dot\theta$ 前冠以"+"号才能保证产生的附加力矩起阻尼作用。引入 $\dot\theta$ 信号后的过渡过程如图 3-8 所示。

从图 3-8 可以看出,在飞机恢复到平飞状态之前的 t_1 时刻,由于角速度信号与俯仰角信

号的符号相反,使升降舵偏转角 δ_z 提前回到中立位置,并在 t_1 之后出反舵,产生与飞机纵轴转动方向相反的舵面力矩,能够有效地抑制振荡,使修正抬头的过程更为平稳。这样,就可以在保证系统稳定性要求的前提下,适当增大俯仰角传动比 L_θ,提高修正的快速性。这就是自动控制原理所述的测速反馈能够改善系统的动态性能!

2. 常值干扰力矩作用下的稳定过程

为了分析方便,仍以式(3-7)所述的只有角位置信号的比例式控制律为例,说明平飞中保持俯仰角的控制过程。角速度信号对整个稳定过程并无本质上的影响,只是使全过程的阻尼作用加强了。

当飞机水平飞行时,如果受到常值俯仰干扰力矩的作用,例如抬头力矩 $+\Delta M_z$ 的干扰,飞机将抬头,$\theta>0$;俯仰角舵回路按照比例式控制律驱使升降舵向下偏转,$\delta_z>0$。θ 和 δ_z 的变化过程与瞬时力矩俯仰角偏离的稳定过程相类似,如图3-9所示。所不同的是开始阶段和最后阶段不一样:在 $+\Delta M_z$ 加入的瞬时,$\theta=0$,$\delta_z=0$,过此瞬间在 $+\Delta M_z$ 的作用下才迅速出现 θ,产生 δ_z;而稳定过程结束后,δ_z 不再回到中立位置,而是留有一个 $\Delta\delta_z$ 的舵偏角,产生操纵力矩 $M_z^{\delta_z}\Delta\delta_z$ 与干扰力矩 $+\Delta M_z$ 相平衡。由控制律 $\delta_z=L_\theta\theta$ 可知,为维持这个舵偏角,必须牺牲飞机的俯仰角作为(如图3-1或图3-2所示)俯仰控制舵回路的输入信号,因此 $\Delta\theta$ 最终也就回不到零,存在此俯仰角偏差——静差。它是比例式角运动回路平衡常值干扰力矩所固有的误差。

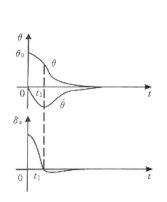

图3-8　加有角速度信号的稳定过程

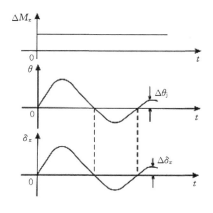

图3-9　常值干扰时的稳定过程

静差 $\Delta\theta_j$ 可由下式确定:

$$\Delta M_z = M_z^{\delta_z}\Delta\delta_z$$

$$\Delta\delta_z = L_\theta\Delta\theta_j$$

可得

$$\Delta\theta_j = \frac{\Delta M_z}{M_z^{\delta_z}L_\theta}$$

由上述关系式得出:俯仰角静差正比于干扰力矩,反比于传动比 L_θ。适当增大 L_θ 不但可以使过渡过程加快,而且可以使静差减小。当然,L_θ 的增大会受到动态性能要求的制约。静差 $\Delta\theta_j$ 的方向由干扰力矩 ΔM_z 决定。

事实上,运用自动控制原理中线性定常系统的静态误差与系统型别、参数的关系进行静差分析,也能获得以上结论。但是,希望读者还是从系统的飞行控制过程与物理概念上加深对这类问题的理解。

(二)操纵俯仰角的过程

有人驾驶飞机的驾驶舱中一般设有自动飞行控制系统的操纵台(给定元件),供驾驶员给出操纵指令,调整自动飞行控制的给定量——期望值。例如,通过操纵台上的升降操纵旋钮,给出俯仰角回路操纵(升降的)信号$-u_{\theta_C}$,使飞机从某一俯仰角平衡状态改变为另一平衡状态。

如图 3-2 所示俯仰角回路的给定元件给出升降的操纵信号$-u_{\theta_C}$($\theta_C > 0$),经放大使舵机带动升降舵向上偏转产生$-\delta_z$(忽略放大器和舵机的惯性),与此同时带动反馈电刷产生u_f,使$u_f = u_{\theta_C}$。飞机在$M_z^{\delta_z}\delta_z$的作用下抬头,$\theta > 0$。俯仰角的增大,使电刷 B 相对电位计向右滑动,产生俯仰角反馈信号u_θ加到综合装置。据控制律可知,u_θ是削弱u_{θ_C}信号的,故$u_\theta - u_{\theta_C} < u_f$,升降舵开始收舵,同时$u_f$也减小。出现$\theta > 0$的同时,产生正的迎角增量$\Delta\alpha$和负的稳定力矩增量$M_z^\alpha\Delta\alpha$,因而$\theta$一直增大到舵面力矩和稳定力矩相平衡。

与此同时,迎角的增大引起升力的增大,导致俯仰轨迹角Θ逐渐增大。Θ逐渐增大又使$\Delta\alpha$减小,则操纵力矩就要大于稳定力矩,因而θ又要增大,以保持舵面力矩与稳定力矩的平衡。随着θ不断增大,升降舵也不断回收。当θ逐渐达到θ_C时,Θ也达到θ_C的值,此时$\Delta\alpha$减小为零,升降舵收回中立,飞机又处于新的平衡状态,并保持以原迎角(α_0)爬高,此时$\Theta = \theta_C$。其俯仰角、俯仰轨迹角和舵偏角的变化过程如图 3-10 所示。

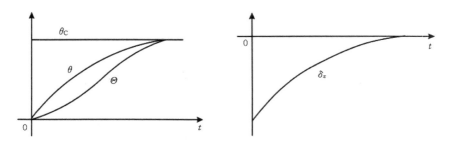

图 3-10 只有角位置信号的比例式驾驶仪操纵俯仰的过程

对加有角速度信号的比例式控制回路,在操纵飞机俯仰时,其操纵过程基本同上。所不同的是因角速度信号在操纵过程中起阻尼作用,故可使俯仰操纵比较柔和。若$L_{\dot\theta}$选得过大将使操纵速度变得缓慢,$L_{\dot\theta}$选得过小,操纵速度就会过大,动作过猛。因此,从操纵性上看$L_{\dot\theta}$要选择得适当。$L_{\dot\theta}$选择仅从操纵性的要求上考虑还是不全面的,因$L_{\dot\theta}$对稳定性和快速性均有影响,因此$L_{\dot\theta}$的选择要兼顾稳定性和操纵性两个方面的要求。

(三)各信号传动比作用的分析

以上我们从物理概念上初步分析了角位置信号和角速度信号所起的作用。下面,我们用控制原理的分析方法进一步分析这些信号的传动比变化对系统性能的影响。

通过第二章的研究知道,飞机的运动可分为长、短两种周期运动模态,短周期模态反映飞机的角运动特点,因此,应当以短周期俯仰运动方程式来研究俯仰角稳定过程。当飞机作水平直线飞行时,$\Theta_0 = 0$,飞机纵向短周期运动方程近似为

$$(s + n_{2\alpha})\alpha - s\vartheta = 0$$

$$n_{3\alpha}\alpha + (s^2 + n_{3\dot{\vartheta}}s)\theta = -n_{3\delta_z}\delta_z$$

于是,有 θ 对 δ_z 的传递函数

$$G(s) = \frac{\theta(s)}{\delta_z(s)} = \frac{-n_{3\delta_z}(s + n_{2\alpha})}{s(s^2 + c_1 s + c_2)} \tag{3-9}$$

式中,$c_1 = n_{2\alpha} + n_{3\dot{\vartheta}}$,$c_2 = n_{2\alpha}n_{3\dot{\vartheta}} + n_{3\alpha}$。

若采用式(3-8)控制律,则俯仰角运动回路——子系统的结构如图 3-11 所示,其闭环传递函数为

$$\Phi(s) = \frac{\theta(s)}{\theta_C(s)} = \frac{L_\theta n_{3\delta_z}(s + n_{2\alpha})}{s^3 + a_1 s^2 + a_2 s + a_3} \tag{3-10}$$

式中

$$a_1 = c_1 + L_{\dot{\theta}}n_{3\delta_z}, \quad a_2 = c_2 + L_{\dot{\theta}}n_{3\delta_z}n_{2\alpha} + L_\theta n_{3\delta_z}, \quad a_3 = L_\theta n_{3\delta_z}n_{2\alpha} \tag{3-11}$$

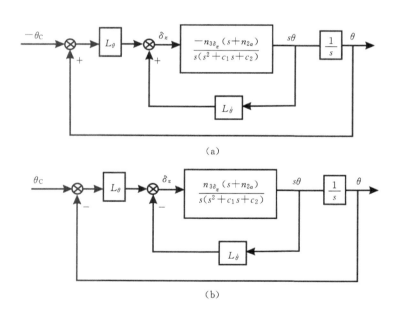

(a)

(b)

图 3-11　比例式俯仰角运动控制回路的结构图

由此可见,比例式俯仰角回路——闭环子系统,是一个带有零点的三阶系统。它的零点只与飞机本身的气动参数($n_{2\alpha}$)有关,而极点不仅与飞机的气动参数有关,并且与系统的传动比(L_θ、$L_{\dot{\theta}}$)有关。但在一定飞行状态下(即 V、H 一定时),飞机的气动参数可视为常数,这时极点的分布情况就只与系统中各控制信号的传动比有关。下面,分析传动比对系统静、动态特性的影响,从中加深对各信号作用的认识。

1. 角位置信号传动比 L_θ 变化产生的影响

(1)对系统动态性能的影响

由图 3－11 可写出系统的开环传递函数

$$G(s) = \frac{L_\theta n_{3\delta_z}(s + n_{2\alpha})}{s[s^2 + (c_1 + L_{\dot\theta}n_{3\delta_z})s + (c_2 + L_{\dot\theta}n_{3\delta_z}n_{2\alpha})]} = \frac{L_\theta n_{3\delta_z}(s + n_{2\alpha})}{s(s^2 + a_1 s + a'_2)} \quad (3-12)$$

式中，$a_1 = c_1 + L_{\dot\theta}n_{3\delta_z}$，$a'_2 = c_2 + L_{\dot\theta}n_{3\delta_z}n_{2\alpha}$。

由式(3－12)可求出开环系统的零、极点。

零点：$z = -n_{2\alpha}$。

极点：可能有两种情况，一种情况是一个等于零的极点、两个负实数极点；另一种情况是一个等于零的极点、一对共轭复数极点。通常前一种情况居多。

于是，不难得到如图 3－12 所示的随 $L_\theta n_{3\delta_z}$ 变化的闭环根轨迹。因为 n_{3z} 是常数，所以这三条根轨迹是随 L_θ 而变化的。

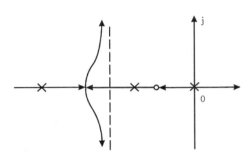

图 3－12 随 L_θ 变化的根轨迹

当 $L_\theta = 0$ 时，闭环系统特征根(极点)有一个位于原点，其余两个都在负实轴上。这表明在仅采用角速度信号时，因无角位置信号，系统是临界稳定的，无法稳定所期望的姿态角。当 L_θ 由零增大时，一个负实根由原点向左移动，它所决定的运动分量衰减变快，表明系统的快速性提高。但当 L_θ 进一步增大时，另外两个负实根汇合后离开负实轴，变成一对复数根，且随着 L_θ 增大虚部增大，它们所决定的运动分量振荡加剧。这也证明了前面得到的结论：L_θ 太大时，θ 修正过程的振荡性增强。

(2)对系统稳态误差的影响

假设飞机以一定马赫数平直飞行中受到常值干扰力矩 ΔM_z 的作用，此时飞机纵向短周期运动方程简化为

$$(s + n_{2\alpha})\alpha = s\theta$$

$$n_{3\alpha}\alpha + (s^2 + n_{3\dot\theta}s)\theta = -n_{3\delta_z}\delta_z + \frac{\Delta M_z}{I_z}$$

此时回路控制律仍为

$$\delta_z = L_{\dot\theta}s\theta + L_\theta(\theta - \theta_C) = (L_{\dot\theta}s + L_\theta)\theta - L_\theta\theta_C \quad (3-13)$$

由此可得到飞机俯仰角控制回路(子系统)在干扰力矩作用下的结构，如图 3－13 所示。

应用终值定理便可求出在常值干扰力矩作用下的俯仰角稳态误差

$$\theta_\infty = \lim_{s \to 0} s \cdot \Phi_f(s) \cdot \frac{\Delta M_z}{s} = \frac{\Delta M_z}{I_z n_{3\delta_z}L_\theta} \quad (3-14)$$

式中，闭环传递函数 $\Phi_f(s) = \dfrac{\Phi(s)}{I_z n_{3\delta_z}L_\theta}$。

式(3－14)表明，θ_∞ 与 ΔM_z 大小成正比，与 L_θ 大小成反比，与 $L_{\dot\theta}$ 无关。这说明，角速度信号的引入对系统在常值干扰力矩作用下的稳态误差无影响。如要减小 θ_∞，必须增大 L_θ。这就

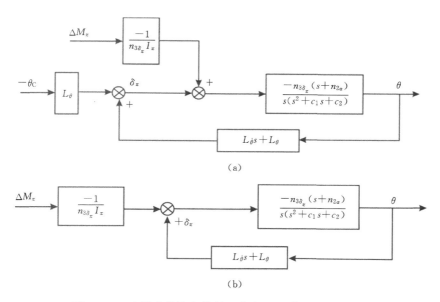

图 3 - 13　比例式俯仰角控制回路在 ΔM_z 作用下的结构图

是自动控制原理所述的增加系统的前向通路增益,系统的静差变小,精度提高。

2. 角速度信号传动比 $L_{\dot\theta}$ 变化产生的影响

根据式(3 - 10)闭环传递函数及特征多项式,可以写出含 $L_{\dot\theta}$ 的等效开环传递函数为

$$G_{\mathrm{d}}(s) = \frac{L_{\dot\theta} n_{3\delta_z} s(s + n_{2\alpha})}{s^3 + c_1 s^2 + (c_2 + L_\theta n_{3\delta_z})s + L_\theta n_{3\delta_z} n_{2\alpha}} \qquad (3 - 15)$$

由此可绘出 L_θ 选定后系统随 $L_{\dot\theta}$ 变化的根轨迹,如图 3 - 14 所示。当 $L_{\dot\theta}=0$ 时,系统有一个负实根和一对复数根,表明系统的动态过程有振荡现象。当 $L_{\dot\theta}$ 由零逐渐增大时,负实根趋向原点,它所决定的运动分量衰减变慢;一对复数根趋向左边,它们所决定的运动分量衰减变快,振荡性减弱。当 $L_{\dot\theta}$ 进一步增大时,三个根都在负实轴上,系统的动态过程变成单调衰减的,一个小根靠近原点,表明动态过程变慢。

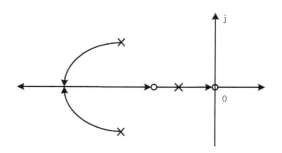

图 3 - 14　随 $L_{\dot\theta}$ 变化的根轨迹

通过以上分析可知,由比例式驾驶仪与飞机构成的俯仰角控制系统,角位置信号的大小影响系统的快速性、稳定性和静差;角速度信号的大小只影响快速性和稳定性。增大传动比 L_θ,可提高系统的快速性(表现为操纵时反应灵敏),减小静差,但有可能导致稳定性下降,引起振荡;增大传动比 $L_{\dot\theta}$,可提高系统的稳定性,但可能导致快速性下降。增加角速度信号对改善系统的静、动态特性有十分明显的作用。适当调整 L_θ 和 $L_{\dot\theta}$ 的大小,可以在保证系统稳定性(如超调量符合指标要求)的前提下,提高系统的快速性并减小静差。因此,要根据角运动控制的

稳定性与准确性需求,适当选取角位置和角速度等信号的传动比!

以上结论不仅适用于纵向的俯仰角运动控制回路(子系统),而且同样适用于侧向的滚转角、航向角运动控制回路(子系统)。

二、积分式俯仰角回路的控制原理

具有角位置、角速度和角加速度等控制作用的积分式控制回路,基本组成如图 3-4 和图 3-5 所示。其在控制飞机俯仰角时的控制律为

$$\dot{\delta}_z = L_{\ddot{\theta}}\ddot{\theta} + L_{\dot{\theta}}\dot{\theta} + L_{\theta}(\theta - \theta_C)$$

(一)对各反馈信号作用的分析

为了便于分析上式中各信号的作用,将等式两边进行积分,得

$$\delta_z = L_{\ddot{\theta}}\dot{\theta} + L_{\dot{\theta}}\theta + L_{\theta}\int(\theta - \theta_C)\mathrm{d}t$$

并将其与比例式控制律

$$\delta_z = L_{\dot{\theta}}\dot{\theta} + L_{\theta}(\theta - \theta_C)$$

比较,可以看出以下几点:

(1)在积分式控制律中,角速度信号对操纵面的控制作用相当于比例式控制律中的角位置信号。

为了便于从物理意义上理解这个问题,我们假设积分式俯仰角回路中仅采用角速度信号。这时控制律变为

$$\dot{\delta}_z = L_{\dot{\theta}}\dot{\theta}$$

升降舵转速与俯仰角速度成正比。这样,当飞机受干扰上仰时,与飞机上仰速度成正比的角速度信号使升降舵以相应的角速度 $\dot{\delta}_z$ 向下偏转,产生低头力矩,使飞机向平飞状态恢复。在飞机向平飞状态恢复过程中,角速度信号改变极性,使升降舵反转,也向中立位置恢复。到飞机恢复水平时,升降舵也回中立。

俯仰角速度 $\dot{\theta}$ 和升降舵偏转角速度 $\dot{\delta}_z$ 的变化曲线如图 3-15 所示。由于 $\dot{\delta}_z$ 和 $\dot{\theta}$ 是成比例变化的,所以 δ_z 与 θ 也必定是成比例变化的(原先处于平衡状态,初值为零),如图中虚线所示。这与仅采用角位置信号的比例式控制律非常相似。

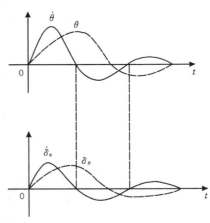

图 3-15　仅采用角度信号的积分式
俯仰角稳定控制过程

由此可见,同样是角速度陀螺输出的信号,在积分式控制律中与在比例式控制律中所起的作用是不一样的。

(2)在积分式控制律中,角加速度信号对操纵面的控制作用相当于比例式控制律中的角速度信号,起阻尼作用。

(3)在积分式控制律中,角位置偏差信号对操纵面的控制作用,取决于角位置信号对时间的积分,使得积分式控制能够消除常值干扰力矩作用下的静差。

这是因为,飞机在常值干扰力矩作用下达到稳定状态时,虽然仍需要保持一定的舵偏角以

平衡干扰力矩,但因静态时积分式舵回路反馈信号为零(舵偏角一定,无速度反馈),不像比例式那样需要牺牲俯仰控制精度以保持所需的舵偏角。静态时保留的舵偏角是在动态过程中的俯仰角积分确定的。这可以从下式看出静态时积分式控制律变为

$$\delta_z = L_\theta \int_0^\infty (\theta - \theta_C) \mathrm{d}t$$

该关系式还反映出另一个问题,即角位置信号对操纵面的控制作用,总是使舵偏角滞后于飞机俯仰角的变化。因而,若增大角位置信号传动比 L_θ,会降低系统的稳定性。对于这个结论的物理解释如下。

由式(3-4)可知,积分式控制下的操纵面转速与综合信号成正比。如果综合信号仅为俯仰角信号(平飞状态 $\theta_C = 0$),则当飞机受干扰上仰后,俯仰角信号将使升降舵向下偏转,飞机向原状态恢复,如图3-16所示。但在俯仰角恢复到零之前(0 ~ t_1),虽然俯仰角信号是在不断减小,可是升降舵并不回收,只是向下偏转的速度逐渐减小,而舵偏角一直在继续增大。在这个很大的舵面力矩作用下,飞机恢复速度很大,最后必然修正过头而造成下俯。只有当垂直陀螺感受了下俯角,输出极性

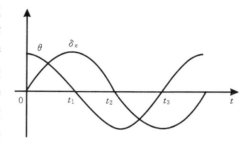

图3-16　积分式驾驶仪仅有角位置信号时俯仰角和升降舵偏角的变化曲线

相反的俯仰角信号时,才使升降舵反转,逐渐回收。在升降舵回中之前这段时间(t_1 ~ t_2)内,虽然舵面力矩逐渐减小,但仍然助长飞机的下俯运动。这一过程将一直持续到升降舵回中(t_2 时刻),并向上偏转之后(t_2 ~ t_3),才能在相反的舵面力矩作用下,使飞机的下俯角减小。结果,造成飞机俯仰运动的反复振荡,甚至出现过程的发散。因此,只有角位置信号的积分式角运动控制回路是不能稳定飞机的姿态角的。

一般来说,当积分式控制系统处于稳定飞机姿态角的工作状态时,这三个信号都是不可缺少的。首先,角速度信号是不能少的。同样,如果不采用角位置信号,不仅无法消除常值干扰力矩作用下的姿态角静差,而且无法防止姿态角的慢偏离(因角速度陀螺总会存在一定的不灵敏区,飞机姿态角发生慢偏离时不输出信号),经过长时间的积累会导致很大的误差。换句话说,无角位置信号,便无法检查飞机是否按要求的姿态飞行。至于角加速度信号,由于现代高速飞机惯性很大,自然阻尼不够,无法迅速抑制振荡现象,再加上角位置信号的引入更使系统的稳定程度降低,所以必须借助于角加速度信号增大系统的阻尼,以提高系统的稳定性。下面,对各信号的作用作进一步的分析。

(二)对各信号传动比作用的分析

飞机传递函数　　　　　$$G(s) = \frac{\theta}{\delta_z} = \frac{-n_{3\delta_z}(s + n_{2\alpha})}{s(s^2 + c_1 s + c_2)}$$

飞行控制律　　　　　$$s\delta_z = (L_{\ddot{\theta}}s^2 + L_{\dot{\theta}}s + L_\theta)\theta - L_\theta \theta_C$$

由此,不难获得飞机俯仰角运动控制回路(子系统)的闭环结构(如图3-17所示)及闭环传递函数

$$\Phi(s) = \frac{L_\theta n_{3\delta_z}(s + n_{2a})}{s^4 + a_1 s^3 + a_2 s^2 + a_3 s + a_4} \tag{3-16}$$

式中

$$a_1 = c_1 + n_{3\delta_z} L_{\dot\theta} \qquad a_2 = c_2 + n_{3\delta_z} L_\theta + n_{3\delta_z} n_{2a} L_{\dot\theta}$$

$$a_3 = n_{3\delta_z} L_\theta + n_{3\delta_z} n_{2a} L_{\dot\theta} \quad a_4 = n_{3\delta_z} n_{2a} L_\theta \tag{3-17}$$

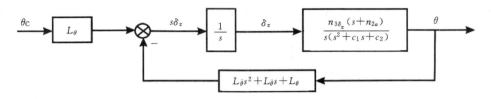

图 3 - 17　积分式俯仰角运动控制回路的结构图

由此看出,积分式俯仰角回路(子系统)是具有一个零点的四阶系统。它的零点只与飞机的气动参数有关,而极点不仅与气动参数有关,还与控制信号的传动比 L_θ、$L_{\dot\theta}$、$L_{\ddot\theta}$ 有关。下面分析这些传动比变化对系统动、静态性能的影响。

1. 角位置信号传动比 L_θ 变化产生的影响

(1)对动态性能的影响

为了绘制随 L_θ 变化的根轨迹,可由式(3-16)写出含 L_θ 的等效开环传递函数

$$G_d(s) = \frac{n_{3\delta_z} L_\theta (s + n_{2a})}{s(s^3 + a_1 s^2 + a_2 s + a_3')} \tag{3-18}$$

式中,$a_1 = c_1 + n_{3\delta_z} L_{\dot\theta}$,$a_2 = c_2 + n_{3\delta_z} L_\theta + n_{2a} L_{\dot\theta}$,$a_3' = n_{3\delta_z} n_{2a} L_{\dot\theta}$。

解出式(3-18)的零、极点,便可绘出当 L_θ 变化时的根轨迹,如图 3-18 所示。当 $L_\theta = 0$ 时,闭环系统特征根有一个位于原点、系统处于临界的稳定状态。这表明,没有俯仰角位置信号的参与,是无法控制飞机俯仰角的。

当 L_θ 逐渐增大时,位于原点的根离开原点向左移动,系统是稳定的。L_θ 越大,一对小根离虚轴越远,表明系统的快速性提高;另一对大根则向虚轴靠近,表明 L_θ 大到一定值时,这对大根将落在虚轴右边,使系统处于不稳定状态。因此,为了保证系统的稳定性及动态性能,要适当选取 L_θ 值。

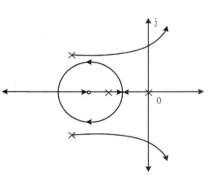

图 3 - 18　随 L_θ 变化的根轨迹

(2)对稳态性能的影响

积分式俯仰角控制回路在常值干扰力矩作用下是无俯仰静差的。

在 ΔM_z 作用下积分式俯仰角控制回路的结构如图 3-19 所示。θ 对 ΔM_z 的传递函数为

$$\Phi_f(s) = \frac{\dfrac{1}{I_z} s(s + n_{2a})}{s^4 + a_1 s^3 + a_2 s^2 + a_3 s + a_4} \tag{3-19}$$

应用终值定理可得

$$\theta_\infty = \lim_{s \to 0} s \Phi_f(s) \frac{\Delta M_z}{s} = 0$$

将式(3-19)与式(3-12)进行比较可以发现,它们除分母阶次不同外,主要区别在于式(3-19)多了一个微分因子,提高了回路的系统型别,这是使 $\theta_\infty = 0$ 的根源。再从图3-19看,这个微分因子是由于从系统输出量 θ 到干扰 ΔM_z 作用点之间的反馈通路中存在积分环节而带来的,这正是舵回路的积分特性所产生的作用。

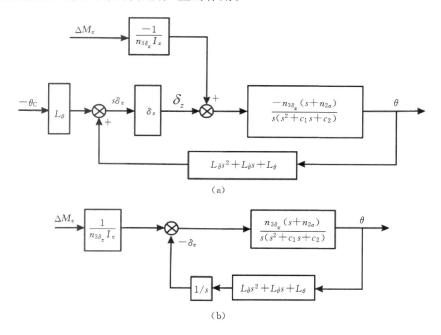

图3-19　积分式俯仰角控制回路在 ΔM_z 作用下的结构图

2. 角速度信号传动比 $L_{\dot\theta}$ 变化产生的影响

由闭环传递函数式(3-16)写出含 $L_{\dot\theta}$ 的等效开环传递函数

$$W_d(s) = \frac{L_{\dot\theta} n_{3\delta_z} s(s+n_{2\alpha})}{s^4 + a_1 s^3 + a'_2 s^2 + a'_3 s + a_4} \tag{3-20}$$

式中,$a_1 = c_1 + n_{3\delta_z} L_{\ddot\theta}$,$a'_2 = c_2 + n_{3\delta_z} n_{2\alpha} L_{\ddot\theta}$,$a'_3 = n_{3\delta_z} L_{\dot\theta}$,$a_4 = n_{3\delta_z} n_{2\alpha} L_\theta$。

$L_{\dot\theta}$ 变化的根轨迹如图3-20所示。当 $L_{\dot\theta} = 0$ 时,有一对根很靠近虚轴,表明系统接近于不稳定。这是由于从提高系统的快速性考虑,将 L_θ 选得较大所致。随着 $L_{\dot\theta}$ 增大,靠近虚轴的一对小根向负实轴靠近或位于负实轴上,它们所决定的振荡分量将明显减弱,表明系统的稳定性增强。另一对大根虽然离开负实轴,但因它们衰减较快,对系统的影响较小。

3. 角加速度信号传动比 $L_{\ddot\theta}$ 变化产生的影响

含 $L_{\ddot\theta}$ 的等效开环传递函数为

$$W_d(s) = \frac{L_{\ddot\theta} n_{3\delta_z} s^2(s+n_{2\alpha})}{s^4 + a'_1 s^3 + a'_2 s^2 + a'_3 s + a'_4} \tag{3-21}$$

式中，$a_1' = c_1$，$a_2' = c_2 + n_{3\delta_z}L_{\dot\theta}$，$a_3' = n_{3\delta_z}L_\theta + n_{3\delta_z}n_{2a}L_{\dot\theta}$，$a_4' = n_{3\delta_z}n_{2a}L_\theta$。

$L_{\dot\theta}$变化的根轨迹如图 3-21 所示。当 $L_{\ddot\theta} = 0$ 时，一对大的复数根的分布靠近虚轴，表明系统的振荡剧烈，而衰减较慢。随着 $L_{\ddot\theta}$ 增大，一对大根很快离开虚轴，表明增大角加速度信号，可以明显地增大阻尼，抑制系统的高频振荡。

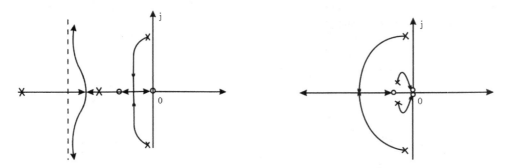

图 3-20　随 $L_{\dot\theta}$ 变化的根轨迹　　　　　　图 3-21　随 $L_{\ddot\theta}$ 变化的根轨迹

通过以上分析，可以对三个信号的作用归纳如下：

- 角位置信号在消除常值干扰力矩作用下起稳态误差的作用。增大传动比 L_θ，可提高系统的快速性，这在操纵俯仰运动时，表现为飞行控制系统反应灵敏，过渡过程时间短。
- 增大角速度信号传动比 $L_{\dot\theta}$，可增强系统的稳定性。
- 增大角加速度信号传动比 $L_{\ddot\theta}$，使系统的阻尼增大，能抑制系统的高频振荡。

但在具体系统中，由于舵回路的惯性和元件性能的影响，以及干扰的存在，都使传动比的增大受到限制。为此，必须结合具体飞机的特性，综合考虑各个信号的强弱，才能使系统获得较好的动态和稳态性能。

第三节　飞机侧向角运动控制的原理

利用姿态角回路控制飞机滚转(倾斜)角和航向角运动的控制原理与控制俯仰角运动有一定的共性。所以对滚转(倾斜)角控制律只作简单介绍，重点讲述控制航向的原理，以说明侧向角运动控制的特殊性——要协调副翼与方向舵的控制。

一、自动控制滚转(倾斜)角的控制律

对比俯仰角的控制律，可以写出比例式和积分式滚转角回路的控制律

$$\delta_x = I_{\dot\gamma}\dot\gamma + I_\gamma(\gamma - \gamma_C) \tag{3-22}$$

$$\delta_x = I_{\ddot\gamma}\ddot\gamma + I_{\dot\gamma}\dot\gamma + I_\gamma(\gamma - \gamma_C) \tag{3-23}$$

式中，I_γ、$I_{\dot\gamma}$、$I_{\ddot\gamma}$ 分别表示滚转角、滚转角速度、滚转角加速度信号的传动比，它们的作用与俯仰角回路类似。国产轰 5、歼 8 飞机的飞行控制系统分别采用了上述形式的控制律实现滚转(倾斜)角控制。

当 $\gamma_C = 0$ 时，上述控制律可用于稳定飞机零度滚转角——使飞机倾斜后自动改平。

二、自动稳定航向的控制律

根据自动控制的原理可知,依据偏航角控制飞机的方向舵就能实现航向稳定。但是,由于飞机运动的特殊性——航向运动与滚转运动的交叉影响,一般需要同时控制副翼和方向舵来进行航向控制,不然会产生侧滑——空速矢量不在飞机对称面内的飞行状态。自动稳定航向有三种方案:一是用方向舵,二是用副翼,三是方向舵和副翼的协调控制。为简便起见,下面主要以比例式控制律为例,结合具体的侧向控制形式分析自动稳定航向的原理。

(一)用方向舵稳定航向

单纯用方向舵稳定航向时,航向通道的控制律为

$$\delta_y = K_{\dot{\psi}}\dot{\psi} + K_{\psi}\psi \tag{3-24}$$

式中,K_{ψ}、$K_{\dot{\psi}}$ 分别表示偏航角信号、偏航角速度信号控制方向舵的传动比,它们的作用与俯仰角信号、俯仰角速度信号的作用一样,原理也类似。

在航向控制中,侧滑角 β 的影响也与迎角 α 的影响类似:一定的 β 会引起一定的侧力和一定的航向静稳定力矩。

下面分三种情况分析具有这种控制律的系统实现航向稳定的原理。

1. $\psi_0 > 0, \beta_0 = 0$

纵轴和空速矢量都偏离了给定航向,如图 3-22(a)所示。这时航向回路首先感受此偏航角,使方向舵向右偏转,飞机右摆头,纵轴向给定方向恢复。于是引起负侧滑角($\beta < 0$),产生正侧力(Z 指向机体右边),使空速矢量向给定航向恢复;侧滑产生的航向稳定力矩 $M_y^{\beta}\beta$ 与方向舵操纵力矩 $M_y^{\delta_y}\delta_y$ 方向相反,削弱 $M_y^{\delta_y}\delta_y$ 的作用,使修正过程减慢,最后纵轴和空速都稳定在给定航向上。

2. $\psi_0 = 0, \beta_0 > 0$

纵轴未偏离而空速矢量偏离给定航向,如图 3-22(b)所示。侧向突风作用就属于这种情况。这时侧滑角引起的航向稳定力矩 $M_y^{\beta}\beta$ 使纵轴向空速矢量靠拢,同时侧滑引起的侧力使空速矢量向纵轴靠拢。但因转动飞机纵轴比转动空速矢量容易得多,所以一开始主要表现为纵轴向空速矢量靠拢,使飞机右偏航。于是,负偏航角信号使方向舵向左偏转(副出舵),阻止飞机右摆头,进而修正飞机的偏离。最后飞机纵轴靠操纵面力矩回到给定航向上,空速矢量也在侧滑产生的侧力作用下回到给定航向上。

3. $\psi_0 = \beta_0 > 0$

纵轴偏离给定航向、空速仍在给定航向上,如图 3-22(c)所示。这时方向舵回路根据偏航角信号,使方向舵向右偏转,飞机右摆头,使纵轴向给定航向恢复。与此同时,由侧滑产生的 $M_y^{\beta}\beta$ 与 $M_y^{\delta_y}\delta_y$ 方向一致,加速纵轴的转动,所以修正航向的过程较快。当然侧滑引起的侧力也会使空速改变方向,但因飞机在速度方向上的惯性较大,所以变化较小。

通过以上三种情况的分析可以看到,对于单纯用方向舵稳定航向的方案,当空速偏离给定航向时,由于无飞机倾斜所产生的侧力相配合,单纯靠侧滑产生的侧力来扭转空速矢量,使得修正时间较长。它仅适用于修正偏航角度不大的情况,目前使用这种方案的系统已经不多,

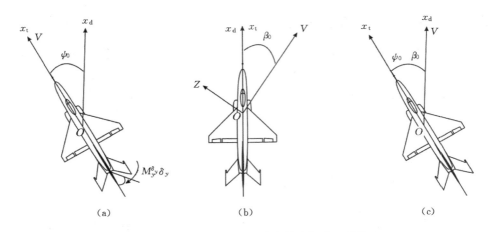

图 3 - 22   纵轴、空速矢量与给定航向间的三种状态

AⅡ - 28 型航向系统为这种方案。

(二)用副翼稳定航向

某战斗机这样采用副翼稳定航向:当俯仰角 $\theta < 40°$ 和倾斜角 $|\gamma| \leqslant 6°$ 时,将航向偏差信号引入副翼通道,采用控制律

$$\delta_x = I_{\dot\gamma}\dot\gamma + I_\gamma\gamma - I_\psi\psi$$

这种方案的原理在于:用副翼造成飞机倾斜(滚转)所产生的侧力使空速矢量转向给定航向,同时利用侧滑引起的航向静安定力矩使纵轴跟踪空速矢量转动,结果使空速和纵轴都稳定在给定航向上。

以 $\psi_0 > 0,\beta_0 = 0$ 为例说明稳定航向的过程。

飞机纵轴和空速矢量都偏离了给定航向,飞机左偏航,产生的航向偏离信号($I_\psi\psi_0$)送入副翼通道,使副翼左下右上偏转,产生向右的操纵力矩 $M_{x}^{\delta_x}\delta_x$,使飞机向右倾斜($\gamma > 0$)。于是,升力右倾,其水平分量提供了使空速矢量向右转动的侧力,使其向右偏转。空速矢量的右偏又产生了正侧滑($\beta > 0$),飞机纵轴在航向稳定力矩 $M_{y}^{\beta}\beta$ 作用下跟随空速矢量转动,使偏航角逐渐减小。

在上述修正过程中,倾斜角信号($I_\gamma\gamma$)与偏航角信号相反,使副翼偏转角减小。当两信号平衡时,副翼收回中立。后来由于纵轴不断向给定航向靠近,偏航角信号逐渐减小,综合信号改变极性,引起副翼反转,因而使飞机右倾斜减小,同时空速矢量的转动也变慢。在此过程中正侧滑所引起的倾斜稳定力矩 $M_{x}^{\beta}\beta$ 也起着使飞机改平的作用,倾斜角在副翼操纵力矩和倾斜稳定力矩的共同作用下减小得快,当 $I_\gamma\gamma$ 减小量大于 $I_\psi\psi$ 减小量时,副翼又收舵。最后 $\psi = 0$,$\gamma = 0$,$\beta = 0$,$\delta_x = 0$,修正过程结束。

(三)副翼和方向舵协调控制

鉴于航向、倾斜运动的交叉影响,采用副翼和方向舵协调的工作方式是航向控制的有效方案。下面以两种国产飞机航向稳定控制为例,说明采用比例式、积分式控制律,同时控制副翼和方向舵,实现航向角控制的原理。

1. 比例式控制稳定航向的原理

某比例式飞行控制系统稳定航向时侧向通道的控制律为

$$\begin{cases} \delta_x = I_{\dot{\gamma}}\dot{\gamma} + I_{\gamma}\gamma - I_{\psi}\psi \\ \delta_y = K_{\dot{\psi}}\dot{\psi} + K_{\gamma}\gamma \end{cases} \tag{3-25}$$

其主要特点是将偏航角信号加入副翼通道,首先使飞机倾斜,产生侧力,使空速矢量转动,而同时又将倾斜角信号送入方向舵通道,使方向舵偏转产生航向操纵力矩,使纵轴跟踪空速向量转动,从而达到纵轴与空速向量的协调。

　　某飞机采用该控制律修正初始偏航角的过渡过程,如图 3-23 所示。其初始条件仍为 $\psi_0 > 0$, $\beta_0 = 0$,即飞机纵轴和空速矢量都向左偏离了给定航向。首先,在偏航角信号($I_{\psi}\psi_0$)作用下使副翼左下右上偏转,飞机向右倾斜,升力的水平分量提供向右的侧力,使空速矢量开始向右转动,并引起右侧滑($\beta > 0$)。与此同时,倾斜角信号($K_{\gamma}\gamma$)送入方向舵通道,使方向舵向右偏转,飞机纵轴跟踪空

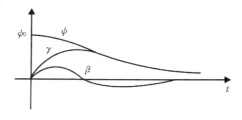

图 3-23　某型飞机自动修正偏航的过渡过程

速矢量。由于纵轴转动较空速矢量转动容易,所以很快超过空速矢量,又引起左侧滑($\beta < 0$)。这样一来,在开始时,因 $\beta > 0$,侧滑引起的侧力 Z 与倾斜引起的侧力 $Y\cos\theta\sin\gamma$ 方向相反,使空速矢量的转动减慢,纵轴能很快跟上。而在 $\beta < 0$ 后,两个侧力方向一致,空速矢量转动加快,所以侧滑角也就不再增大。随着纵轴向给定航向的恢复,偏航角信号($I_{\psi}\psi$)逐渐减小,倾斜角信号($I_{\gamma}\gamma$)将使副翼反转,使飞机逐渐恢复平飞。最后,纵轴和空速矢量都恢复到给定航向上,$\beta = 0$。在此过程中,倾斜角速度信号和航向角速度信号分别对飞机的倾斜和偏航运动起阻尼作用。

2. 积分式控制稳定航向的原理

某积分式飞行控制系统稳定航向时侧向通道的控制律为

$$\begin{cases} \dot{\delta}_x = I_{\dot{\gamma}}\ddot{\gamma} + I_{\gamma}\dot{\gamma} + I_{\gamma}\gamma - I_{\psi}\psi \\ \dot{\delta}_y = K_{\dot{\psi}}\ddot{\psi} + K_{\dot{\psi}}\dot{\psi} + K_{\psi}\psi + K_{\beta}\beta \end{cases} \tag{3-26}$$

在副翼通道,除稳定飞机倾斜角的信号外,还有交联信号 $I_{\psi}\psi$。在方向舵通道,除稳定航向的信号外,还有侧滑信号 $K_{\beta}\beta$。将偏航角信号引入副翼通道,是为了在修正航向时使飞机倾斜,产生升力的水平分量,加快空速矢量对纵轴的跟踪,减小侧滑,缩短修正时间。将侧滑角信号引入方向舵通道,是为了进一步减小或消除侧滑。这种方案的特点是偏航角信号同时控制副翼和方向舵,力求实现空速矢量与纵轴转动快慢的协调,保证无侧滑的航向稳定控制。

　　如果不加交联信号和侧滑信号,修正航向便只靠方向舵。例如,初始条件仍为纵轴和空速矢量都向左偏离了给定航向,这时偏航角信号使方向舵向右偏转,使纵轴向给定航向恢复,就会引起侧滑,空速矢量依靠侧滑产生的侧力作用逐渐向纵轴靠拢。用这种方法转动空速矢量是很慢的,而且侧滑角大,侧滑产生的航向静稳定力矩还对纵轴的恢复起牵制作用,所以修正过程时间较长。如修正 3° 偏航,修正时间竟达近 20 s,其过渡过程如图 3-24(a)所示。

　　可见,为了缩短修正航向的时间,引入交联信号和侧滑信号是不可缺少的。引入这两个信

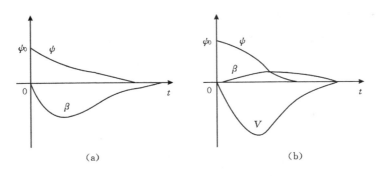

图 3 - 24 某型飞机自动修正偏航的过渡过程

号后,同样修正 3°偏航,过渡时间可减小到 10 s 以内。过渡过程如图 3 - 24(b)所示。由于交联信号能使飞机倾斜(如修正 3°航向,某型轰炸机倾斜角可接近 14°,另一型号轰炸机近 10°),从而使空速矢量跟踪纵轴的速度加快,侧滑角大大减小(7 s 衰减到 0.3°以内),航向稳定力矩减小,所以加快了修正航向的过渡过程。

需要说明,这里以稳定航向的控制过程为例,介绍了航向角控制的基本原理。至于航向操纵的原理与之类似,控制律只需加入给定航向控制量即可。例如,在式(3 - 26)控制律中加入给定航向控制量,就变成了操纵航向的控制律

$$\begin{cases} \dot{\delta}_x = I_{\ddot{\gamma}}\ddot{\gamma} + I_{\dot{\gamma}}\dot{\gamma} + I_{\gamma}\gamma - I_{\psi}(\psi - \psi_C) \\ \dot{\delta}_y = K_{\ddot{\psi}}\ddot{\psi} + K_{\dot{\psi}}\dot{\psi} + K_{\psi}(\psi - \psi_C) + K_{\beta}\beta \end{cases} \tag{3 - 27}$$

至于航向控制的性能,如外界干扰力矩对航向控制精度(静态误差)的影响与分析方法,与上述俯仰角控制类似,故不赘述。

第四节 飞机纵向航迹控制的原理

纵向航迹的变化取决于作用于飞机上纵向力的变化。一般是通过控制飞机俯仰角,改变飞机升力,以实现纵向航迹的控制。当升力增大时,航迹向上弯曲——飞机爬高;反之,飞机下滑。所以,纵向航迹控制的关键是飞行高度的控制。

这里仅以飞行高度的稳定为例介绍纵向航迹控制的基本控制律与特点。

一、基本控制律

欲保持飞行高度,应在俯仰角控制律中引入高度偏差量,因此纵向航迹控制的基本控制律与纵向角运动控制回路的控制律有关。如果纵向角运动采用式(3 - 2)比例式控制,则纵向航迹控制的基本控制律为

$$\delta_z = L_{\theta}\theta + L_{\dot{\theta}}\dot{\theta} + L_H\Delta H$$

如果采用式(3 - 6)积分式控制,则为

$$\dot{\delta}_z = L_{\theta}\theta + L_{\dot{\theta}}\dot{\theta} + L_{\ddot{\theta}}\ddot{\theta} + L_H\Delta H$$

考虑到高度控制性能改善的需要,在上述两控制律中还可引入升降速度量,于是有控制律

$$\delta_z = L_\theta \theta + L_{\dot\theta} \dot\theta + L_H \Delta H + L_{\dot H} \dot H$$
$$\dot\delta_z = L_\theta \theta + L_{\dot\theta} \dot\theta + L_{\ddot\theta} \ddot\theta + L_H \Delta H + L_{\dot H} \dot H \qquad (3-28)$$

式中,L_H 与 $L_{\dot H}$ 分别表示高度差与升降速度信号的传动比。高度差定义如图 3-25 所示

$$\Delta H = H - H_C$$

这样才能保证高度控制的正确性。例如,对于比例式控制系统,当飞行高度偏低,$H <$ H_C,$\Delta H = H - H_C < 0$,使平尾负出舵 $\delta_z < 0$,形成正操纵力矩 $M_z^{\delta_z}\delta_z > 0$ 才能使飞机爬高以修正飞行高度偏差。

某飞行控制系统实现高度稳定的原理结构如图 3-26 所示。

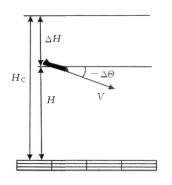

图 3-25 高度差的定义

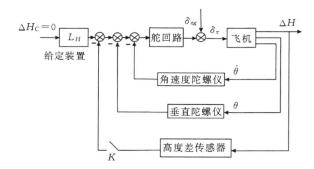

图 3-26 某飞行控制系统高度稳定的基本原理结构

高度差(传感器)信号可由气压高度或无线电高度系统获得,分别稳定气压高度或无线电高度。

在比例式高度控制过程中,俯仰角(θ)信号也起阻尼作用,这可从 θ 与 $\dot H$ 的关系式看出。由于航迹倾斜角 Θ 一般是很小的,这时

$$\dot H \approx V\Theta = V(\theta - \alpha)$$

如果角运动量以度为单位,则

$$\dot H = \frac{(\theta - \alpha)}{57.3}V \qquad (3-29)$$

当 θ、α 用度计算时,在稳定高度过程中,由于空速变化很小或基本不变,所以仍可近似地用短周期运动方程来分析。从短周期运动法向力方程式(2-14)可以得到 α 与 θ 的关系近似式为

$$\alpha = \frac{s}{s + n_{2\alpha}}\theta$$

代入式(3-29)得

$$\dot H = \frac{V \cdot n_{2\alpha}}{57.3(s + n_{2\alpha})}\theta \qquad (3-30)$$

$$\theta = \frac{57.3}{V \cdot n_{2\alpha}}(\ddot H + n_{2\alpha}\dot H) \qquad (3-31)$$

由此可见,俯仰角 θ 信号不仅具有 $\dot H$ 信号的作用,而且还具有 $\ddot H$ 信号的作用。

至于积分式控制律中各信号的作用,基本类似。

二、控制过程分析

(一)瞬时干扰下的稳定过程

以比例式控制律为例,分析上述控制律中各信号的作用。

下面以定高飞行中受瞬时垂直气流影响,飞机掉高度后($\Delta H<0$)修正高度偏差的控制过程,来说明纵向航迹回路稳定飞行高度的工作情况,如图 3 - 27 所示。

位置 0:飞机偏离给定高度,偏离值为 $\Delta H<0$,假设处于高度稳定回路尚未来得及修正时的飞行状态。此时飞机作水平飞行,$\Theta=0,\theta=\theta_0,\alpha=\alpha_0,Y=G,\delta_z=\delta_{z0}$。

位置 1:高度稳定回路接通,高度偏离信号使升降舵向上偏转,$\Delta\delta_{z1}<0$,使飞机抬头,产生正的迎角增量 $\Delta\alpha_1$,产生升力增量 $\Delta Y_1>0$。

位置 2:在升力增量 ΔY_1 的作用下,产生正的航迹角速度,飞机航迹逐渐向上弯曲。随着航迹角的逐渐增大,迎角的增量减小,由 $\Delta\alpha_1$ 减小为 $\Delta\alpha_2$。由于迎角 α 的减小,破坏了迎角稳定力矩与舵面操纵力矩之间的平衡,故使俯仰角又逐渐增大。随着俯仰角的逐渐增大和高度差的逐渐减小,使输入舵回路的综合控制信号值减小,升降舵不断回收,舵偏角不断减小,升力的增量也减小,$\Delta Y_2<\Delta Y_1$。

位置 3:俯仰角信号和高度差信号相平衡,舵回路输入信号为零,升降舵回收中立,$\delta_z=\delta_{z0}$,迎角也回到原位,$\alpha=\alpha_0$,$\Delta Y=0$,航迹角不再增大,此时飞机以一定的航迹倾斜角爬高。

位置 4:随着飞机的爬高,高度差信号继续减小,因而高度差信号小于俯仰角信号,舵回路的输入信号反相为正,使升降舵向下偏转产生 $+\delta_{z4}$,产生 $-\Delta\alpha_4$ 和 $-\Delta Y_4$。在此负升力增量的作用下,产生 $-\dot\Theta$,使速度向量向水平位置转动,飞行航迹向下弯曲。

位置 5:在 $+\Delta\delta_{z4}$ 的作用下,飞机的俯仰角不断减小,向 θ_0 接近。俯仰角的减小,使得俯仰角信号也减小,高度差信号也在减小但没有前者减小得多,故使综合信号改变极性使升降舵收舵。随着修正过程的进行,最后,速度矢量重新回到水平位置,即 $\Theta=0,\theta=\theta_0,\Delta H=0,\alpha=\alpha_0$,$\delta_z=\delta_{z0},Y=G$,飞机在原高度上水平飞行。

从以上过程可以看出:高度差信号使升降舵向着纠正高度差方向偏转。若不考虑其他信号的作用,高度差信号与升降舵(平尾)偏角的变化是相同的,因此,在稳定飞机高度过程中,高度差信号是起稳定作用的。在高度稳定和控制过程中,俯仰角信号总是起抵消高度差信号的作用,该信号产生的舵偏角是阻碍飞机向原高度恢复的,因而俯仰角信号起阻尼作用。俯仰角速度信号加入控制回路后,在稳定飞机俯仰过程中是起阻尼作用的,但在稳定高度过程中没有固定的作用,对高度稳定和控制过程影响不大。

传动比 L_H 增大,在同样高度偏离时升降舵偏角将增大,迎角增量同样也要增大,升力亦增大,飞机爬高的速度加快,达到给定高度的时间缩短。但在此条件下,俯仰角信号的阻尼作用就显得不足,飞机将会越过给定高度而产生高度的超调和振荡。

为了改善高度稳定过程的平稳性,必须增大高度阻尼信号。而俯仰角信号传动比必须适应俯仰角的稳定和操纵的需要,不宜在稳定高度回路里另作变动。为此往往在高度稳定回路里引入高度微分信号,即 $\dot H$ 信号,也起阻尼作用。

上述各信号的作用在下述情形的高度控制过程中发挥着同样的作用。

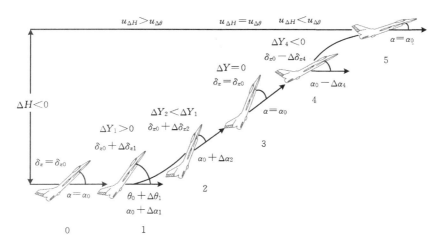

图 3 - 27　瞬时干扰下的稳高过程

（二）常值干扰力矩作用下的稳定过程

在常值干扰力矩＋ΔM_z 的作用下，在开始阶段，比例式控制会产生俯仰角静差＋$\Delta\theta_j$ 和俯仰轨迹角静差＋$\Delta\Theta_j$。由于速度矢量偏离了水平位置，飞机逐渐偏离了给定高度。如图 3 - 28（a）所示。此时，平衡干扰力矩的舵偏角是由俯仰角的静差产生的。随着高度的逐渐偏离，高度差信号逐渐取代俯仰角偏离信号，到图 3 - 28（b）的位置时，平衡干扰力矩的舵偏角已完全由高度静差产生，俯仰角静差回到零，飞机仍作水平飞行。

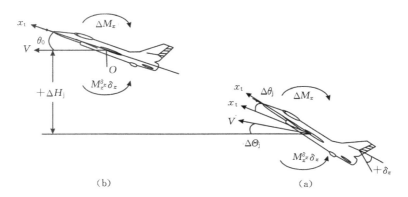

图 3 - 28　常值干扰下的稳定过程

高度静差可由下式确定：

因为

$$\Delta M_z = m_z^{\delta_z}\Delta\delta_z, \Delta\delta_z = L_{\Delta H}\Delta H_j$$

所以

$$\Delta H_j = \frac{\Delta M_z}{m_z^{\delta_z}L_{\Delta H}}$$

上式表明,高度静差正比于干扰力矩,反比于高度差信号传动比 $L_{\Delta H}$。适当增加 $L_{\Delta H}$,可以使高度稳定过程加快,高度静差减小。

在常值干扰力矩作用下,积分式控制将不存在高度静差。这是由于升降舵偏角与高度差的积分值成正比的缘故,即 $\delta_z = L_{\Delta H}\int \Delta H dt$,其物理解释同常值干扰力矩作用下稳定俯仰无静差一样。

为了消除比例式控制的高度静差,可以在比例式控制律中引入高度差的积分信号,即 $L_{\Delta H}\int \Delta H dt$ 项,以此信号来产生舵偏角平衡常值干扰力矩。

(三)常值垂直上升气流区的稳定过程

当飞入如图 3-29 所示的垂直气流区域时,受气流影响,飞机先是迎角变大,根据速度三角形可求出增量

$$\Delta \alpha_0 \approx \frac{V_y}{V_0} \quad (\Delta \alpha_0\ \text{以弧度计算}) \quad \text{或} \quad \Delta \alpha_0 = 57.3\frac{V_y}{V_0} \quad (\Delta \alpha_0\ \text{以度计算})$$

于是,初始迎角增量 $\Delta \alpha_0$ 引起俯仰稳定力矩,使飞机下俯,同时还引起升力的增量,使空速矢量向上转动,飞机获得上升速度 $\dot{H}$,飞机的高度也在上升。飞机下俯和空速矢量向上转动,都使迎角增量减小。飞机下俯引起 $\dot{\theta}$ 和 θ 信号,它们的作用是使升降舵向上偏转,阻止俯仰角的变化。高度上升引起 $\dot{H}$ 和 ΔH 信号,使升降舵下偏,阻止飞机高度变化。但因转动纵轴(下俯)比转动空速矢量快,所以在开始阶段 $\dot{\theta}$、θ 信号比 $\dot{H}$、ΔH 信号强,使升降舵先是向上偏转($\delta_z < 0$),而后又逐渐收回 δ_z。过渡过程结束时,$\Delta \alpha_0 = 0$(保证飞机既不上升也不下降),$\delta_z = 0$,飞机恢复平飞,但俯仰角和高度都有静差。俯仰角减小的数值(相对进入上升气流前)就是俯仰静差,它应等于上升气流引起的初始迎角增量 $\Delta \alpha_0$,即

$$\Delta \theta_\infty = \Delta \alpha_0 = \frac{V_y}{V_0} \tag{3-32}$$

只有满足这个关系,才能使 $\Delta \alpha_0 = 0$,过渡过程结束。也就是说,当过渡过程结束时,上升气流使空速矢量向上转动的角度($\Delta \alpha_0$)必须由系统使飞机下俯的角度($\Delta \theta_\infty$)完全补偿掉。系统控制航迹的动态过程如图 3-30 所示。

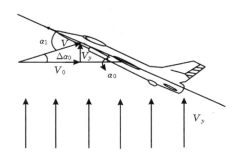

图 3-29 垂直气流区迎角的变化

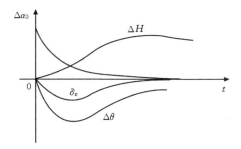

图 3-30 垂直气流区内的稳高过程

式(3-32)表明,在稳定高度飞行中,垂直气流引起的 $\Delta \theta_\infty$ 只与气流速度 V_y 和飞行状态

V_0 有关,而与控制律的传动比无关。上升气流引起 $-\Delta\theta_\infty$,下降气流引起 $+\Delta\theta_\infty$,即 $\Delta\theta_\infty$ 与 V_y 符号相反。这一结论同样适用于积分式控制。

高度静差的产生是满足信号平衡关系所必需的。因为过渡过程结束时,$\dot\theta = 0$,$\dot H = 0$,只有靠高度差信号与俯仰角静差信号平衡。于是,有信号平衡关系

$$L_\theta \Delta\theta_\infty + L_{\Delta H} \Delta H_\infty = 0$$

$$\Delta H_\infty = -\frac{L_\theta}{L_{\Delta H}} \Delta\theta_\infty = \frac{L_\theta}{L_{\Delta H}} \frac{V_y}{V_0} \tag{3-33}$$

式(3-33)表明,在稳高飞行中,垂直气流引起高度静差 ΔH_∞,ΔH_∞ 大小与气流速度 V_y 和飞行状态 V_0 以及控制信号的传动比(L_θ、$L_{\Delta H}$)有关。上升气流引起 $+\Delta H_\infty$,下降气流引起 $-\Delta H_\infty$。

至于采用积分式控制时,系统的控制精度——稳态误差也可由上述物理分析方法获得。但是,希望读者运用自动控制误差分析的一般方法,进一步研究与理解这一问题。

第五节 飞机侧向航迹控制的原理

侧向航迹控制改变飞机在地理坐标系中水平面内的二维位置——航路点,这取决于作用在飞机上的侧向力的变化。常规飞机是通过控制倾斜角,改变飞机升力方向,调整升力的水平分量,以实现侧向航迹的控制。但是,鉴于倾斜与航向运动间存在交叉影响,在侧向航迹控制中,一般要通过同时控制副翼和方向舵两个操纵面,以减小飞机的侧滑角。下面仅以侧向偏离控制为例,说明侧向航迹控制的原理。

一、侧向偏离控制律的各种方案

飞机常以副翼和方向舵协调控制,进行侧向航迹控制。常用以下三种方案:
(1)以副翼控制为主,方向通道只起阻尼与协调作用;
(2)同时控制副翼和方向舵;
(3)以方向舵控制为主,副翼通道起协调作用。
以上三种方案中,第一方案使用较多,限于篇幅,这里只讨论第一种方案。

二、侧向偏离控制的简化飞机方程

由于第一种方案基本上是协调转弯的,可以认定 $\beta \approx 0$,且有

$$\dot\psi = -\frac{g}{V_0} \cos\theta \sin\gamma \approx -\frac{g}{V_0}\gamma \tag{3-34}$$

对于飞机的侧向运动方程式(2-26),由于方向舵通道只起阻尼和协调作用,近似分析时可略去偏航力矩方程;又认为飞机滚转比摆头快得多,γ 的过渡过程是瞬间完成的,忽略 $\dot\gamma$ 和 $\ddot\gamma$。这样,式(2-16)可简化为

$$\begin{cases} \dot\psi = n_{1\gamma}\gamma \\ n_{2\omega_y}\dot\psi = -n_{2\delta_x}\delta_x \end{cases} \tag{3-35}$$

其中,$n_{1\gamma} = -\dfrac{g}{V_0}\cos\theta \approx -\dfrac{g}{V_0}$。

飞机侧向偏离时的运动方程除式(2-26)外,还应加上侧向偏离方程

$$\frac{\mathrm{d}z}{\mathrm{d}t} = -V_0\cos\Theta\sin\psi_s \tag{3-36}$$

在小扰动假设下,可以认为

$$\cos\Theta \approx 1, \quad \sin\psi_s \approx \psi_s$$

且航迹偏转角、偏航角和侧滑角具有如下关系:

$$\psi_s = \psi - \beta$$

因此,式(3-36)可简化为

$$\frac{\mathrm{d}z}{\mathrm{d}t} = \frac{(\beta-\psi)}{57.3}V_0 \tag{3-37}$$

联立式(3-34)、式(3-35)和式(3-37),即可得到对飞机侧向偏离进行近似分析时的运动模型

$$\begin{cases} \dot{z} = \frac{(\beta-\psi)}{57.3}V_0 \stackrel{\beta\approx 0}{=\!=\!=} -\frac{V_0}{57.3}\psi \\[2mm] \dot{\psi} = -\frac{g}{V_0}\gamma \\[2mm] \gamma = \frac{n_{2\delta_x}V_0}{n_{2\omega_y}g}\delta_x \end{cases} \tag{3-38}$$

三、侧向偏离的控制律

侧向偏离控制是以航向角控制为内回路,其控制律可以在航向稳定控制律的基础上加上某些与侧向偏离 z 有关的信号而构成。

对于第一方案,副翼通道的控制律可在控制飞机平飞的基础上引入偏航控制分量来获得。例如,对于比例式控制回路,可由式(3-25)得到副翼控制回路的基本控制律

$$\delta_x = I_{\dot\gamma}\dot\gamma + I_\gamma\gamma - I_\psi\psi \tag{3-39}$$

再引入侧向偏离量后,得到修正侧向偏离的控制律

$$\delta_x = I_{\dot\gamma}\dot\gamma + I_\gamma\gamma - I_\psi\psi + I_z z \tag{3-40}$$

式中,z 表示侧向偏离量,当飞机在应飞航线的右侧时,定义 $z>0$;反之,$z<0$。例如,当飞机在应飞航线的右侧,$z>0$,$\delta_x>0$,产生使飞机向左滚动的力矩($M_x^{\delta}\delta_x<0$),以修正右侧偏。在航向稳定控制回路的基础上构成的侧向偏离控制回路结构,如图 3-31 所示。

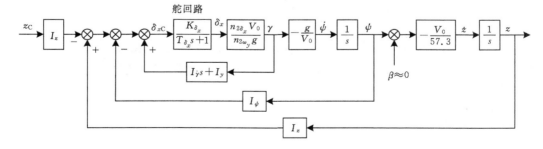

图 3-31 侧向偏离控制回路结构图(副翼通道)

由方程组(3-38)可知,偏航控制$-I_\psi\psi$相当于z的微分信号;γ信号为与$\dot z$有关的信号。总之,式(3-40)中,除$I_z z$以外的其他各项都在过渡过程中起着平稳控制作用。

至于积分式控制回路,请读者自己思考。

四、侧向偏移的工作情况分析

(一)物理过程

当飞机向右偏离应飞航线时,$z>0$。飞机一开始由于$I_z z$的作用向左倾斜,飞机向左转弯,ψ逐渐变正,而且信号$I_\psi\psi$逐渐增加。由于$I_\psi\psi$信号的作用,飞机逐渐改平(当$I_z z-I_\psi\psi\approx0$时)飞机水平地向应飞航线飞去(如图3-32(b)所示)。当侧向偏离z进一步减小时,$I_\psi\psi$信号超过了$I_z z$信号,于是$I_z z-I_\psi\psi<0$。在这一合成信号的作用下飞机向右倾斜,如图3-32(c)所示。最后终于使侧向偏离、偏航角ψ以及倾斜角γ全部回到零。

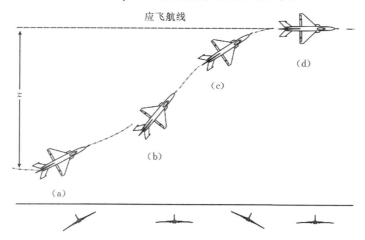

图3-32　飞机侧向偏离自动控制系统修正z的物理过程

(二)控制精度

现在再来研究采用式(3-40)控制律的系统稳态误差问题。正如前面各节所分析的,比例式控制律对常值干扰力矩ΔM_z是有静态误差的。下面着重研究常值侧风V_z引起的稳态误差。

在有常值侧风V_z存在时,略去β后的侧向偏离近似方程组(3-38)的第一式应改为

$$z=-V_0\frac{\psi}{57.3}+V_z \tag{3-41}$$

在稳定状态下,$z=0$必须使飞机机头朝向侧风吹来的方向,就是要求

$$\psi_\infty=57.3\frac{V_z}{V_0} \tag{3-42}$$

在无力矩干扰($M_{xf}=0$)时,$\delta_{x\infty}=0$,在式(3-40)中令$\gamma_\infty=\dot\gamma_\infty=0$,并结合式(3-42)可得侧风稳态偏差为

$$z_\infty=57.3\frac{I_\psi}{I_z}\frac{V_z}{V_0} \tag{3-43}$$

要消除这个偏差,可以效仿俯仰通道高度回路中所用的方法,既能消去 ψ 的稳态分量 ψ_∞ 又不破坏系统的稳定性。可能的方案有三种:第一种是加 ψ 的稳态信号消除器,用 $[\tau s/(\tau s+1)]\psi$ 信号来代替 ψ 信号;第二种是用延迟倾斜信号 $[1/(\tau s+1)]\gamma$ 来代替 ψ 信号;第三种是直接用 $-\dot{z}$ 来代替 ψ 信号。

第六节　飞机协调转弯控制的原理

在第二章中,已经讨论了人工操纵飞机协调转弯的基本原理,这里仅给出飞行控制系统自动控制飞机协调转弯的基本控制律,说明比例式与积分式控制实现自动转弯的基本原理。同时也阐释航迹控制是俯仰、滚转和航向三通道协调控制的结果。

一、比例式控制实现协调转弯的原理

某飞行控制系统在采用式(3-25)稳定航向的比例式控制律中,引入倾斜角给定信号,切除偏航角信号 $I_\psi\psi$,使飞机以一定的倾斜角转弯。

倾斜通道控制律为

$$\delta_x = I_{\dot{\gamma}}\dot{\gamma} + I_\gamma(\gamma - \gamma_C)$$

航向通道控制律为

$$\delta_y = K_{\dot{\psi}}\dot{\psi} + K_\gamma\gamma$$

为了防止掉高度,俯仰通道一般采用开环补偿和闭环调整相结合的方法——从引起掉高度的根源入手,采取预防措施,把倾斜角信号送入俯仰通道,不论左、右转弯,都使升降舵向上偏转一定角度,大小与 γ 成正比,借以产生一定的上仰角度和一定的上仰角速度;同时采用高度稳定信号,进一步减小转弯过程中引起的高度差。所以俯仰通道的控制律为

$$\delta_z = L_{\dot{\theta}}\omega_z + L_\theta\theta + L_H\dot{H} + L_{\Delta H}\Delta H - L_\gamma|\gamma|$$

二、积分式控制实现协调转弯的原理

同理,可由式(3-26)航向稳定控制律,理解某积分式飞行控制系统实现协调转弯的控制律

$$\begin{cases} \dot{\delta}_x = I_{\ddot{\gamma}}\ddot{\gamma} + I_{\dot{\gamma}}\dot{\gamma} + I_\gamma(\gamma - \gamma_C) \\ \dot{\delta}_y = K_{\ddot{\psi}}\ddot{\psi} + K_{\dot{\psi}}\dot{\psi} - K_{\dot{\psi}_C}\dot{\psi}_C + K_\beta\beta \\ \dot{\delta}_z = L_\theta\theta + L_{\dot{\theta}}\dot{\theta} + L_{\ddot{\theta}}\ddot{\theta} + L_{\Delta H}\Delta H + L_H\dot{H} - L_\gamma|\gamma| \end{cases} \quad (3-44)$$

稳态时,$\dot{\omega}_y = 0$,$\dot{\delta}_y = 0$,如能做到 $\omega_{y\infty} = \omega_{yC}$,则 $\beta_\infty = 0$,即实现了无侧滑的协调转弯。上式中,引入侧滑角信号是为了进一步消除侧滑。

至于采用上述控制律自动转弯中的操纵面出舵规律,与人工操纵类似。在协调转弯过程中,高度静差、消除侧滑等问题,也可用上述角运动中的方法进一步分析。

此外,飞行控制系统一般是由飞行员通过给定装置,如操纵台转弯旋钮,给出转弯指令——上述控制律中的给定倾斜角 γ_C。结束转弯时,将转弯旋钮转回中立位置,即可取消操纵信号,这时倾斜通道在 γ 信号作用下使副翼反转,飞机逐渐改平。航向通道在 $\dot{\psi}$ 信号作用下使方向舵反方向偏转,偏航角速度逐渐衰减到零。到退出转弯的过渡过程达到稳态时,航向通道

的偏航角信号和倾斜通道的交联信号都自动接通,飞行控制系统恢复稳定航向时的控制律,稳定飞机沿新的航向飞行。

描述飞机运动的参数有三个姿态角(θ、γ、ψ)、三个角速度(ω_x、ω_y、ω_z)、三个线位移(H、z、L)、两个气流角(α、β)及一个线速度(V)。飞行控制系统可自动控制部分或全部上述参数,必要时还可控制取决于速度与迎角的马赫数及法向过载等;为了提高飞行控制的自动化水平,改善飞行控制性能,还需与其他机载系统交联进行飞行综合控制。这些任务的完成均按照所设定的控制律,由绪论中所介绍的角运动控制与航迹控制两个基本回路实现。本章仅介绍飞行控制系统的基本控制原理:角运动控制原理和"静态"航迹控制原理。

事实上,飞行控制的最终目的是使飞机以足够的准确度保持或跟踪期望的飞行航迹。控制飞行航迹的系统,又称制导系统,是在角运动控制系统的基础上形成的。有关"动态"航迹控制的内容,如着舰引导与飞行综合控制等问题,将在后续章节中介绍。

本章运用闭环控制的一般原理介绍了飞机自动飞行控制的基本原理,包括基本飞行控制律以及飞机纵侧向角运动和轨迹运动在各种典型功能模态下的控制律。至于具体飞机采用何种控制律、具有哪些功能,则是由其任务需求和研制要求而定,但是本质上是按照上述基本原理和基本控制方式而优化设计的。

复习思考题

1. 结合绪论中飞行控制系统的基本原理,进一步理解飞行控制的基本组成、结构特点及其发展方向。

2. 飞行控制系统常见的基本控制律有哪几种?请分别写出相应控制律的数学表达式并解释其物理含义。

3. 比例、积分控制律的本质区别是什么?请画出相应控制律的舵回路框图。

4. 请分别从物理过程和控制律两方面叙述比例式控制律稳定飞机俯仰角的原理。

5. 比例式控制律稳定飞机姿态角时,角位置信号、角速度信号各起什么作用?改变相应信号传动比对飞机运动会产生什么影响?

6. 积分式控制律稳定飞机姿态角时角位置信号、角速度、角加速度信号各起什么作用?改变相应信号传动比对飞机运动会产生什么影响?

7. 请推导出比例式控制律在常值干扰力矩作用下的俯仰角静差,如果存在静差,说明减小静差的方法。

8. 请分别写出自动控制飞机倾斜角的比例式和积分式基本控制律,说明控制原理,并进一步说明各个信号的作用。

9. 自动稳定飞机航向有几种控制方案?其相应的控制律是什么?说明其控制原理,并进一步说明各个信号的作用。

10. 比例式控制律是否一定能消除静差?用什么方法能消除比例式控制律产生的静差?

11. 某侧向系统采用如下控制律稳定航向,试说明其特点。

$$\delta_x = I_\gamma \omega_x + I_\gamma \gamma - I_\psi \psi \quad \delta_y = K_\psi \omega_y + K_\gamma \gamma + K \int \psi \mathrm{d}t$$

12. 某型驾驶仪采用式(3 - 43)控制协调转弯时是否会有高度静差?

13. 分别写出控制飞机协调转弯的比例式和积分式控制律,并说明控制律中各个信号在控制过程中所起的作用。

14. 例如某型飞机在 10 000 m 高度上由比例式飞控系统自动控制飞行,$V = 200$ m/s,$n_{2\alpha} = 0.68$ (1/s),作 $\gamma = 30°$ 的协调转弯,若 $L_{\Delta H} = 0.1$ °/(s · m),$L_\theta = 1.2$ (1/s),$L_\delta = 1.7$,则高度静差是多少?

15. 已知某型驾驶仪的控制律:$\delta_x = I_{\dot\gamma}\omega_x + I_\gamma\gamma - I_\psi\psi$,$\delta_y = K_\psi\omega_y + K_\gamma\gamma$,试分析 $\psi_0 = 0$,$\beta_0 > 0$ 时,驾驶仪的过渡过程。

16. 说明保证协调转弯中消除侧滑角的可能方案及其原理。

17. 已知某型驾驶仪的控制律:$\delta_x = I_{\dot\gamma}\omega_x + I_\gamma\gamma - I_\psi\psi$,$\delta_y = K_\psi\omega_y + K_\gamma\gamma$,试分析在常值力矩作用下航向是否产生静差? 若产生静差请提出解决方法,并说明原理。

18. 说明角运动控制律与航迹控制律的异同。

19. 分别叙述比例式和积分式控制稳定飞机高度的控制原理,并画出相应的系统结构图。

20. 分析在稳定高度过程中各个信号的作用。

21. 试用自动控制原理说明为什么比例式和积分式控制高度的精度不同。

22. 说明飞机受扰掉高度后,飞机自动稳定飞行高度的基本过程。

23. 推导比例式和积分式控制律在常值力矩干扰下的高度静差。

24. 侧向航迹控制的控制方案有哪些? 目前使用最多的是哪种?

25. 在下面的侧向航迹控制律中,各个信号在控制过程中起什么作用? 请简述侧向航迹控制的物理过程。

$$\delta_x = I_{\dot\gamma}\dot\gamma + I_\gamma\gamma - I_\psi\psi + I_z z$$

26. 试说明式(3 - 43)控制律实现航向控制的特点。

第四章

飞行控制系统的分系统

飞行控制系统一般由感知对象状态的传感器、执行数据处理和控制功能的计算机、操纵舵机运动的伺服作动系统、作为人机接口部件的显示与控制装置及机内自测试等分系统组成。以上五个分系统是飞行控制系统完成其功能和任务的基本组成,每个分系统性能的优劣直接决定着整个飞行控制系统的性能。

第一节　传感器分系统

传感器是一种以一定的精度将被测量参数转换成与之有确定对应关系的某种物理量的测量装置,一般由敏感元件、转换元件和转换电路三部分组成。在飞机的飞控系统中装有各种各样的传感器(统归为传感器分系统),它们用来精确测量飞机运动的各种参数。当获得这些参数后,便可按照一定的控制规律,人工或自动地控制飞机,使其按期望的姿态、航向和轨迹飞行。因此,传感器在飞行自动控制系统中起着非常重要的作用。

用于飞控系统的传感器按用途可分为以下几类。

1. 驾驶员指令传感器

用于形成驾驶员对飞机的操纵指令,包括驾驶杆位移(或力)传感器和脚蹬位移(或力)传感器等。

2. 飞机运动参数传感器

(1)姿态角传感器。包括地平仪(垂直陀螺)或全姿态陀螺,用于测量飞机的俯仰角 θ、倾斜角 γ。

(2)航向角传感器。包括航向陀螺仪、航向姿态系统,用于测量航向角 ψ。

(3)角速度传感器。用于测量飞机绕三个机体轴的转动角速度 ω_x、ω_y、ω_z。

(4)过载传感器(线加速度计)。用于测量飞机的法向过载 N_y、侧向过载 N_z 和前向过载 N_x。

3. 大气数据传感器

用于测量气压高度、空速、马赫数等大气数据,主要包括动(总)压传感器、静压传感器、空速传感器、气压高度及高度差传感器、迎角与侧滑角传感器等。

4.舵面运动传感器

用于测量平尾、副翼、方向舵、襟翼、鸭翼等的偏转角。分为线位移传感器和角位移传感器两种。

5.其他用途传感器

一、驾驶员指令传感器

驾驶员的指令通过装在驾驶杆或脚蹬下方的传感器,转换为电信号,传送给飞行控制舵回路(放大器或计算机),经逻辑综合与处理,控制飞机运动。

现役新型飞机主要有三种驾驶员指令传感器:线位移传感器、角位移传感器和杆力传感器。其指令控制关系一般如图 4 - 1 所示。

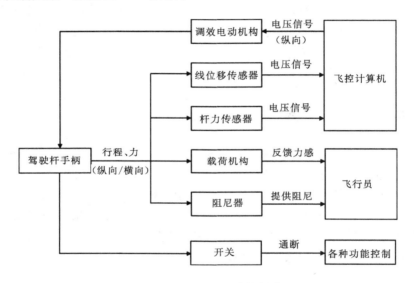

图 4 - 1　驾驶杆指令控制关系

(一)线位移传感器

线位移传感器,又称为线性差动变压器(Linear Variable Differential Transformer, LVDT),它将线性运动的机械行程转换为与之成比例的输出电压。

线位移传感器由定子和动铁心两部分组成,原理结构如图 4 - 2 所示。定子的结构型式较多,根据绕组的缠绕方式,可分为两段式和三段式等。使用最为普遍的是两段式结构。在这种结构中,有一根高电阻率、非导磁材料制成管状骨架,骨架上绕有激磁绕组和输出绕组,并将其装在软磁材料制成的外壳中,组成线位移传感器的定子。动铁心由软磁材料制成,可以在管状骨架的内孔中做轴向运动。当驾驶员操纵驾驶杆或脚蹬时,通过传动装置带动铁心做轴向运动,使两个线圈产生的感应电动势不等,进而使输出绕组输出与操纵位移成比例的电压信号。

(二)角位移传感器

角位移传感器,又称旋转差动变压器(Rotary Variable Differential Transformer,RVDT)。

它将机械转角转换为与之成比例的输出电压信号。

　　RVDT 由定子和转子两部分组成,原理结构如图 4 - 3 所示。定子的结构型式较多,如径向导磁和轴向导磁、差动绕组和非差动绕组等。使用较多的是以下这种结构:在软磁材料制成的定子铁心上,沿圆周分布有齿和槽,在槽内嵌有激磁绕组和输出绕组。转子为扇形铁心并固定于转轴上,没有绕组。在转轴两端装有一对精密微型滚珠轴承,转子可以在定子内孔中自由转动。激磁绕组和输出绕组之间的互感是转子转角位置的函数。转子铁心扇形面的大小与RVDT 的线性范围有关,可以在 $90°\sim180°$ 的范围内变化。当机械部件的旋转传递到 RVDT的转轴上,会带动与之固连的铁心,改变线圈内的感应电压,输出与旋转角度成比例的电压信号。

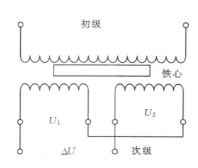

图 4 - 2　线位移传感器原理结构图

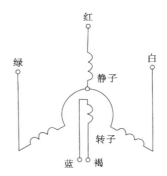

图 4 - 3　角位移传感器原理结构

(三)杆力传感器

　　杆力传感器大多采用电阻应变式测力传感器,由在弹性元件上粘贴电阻应变敏感元件构成。当被测机械力作用在弹性元件上时,弹性元件的变形将引起应变敏感元件的阻值变化,再通过转换电路(惠斯顿电桥)将其转变成电信号输出,电信号变化的大小反映了被测力的大小。其工作原理如图 4 - 4 所示。

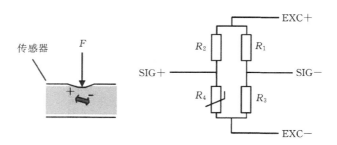

图 4 - 4　杆力传感器原理示意图

　　R_4 相当于电阻应变敏感元件,它紧贴在驾驶杆上弹性元件表面,当外力 F 作用于传感器上引起 R_4 阻值变化时,就会引起 SIG+ 和 SIG- 两端的电压变化,从而完成力信号到电信号的转换,外部电源电压加在 EXC+ 和 EXC- 两端。

　　根据胡克定律,在弹性极限范围内,弹性元件的变形与应力成正比

$$\varepsilon = \frac{\sigma}{E} \qquad (4-1)$$

式中，ε 表示弹性元件的变形；σ 表示弹性元件所受应力；E 表示弹性元件材料的杨氏模量。

当电阻应变敏感元件随弹性元件的变形而变形时，其几何尺寸及物理性能随之改变，从而引起电阻值变化

$$\frac{\Delta R}{R} = k\varepsilon \Rightarrow \Delta R = kR\varepsilon = \frac{kR\sigma}{E} \qquad (4-2)$$

式中，k 表示电阻应变敏感元件的灵敏度数。

二、飞机运动参数传感器

(一)航向姿态角传感器

1. 地平仪(垂直陀螺)

地平仪是用来测量飞机俯仰角和滚转角的双自由度陀螺，原理如图 4-5 所示。

它是基于双自由度陀螺的定轴性——陀螺转子轴方位相对惯性空间保持不变的特性工作的。陀螺启动后，将转子轴调整到地垂线的方位上，并稳定在地垂线上，作为测量飞机姿态角的基准。

当飞机俯仰时，带动表壳和外环跟随机体一起转动，而内环绕内环轴保持稳定，外环随机体绕内环轴转过的角度就是飞机的俯仰角。当飞机倾斜时，带动壳体跟随

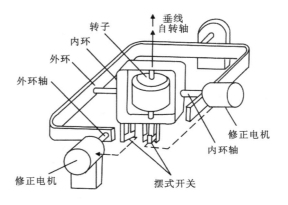

图 4-5　地平仪原理

飞机一起绕外环轴转动，表壳绕外环轴相对外环转过的角度就是飞机的倾斜角。

2. 航向陀螺仪

飞机纵轴在水平面的投影与地理子午线的夹角称为航向角，与磁子午线夹角称为磁航向角，两者之差称磁差角。

航向陀螺仪测量飞机航向角是利用双自由度陀螺转子轴相对惯性空间方位稳定不变的原理。

正确测量飞机航向的必要条件是双自由度航向陀螺外环轴垂直放置，而自转轴水平放置，保证自转轴垂直于外环轴。但是由于地球自转和飞机相对地球长时间飞行，自转轴将会产生水平和方位偏离，从而带来很大的测量误差。为了消除地球自转和飞机相对地球长时间飞行的影响，必须加水平和方位修正装置，如图 4-6 所示。水平修正使自转轴保持在水平面，从而使自转轴与外环轴保持相互垂直的关系；方位修正提高了航向陀螺仪绕外环轴的方位稳定精度，从而提高航向角测量精度。

经过上述修正、协调之后，航向陀螺仪能够在较长时间内相对子午面保持方位稳定。当飞机航向改变时，仪表壳体跟随飞机转动，而陀螺仪(绕外环轴)仍然保持方位稳定，仪表壳体相

对外环轴转过的角度便是飞机的航向角变化,进而可测量飞机的航向角。此航向角经过电信号变换器,可直接输出表示飞机航向角的电信号,供飞控系统使用。

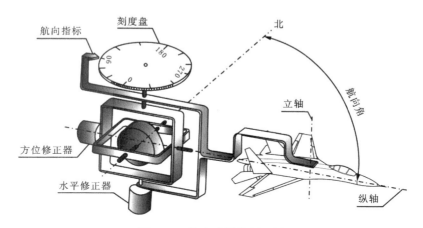

图 4-6 航向陀螺仪原理图

尽管陀螺仪相对惯性空间有很好的稳定性,但不具有自动找北的特性。因此,使用之前和使用过程中,须根据磁罗盘或天文罗盘的航向来调整航向陀螺仪的航向——进行航向校正或航向协调。具有这种工作特点的航向陀螺仪称为陀螺半罗盘。

3. 航向系统

具有自动航向校正功能的航向角测量系统称作航向系统。

根据飞行条件、飞行地区、气象情况和所需的航向信号的不同,航向系统有三种可供选择的工作状态。

(1)地磁校正工作状态

当飞机作水平直线等速飞行,并且不在强磁地区或高纬度地区的情况下,磁罗盘能够精确地测量出飞机的磁航向角,这时可用磁罗盘对航向陀螺仪进行航向校正,航向指示器给出磁航向角。再经磁差角修正便可给出真航向角和真航向信号。

(2)天文校正工作状态

当飞机在强磁地区或高纬度地区飞行,在可观察到星体的情况下,天文罗盘可精确地测量出飞机的真航向角。这时可利用天文罗盘对航向陀螺仪进行校正,航向指示器便给出真航向角,同时通过输出变换器给出飞机真航向角信号。

(3)陀螺半罗盘工作状态

当飞机作加速、转弯、盘旋飞行,或在强磁地区、高纬度地区飞行,而且又受到气象条件限制(如有云雾)的情况下,磁罗盘或天文罗盘均不能正常工作,这时就必须断开磁罗盘或天文罗盘对航向陀螺仪的航向校正,而是利用航向陀螺仪的方位稳定性测量飞机的航向角。另外,当飞机作大圆圈飞行时,也不需要进行地磁校正或天文校正,而是利用航向陀螺仪对大圆圈平面保持方位稳定。航向指示器便给出飞机大圆圈航向角指示。

4. 全姿态组合陀螺仪及航向姿态系统

全姿态组合陀螺仪是把地平仪与航向陀螺仪组合在一起,用以测量飞机航向姿态角的传感器。其进一步发展后是功能完善的航姿系统、三轴稳定平台和惯性导航系统。

航姿系统也称全姿态系统,其功能较全姿态组合陀螺仪更全面,是由全姿态组合陀螺仪与机上其他航向仪表、航向指示器、航向传感器组合在一起的系统。

(二)角速度传感器

角速度传感器用来测量飞机绕俯仰、倾斜和航向三轴的角速度,分为常规速度陀螺、动力调谐挠性陀螺和光学陀螺等。光学陀螺又可分为激光陀螺、光纤陀螺和压电陀螺等。这里仅介绍常规速度陀螺。

常规速度陀螺是指采用滚珠轴承的框架速度陀螺,由单自由度陀螺、阻尼器、定位弹簧和输出电位器等部件组成。它是利用单自由度陀螺在外力矩作用下转子轴绕内环轴进动的特性,来实现对飞机绕测量轴 OY 的转动角速度 ω_y 的测量。其工作原理如图 4-7 所示。

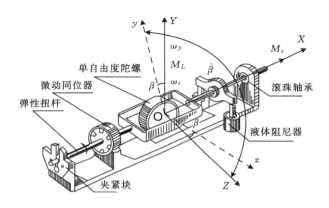

图 4-7 角速度陀螺原理图

OX 轴为内环轴,也是输出轴,OY 轴为输入轴或测量轴,OZ 轴为转子轴。当飞机绕 OY 轴有转速 ω_y 时,沿 OY 轴出现支架力矩 M_L。在 M_L 作用下,陀螺转子轴绕 OX 轴进动,进动角速度为 $\dot{\beta}$。β 角出现后,弹簧产生力矩 $M_s = k\beta$(k 为弹簧刚度系数),方向沿 OX 轴。在 M_s 作用下,陀螺将绕 OY 轴作正方向进动,进动角速度 ω_s,方向与 ω_y 同向。当 $\omega_s = \omega_y$ 时,陀螺所受力矩达到平衡状态而停止进动,$\dot{\beta} = 0$,则有

$$\omega_s = \frac{M_s}{H} = \omega_y$$

$$M_s = H\omega_s = H\omega_y = k\beta$$

$$\beta = \frac{H}{k}\omega_y$$

式中,H 表示陀螺角动量,k 表示弹性力矩系数(常数),所以 β 正比于 ω_y。

设传动比为 k_β,则输出电压为:

$$U_{out} = k_\beta \beta = \frac{k_\beta H}{k}\omega_y \tag{4-3}$$

角速度陀螺一般采用电机转速和输出变换器两种检测方式,前者可进行空中实时检测监控,后者只适用于地面检测。

角速度陀螺内环轴上的摩擦力矩,对角速度陀螺的精度和灵敏度有很大的影响。为减小或克服支承摩擦,便出现了液浮陀螺、挠性陀螺、静电陀螺、激光陀螺和光纤陀螺等高精度陀螺。

(三)线加速度传感器

线加速度传感器用于测量飞机的法向、侧向或纵向加速度。飞控系统中常用的线加速计有:挠性摆式力矩反馈加速度计、振梁式加速度计、光纤加速度计和微电子加速度计等。限于篇幅这里只介绍挠性摆式力矩反馈加速度计的结构原理。

挠性摆式力矩反馈加速度计是由挠性支承、摆组件、角位移传感器、力矩器及力反馈电子组件(放大器、校正网络等)等组成的闭环控制系统,原理结构如图4-8所示。

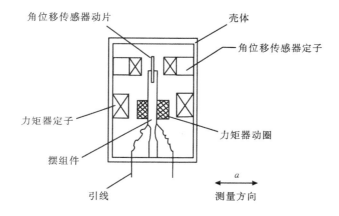

图4-8 挠性摆式力矩反馈加速度计表头结构示意图

当有加速度输入时,质量为 m 的摆组件将产生惯性力,其方向与加速度 a 方向相反。此力对挠性轴产生力矩 $M=mla$,使摆组件绕输出轴转动,产生角位移。角位移传感器再将角度变化转化为电信号,经放大、解调、校正,变成直流信号输出。电流通过力矩器动圈与永磁场作用产生电磁力,此力对挠性轴形成电磁力矩 $M=K_I I$,使摆组件平衡至电磁力矩与惯性力矩相等的位置,整个系统达到平衡,即

$$K_I I = mla$$

或
$$I = \frac{ml}{K_I}a \qquad\qquad (4-4)$$

式中,ml 表示摆性,K_I 表示力矩系数,I 表示输出电流。上式表明输出电流与被测方向的加速度成正比。

另外,为了测量的方便,通常以电压的形式来表示:
$$U_a = K_0 + K_1 a + K_2 a^2 \qquad\qquad (4-5)$$

式中,K_0 表示当输入加速度为零时仪表的输出电压(偏压,V),K_1 表示标度因数(V/g),K_2 为二次非线性系数(V/g^2)。

由于挠性杆将摆组件固联于壳体上,使摆组件可沿着输入轴方向自由摆动,因而可消除一般采用轴承所产生的摩擦力,提高产品的精度;另外当飞机具有加速度时,角位移传感器将摆

组件偏角转换为电信号,由于传感器定子固定在壳体上,动片安装于摆组件上,没有活动导电环节,这也使精度和可靠性大大提高。正是出于上述原因,挠性摆式力矩反馈加速度计得以广泛应用。

对多余度电传飞控系统,加速度计应与飞控系统余度等级相适应,以进行多余度配置,例如某四余度数字电传飞控系统,其法向过载传感器也应按四余度配置。另外,为进一步提高可靠性和可维护性,还经常配置空中自监控与地面自检测功能。

三、大气数据传感器

飞控系统采用的大气数据传感器包括静压、动(总)压传感器及迎角、侧滑角传感器等。

(一)动静压传感器

动静压传感器用于测量飞机飞行中的大气动(总)压和静压,对飞行控制计算机中的控制律增益进行调参,使控制规律能够适应较为广阔的飞行状态(飞行高度、速度、马赫数)。主要有振动筒式压力传感器、硅压阻式压力传感器、石英谐振式压力传感器等。限于篇幅,这里只介绍振动筒式压力传感器的原理结构。

振动筒式压力传感器由振动圆筒、激振线圈、拾振线圈、基座和外壳组成,原理结构如图4-9所示。它利用振动筒的固有频率来测量压力,其固有频率的大小取决于筒的形状、大小、材料和筒周围的介质。振动筒通常是一个均匀薄壁圆筒,一端密闭,为自由端,另一端固定在基座上。改变筒壁的厚度,可以获得不同的测压范围。

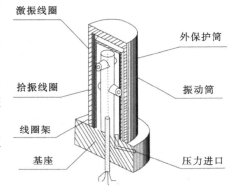

图4-9 振动筒式压力传感器结构图

激振线圈和拾振线圈在振动筒支架上按一定距离成十字形交叉排列。激振线圈是振动筒的激励源,驱使振动筒发生振动。拾振线圈感受振动筒的振动,并输出与振动频率成比例的感应电势。在激振线圈和拾振线圈的中心,分别有一根导磁棒和永磁棒。

基座用来安装振动筒和线圈组件,外壳用来保护振动筒,并起电磁屏蔽作用。将外壳和振动筒之间抽成真空,作为参考压力标准。

振动筒可以等效成一个二阶受迫振荡系统,它有一个固有的谐振频率,品质因数很高。激振线圈和拾振线圈通过振动筒相互耦合,用集成运放组成一个正反馈的振荡电路,再经过整形电路输出一系列脉冲方波,如图4-10所示。

当电源未接通时,振动筒处于静止状态。一旦直流电源接通激励放大器,放大器的固有噪声便在激振线圈中产生微弱的随机脉冲。该阶跃信号通过激振线圈时引起磁场改变,形成脉动力,从而引起振动筒的筒壁变形,使筒壁以低振幅的谐振频率振动。筒壁位移被拾振线圈感受,从而在拾振线圈中产生感应电势。显然,如果外部不继续供给能量给激振的机械系统,那么由于阻尼作用,振荡将是逐渐衰减的。

为此,通过外部电路使拾振线圈输出的感应电势经放大后再反馈到激振线圈,产生激振力,于是,振动筒便迅速进入谐振状态,并以一定的振型维持振荡。由于振动筒有着很高的品

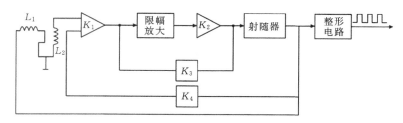

K_1—输入放大器；　K_3—反馈电路

K_2—中间放大器；　K_4—电位校正电路

图 4-10　振动筒式压力传感器原理框图

质因数，所以只有在其固有振动频率上振动时，才有最大振幅。如果偏离固有振荡频率，其振幅会迅速衰减，拾振线圈的感应电势也随之衰减，从而使电路不能满足振荡条件而停止振荡。

当被测压力为零时，振动筒处于谐振状态，其谐振频率为 f_0。当被测压力进入振动筒内腔时，由于被测压力的作用，使振动筒的刚度发生变化，从而改变其固有谐振频率。拾振线圈一方面直接检测出随压力而变的振动频率增量，并立即将此电势信号经放大、整形电路输出；另一方面又不断地把输出的感应电势正反馈到激振线圈，产生激振力，使振动筒迅速进入新的谐振状态。输入压力不同，振动筒的谐振频率不同。所以，振动筒频率的大小可以表征被测压力的大小。

通常存在下列关系

$$P = a_0 + a_1(\Delta f) + a_2(\Delta f)^2 + a_3(\Delta f) \qquad (4-6)$$

式中，P 表示被测压力；a_0、a_1、a_2、a_3 为常数，一般由实验方法获得；Δf 表示频率差，$\Delta f = f_p - f_0$。当常数 a_1 和 a_2 满足一定条件时，由上式可写出传感器的输出频率和被测压力的关系

$$f_p = f_0 \sqrt{1 + AP}$$

式中，A 表示振动筒常数，与振动筒材料的物理性能和尺寸有关。

（二）迎角与侧滑角传感器

迎角与侧滑角传感器分别用来测量飞机迎角和侧滑角，按其结构可分为旋转风标式、压差式和零位差式（压差归零式）。限于篇幅，这里只介绍旋转风标式的工作原理，如图 4-11 所示。它利用风标受空气动力的作用而感受飞机迎角、侧滑角的变化，通过电位器或同步器将迎角、侧滑角的变化转换为相应的电信号。

风标由两个小叶片组成，装在支杆两侧，可以绕轴转动。转轴上装有配重和电刷，配重用来使转轴两侧的重量平衡，避免重力对风标位置的影响。电位器或同位器用来将角位移量转变成电压信号。

当迎角或侧滑角为零时，叶片中心线与气流方向平行，叶片上、下面或左、右面所受空气动力相等，叶片不会转动，处于零位，输出电压为零。当飞机以某一迎角或侧滑角飞行时，由于叶片中心线偏离气流方向，作用于叶片上、下面或左、右面的空气动力不等而产生压力差，从而使叶片相对飞机转动，直至叶片中心线与气流方向重新一致为止。此时，叶片转动的角度，正好等于迎角或侧滑角。叶片带动转轴转动的角度，可用电位器或同位器等角度变换器变换成相

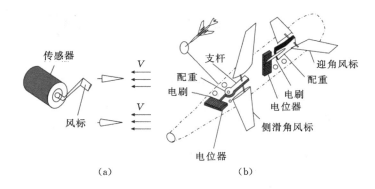

图 4 - 11　旋转风标式迎角与侧滑角传感器

应的电信号。迎角或侧滑角一定,电刷在电位器上的位置一定,输出的电压信号也一定。

旋转风标式迎角与侧滑角传感器的安装位置直接影响测量精度。因此,一般将其装在机身前部气流无紊流处。

这种传感器具有结构简单、体积小、没有原理误差等优点。但易受气流扰动的影响,精度低,负载能力较小。

四、传感器使用的几个问题

(一)安装要求

实际应用中,不同类型不同用途的传感器,在机上的安装位置和要求不同。

1. 地平仪(垂直陀螺)

陀螺转子轴应沿地垂线方向安装。为避免陀螺支架误差,垂直陀螺应纵向安装,使陀螺外环轴平行于飞机纵轴。

2. 航向陀螺仪

转子轴应保证在水平面内,以子午面为测量基准。不论是垂直陀螺还是航向陀螺仪,其敏感方向(箭头标识)应与机头方向一致。

3. 角速度陀螺仪

陀螺的测量轴与飞机的运动轴重合或平行,否则就会出现交叉影响。对于飞机三个轴向的角速度陀螺仪组合,在空间允许情况下,尽量靠近飞机重心处安装,尽量处于飞机结构振型的波腹处。

4. 线加速度传感器

要求安装位置尽量靠近飞机重心处,且尽量处于飞机结构振型的波节处。无需减振安装,敏感方向与被测方向一致。如法向加速度计,敏感方向(箭头标记)垂直向上安装;侧向加速度计,敏感方向(箭头标记)在水面内指向右机翼。

5. 迎角与侧滑角传感器

一般安装在机头或机翼处,特别是对超声速飞机更应注意正确选择安装位置,否则会带来较大的测量误差。静压、迎角、空速传感器还应特别注意压差管或空速管头的正确安装，其轴线不能歪斜，否则测量误差很大。

实际上，每种传感器都标有安装标记，如箭头方向、水准器等。另外，还配置安装技术要求说明，安装时应尽量满足这些技术要求。

（二）误差修正

有些传感器的安装位置不同，其测量值会有很大的差异。例如，与流场密切相关的动静压传感器、迎角与侧滑角传感器，应尽量安装在流场较平稳的地方，对多余度传感器，不可能安装在相同的位置。因而，必须通过风洞吹风和空中试飞求出修正系数，以便对每一个传感器进行修正，以获得真实值。

（三）余度配置

传感器的余度配置应与飞控系统的余度配置相匹配，同时应考虑单个传感器的可靠性水平、飞控系统对其可靠性指标分配以及工程实施中的各种约束和限制等因素。对于关键传感器（如驾驶员指令传感器、角速度传感器等），通常应与飞行控制计算机、伺服作动器等关键部件具有相同的余度等级，其他部件可选不同于基本余度等级的余度数。

第二节　导航分系统

导航（Navigation）是指把舰船、飞机、导弹、航天器等航行体按预先规定的计划和要求，从某个地方（如出发点）引导到目的地的过程。以航空导航为例：将确定飞机的即时位置并引导其按预定航线航行的全套系统或设备（包括机上的和地面上的设备），称为飞机的导航系统或导航设备。导航设备最基本的功能是确定运载体的即时位置。为此，为了完成这一任务，导航系统必须提供精确的导航参数，如方位、速度、位置等。能够测得飞机这些导航参数的物理原理和技术方法有很多，如无线电导航、惯性导航、天文导航等。导航系统一方面测量飞机各种导航参数供飞行人员使用，另一方面与飞控系统交联，完成对飞机的人工或自动控制，因此也可以看作是飞控系统的传感器。

一、无线电导航

无线电导航是最重要的一种导航方法，在导航技术中占有特殊地位。下面对其定位原理、系统分类及发展等作进一步说明。

（一）无线电导航定位基本原理

无线电导航的主要问题就是确定运载体在地球表面或空间的位置。运载体在地球表面的位置通常用运载体在地球表面的经、纬度坐标表示；运载体在空间的位置，可用其在地球表面的投影位置和海拔高度来表示。若在以后的叙述中未加说明时，运载体的位置皆指运载体在地球表面的投影位置。

无线电导航定位原理可以概括为两类：几何原理和推算原理。

1. 几何原理

由平面几何学可知，在平面上至少有两条线相交才能确定一个点的坐标，这些线可以是直线、圆或双曲线等。

运用无线电导航方法可以测得运载体到无线电波辐射源的方位角、距离,或运载体到两个无线电波辐射源的距离差。方位角、距离、距离差等参数说明了运载体与无线电波辐射源(基准点)之间的关系。

(1)位置线

在导航中,称具有固定导航参数值点的轨迹为位置线。位置线也称等值线。例如与飞机某方位角 θ 相等的轨迹是一条从基准点通过运载体的直线,如图 4 - 12(a)所示。飞机方位角的每一数值对应着一条位置线,与飞机方位角所有数值对应的位置线,则是由基准点辐射出的一簇射线。

飞机与基准点间具有固定距离的点的轨迹是以基准点为圆心、飞机与基准点间距离为半径的圆,如图 4 - 12(b)所示。距离的位置线簇是以基准点为圆心的一组同心圆。

飞机与两个基准点具有等距离差的点的轨迹,是以两个基准点为焦点的双曲线,如图 4 - 12(c)所示。距离差的位置线簇是共焦点的双曲线簇。

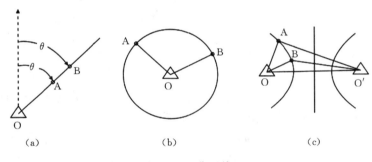

图 4 - 12　位置线

(2)位置线相交定位

在导航中,经常采用的位置线相交定位有以下几种。

①测向-测向定位

测向-测向定位也称 $\theta\text{-}\theta$ 定位,是利用两个导航台的方位位置线相交来确定飞机位置,如图 4 - 13(a)所示。

②测距-测距定位

测距-测距定位也称 $\rho\text{-}\rho$ 定位,是利用两个导航台的距离位置线相交来确定运载(飞机)的位置,如图 4 - 13(b)所示。两导航台的各一条圆位置线相交,所得位置(两圆相切时例外)有两个,在消除多值性后才能获得确定位置。由三个导航台的各一条圆位置线相交,所得位置是唯一确定的,如图 4 - 13(c)所示。

③测向-测距定位

测向-测距定位也称极坐标定位或 $\rho\text{-}\theta$ 定位,是利用同一导航台(或位于相同位置的两个导航台)的等方位和等距离位置线相交来确定运载体(飞机)的位置,如图 4 - 13(d)所示。

④双曲线定位

双曲线定位是利用两对导航台的距离差位置线(双曲线)相交来确定运载体(飞机)的位

置,如图 4 - 13(e)所示。

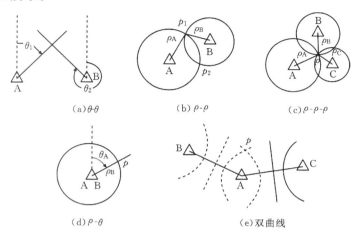

(a)θ-θ　　　　(b)ρ-ρ　　　　(c)ρ-ρ-ρ

(d)ρ-θ　　　　　　　(e)双曲线

图 4 - 13　位置线相交定位

2. 推算原理

按照运载体的运动规律,从过去已知的位置来推算当前的位置(即时位置),或预测将来位置的方法,称为航位推算法或推算航位法。

如图 4 - 14 所示,已知此刻飞机的位置 A,若知航向及速度分别为 45°及 800 km/h,由此推算可得飞机在下一给定时刻的位置。例如,按上述条件,飞机在离开 A 点 30 min 后,应位于 B 位置。这是根据测得的飞机地速、航向和航行时间等参数,按匀速直线运动规律进行推算的。只要在飞机航行的起始点输入了飞机的位置,系统知道是从哪里启动的,然后运用推算原理,即可知道新的位置。

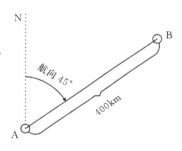

图 4 - 14　航位推算示意图

推算原理最初主要依靠罗盘、空速表、时钟等提供的数据,依靠人工进行图上作业定位,精度较低。现在,由于上述数据测量准确性的提高以及数字计算技术的广泛运用,推算导航的精度也得以提高。

(二)航空无线电导航系统

1. 陆基无线电导航系统

(1)无线电测向系统

航空无线电测向系统被称为"无指向无线电信标"(Non Directional Radio Beacon,NDB),由地面导航台(无线电信标)和机载无线电罗盘组成,是一种测角系统,工作于中波频段(100 KHz~1 800 KHz)。一般用于航路导航或用于引导飞机出航、归航及非精密进场着陆。这种导航系统导航精度不高,但其机载设备简单,价格低廉,工作可靠,因而应用十分普遍。该系统是一种近程无线电导航系统,作用距离在 500 km 以内。

(2)伏尔系统

伏尔是指"甚高频全向信标"(VHF Omni-directional Range,VOR),由地面 VOR 信标和

机载 VOR 设备组成,是一种相位测角系统,可给出飞机相对于地面 VOR 信标的方位。

(3)地美依系统

地美依是指"距离测量设备"(Distance Measuring Equipment,DME)。它是工作在超高频段(962 MHz～1 213 MHz)的脉冲测距系统,由地面台和机载设备组成,按询问-应答方式工作,可测出飞机相对于 DME 地面台的距离。

伏尔系统、地美依系统结合在一起,可进行 $\rho\text{-}\theta$ 定位,是标准的近程导航系统。

(4)塔康系统

塔康是指"战术空中导航"(Tactical Air Navigation,TACAN)。系统工作于超高频段(962 MHz～1 213 MHz),由地面台和机载设备组成,能同时提供飞机相对于台站的方位和距离信息。

(5)罗兰 C 系统

罗兰是指"远程导航"(Long Range Navigation,LORAN)。其地面设备通常是由 3～4 座导航台组成的导航台链,位置线为双曲线。定位准确度较高,立体覆盖,纵向可从地面至高空,可供海、陆、空的用户使用。目前用户数目仍在继续发展。

由于罗兰 C 台站要设置在陆地上,有效作用范围约 2 000 km,故不能实现全球范围内的覆盖。此外,低频无线电波的传播受地形、地质影响较大;气象条件的变化也会导致定位精度下降。因此,它越来越被先进的导航系统所取代。

(6)航管系统

航管系统通常由一次雷达(环视雷达、测高雷达)、二次雷达(地面询向器、机载应答器)、通信设备和地面控制中心组成,用于监视、识别、引导其覆盖区域(航路或机场终端区)内的飞机,提供飞行安全保障(如飞机与飞机间的安全距离、分层高度的保持,有秩序、有效率的空中交通流动等)。

(7)着陆引导系统

着陆是飞行安全极为重要的一环。过去,大多数着陆都是由飞行员借助视觉指示进行,然而在夜间和恶劣气象条件下,飞机要能安全着陆,则必须借助于着陆引导系统。

发展比较早的仪表着陆系统(Instrument Landing System,ILS)是工作于超短波、分米波频段的振幅测角系统,它由航向、下滑和指点等信标组成,向飞机提供相对于期望下滑航道和航向航道的偏离信息以及距跑道始端规定距离的信息。这种系统只能提供一条固定的下滑航道。此系统目前应用较广泛,但工作质量远不能满足日益复杂的着陆要求。

雷达引导着陆系统也称地面控制进场(Ground Controller Approach,GCA)系统,包括工作于 10 cm 的环视雷达和工作于 3 cm 的跟踪雷达以及地面指挥台及通信设备,用以监视、识别、跟踪飞机,测量飞机所在处坐标,引导飞机着陆。这种系统由于地面反射影响显著,不宜于在近区域引导飞机。

微波着陆系统(Microwave Landing System,MLS),工作于厘米波段,是一种精密进场着陆系统。它利用极窄的片状波束在覆盖区内快速扫描,测定飞机相对于预定下滑航道的偏离,并可根据机型的不同选定下滑航道的下滑角,同时还可引导飞机绕过障碍物进场着陆。即使在能见度很低的情况下,也可引导飞机着陆。系统设有地对空数据传输链,可随时向飞行员传送必要的信息。

此外,还有一种自主式增强视景系统(Enhance View System,EVS)供飞机着陆时使用。该系统主要由机上平显、红外探测器和毫米波雷达三部分组成。突出的特点有两个:首先EVS是一种自主式机载进场着陆系统,不需地面设备,只需综合运用各类机载光电探测和显示设备,即可实现高质量的进场着陆,并适合于任何机场和飞机使用;其次,直观性好,飞行员可观察到着陆的全过程,即使在恶劣气象条件或夜间,EVS均能为飞行员提供真实的视景。从已取得的良好试验效果及较高的进展速度来看,EVS可能成为MLS的强有力竞争对手。

2. 空基无线电导航系统

(1)多普勒导航系统

多普勒导航系统(Doppler Navigation System,DNS),基于多普勒效应测量飞机的飞行速度和偏流角。

多普勒效应是当辐射源与接收者之间存在相对运动时,接收点收到的信号频率与辐射源的发射频率不相等,两者的差频称为多普勒频率。在发射信号波长一定时,多普勒频率与飞机速度成正比。多普勒雷达测得地速和偏流角后,再结合航向数据,由计算机进行航位计算,得出飞机当前所处位置。

多普勒导航系统是自主式的,不需地面台即可连续提供飞机的地速、偏流角、位置等数据;其工作区域不受限制,包括极区亦能良好地工作,也不需飞行前的对准;可以提供十分精确的平均速度信息。其主要缺点是含有积累误差,系统的定位误差随飞行距离的增长而增大。需定期借助其他导航装置予以校准。

(2)航行雷达

机载导航雷达工作于厘米波段,用观察地形、地物、识别地面信标等方式实现导航。也可粗略地估算偏流角和地速,近年来多采用计算机来完成导航定位。对空中则观察雷雨、云等气象情况,引导飞机避开雷雨区飞行。

(3)无线电高度表

无线电高度表是飞机上广泛使用的测距设备,以地面为反射目标,给出飞机相对地/海面的高度,保证飞机的安全航行。它可以是调频式的,也可以是脉冲式的,实质上是一部雷达。

3. 星基无线电导航系统

由于人造卫星能严格地沿着已知轨道有规律地运动,并能以极高的精度计算出任何瞬间卫星在其轨道上的位置,因而,如将导航台(站)设置在卫星上,便构成了以卫星为基地的星基无线电导航系统。

GPS和GLONASS分别是由美国和俄罗斯(原苏联)发展起来的军、民合用卫星导航系统,具有全球覆盖、全天候、高精度、准实时、容量大等优点,在世界范围的航空、航天、航海和陆地导航、授时等领域得到了广泛应用。此外,由欧盟建立的GALILEO卫星导航系统截至2016年底发射了18颗工作卫星(全部30颗卫星),具备了早期操作能力,并计划于2019年具备完全操作能力。而由我国自行设计的北斗卫星导航系统(BDS),截至2018年底已成功发射43颗导航卫星,其中北斗三号卫星导航系统已覆盖亚太地区,开始为"一带一路"国家和地区提供导航等基本服务,预计在2020年前后将实现5颗地球静止轨道和30颗地球非静止轨道卫星全球组网。届时,将在全球范围内全天候、全天时为各类用户提供高精度、高可靠定位、导航与授时服务,并具有短报文通信能力。

卫星导航系统由卫星导航地面站、卫星导航机上设备和导航卫星组成,如图 4-15 所示。卫星导航地面站是测量和预报卫星轨道以及对卫星设备工作进行控制的地面综合设备,主要由三部分组成:地面雷达跟踪站,不断地测出卫星的真实位置;卫星轨道计算机,根据跟踪站测量的数据(卫星位置坐标),计算出卫星的轨道参数,并推算出未来一段时间内卫星的轨道参数,还要编制卫星设备的工作程序以及确定传输给卫星的指令信息等;轨道参数发射台,与计算机直接联系的无线电发射台,用于向卫星传达计算和预报的轨道参数信息、卫星设备工作程序等。卫星把这些参数贮存起来转发至用户设备。

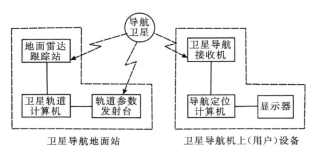

图 4-15 卫星导航系统组成

机载卫星导航设备是利用导航卫星定位时用户(飞机)所需的终端设备。它主要包括卫星导航接收机、导航定位计算机、控制/显示器等。接收机接收卫星发来的微弱信号,从中解调并译出卫星轨道参数和定时信息,同时测得导航参数(多普勒信息或测距信息),然后经计算机计算出用户的位置、时间等信息,并在显示器上显示。

4. PBN 导航系统

PBN(Performance-based Navigation)即基于性能的导航,是国际民航组织(ICAO)在整合了各国的区域导航(Regional Navigation,RNAV)和所需导航性能(Required Navigation Performance,RNP)的运行和实践技术标准的基础上,提出来的一种新的导航概念。PBN 主要包含两个方面的运行,即 RNAV 和 RNP。

RNAV 是指区域导航,要求在导航信号覆盖范围之内,或在机载设备的工作能力范围之内,或是二者的结合,使航空器能够沿任意期望的航路飞行。RNP 是指飞机在一个确定的航路、空域或区域内运行时所需的导航性能精度,也是建立在 RNAV 基础上的一种全新导航概念。RNAV 与 RNP 的主要区别是,RNAV 运行需要在地面监视下运行(如雷达监视),而 RNP 运行要求航空器具备机载性能监视和告警(OPMA)功能,不需要地面雷达监视。当然,如果地面有监视系统,RNP 运行的安全性和可靠性更高。

根据先期各国不同的 RNAV 和 RNP 运行情况和标准,ICAO 提出并定义的 PBN 概念为:在相应的导航基础设施条件下,航空器在指定的空域内或者沿航路计划飞行时,对系统精确性、完好性、可用性、连续性以及功能等方面的性能要求。PBN 的引入体现了航行方式从基于传感器导航到基于性能导航的转变。

ICAO 与各缔约国达成共识,将 PBN 作为未来全球导航技术的主要发展方向。PBN 从传统的陆基导航过渡到先进的空中卫星导航,从导航性能和运行能力上都有很大的提高,与传统导航运行相比具有很大优势。这些优势主要包括:

(1)传统导航主要依靠地面导航台信号指示,如 NDB、VOR、DME、ILS 等,进行人工操作;PBN 导航运行依靠航空器的能力和 GNSS、INS、DME/DME 等导航,以及飞行管理计算机自动飞行,简化了运行操作程序。

(2)PBN 使用先进的导航技术和航空器性能,可以精确地引导航空器,提高航空器运行的安全性。

(3)可以为航空器提供垂直引导,实施连续稳定的下降程序,减少可控撞地的风险。

(4)改善全天候运行,提高航班正常性,保障地形复杂机场运行的安全,尤其是对高原机场的安全运行有重要意义。

(5)实现灵活和优化的飞行航径,增加飞行业载,减少飞行时间,节省燃油。

(6)可以优化航路避开噪音敏感区,减少排放,提高环保水平。

(7)PBN 运行通过实施平行航路,增加终端区内进、离场航线定位点,提高运行的交通流量。

(8)PBN 运行使用高精度导航,可以缩小航空器间横向和纵向间隔,增大空域容量。

(9)PBN 还可以减少地空通信和雷达引导需求,便于管制员指挥航空器的运行,利于飞行员的理解,降低飞行员和管制员的工作负荷。

(10)由于 PBN 导航主要使用空间卫星导航系统,可减少导航基础设施投资和运行成本,降低导航设施的维修费用,从而提高运行的整体经济效益。

二、惯性导航

(一)基本原理

惯性导航是利用惯性测量元件测量载体相对于惯性空间的运动参数,经过推算进行定位与导航。由加速度计测量载体的加速度,并结合给定的运动初始条件,由导航计算机算出载体的速度、距离和位置(经、纬度);由陀螺仪测量载体的角运动,并经转换、处理,输出载体的姿态和航向。

通常对于靠近地球表面航行的飞机来说,最主要的导航信息是相对地球的即时位置和即时速度。研究三维导航时,表述空间位置的参数是经度(λ)、纬度(φ)和离地高度(H),正好对应地理坐标系沿东向、北向和天向三个方向上的距离。而测量这些参数的最基本信息源是飞机的加速度矢量 a。

如图 4-16 所示,设飞机以一定的加速度 a 在空中飞行,按东北天地理系,这个加速度可以分解为水平加速度 a_L 和垂直方向加速度 a_t,而 a_L 又可在水平面内分解为水平东向加速度 a_d 和水平北向加速度 a_b。如果在飞机上安装一个三轴稳定平台,平台上装三个加速度计:一个是始终指向地理北向的北向加速度计 A_b,它感测飞机沿北(南)向的加速度分量 a_b;一个是始终指向地理东向的东

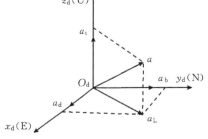

图 4-16　加速度分量

向加速度计 A_d,它感测飞机沿东(西)向的加速度分量 a_d;一个是始终指向地理天向的天向(垂直)加速度计 A_t,它感测飞机沿天(地)向的加速度分量 a_t;如图 4-17 所示。将这三个方向上的加速度分量分别进行积分,便可得到飞机沿东、北、天三个方向上的地速分量

$$\begin{cases} V_d = V_{d0} + \int_0^t a_d dt \\ V_b = V_{b0} + \int_0^t a_b dt \\ V_t = V_{t0} + \int_0^t a_t dt \end{cases} \tag{4-7}$$

式中,V_{d0}、V_{b0}、V_{t0} 分别表示飞机沿东、北、天方向的初始速度。

飞机相对起始点的东向距离 L_d、北向距离 L_b 和天向距离 L_t(高度 H)可由式(4-8)求得

$$\begin{cases} L_d = L_{d0} + \int_0^t V_d dt \\ L_b = L_{b0} + \int_0^t V_b dt \\ L_t = H = H_0 + \int_0^t V_t dt \end{cases} \tag{4-8}$$

式中,L_{d0}、L_{b0}、H_0 分别表示飞机沿东、北、天方向的初始距离。

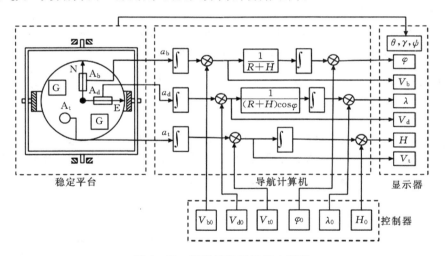

图 4-17　惯性导航系统基本原理

忽略地球半径的差异,将其看成一个不旋转的圆球体,则可求出飞机所在点的经度和纬度

$$\begin{cases} \lambda = \lambda_0 + \dfrac{1}{(R+H)\cos\varphi} \int_0^t V_d dt \\ \varphi = \varphi_0 + \dfrac{1}{(R+H)} \int_0^t V_b dt \end{cases} \tag{4-9}$$

式中,λ_0、φ_0 分别表示起始飞行点的经度、纬度;R 表示地球半径。

(二)基本组成

通过上述基本原理的描述可知,一套完整的惯性导航系统主要包括以下几个部分。

1. 加速度计

用于测量飞机运动的加速度,一般应由三个加速度计完成三个方向的测量。

2. 稳定平台

为加速度计提供准确的安装基准和测量基准,以保证飞机不管作什么样的机动飞行,三个加速度计的空间指向是不变的。也就是这个稳定平台在方位上要对正北向,在平面上要与当地水平面平行,使平台的三个轴正好指向东、北、天三个方向。能够满足上述要求的,只有陀螺仪,所以也称陀螺稳定平台。飞机相对该平台在方位上的偏角反映了飞机的航向,飞机相对该平台在水平两个轴向上的偏角反映了飞机的俯仰和倾斜。所以,这种稳定平台代替了地平仪、罗盘或航向姿态系统的惯性基准功能。

3. 导航计算机

用于进行图 4 - 17 中的积分、相加、乘除和三角函数等数学计算。同时,为保证平台始终水平和指北,要随飞机运动和地球自转,不断计算出修正平台位置的指令信号,还要计算并补偿有害加速度等。

4. 控制显示器

用于向惯导计算机输入飞机初始运动参数和位置参数,向飞行员显示飞行过程中的导航参数。此外,还供空地勤人员进行必要的控制操作,以实现惯性导航的更多功能。

(三)惯性导航的特点

1. 工作自主性强

惯性导航仅仅依靠其加速度计感受飞机飞行状态,不依靠任何其他信息而能独立地完成导航任务,导航自主性很强。

2. 提供导航参数多

惯性导航可以为机上用户提供加速度、速度、位置、姿态和航向等最全面的导航参数。

3. 抗干扰力强,适用条件宽

惯性导航对磁、电、光、热及核辐射等形成的波、场、线的影响不敏感,具有极强的抗干扰能力,既不易被敌方发现,也不易被敌方干扰。同时也不受气象条件限制,能满足全天候导航的要求;也不受地面形状、沙漠或海面影响,能满足全球范围导航的要求。

惯性导航的缺点是存在积累误差。由于其核心部件——陀螺仪存在漂移误差,致使稳定平台随飞行时间的不断增长,偏离基准位置的角度不断增大,使加速度的测量和即时位置的计算误差不断增加,导航精度不断降低。

第三节　控制显示分系统

飞机座舱内的控制显示分系统是飞行控制系统的人机界面,由控制和显示两部分组成。控制装置为空地勤人员对飞控系统的启动、工作模式的设置与转换等提供控制指令。显示装置则向空地勤人员显示系统的工作状态、故障状况以及对控制指令的响应。

在控制方式上,控制面板采用各种旋转、摆动、按压、滑动及牵拉控制器,并在如形状、质地、大小、位置、颜色、标记等方面细加区分;在显示方式上,为增强信息显示效果和容量,显示面板越来越多地采用彩色平板显示器,如彩色数字式液晶、荧光屏或等离子体显示。受显示图形及曲线上的限制以及在阳光照射下显示清晰度的限制,显示面板多选用高分辨率、高亮度的点阵式平板显示器。

一、控制器

控制器的种类很多(如开关、按钮、手柄等),按动作类别不同,可分为旋转控制器、摆动控制器、按压控制器、滑动控制器和牵拉控制器,每种控制器都有自身的特点和适用范围。为了便于区分各种控制器的功能,通常对控制器进行编码。编码方式主要有:

形状编码——控制器的形状尽可能地反映控制器的功能。

质地编码——控制器的表面质地不同,触摸时手感也不同,如光滑的、有凹槽的或凸隆的控制器表面。

大小编码——通过控制器的尺寸大小不同来进行分辨,但不如形状编码有效。

位置编码——根据控制器在控制板或控制台上位置的不同来分辨。

颜色编码——将不同功能的控制器,涂以不同的颜色,以示彼此的区别。

标记编码——在不同控制器的上方、侧旁或表面上,标注不同的文字或符号,通过这些文字或符号区分控制器。

此外,控制器的操作还应具备一定的操作阻力,其作用在于向操作者提供反馈信息,包括摩擦力、弹性阻力、粘滞阻力及惯性。同时,操作的反馈信息还可通过设置的显示器获得,例如按钮操作到位时即发光或发出咔嗒声、旋钮操作过程中平板数字显示屏显示旋钮设置的数据等。

为防止控制器的偶发启动,相应的防范措施包括:

- 将控制器沉陷入控制板的凹槽内;
- 在控制器上加保护罩;
- 将控制器安装在不易被碰撞的位置;
- 使控制器的运动方向朝向最不可能发生意外用力的方向;
- 操作者必须连续做两种操作运动,才能使控制器启动,且两种操作的运动方向不同;
- 使控制器之间彼此具有互锁作用,即一组控制器必须按正确的顺序操作才能被启动;
- 适当增大控制器的操作阻力。

二、显示器

(一)显示器的分类

1. 按使用方法分类

定量显示——显示准确的数值;

定性显示——显示变化的范围和方向;

检查显示——定时地、不定时地检查工作状态或变化趋势；

定准显示——把显示器调到某期望值或与其他显示器相匹配；

跟踪显示——连续或间断地使显示随目标移动而移动；

空间定向——使系统本身或目标处在一定位置或使系统和目标关系保持一定位置。

2. 按显示形式分类

符号显示——提供编码形式的信息，通常表示某种工作状态的定性和定量显示；

图像显示——提供近于真实的图像，能清楚地显示相对位置、相对运动和空间定向；

数字指示器——用于定量阅读指示，也用于定性指示、调整指示和跟踪指示；

指示灯显示——不同色光代表不同的工作模态。

(二)显示装置指示灯

指示灯显示一般用于显示系统的工作状态，包含故障通报及告警等，具有占用空间小、视距远、简单明了等特点，在显示装置中应用十分普遍。

指示灯的形式包括构成显示信息的几何形状、指示特征及颜色特征等方面，它与显示方式、可辨性和反应速度密切相关，并与驾驶员感知信号的视觉心理紧密相连。

指示灯按其特征大致分为以下几类：

单色灯光指示——其颜色主要反映指示的性质，如红色表示故障，绿色表示工作等。

色光与符号结合的灯光指示——主要是将色光与其所代表的意义构成逻辑联系。

闪动灯光指示——具有较强的动感，易于引起注意，但也容易引起对其他工作的干扰，因而一般仅用于紧急状态的告警。

(三)多功能显示装置

将系统及各主要部件有关的功能通过显示面板以视觉输出的方式传递给驾驶员，以便于驾驶员了解掌握系统及各主要部件的工作状态。

三、控制与显示装置的发展方向

自 1903 年莱特兄弟发明飞机以来，飞控系统人机接口设备经历了由机电到电子、由硬线连接到总线多路传输、由专用到多功能、由分立到系统的漫长发展过程。目前已进入液晶（平板显示屏）综合电子显示系统阶段。

新型多功能控制显示器（Multi-function Control Display，MFCD）建立在有源矩阵寻址彩色液晶显示技术、微控制器技术及多余度技术的基础上，是集人工智能、语音输入输出和先进的直观显示于一体的机载设备。

高分辨率的平板显示屏将使驾驶员从显示屏上获取的信息大大增加，以帮助驾驶员在夜间或低能见度的情况下完成导航、障碍回避、截获目标等高难度任务。正因为如此，有源矩阵寻址液晶显示已在军用飞机上普遍使用。例如，美国在对空军 KC-135 飞机、海军 P-3 飞机及陆军 MH-60 飞机的机电式座舱仪表的改进中，就采用了这种显示技术，使改进后的座舱仪表可靠性大大提高。同时，还提供了显示多重仪表、气象雷达及飞控系统状态信息的附加功能，并为关键飞行仪表提供了备份。

为提高系统的可靠性，控制显示器已普遍采用余度技术（例如余度处理器、余度多路数据总线等)。例如 F-22 飞机,其座舱内的控制显示系统由 6 个彩色液晶显示装置(包括 1 个 200 mm×200 mm 主多功能显示器、2 个 75 mm×75 mm 前上方显示器,3 个 150 mm×150 mm 辅助多功能显示器)和 1 个全息平视显示器组成。其中全息平视显示器为主飞行参考仪表,显示武器和目标的状态以及射击提示符号、武器杀伤范围等。主多功能显示器主要显示战术信息平面视图,其目标符号的形状和颜色表示威胁属性及射击清单优先次序等。在辅助多功能显示器中,一个为攻击显示格式,主要显示空中威胁的平面视图,并标出相应高度、射击目标航迹、导弹发射色彩线、武器控制提示及导弹射出符号等;另一个则为外挂管理显示格式,主要显示发动机、武器及投放物等信息。前上方显示器属于备用组合仪表,显示关键飞行信息,如姿态、航向、燃油等。

随着现代战场环境复杂化、信息化程度的不断加剧,为了掌握作战主动权,飞行员必须获得清晰、真实和全面的战场态势感知,致使座舱"信息爆炸"。在此需求牵引下,出现了各种先进的座舱显控概念。

1. 基于"大图像"的全景座舱显控系统

其目的是为了解决飞行员在低能见度和恶劣气候条件下的态势感知以及头盔离轴目标截获武器瞄准等问题,主导思想表现在以下三个方面:(1)采用大屏幕显示器显示超视距全局态势信息,大大增强飞行员对战场态势的感知;(2)采用头盔显示器作为视距态势感知的主显示器,实现大离轴目标截获武器的快速瞄准;(3)采用握杆操纵控制、触敏控制、头位跟踪和控制技术实现多通道综合控制。

2. 超级全景座舱

其主要目的是为了适应未来战斗机无窗口座舱的显控需求,以向飞行员提供最大范围的全景显示。包括下视显示系统(由一个大屏幕中心显示器、左右各有一个环绕座舱内壁的大型曲面显示器组成)、全景平视显示系统(由一组平板显示器组成)以及曲形座舱盖显示系统三部分。此外,还将综合语音控制和触敏控制功能。

3. 虚拟座舱

由计算机虚拟环境发生器、头盔显示器、交互式大屏幕显示器、声音告警系统、话音识别器、定位和跟踪系统以及触觉/动觉系统等构成。虚拟座舱能使人进入一种封闭的虚拟环境,通过人机接口输出三维视觉、听觉和触觉信息。同时,还能接收动作、话音、头位指向等多通道控制信息,实现真正的人机交互。利用虚拟座舱技术,可增强飞行员态势感知,减轻工作负担,实现座舱显示/控制的综合化和智能化。

4. 智能座舱

智能座舱通过监控飞行员行为、飞机状态、外部态势,以及任务执行状态,不仅能够在当前态势下,提供与任务直接相关的信息,还可以推理飞行员意图、根据飞行员的工作负载,在线调整决策等级,必要时,替代飞行员作出正确行动,从而在整体上提升传统座舱的辅助决策能力。图 4-18 给出了一种智能座舱的总体结构,主要由外部环境监控系统、载机状态监控系统、飞行员状态监控系统、态势评估系统、人机接口系统和任务规划系统组成。总体可划分为三个结构层次:第一层是对飞行员、飞机、环境状态的感知层;第二层是将感知到的信息,结合任务信息进行分析的解释层;第三层是综合考量任务、目标及态势信息的任务规划层。

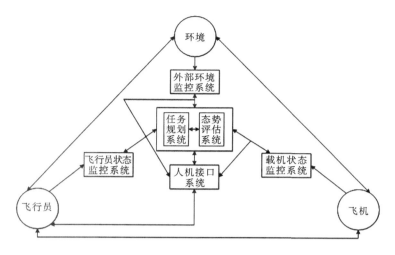

图 4-18 智能座舱总体结构图

第四节 机内自测试分系统

一、机内自测试基本功能

机内自测试(Built-in Test,BIT)用于对设备自身故障的诊断,保证设备可靠地运行。飞行控制系统机内自测试分系统是对系统内所包含的用于检测硬件单元的功能与性能的所有软件和硬件的总称。飞行控制系统机内自测试的任务在于判定飞行控制系统硬件的完好性与完成任务的能力,并向驾驶员和地勤人员报告系统和设备的功能及性能状态。其功能完好性直接影响飞机的战备完好率和任务的执行。

设计精良的 BITE 可以对芯片、有源组件、内场可更换部件(Shop-replaceable Unit,SRU)、外场可更换部件(Line-replaceable Unit,LRU)以及系统的故障进行检测、定位和隔离,从而有效缩短维修时间,提高保障效率,降低产品全寿命周期费用。

对机内自测试分系统的要求是:

(1)用于机内自测试的专用硬件线路应不超过飞行控制系统内被检测的功能部件硬件线路的 10%,而其可靠性则应比同类功能部件的可靠性高 10 倍以上;

(2)故障检测的误报率应不大于 1%;

(3)应在规定时间内完成规定的机内自测试内容;

(4)当机内自测试联锁条件成立时,方可进入机内自测试;

(5)必须进行测试分析,这是机内自测试的基础。分析的任务是确定合适的测试点,以满足故障检测的覆盖率及维修的需要。分析的方法是将系统或设备按功能划分成若干可测试单元,然后利用故障模式影响及致命性分析所得到的数据,计算出可检测故障的概率或不可检测故障的百分比;

(6)机内自测试的故障检测和隔离能力;

①能够检测 95％的外场可更换部件(LRU)的故障和 98％的数字处理单元的故障;

②飞行前 BIT 应能够检测所有监控器的 98％的故障,维护性 BIT 应能够检测所有监控器的 100％的故障;

③95％的被检测到的故障能够隔离到 LRU 级。

二、机内自测试工作模式

关于机内自测试工作模式的定义,目前并无完全统一的规定,为了便于叙述,通常分为四种模式:加电启动 BIT(PUBIT)、飞行前 BIT(PBIT)、飞行中 BIT(IFBIT)和维护 BIT(MBIT)。

四种机内自测试工作模式具有排他性,某个时刻机内自测试只能处于一种工作模式下。但是,四种机内自测试工作模式的检测和监控项目具有包含关系,如图 4 - 19 所示。

对此四种工作模式,根据其进入机内自测试的条件,可归纳为两大类:一类是必须满足机内自测试联锁条件的模式(包括 PUBIT、PBIT、MBIT),另一类是在系统正常工作过程中一直运行的模式(IFBIT)。

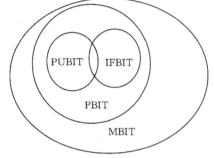

图 4 - 19 机内自测试各模式内容

(一)加电启动机内自测试(Power-up BIT,PUBIT)

PUBIT 是自动进行的(在系统加电且机轮承载下),无需请求机内自测试。当飞行控制系统(包括数字计算机)启动时,机内自测试程序自动完成 PUBIT 功能。

其测试内容包括:RAM 测试(包括主存 RAM 和堆栈、IOP 缓冲 RAM、1553B 总线接口缓冲 RAM 及非易失存储器(NVM)等的测试)、ROM 测试、定时器测试、中断控制器测试、交叉通道数据链(CCDL)测试(包括软件版本比较)及电源测试。

当检测到故障时,将故障结果记录在 NVM 中,并通过机内自测试显示装置申报测试结果。

(二)飞行前机内自测试(Pre-flight BIT,PBIT)

PBIT 是由人工启动进行的,它可在飞机起飞前,快速而有效地鉴定飞行控制系统的飞行准备状态。另外,它作为维修任务的一部分,可以迅速地检测和隔离故障到 LRU 级。

PBIT 的检测采用了“中心开花”的方式,保证在进行 PBIT 时被检测部件的前一级及所用的其他部件正常。PBIT 的检测由各余度通道同时从 CPU 开始,由关键件向下依次进行。在 PBIT 工作期间,每 1ms 内至少进行一次交叉握手,每项任务完成之后,要相互传输计算步数保证各余度通道计算机同步。

1. 运行条件

满足地面机内自测试联锁条件后,才能运行 PBIT。PBIT 的工作方式,决定了必须禁止它在飞行中运行,所以为其设计了严格的联锁条件,从而保证在飞行中不会误进入,以免造成灾难性后果。

在 PBIT 运行过程中,如果驾驶员不考虑 PBIT 的结果而强行起飞时,也可以中断 PBIT 并进入起飞运行状态。如果在 PBIT 测试过程中,联锁条件被破坏,则会立即终止 PBIT 并自动退出,清除激励和所加故障,进入正常运行工作模态。

2. 检测内容

(1)数字计算机测试。包括:定时器测试、看门狗定时器测试、中断控制器测试、RAM测试、ROM测试、交叉通道数据链(CCDL)测试及电源测试等。

(2)传感器分系统检测。包括:速度传感器测试(包括电机转速、输入线路和在线监控器等)、驾驶员指令传感器测试(包括输入线路、在线监控器以及一致性测试等)、加速度传感器调试(包括输入线路、力矩电流测试等)、迎角传感器测试、大气数据传感器调试(包括动压、静压、输入线路、电压分量测试)。

(3)伺服作动分系统检测。包括:电子线路测试、主控阀(MCV)和舵机的线性位移传感器(LVDT)在线监控测试、机械液压监控器测试(通过注入故障的方式,对其输出进行检测)、低压压力超控逻辑测试(通过对低压超控逻辑方程注入方程所需要的离散量来验证低压超控逻辑的正确性)、数字飞行控制系统/应急飞行控制系统指令转换测试及液压监控器测试(注入故障,检测监控器工作情况)。

(4)特性检测。包括:伺服作动系统静态和动态特性测试、结构滤波器测试、传动比测试及应急备用飞行控制系统控制律测试。

(5)通道故障逻辑测试。

(6)应急备用飞行控制系统监控器测试。

(7)离散量检测。包括:输入离散量、输出离散量和线路测试开关量的测试。

(8)飞行控制系统专用显示和告警装置检测。包括:告警灯测试、飞机构型测试、自动驾驶断开、选择模式测试及直接链接通测试。

3. 测试结果处理

所有监控器的98%的故障都应被检测;100%被检测的故障均应记录在NVM中并通过显示器申报。

当测试结束后,除向操作者申报结果外,还应按一定的方式(显示或语音)提醒操作者进行干预(继续测试或退出PBIT)。

(三)飞行中机内自测试(In-Flight BIT,IFBIT)

IFBIT主要是对系统中各种硬件和软件的监控器进行检测,在系统的实时任务中,它被安排在后台执行。未发现故障时,IFBIT不妨碍飞行控制系统的正常工作;当发现故障时,将其记录在NVM中,由余度管理负责处理。因此,有人从余度管理角度出发,将IFBIT称为在线监控(ILM)。

当起飞时,IFBIT软件自动开始运行,不需要其他激励条件,它是唯一一个不受地面联锁条件限制的机内自测试工作模态。

其检测内容包括:CPU自测试、ROM测试、CCDL测试、总线接口测试、电源监控测试、角速度传感器电机转速监控测试、作动器LVDT监控测试、迎角RVDT测试、驾驶指令LVDT测试、指令回绕测试及伺服放大模型监控测试等。

(四)维护机内自测试(Maintenance BIT,MBIT)

MBIT是一个人机交互过程,主要用于地面维护与检修,允许操作人员选择各种检测模式、测试项目、显示模式,以对系统进行故障定位与分析。可分为 MBIT1(机载状态 MBIT)、MBIT2(地面支持 MBIT)两种工作模式。MBIT 检测项目的选择与结果显示,对 MBIT1 而言是通过专用机载设备,进行项目选择与结果判读,对 MBIT2 而言是通过地面支持设备,以人-机对话的形式实现的。

MBIT 绝大多数测试项目是自动完成的,也有部分测试项目需要人工协助来完成(如驾驶杆/脚蹬的移动、迎角的设置、动压和静压的设置等)。

1. 运行条件

MBIT 的联锁条件除了满足 PBIT 时的联锁条件外,还要增加一个地面使能信号,而且 MBIT 过程中需周期检查联锁条件。

MBIT 通常是通过串行接口与主机通信。

2. 检测程序

(1)运行 MBIT,按预定编排好的检测顺序,自动连续地执行各项检测内容或由操作者根据需要选择检测项目;

(2)读出记录在 NVM 中的所有故障结果,进行分析和维修;

(3)当地勤人员对本次飞行中所有故障已分析清楚并已修复后,则应清除掉 NVM 中记录的故障,即对 NVM 进行刷新处理,以保证下次飞行时的正确使用;

(4)故障排除或修复后,再运行 MBIT,以检测系统的完好性;

(5)退出 MBIT。

当进入 MBIT 模式后,系统的实时运行就被禁止。因此,当 MBIT 结束或需要返回到系统的正常运行模式时,就要退出 MBIT 模式。

三、机内自测试总体结构

飞行控制系统机内自测试一般采用两级 BIT 结构形式:第一级是对飞行控制计算机的检测,因为飞行控制计算机是飞行控制系统的核心部件,同时机内自测试的软件、激励信号、采集等功能都是由飞行控制计算机产生和控制的;第二级是对飞行控制系统的各传感器、伺服作动系统、开关量及离散量的检测。图 4 - 20 给出了飞行控制系统机内自测试结构的基本形式。

机内自测试系统一般由硬件和软件两部分组成,包括数据库、激励信号源、地址译码、数据采集以及显示和打印等,如图 4 - 21 所示。

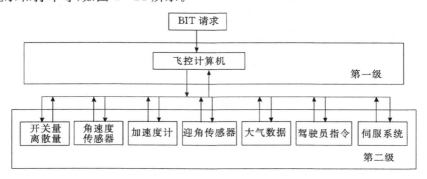

图 4 - 20　飞行控制系统的机内自测试结构

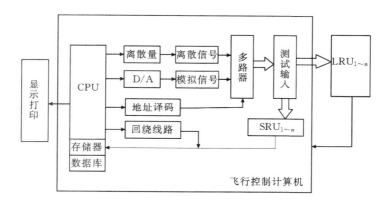

图 4-21 机内自测试系统组成框图

四、机内自测试系统的测试方法

BIT 系统的测试对象主要有:计算机系统(CPU、ROM、RAM、时钟)、模拟量、开关量、数字量以及其他种类的信号,下面仅就这几方面的测试方法进行介绍。

(一)CPU

CPU 工作正常的标志是:能够正确进行算术和逻辑运算,具有正确收发存储器或 I/O 接口的能力,可以暂时存储少量数据,能够对指令进行寄存、译码并执行,可响应外部的中断。上面几项综合起来,可以概括为在一定的时间内正确地执行每一条指令,因此 CPU 的测试主要是指令执行结果和执行时间的测试。

在测试 CPU 时,可以编制一段包含所有指令并使用所有内部寄存器的程序,对每一条指令的运行结果与正确的结果进行对比,再计算该段程序的执行时间,均符合要求则表明 CPU 测试通过。

(二)ROM

CPU 按照 ROM 中的程序工作,因此对 ROM 的程序是否发生改动(包括人为改动和非人为改动)进行测试是必要的。

测试的方法是:把 ROM 内的程序与标准进行一一对比,但这要成倍增加 ROM 的开销,并挤占 CPU 时间。因此,出现了许多校验测试方式,如把程序代码相加,比较代码和;把程序代码进行异或运算,比较最终结果;只对核心部分的程序进行校验;综合几种方式进行综合校验等。至于采用哪种方式,要视系统的具体情况而定。

(三)RAM

RAM 用于存放过程(包含计算、采集、调用等)的中间结果,可以实时进行读写操作,并在数据写入后,保持原写入数据不变。所以对 RAM 的校验也就是要验证其读、写和保存数据的能力。

对 RAM 存储单元的测试要按字节或位操作,并且最好按连续地址进行。一般采用反复写入、读出某一数据,验证所读出的结果与所写入的数据是否一致作为判断依据,若一致则表明 RAM 工作正常。写入的数据一般为 01010101 和 10101010。

(四)系统时钟

在某些对时间要求精确的系统中,校验系统的时钟也是机内自测试的内容,因为系统时钟的精度关系到程序的正常运行。

测量系统时钟,一般需要更高频的时钟计数器,按照采样定理,其频率要超过被测量信号频率的 2 倍以上,最好达到 5 倍以上,这样才能做到测量的准确性。在要求不高的情况下,也可把被测信号十分频后直接用时钟计数器测量。测量值如果符合精度要求,表明系统时钟正常。

(五)模拟接口

模拟接口包括 A/D 和 D/A 接口。A/D 接口用于计算机系统外部模拟信号的采集,而 D/A 接口则用于计算机系统控制外部设备的运行。

在 BIT 系统中,校验 A/D 接口的工作情况,可大致分为三种:

(1)采用外接高精度模拟量,比较采集后的值与所施加的值,判断是否超差,当然外接模拟量的输入要能控制;

(2)扩展高精度 D/A 接口,提供 A/D 全量程内的高精度模拟量。这种方法校验结果可靠,但增加的软硬件开销也最大;

(3)在同时具有 A/D 接口和 D/A 接口的系统内,直接使 A/D 和 D/A 组成闭环。这种方法增加软硬件开销不大,比较合理,但出现数据不一致时,不能判断出是 A/D 故障还是 D/A 故障。

对于 D/A 接口的校验,方法主要有两种:扩展高精度 A/D 接口;在同时具有 A/D 接口和 D/A 接口的系统内,直接使 A/D 和 D/A 组成闭环。

(六)I/O 接口

I/O 接口包括数字输入(DI)和数字输出(DO)接口,用于系统检测和输出开关量。开关量的幅值有+28 V、TTL 电平、CMOS 电平等多种,不管何种开关量,要进行 BIT,一定要转换成与 I/O 接口相兼容的电平。

数字输入接口的测试可采用外加高电平的方式进行,也可采用数字输入接口与数字输出接口闭环的方法。

数字输出接口的测试可采用数字输入和数字输出接口闭环的方法,也可用外部信号灯进行指示,进行人工判断。

(七)数字接口

这里的数字接口类型范围比较广,包括用串行口直接连接、采用网络适配器(网卡)或调制解调器等设备连接的两台以上的计算机系统,也包括采用航空 ARINC - 419、429、620 以及美军标 MIL - STD - 1553B 协议的航空电子综合化设备的数字接口。

从广义上讲,数字接口的目的是形成网络,以实现资源或信息共享,其任务是及时、正确地传送数据。因此,对数字接口的工作进行校验,可以采用发送方发送一些接收方已经知道的数据来检验,数据及时准确地到达表明该接口的工作是正常的。

(八)电源

任何一个电子设备不可能没有电源。电源的质量直接影响设备的工作情况,甚至影响系统的抗干扰能力。

电源工作的重要指标之一是输出的电压量、电流量的稳定度,一般是功率越大,其稳定度也就越好,稳定度应不受温度、用电时间和负载变化的影响。对该部分校验可用 A/D 进行,可非常方便地检测到电源输出的电压值,如果符合误差要求,可认为电源合格。

(九)其他

进行机内自测试时,由于不同的设备具有不同的功能,所使用的电路也不同。但不管其具体电路如何,要验证其工作的可靠性,均要在满足工作条件的情况下,检验相应的输出结果,结果与设想相同,则表明工作是正常的,否则就是工作不正常。

机内自测试作为一种便捷的故障诊断方式,应用范围越来越广,但与专用的测试设备相比,也存在测试能力不够强、诊断故障不够到位的缺点,特别是军用航空产品,维护人员还要掌握相应设备的专用测试仪器的使用方法。

五、机内自测试系统的硬件工作原理

(一)机内自测试硬件联锁电路

所谓硬件联锁,是指当请求机内自测试时(PBIT 或 MBIT),必须满足一定的硬件条件后,才能启动机内自测试。由于 PBIT 和 MBIT 只能在地面条件下进行,在空中是绝对禁止的,因此需要设计严格的连锁条件(如图 4-22 所示),以保证在飞行中不会误进入,避免造成灾难性后果。一旦 PBIT 的联锁条件被破坏,PBIT 或 MBIT 即能自动退出,并清除激励和所加故障,进入正常工作状态以保证系统正常运行。

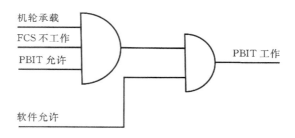

图 4-22　机内自测试联锁条件

(二)输入/输出(I/O)硬件电路

为了保证激励和测试,I/O 电路是不可少的。但在机内自测试设计时,首先应尽可能利用飞行控制计算机内功能电路中已有的 I/O 部件,当不能满足要求时,再增加专用电路。一般仅需要增加很少的输出硬件,即可满足要求。

(三)模拟输入机内自测试硬件电路

对差动输入的模拟放大器线路来说,机内自测试的激励输入信号是由非倒相端加入的,其连接方法如图 4-23 所示。

(四)离散输入机内自测试激励电路

为了完成机内自测试的功能,离散激励输入可以提供高和低两种逻辑电平,而且不管实际输入是否存在,机内自测试的激励都可以超越控制外部正常的离散输入信号,对被测部件进行激励。图 4-24 给出了离散输入激励电路。

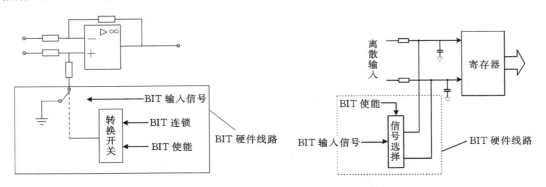

图 4-23 模拟输入机内自测试硬件电路原理图   图 4-24 离散输入机内自测试硬件电路原理图

(五)机内自测试回绕电路

在机内自测试电路中采用回绕检测是常用的有效方法,这样可在增加硬件不多的情况下,提高检测的覆盖率。

(1)模拟输出回绕电路。模拟输出信号的回绕是将主通道的模拟输出信号经回绕电路送入 A/D 转换器,转换成数字量,由数字处理器完成检测,其原理如图 4-25 所示。

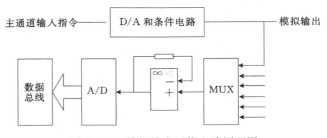

图 4-25 模拟输出回绕电路原理图

(2)离散输出回绕电路。离散信号的回绕是将每一路的离散输出经缓冲后,送回到数据总线上,其原理如图 4-26 所示。

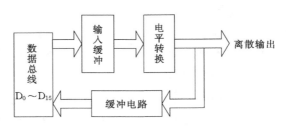

图 4-26 离散输出回绕电路原理图

（3）数字信号传输回绕电路。CCDL 是余度通道之间的数字信号交叉传输，对于一个四余度系统来说，每个通道需要向其他三个通道发送信息，同时还要接收另外三个通道发送来的信息。为了检测本通道发送信息的正确性，在机内自测试电路中，需要增加一个回绕检测电路，其连接方法如图 4-27 所示。

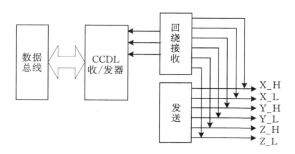

图 4-27 CCDL 回绕连接方法

（六）直流 5V 或±15V 电源硬件监控器的机内自测试检测

5V 或±15V 电源监控器的检测原理如图 4-28 所示。

图 4-28 电源（5V 或±15V）监控器机内自测试检测原理图

（七）非易失存储器（NVM）电源机内自测试检测

由于非易失存储器本身所使用的电流很小，为了延长该电源的使用寿命，检测电路必须尽可能小地吸收该电源的电流。其检测原理如图 4-29 所示。这一电路只是检测 NVM 电源是否存在，不能检测出电源的具体值。因为如果要检测出具体电压值，线路则会变得复杂，且会消耗较多 NVM 电源的电流。

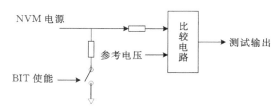

图 4-29 NVM 电源机内自测试检测原理图

（八）伺服电子线路硬件监控器的机内自测试检测

伺服电子线路的监控，除了软件监控外，还有硬件监控器。机内自测试检测除了对功能线路的检测外，还对这些硬件监控器的功能进行检测。当检测这些监控器时，要给监控器提供一个可调的激励信号(模拟量)来检测监控器的功能正确性。其检测方法及电路原理如图 4 - 30 所示。

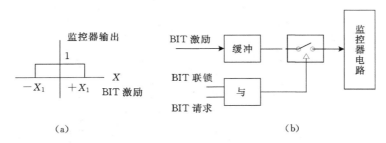

（a）　　　　　　　　　　　　　　　　　（b）

图 4 - 30　伺服电子监控器机内自测试检测原理图

图 4 - 30(a)是机内自测试的检测原理,即当机内自测试激励信号 $X \leqslant |X_1|$ 时,监控器的输出为"1",当激励信号 $X > |X_1|$ 时,监控器的输出为"0",表示监控器电路工作正常。如果检测结果不符合图 4 - 30(a)的规定,则认为监控器不能正常工作。图 4 - 30(b)是硬件电路原理图,机内自测试激励信号是通过一个开关并联在监控器的输入端,只有在满足机内自测试联锁条件后,且在请求进行机内自测试时(即 BIT 请求为"1"时),才可以将机内自测试激励输入信号接入到监控电路中。

(九)电液伺服阀监控器的机内自测试检测

电液伺服阀监控器用于监控液压系统的故障。为了检测监控器的功能正确性,需要伺服电子部件为其提供电流指令信号和触发监控器工作的机内自测试电路。电流指令信号是由主通道加入的,因此不需要附加任何硬件电路。对于某些伺服作动器来说,备有供机内自测试检测用的线圈抽头。因此,可以用最简单的开关电路实现机内自测试检测的功能,其原理如图 4 - 31所示。

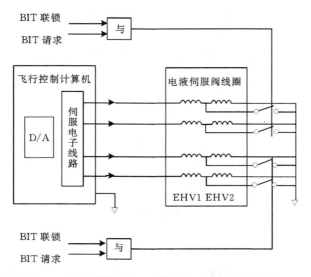

图 4 - 31　电液伺服阀液压监控器机内自测试检测原理图

图 4 - 31 是某飞行控制系统伺服作动器的四余度电器配置。进行机内自测试检测时，首先由伺服电子线路向四余度电液伺服阀线圈提供电流，然后由机内自测试开关线路将其中的两个通道线圈抽头短路，从而造成一对电液阀线圈内的电流不平衡，迫使电液伺服阀液压监控器工作，达到检测监控器状态的目的。

六、机内自测试软件

机内自测试软件隶属于飞行控制系统运行软件，分为调度程序和数据库两部分。

(一)启动

机内自测试的启动又称使能，实际上是对不同模式机内自测试的控制(例如，当 BIT 开关处于"ON"位置后，再根据机内自测试模态开关所处的位置如 PBIT、MBIT，来选择机内自测试工作模态)，软件可以根据不同的运行条件给出不同工作模式的使能。

(1)加电启动 BIT 使能。它不需要人工请求信号，只要判断飞机的机轮承载，当给系统加电后，飞行控制软件自动调用该模块进行检测。

(2)飞行前 BIT 使能。它需要根据人工请求的结果(BIT 模态开关处于 PBIT 位置)，并且满足机内自测试联锁条件后，才能进入 PBIT 的运行模块。通常 PBIT 可以作为 MBIT 的一个子集在 MBIT 中被调用。

(3)维护 BIT 使能。由地勤维护人员使用。在满足联锁条件后，还需要附加地面使能信号成立(机内自测试模态开关处于地面 MBIT 位置)时，才能调用该模块。

(二)机内自测试软件特点

与飞行控制系统的其他软件相比，机内自测试软件从组织结构和编程方式上来说，都有其特殊性。机内自测试软件有两个主要特点：

(1)大量的检测工作相互重复。例如，在检测模拟量输入时，其检测过程(除个别模拟量)都是相同的：激励—读入—比较—申报故障。

(2)需要大量的数据。例如，检测模拟量输入需要的数据有：激励值、端口地址、采样延迟时间、期望值、故障编码等。

因而，将相互重复的检测过程用程序代码表示(形成机内自测试调度程序)，将大量的数据组成有规律的数据结构(形成数据库)，从而形成机内自测试程序的总体框架：调度程序＋数据库，如此，不但减少了冗码，而且软件的可读性、可靠性都有较大的改善。

(三)机内自测试测试方法

采用什么样的检测方法将决定机内自测试软件的模块结构。在飞行控制系统中，为了能迅速而有效地检测故障，可以选用通路检测、有源元件检测、逻辑检测和子系统检测的方法。

1. 通路检测

通路检测是指从飞行控制系统内的一个数据源开始，一直测试到该数据被正确使用的输出端。例如，对速度传感器通路测试，包括速度传感器、连接电缆以及在飞行控制计算机内的输入线路。

另外，对配平开关、起落架开关、驾驶仪接通开关等各类来自座舱的飞行控制系统开关等也采用通路检测。

通路检测的优点在于直观、故障判断迅速、检测面大,其缺点是故障定位和隔离的能力差,只可定位到 LRU 级。

2. 有源元件检测

有源元件检测是对数字计算机中那些关键的模块利用计算机本身的特点进行测试,包括 ROM、RAM、中断控制器、串行口、看门狗定时器、交叉通道数据链(CCDL)等重要的功能模块。

3. 逻辑检测

逻辑检测是指对那些用硬件逻辑实现在线监控功能的器件或组合器件的检测。例如通道故障逻辑(硬件)、应急备份飞行控制系统(EFCS)逻辑、作动器电流监控逻辑、电源监控逻辑等。

4. 子系统检测

子系统检测包括:伺服作动器系统、配平系统以及告警装置等。因为它们具有各自的特点,所以分开测试比较合适。

(四)机内自测试软件功能要求

机内自测试软件的功能要求一般包括:机内自测试运行控制(联锁、启动、结束、通报)、机内自测试测试要求和步骤以及机内自测试编辑要求。

1. 机内自测试运行控制

(1)联锁。满足机内自测试联锁条件后,执行机内自测试。只要联锁条件满足,允许机内自测试运行任意次数。

(2)启动。在硬件联锁条件满足的条件下,在人工请求机内自测试后的一定时间内,计算机将中断正常的系统运行,并将控制转换到机内自测试程序上。

(3)结束。当机内自测试测试任务正常完成时或强迫其结束时,机内自测试将进行如下的操作并返回到系统的正常运行状态:撤出所有的激励信号和已注入的故障条件,恢复系统的正常运行。

(4)通报。机内自测试测试完成后,应将测试结果记录在 NVM 中(若有故障),同时送到专用或通用的显示器上。当检测到故障时,要求故障显示的信息处于闪烁状态,以便引起注意。如果飞行控制计算机是 1553B 总线的一个终端,则这些信息经常是通过 1553B 总线送到航空电子的多功能显示器上。

2. 机内自测试测试数据库要求

在机内自测试的数据库中应包含:机内自测试的测试步骤、每个步骤所具有的输入/输出离散量或模拟量以及表明步骤特征的标志。

(1)测试类型定义。测试类型定义包括:步骤索引(测试第一个步骤的索引)、测试标志(测试的标志号)、测试继续(当完成当前的测试后,将执行下一个"测试标志")。

(2)输入/输出数据定义。机内自测试数据库通常包括:BIT 测试表(PBIT 和 MBIT)、BIT 步骤表(PBIT 和 MBIT)、BIT 模拟量输入表、BIT 模拟量输出表、BIT 故障关系表、BIT 变量表及 BIT 常数数据表。

3. 机内自测试编辑要求

机内自测试的编辑器应能迅速输出现场的数据和模拟信号的测试指令及测试结果,能够按物理量和直流电压两种形式给出结果。编辑器还应包含有与数据库对应的变量助记符、名称、类型、单位以及范围(量程)等,模拟量的测试结果还应给出上、下限,即额定值和正负允许差值。

七、机内自测试故障处理和记录

机内自测试的目的是检测故障。当测试结束后,应该对测试结果进行处理,例如记录、显示、申报等。

(一)状态报告

随着 PBIT 的结束,软件将会给出一个"通过/不通过"的状态报告,显示"通过"时,表示未检测到故障;如果检测过程中发现故障,则显示"不通过"。这一状态信息将传送给航空电子系统,作为飞行控制系统的机内自测试信息予以显示。同时,还要将故障情况记录在 NVM 中,且不准擦除(除非在 MBIT 模式下,才能擦除 NVM 中的故障)。PBIT 检测结果的显示内容见表 4 - 1。

表 4 - 1　PBIT 检测结果显示

操　作	显　示
按 PBIT 按钮	当启动成功时,显示"FCSBIT"信息
	当启动成功且检测到故障时,则在 BIT 检测结束后,闪烁显示"FCSBIT"信息
	当成功完成 BIT 测试任务后,清除已显示的"FCSBIT"信息
	当启动不成功时,不显示
PBIT 测试过程中按 BIT 按钮	当未检测到故障而强迫终止时,清除已显示的"FCSBIT"信息
	当已检测到故障而强迫终止时,"FCSBIT"信息闪烁并显示故障清单
PBIT 测试过程中联锁条件被破坏	当未检测到故障而中断时,清除已显示的"FCSBIT"信息
	当检测到故障而中断时,"FCSBIT"闪烁并显示故障清单

(二)故障处理和记录的逻辑

故障处理和记录的逻辑反映采用的检测途径。通常,测试是从飞行控制系统的核心部分(如飞行控制计算机)开始,然后一层层逐步向外扩展,直到所有主要功能部件及子系统检测完毕,这是所谓中心开花式的测试途径。根据这种逻辑,故障处理程序总是把交界面上测到的故障归属到它的前一级(内一层)而不再记录在下一级(更外一层)的项目中。除了那些基本的故障外,这样做的目的是消除那些不必要的独立故障的记录。因而,在软件设计时,要注意到独立测试的顺序以及相关测试之间的关系。

(三)系统状态

PBIT 的结果应送到航空电子系统予以显示,向驾驶员报告飞行控制系统的工作状态。另外,还应该具有让驾驶员访问故障信息的能力(因为驾驶员需要考虑已存在故障的严重程度)。但为了减少软件量,这里并不要求精确说明故障的位置。

(四)维修使用的故障数据

通过使用外部接口设备(RS-422),维修人员可以访问 NVM 中所有通道的 PBIT 的详细故障信息,这些信息至少应包括:定义的测试序号、故障的信息名、测试的结果值(模拟量以电压表示、离散量用逻辑表示)等。如果故障信息记录详细,则便于维修分析和故障排除。

第五节　自动配平与自动回零分系统

一、自动配平分系统

有人驾驶飞机的驾驶仪不是一直处于接通状态,必须解决接入与断开的问题。在接通驾驶仪前驾驶员先进行人工配平,即操纵升降舵使纵向力矩平衡,接着操纵调整片或安定面,使驾驶杆承受的力为零,即所谓的"卸荷"。然后接通驾驶仪的回零机构,使驾驶仪舵回路控制信号为零。这时才能接通驾驶仪,保持驾驶员已建立的人工配平基准状态(Θ_0,α_0,δ_{z0})。

在驾驶仪工作过程中,由于某种原因破坏了纵向力矩的平衡。驾驶仪使升降舵偏转 $\Delta\delta_z$,以平衡纵向力矩使飞机重新平衡,接着自动配平系统工作,调节调整片或安定面,卸掉由 $\Delta\delta_z$ 引起的铰链力矩,实际上舵面又回到原处,这为断开驾驶仪恢复人工驾驶作好准备。如果没有自动配平系统,当纵向力矩不平衡时,舵机偏转 $\Delta\delta_z$,铰链力矩由舵机承担。一旦断开驾驶仪,舵机不工作,铰链力矩立即引起升降舵剧烈偏转。在这种情况下,为防止舵面的突然动作,在断开驾驶仪前驾驶员要给驾驶杆施加一定的力,这是很不方便的。此外,一旦驾驶仪发生故障,监控机构自动断开驾驶仪,如果没有自动配平系统,升降舵在铰链力矩作用下立即回到杆力为零的位置。由于舵面突然偏转,迎角突然改变,产生法向过载。如果变化太大,将产生不允许的法向过载。

出现上述缺陷的根本原因在于,驾驶仪接通后由舵机承担了铰链力矩,而自动配平系统能在驾驶仪工作期间及时卸去铰链力矩。一旦断开驾驶仪,舵面仍保持断开前的位置,就可顺利地过渡到人工操纵。这就是采用自动配平系统的主要原因。

自动配平系统有各种形式,图4-32给出无动压传感器的自动配平系统原理框图。图中在自动配平回路设置了死区与延时环节,目的在于减轻配平回路的工作,使驾驶仪与自动配平系统各自执行任务。

二、自动回零分系统

要求飞机能在一定范围的姿态下接通驾驶仪,并且在接通时保持原有状态,不产生任何异常的突然动作,保证飞行安全。回零系统能使驾驶仪满足上述要求。

飞机飞行时要保持一定的状态,因而驾驶仪中的敏感元件总有信号输出。此外,驾驶仪的某些元件也会有零位输出。以上原因使得在接通驾驶仪前,舵回路的输入存在不平衡信号。如果此时接通驾驶仪,不平衡信号将通过舵机驱动舵面转动,改变原有的飞行状态,这是不希望发生的。回零就是去掉这些不平衡信号。驾驶仪回零有两种方法,一是自动回零,二是人工回零。

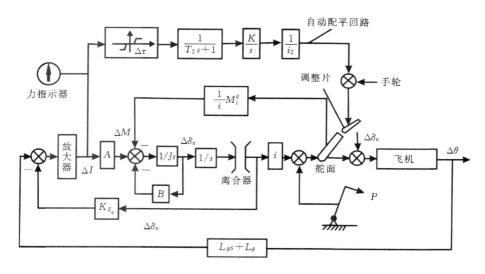

图 4-32 无动压传感器的自动配平系统原理框图

自动回零是指接入驾驶仪前,通过一个小型随动系统,自动保证飞控系统伺服回路(舵回路)不再改变舵面位置——其放大器输入输出控制指令信号为零。它的工作原理如图 4-33 所示。

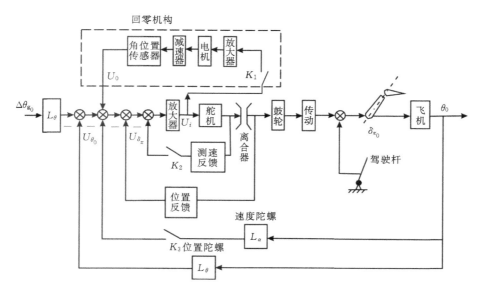

图 4-33 自动回零系统原理框图

回零机构由放大器、电机、减速器及角位置反馈传感器等组成。接通"自动"飞行控制前,回零机构处于工作状态,K_1 接通,将舵回路放大器输出信号 U_i 引入回零机构,并以积分形式(由电机来实现)通过角位置传感器将信号 U_0 传输给舵回路,最终与不平衡信号 U_{θ_0} 和 U_{δ_z} 进行综合,直到 $U_i = U_0 - U_{\theta_0} - U_{\delta_z} = 0$,以保证舵回路放大器输出为零。由此可见,回零机构与舵回路前向通道构成闭环回零系统。回零系统中含有积分环节,属于 I 型系统。回零结束 U_i $=0$,保证舵机转轴以静止状态与舵面传动机构结合。回零完成后,断开 K_1,接通 K_2 和 K_3,而 U_0 不变。这里,测速反馈是为了提高自动飞行控制时舵回路的动态性能。需要指出:未接通 "自动"飞行控制时,如图 4-33 所示的离合器处于"分离"状态,舵机不能驱动舵面,由人工驾驶飞机。只有"回零"结束,飞行员接通"自动"飞行控制功能,离合器"结合"后,才能由舵回路 (舵机)控制舵面而实现自动飞行控制。

回零机构有各种形式,为了便于安装与调试,可将舵机的硬反馈传感器安装在电磁离合器之前,如图 4-34 所示。舵机在离合器接通前就成为负反馈系统,这种回零机构只需抵消位置陀螺的基准信号 U_{θ_0}。图中回零机构电机的反馈是测速反馈。

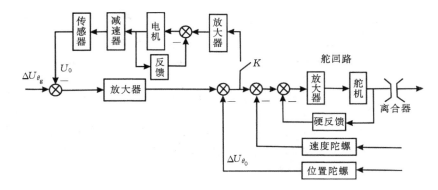

图 4-34 回零机构的另一种形式

人工回零是指在接通飞控系统前,由驾驶员调整舵回路放大器,使其输出为零。

总之,回零的目的是为接通自动飞行控制状态做准备,以实现人工驾驶向自动飞行控制的平稳过渡。

应当指出的是,在数字式飞行控制计算机问世后,上述回零功能也随之由数字计算来实现了。

第六节 飞行控制计算机

一、概述

(一)简介

在飞控系统中处理(包括运算、逻辑和转换等)信息的电子或机械部件都可称作飞行控制计算机(以下简称飞控计算机)。它是随着飞控系统的发展而不断发展的。20 世纪 50 年代后,为实现飞机增稳和驾驶仪功能,出现了模拟式飞控计算机;到了六七十年代,随着晶体管、集成电路的出现,使得模拟式飞控计算机得到广泛使用。之后,随着飞控系统功能的日益增多、飞行包线的不断扩大和综合控制技术的发展,出现了数字式飞控计算机。与模拟式计算机相比,数字式飞控计算机克服了参数调节困难、升级不便、功能简单等缺点,使飞控计算机迈入了一个崭新的发展阶段。目前的飞控计算机已经发展成以数字计算机为基础的可实现多种组合功能的余度计算机系统。

（二）主要功能

飞控计算机是通过采集驾驶员指令及飞机运动参数后，按指定的控制算法和逻辑产生控制指令，通过执行机构控制飞机运动，达到闭环控制的目的。现代飞控计算机的主要功能一般包括：

（1）采集驾驶员指令及飞机运动的反馈信号，并对其进行必要的变换和处理；

（2）飞控系统工作模态管理及通道故障逻辑判断和故障切换逻辑处理；

（3）计算不同工作模式下的控制律，生成必要的控制指令并对其进行管理；

（4）完成飞行前地面及飞行中机内各系统和部件的自动检测；

（5）对飞控系统中各种传感器和伺服传感器实现余度管理；

（6）对飞控计算机本身的硬件及软件实现余度管理；

（7）与其他任务计算机及电子设备实现信息交换的管理等。

（三）基本组成及配置形式

飞控计算机的基本组成如图 4-35 和图 4-36 所示。

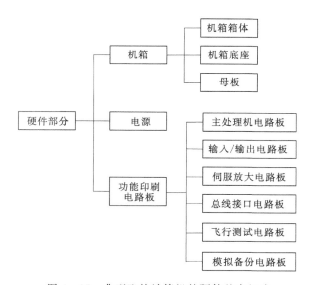

图 4-35　典型飞控计算机的硬件基本组成

飞控计算机从配置形式上可分为单通道和多余度两种形式，模拟式和数字式飞控计算机都可实现多余度配置。由于没有信号和控制指令备份，单通道飞控计算机出现故障时，只能将其关机，这对于飞行安全是不利的。为了提高飞控系统的可靠性，在现代飞控系统特别是电传飞控系统中飞控计算机均选择多余度形式，具体的余度配置可根据系统可靠性的要求选择二、三或四余度。对于操纵权限比较小的飞控系统，可采用双余度，如直升机控制增稳系统；对于功能完善、操纵权限较大的飞控系统则采用更多余度，如美国 F-18 配备的飞控计算机采用四余度结构。

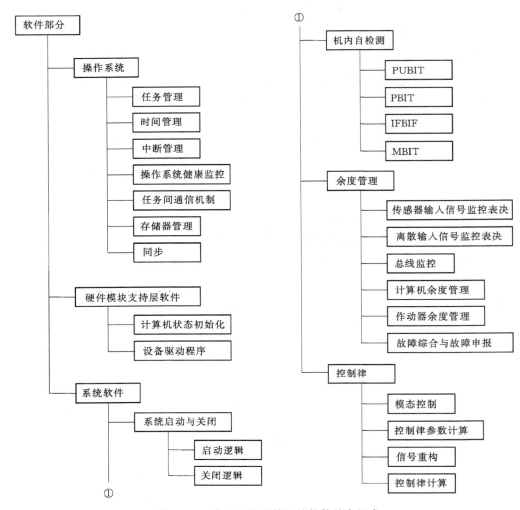

图 4 - 36　典型飞控计算机的软件基本组成

虽然新型飞控系统几乎全部采用了数字式飞控计算机,但是现役飞机中还大量使用着模拟式飞控计算机。因此,本节将先讨论模拟式飞控计算机的组成及实现方法,然后讨论数字式飞控计算机的组成及硬件实现。

二、模拟式飞控计算机

模拟式飞控计算机是由分立电子元件及模拟集成电路组成,完成飞控系统各种功能(主要是控制律运算和控制模态转换)的计算机。

(一)组成、结构与余度配置

模拟式飞控计算机的电路由一系列功能电子模块组成,主要完成信号的处理、增益的调整、信号的综合放大、余度管理及故障监控等功能。

飞控系统要求不同,模拟式飞控计算机的结构也不一样。通常按控制轴分成不同的控制通道（如俯仰、滚转及偏航通道），整个飞控计算机可以组装在一个机箱内，也可按控制轴或余度分为几个独立的机箱（如某飞机的控制增稳系统按余度分为三个机箱，每一个飞控计算机机箱内包含了俯仰、滚转及偏航三个轴的控制逻辑和算法）。图 4 - 37 是由模拟式飞控计算机实现的某型飞机纵向控制增稳系统的功能结构框图。

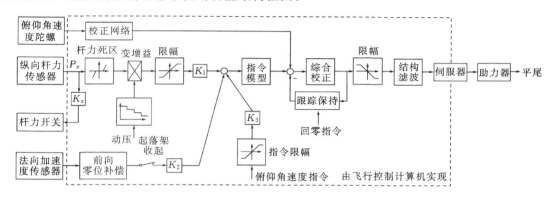

图 4 - 37　某型飞机纵向控制增稳系统的功能结构框图

在采用硬件电路冗余的方法组成的余度式模拟飞控计算机中，余度配置可根据可靠性要求设计成双余度、三余度或四余度，每个余度计算机称为一个余度通道，每个余度通道除了完成控制律运算外，还应具有余度管理、故障监控和故障隔离等功能。

图 4 - 38 是一个以飞控计算机为控制器的三余度控制增稳系统原理图，其中飞控计算机由三个相同的模拟计算机机箱组成，每个飞控计算机都包含对俯仰、滚转及偏航控制律的计算，在飞控计算机的输入和输出接口设置了表决面对信号进行表决和监控。三个计算机同时接收三余度的传感器信号，经前置信号处理后，通过信号选择器进行表决，当有一个信号故障时可以利用 2:1 的原则将故障信号去除，以此保证功能电路输入信号的正确性，同时阻止了前级故障向后级的蔓延。三个计算机最后计算的结果也同样经过信号选择器选择，以表决出正确的指令来驱动舵面偏转。采用三余度计算机后，通过余度管理可以监控出系统故障，并能按设计的故障隔离策略隔离故障，从而使三余度计算机具有一次故障工作、二次故障安全的功能，对于四余度系统可达到二次故障工作能力。

（二）功能电子模块

组成模拟式飞控计算机的各个功能电子模块通常包括：信号解调器、限幅器、滤波器、电压比较器、信号选择器、伺服放大器、非线性放大器、余度管理及故障监控电路等。

1. 信号解调器

飞控系统使用的许多传感器输出的是载波交流信号（调幅信号），其信号大小由幅值确定，极性由相对于传感器激磁电源的相位确定。信号解调器（简称解调器）用于将这类调幅信号变换为与其幅值成比例的直流信号。对应两线制与三线制输出的传感器，解调器又可根据其解调方式分为相敏解调器和非相敏解调器（线性检波解调器）。

相敏解调器的输出与输入信号载波的幅值和相位有关，必须引入与载波同源的基准相位信号作为解调参考，通常用于二线制传感器，其输出精度受传感器相移的影响较大。

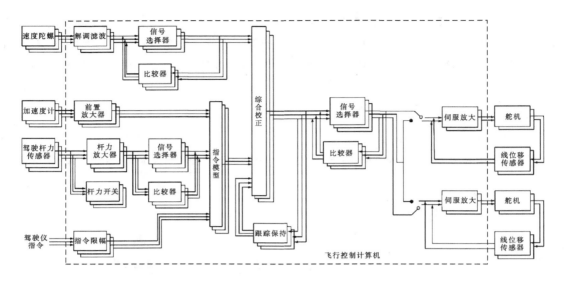

图 4 - 38　三余度控制增稳系统原理图

非相敏解调器的输出与输入信号载波的幅值有关,与相位无关,解调线路不必引入基准相位信号,输出信号的大小和极性由传感器两绕组信号之差决定,通常用于三线制传感器,其解调精度高,性能稳定,不需要引入激励信号,且对传感器的相移没有要求。

2. 限幅器

限幅器的功能是:当输入信号未进入限幅区时,输出信号跟随输入信号线性变化,进入限幅区后,输出信号将不再跟随输入变化,而是保持在预设的固定输出值上。其作用是对通道中的信号进行幅值限制。在飞控计算机中,主要使用二极管接在反馈电路中的限幅器电路,其原理是利用二极管的 PN 结所具有的非线性导电特性来实现限幅功能。

3. 滤波器

模拟式飞控计算机使用滤波器实现控制律的传递函数或信号的整形。一般分为低通、高通、带通和带阻等几类;根据所采用元件是否有源,又分为有源和无源滤波器。在实际应用中考虑到无源滤波器有能量损耗,常用有源滤波器。

4. 电压比较器

电压比较器用来比较输入信号电压之间或输入信号与参考信号之间的大小,从而判断信号是否正常,并将比较结果用于逻辑信号输出。

5. 信号选择器

信号选择器用于从多个不同的输入信号中选择需要的信号输出,在多余度模拟式飞控计算机中,信号选择器用于从余度信号之间选择预定的信号输出。常用的信号选择器有中值选择器、均值选择器、最小值选择器和最大值选择器等。

6. 伺服放大器

伺服放大器接收控制律输出信号,与作动器位置反馈构成闭环伺服回路,控制舵机的输出。伺服放大器通常分为液压舵机伺服放大器和电动舵机伺服放大器两种。这两种电路一般都包括前置滤波、综合放大、校正网络、位移信号解调和功率放大等电路。

7. 非线性放大器

非线性放大器是由具有非线性阻抗特性的元件和运算放大器组合得到的非线性函数运算电路。在模拟飞控计算机中,最常用的非线性函数运算电路是折线函数电路,用于控制律的参数调节,一般由若干个线性检波器和运算放大器构成。折线的具体实现是在各个线性检波器的输入端加不同的参考电压,使其具有不同的检波(导通)门限值,因而形成具有不同限幅门限值的折线传输特性,最后再用运算放大器加以综合,得到所需的函数关系。一般情况下,代表函数输入和输出关系的折线是已知的,例如,可用图 4 – 39(b)所示的电路实现图 4 – 39(a)所示曲线。

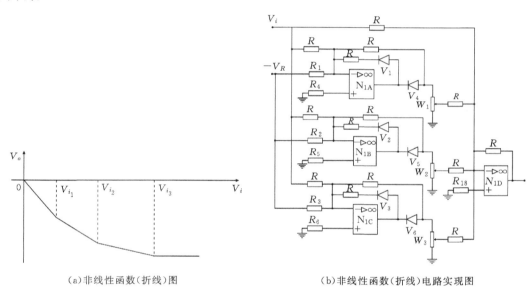

　　(a)非线性函数(折线)图　　　　　　　　(b)非线性函数(折线)电路实现图

图 4 – 39　非线性函数(折线)及其电路实现图

8. 余度管理及故障监控电路

多余度模拟式飞控计算机的余度管理功能由余度管理策略及故障监控电路实现。图 4 – 40是某飞机三余度控制增稳系统的余度管理和故障监控原理图。图中的信号选择器为中值选择器,当三个余度信号都存在时取中间值输出,当一个余度信号故障时,信号选择器取剩余两个输入信号与零信号的中值。本通道的输入信号经过机内自检测模拟开关 S 后,一端送到本通道的信号选择器入口,另一端送到另外两个余度通道的信号选择器,同时另两个余度通道也把相同表决面上的同样信号引入到本通道的信号选择器。信号选择器的输出一端向控制通道的后级传递,另一端则送到故障监控电路(比较器),用它和本通道的输入信号比较,当两信号差值大于门限值时判为故障。设置模拟开关 S 是为了机内自检测使用,由自检测控制信号控制其闭合方向。当自检测时,模拟开关 S 会使信号选择器和比较器的输入转为由自检测激励源提供。

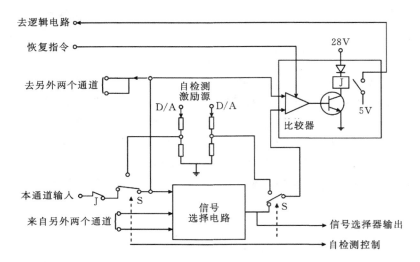

图 4 - 40　某机三余度余度管理和故障监控原理图

三、数字式飞控计算机

数字式飞控计算机指的是以数字信号形式完成全部模拟、数字与离散信号处理和计算(控制律计算、余度管理、BIT、系统调度、故障记录和告警)功能的飞控计算机。

(一)标准指令系统、总线标准与系统结构

数字式飞控计算机的软件要在一个具体计算机上运行,必须将其编译成该计算机的机器指令,但目前存在的各种型号的计算机,其指令系统不能相互兼容。为此,美国于 1980 年初制定了 MIL - STD - 1750A 军用标准,它定义了一套标准指令系统以及相关特性。这样,不同厂家制造的不同型号计算机若严格按照这种标准要求进行设计,即使是各自独立工作的,最后也能正常运行。

随着飞机信息化、综合化程度的提高,现代飞机上各种电子设备都是以总线为基础协同工作,以飞控计算机为核心的飞控系统也通过总线和其他机载设备相交联,目前现役飞机中大量采用的是 ARINC - 429 和 MIL - STD - 1553B 两种标准总线。

创建飞控计算机的系统结构需要考虑的重要因素是余度配置。采用多余度配置可提高飞控系统的性能和可靠性,但也使系统的工作模式及相应的控制律变得越来越复杂,系统多余度管理的计算、信号采集及变换的数量逐渐增多。因此,在现代飞控系统中通常采用两个或多个处理机同时并行运行,分别完成不同的计算和管理任务。图 4 - 41、图 4 - 42 分别表示了两种飞控计算机的系统结构。

(二)各组成部分的基本功能

图 4 - 43 是一个三余度数字式飞控计算机的原理框图,其每个余度计算机由以下功能模块组成。

(1)CPU 模块:是飞控计算机运行的核心部分,包括微处理器、RAM、EPROM/E^{2}PROM、时钟电路、中断控制器、DMA 控制器、调试用串行口、译码器及内部总线接口电路等。

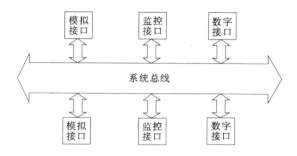

图 4-41　单 CPU 飞控计算机的系统结构图

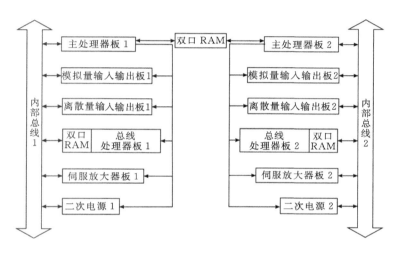

图 4-42　带总线处理器的双余度飞控计算机的系统结构图（双耦合）

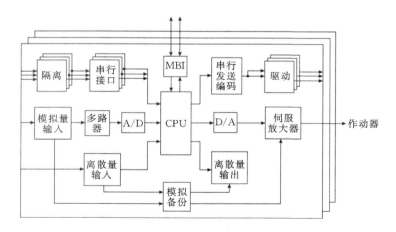

图 4-43　三余度飞控计算机的原理框图

（2）余度飞控计算机运行支持电路：包括通道间信息交换电路、同步支持电路（仅用于同步运行的余度计算机）、通道故障逻辑电路及故障切换电路。

(3)机载总线接口电路:飞控计算机和其他机载计算机的交联通信接口。

(4)模拟输入/输出接口电路:模拟输入,对传感器的输出信号进行滤波、解调处理,并通过 A/D 转换器进行模拟量对数字量的转化;模拟输出,将 CPU 输出的数字量转化为模拟输出信号。

(5)离散输入/输出接口电路:离散输入,将飞机的各种按钮、开关等离散信息转换为计算机可识别的数字信息;离散输出,将 CPU 输出的数字信号变为各种离散量形式的输出。

(6)伺服放大器电路:包括后置滤波器、综合放大器、位移信号解调器、自监控线路等。

(7)BIT 支持电路:飞控计算机的各种自检测所需的电路及激励信号发生器。

(8)其他电路:包括飞行测试接口、应急飞控系统(EFCS)电路等。

(9)二次电源:将飞机的交/直流电源变换为飞控计算机内电子线路需用的电源。

复习思考题

1. 用于飞机飞行控制的传感器主要有哪几类?

2. 简述常规速度陀螺的基本工作原理和特点。

3. 简述挠性摆式力矩反馈加速度计的基本工作原理和特点。

4. 简述振动筒式压力传感器的基本工作原理和特点。

5. 简述旋转风标式迎角/侧滑角传感器的基本工作原理和特点。

6. 简述航向姿态角传感器的分类和基本工作原理。

7. 飞控系统传感器的使用应注意哪些问题?

8. 简述无线电导航系统的分类及定位基本原理(几何原理、推算原理)。

9. 简述惯性导航系统的组成、基本原理和特点。

10. 什么是飞行控制计算机?其主要功能有哪些?

11. 什么是模拟式飞控计算机?其主要由哪些功能模块组成?各起什么作用?

12. 什么是数字式飞控计算机?其主要由哪些功能模块组成?与模拟式飞控计算机相比有哪些特点?

13. 你是怎样理解飞控计算机的余度配置在飞行控制中的作用的?

14. 简述自动回零与自动配平的作用。

15. 查阅文献,说明基于性能导航(PBN)的特点。

第五章

飞机操纵伺服系统

操纵伺服系统是对用于控制飞机各个气动操纵面——舵面所对应的伺服系统的总称。它包括机械操纵伺服机构（人工操纵系统）和伺服作动系统（自动控制系统），本章主要叙述伺服作动系统，对于机械操纵伺服机构仅简要介绍其中的助力器。

第一节　概述

一、操纵（伺服）系统的发展

自飞机诞生以来，随着技术的飞速发展及对飞机各项性能要求的不断提升，飞机操纵（伺服）系统的发展大致经历了如下几个阶段。

（1）简单机械操纵系统

在飞机诞生后的最初 30 多年里，飞机采用的是简单的机械操纵系统。由钢索的软式操纵发展为拉杆的硬式操纵，驾驶杆及脚蹬的运动经过钢索或拉杆的传递，直接拉动舵面运动，如图 5-1（a）所示。飞行员在操纵过程中，必须克服舵面上所承受的气动力，但只要对传动的摩擦、间隙和传动系统的弹性变形加以限制，就可获得满意的性能。

（2）液压助力操纵系统

随着飞机尺寸、重量及飞行速度的不断提高，舵面铰链力矩逐渐增大，飞行员已难以直接通过钢索或拉杆去拉动舵面。20 世纪 40 年代末出现了液压助力器，如图 5-1（b）所示，将其安装在操纵系统中，作为一种辅助装置来增大施加在操纵舵面上的作用力，以发挥飞机的全部机动能力。在这种助力操纵系统中，飞行员仍能通过拉杆或钢索感受到舵面上所受到的气动力，并依据这种感觉来操纵飞机。

当超声速飞机出现后，在飞行速度达到跨声速范围后飞机的焦点会急剧后移，使得纵向静稳定力矩剧增，此时需要相当大的操纵力矩才能满足飞机的机动性要求。此外，由于尾翼上出现了超声速区，升降舵操纵效能大为降低，因此，不得不采用全动平尾进行操纵。全动平尾的铰链力矩很大，并且力矩的变化范围大，飞行员进行飞行操纵时无法直接承受舵面上的铰链力矩，因此出现了全助力操纵系统，如图 5-1（c）所示。在这种系统中，隔断了舵面与驾驶杆的直接联系，飞行员通过驾驶杆控制助力器上的分油阀，由助力器直接驱动舵面，并承受舵面的铰链力矩。此时，驾驶杆上所承受的杆力仅用于克服传动机构中的摩擦力，飞行员无真实操纵力的感觉,这不利于飞行员进行驾驶。为使飞行员获得必要的操纵感,感受到适当的杆力和杆位移,在系统中加入了人感装置。

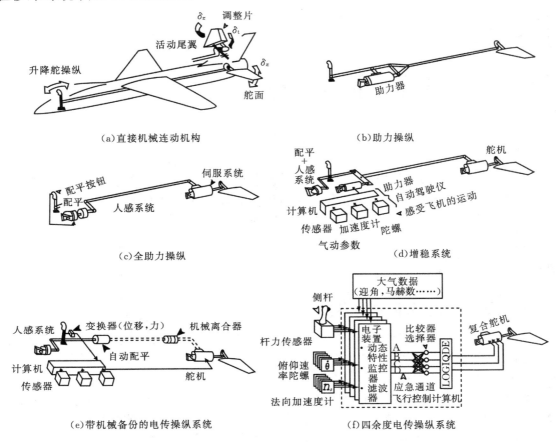

图 5-1　飞机主操纵系统的发展历程

　　人感装置是由弹簧、缓冲器以及配重等构成的系统,以满足飞行员对杆力特性的要求。驾驶杆的操纵特性(如杆力梯度和杆位移梯度)要求随飞行状态变化,可利用特定的力臂调节器等来解决。例如美国的 F-86、F-104、B-727 以及苏联的米格-19,都采用了这种全助力操纵系统。

　　(3)增稳操纵系统

　　从 20 世纪 50 年代中期以后,随着飞机向高空、高速方向发展,飞行包线不断扩大,飞机气动外形很难既满足低空、低速的要求,又满足高空、高速的要求,常常会出现在高空、高速飞行时,飞机的静稳定性增加而阻尼不足,在低速飞行时静稳定性又不够的现象。通常,单纯依靠改变人工操纵系统和飞机的气动外形,难以满足操纵品质的要求。为了提高飞机的稳定性和改善飞机的阻尼特性,将人工操纵与自动控制结合起来,将增稳系统引入到人工操纵系统中,形成了具有增稳功能的全助力操纵系统,如图 5-1(d)所示。在这种系统中,用角速度陀螺测量飞机的角运动形成人工操纵阻尼信号,或用加速度计测量飞机的动态特性变化以提供增稳控制信号,这些信号通过串联或并联舵机自动调节舵面出舵量,使飞机在高空或高速条件下仍具有令人满意的操纵品质。从飞行员操纵角度来看,增稳系统是飞机的组成部分,飞行员犹如操纵一架具有优良品质的"等效飞机"。在这种系统中,增稳系统和驾驶杆是互相独立的,增稳系统并不影响飞行员的操纵。由于舵面既受驾驶杆的机械操纵指令控制,又受增稳系统产生的指令控制,为了操纵安全起见,增稳系统对舵面的操纵权限受到限制,一般仅为舵面全权限的 3%～6%。

(4)控制增稳操纵系统

增稳操纵系统在增大飞机阻尼和改善稳定性的同时,在一定程度上降低了飞机的操纵反应灵敏性,使飞机的操纵性变坏。为了克服这个缺点,在增稳操纵系统的基础上,进一步发展成为控制增稳操纵系统。它与增稳操纵系统的主要区别在于:它还将飞行员操纵驾驶杆的指令信号引入到增稳操纵系统中,作为指令输入信号控制舵机的运动。通过合理的设计,控制增稳操纵系统可获得满意的操纵性和机动性,较好地解决了稳定性与操纵性之间的矛盾。控制增稳操纵系统的典型结构如图 5-1(e)所示。由于飞行员可通过该系统直接控制舵面,因此,控制增稳的权限可以增大到全权限的 30%以上。

(5)电传操纵系统

传统的机械操纵系统以及在此基础上形成的增稳或控制增稳操纵系统都存在一系列缺点:体积大,重量大,存在非线性(摩擦、间隙)和弹性变形,保障飞机操纵性的机构复杂等。为此,到 20 世纪 70 年代初,出现了电传操纵(Fly-By-Wire,FBW)系统,较好地克服了机械操纵系统的一系列缺点。所谓电传操纵系统,就是将控制增稳系统中的机械操纵部分完全取消,飞行员利用控制增稳系统的操纵指令,完全以电信号的形式实现对飞机的操纵,其结构如图5-1(f)所示。从图中可以看出,电传操纵系统是全时、全权限的"电信号系统＋控制增稳"的飞行操纵系统。采用电传操纵系统,除了可以克服机械操纵系统的缺点外,其真正目的是为实现其他的一些控制功能奠定基础,并为解决现代高性能飞机操纵系统中的许多问题提供了有效方法。

由于电传操纵系统相比于机械操纵系统具有许多无可比拟的优点,并且随着技术的不断进步,阻碍电传操纵系统发展的一些问题逐步得以解决,所以自 20 世纪 80 年代,电传操纵系统获得了极大的发展,许多新研制的军用及民用飞机均采用了电传操纵系统。但是,由于电传操纵系统极易受电磁干扰及雷电冲击的影响,在发展电传操纵系统的同时,国内外又进一步开展了光传操纵(Fly-By-Light,FBL)系统的研究,以光纤代替电缆作为信号传输的媒介。

二、伺服作动系统的概念

伺服作动系统就是绪论中所介绍的"舵回路"用以按照控制指令自动控制作动器的机械操纵量,进而驱动舵面实现飞行控制,其原理结构如图 5-2 所示。它是由伺服控制器和伺服作动器(舵机)两种主要功能单元构成的一个闭环伺服控制系统,因此,常将它简称为"伺服系统"。

早期的伺服系统都是无余度的,随着飞行控制技术的发展,特别是电传飞行控制系统的出现,对伺服系统的工作可靠性提出了更高的要求,从而采用余度技术以保证系统的可靠性。由于采用了余度技术,为保证伺服系统能正确地完成其主要功能,伺服系统除应具备对自身工作状态的检测、故障处理及状态申报等能力外,还必须增加一些辅助功能,如信息综合、通道均衡以及故障监控、故障隔离、系统重构等余度管理功能。伺服作动系统的原理结构如图 5-2 所示。

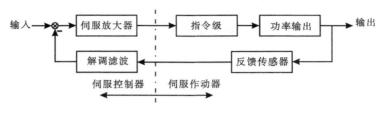

图 5-2　伺服作动系统原理框图

伺服系统,原则上可分为集中控制布局和分散控制布局。集中控制布局,是指伺服控制器置于飞行控制计算机机箱内,作动器根据其所驱动的飞机操纵面的位置、机械传动要求及安装部位的空间限制,尽量就近配置在飞机操纵面的附近。分散控制布局,是指伺服控制器从飞行控制计算机内分离出来,单独组成机箱,或者分别将各自的控制器同作动器一起组成同一个LRU(Line Replace Unit)装置。

伺服控制器是伺服系统的重要组成部分,它既是作动器的控制器,又是作动器与计算机的接口装置。伺服控制器除接收来自飞行控制计算机的指令信号外,还要接收来自作动器的舵偏量反馈信号,两信号进行综合形成伺服系统外回路。

伺服控制器有模拟和数字两种形式,它们在设计内容、信号传输方式、器件配置等方面有着很大的差别,但就功能而言基本上是相同的。其主要功能有:闭合伺服回路;提供飞行控制计算机与伺服作动器的输入输出(I/O)接口;信号滤波、解调、放大与校正;故障监控及机内自检测(BIT)。为了实现伺服系统的闭环控制,伺服控制器的基本功能单元包括:信号综合线路、前置放大/校正、输出线路以及反馈信号的处理与增益设置电路等。此外,为了实现伺服系统的余度管理,相应的伺服系统状态检测、故障监控、故障隔离、系统重构及通道均衡等功能线路和逻辑电路等也配置在伺服控制器上。

过去,飞行控制系统一般采用模拟伺服控制器。在飞行控制系统由飞行控制计算机集中控制向分散控制发展时,伺服控制器也将由模拟式向数字式方向发展。不仅如此,由于高温半导体器件和微电子封装技术迅速发展,高集成度的数字伺服控制器已经与飞行控制计算机分离,直接与伺服作动器组合在一起。

第二节　助力器和舵机

本节简述助力器和几种常用舵机的结构、工作原理及各自的特点和几种新型舵机。

一、助力器

助力器是操纵系统利用外部能源(如液压源)减轻驾驶员操纵杆力的一种装置,相当于力的放大器。在飞机液压操纵系统或液压传动系统中,广泛采用液压助力器。

（一）有力反传和无力反传液压助力器

按照与驾驶杆（盘）或脚蹬以及操纵面的连接形式不同，液压助力器可分为有力反传和无力反传两类，原理结构如图 5-3 所示。

由图 5-3(a)看出，当飞行员把输入杆 1 向右移动距离 l_{js} 时，液压助力器的分油阀 2 向左移动 l'_{js}，使作动筒 5 的左腔与高压油路 4 相通，高压油推动活塞 6 向右移动 l_y。向右移动的活塞一方面通过反馈杆 7 操纵分油阀向右移动，这个作用一直持续到分油阀重新盖住作动筒左右腔油门为止，从而实现了位置外反馈；另一方面，活塞 6 又带动输出杆 8 向右移动，输出杆又带动舵面向某一方向偏转。舵面偏转后产生与动压 q 和舵偏角 δ 乘积成比例的铰链力矩，它通过舵面到输出杆之间的传动链产生与铰链力矩成比例的反作用力 P_δ，作用于 B 点。这个力 P_δ 可分解为作用于 A 点和 C 点的两个分力 $P_{\delta1}$ 和 $P_{\delta2}$。分力 $P_{\delta1}$ 通过回力杆 9 反传给输入杆 1，方向向左，与驾驶员的推力 P_{js} 相平衡，推力 P_{js} 如果以 C 点为支点，按力矩平衡原理可求出它的大小为 $P_{js}=P_\delta \cdot l_2/(l_1+l_2)$，与 P_δ 成正比。舵面反作用力 P_δ 经图 5-3(a)所示的液压助力器反传给驾驶杆的现象，叫作力的反传。这种助力器就称为有力反传的液压助力器。

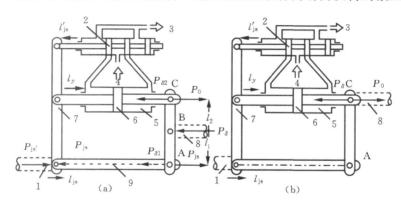

图 5-3　有力反传和无力反传液压助力器

1—输入杆；2—分油活门；3—回油路；4—高压油路；5—作动筒；6—活塞；7—反馈杆；8—输出杆；9—回力杆

显而易见，如果把图 5-3(a)中舵面反作用力 P_δ 的作用点 B 与活塞杆的铰链点 C 重合，如图 5-3(b)所示，那么推动活塞杆的输出力 P_0 刚好与 P_δ 相平衡。于是 A 点的推力 P_{js} 便等于零，也就再没有力反传。这种液压助力器称为无力反传的液压助力器。

（二）内、外反馈液压助力器

液压助力器按反馈形式可分为内反馈和外反馈两种。图 5-4 为内反馈液压助力器的原理结构图。它由滑阀、活塞杆（反馈阀套）和油缸所组成。其工作原理如下：当飞行员不操纵驾驶杆（盘）或脚蹬时，滑阀不移动，它上面的两个凸肩分别盖住阀孔 a 和 b，高压油液不能进入油缸，活塞及与它相连的活塞杆停止不动。当飞行员使滑阀向右移动时，便打开阀孔 a 和 b，高压油液通过阀孔 b 进入左腔；而右腔通过阀孔 a 与回油路相连。活塞杆在两腔油压差的作用下向右移动，推动舵面向某一方向偏转，同时和活塞杆在一起的反馈阀套也向右移动直到将阀孔 a 和 b 完全盖住为止，这就实现了位置负反馈。油缸的活塞杆将跟踪输入杆（滑阀）1:1地运动。当滑阀向左移动时,情况与上述相反,舵面将向另一方向偏转。由于操纵滑阀的力很小,而活塞的输出力却很大,因此称之为助力器。

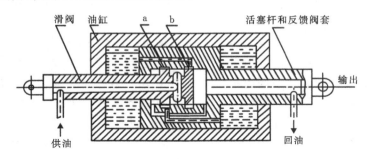

图 5 - 4　内反馈助力器原理结构图

图 5 - 5 为具有外反馈的助力器结构原理图,它的结构与图 5 - 4 基本相似,也是由滑阀和作动筒两大部分组成,不同的是它用反馈杆 BC 代替了图 5 - 4 的反馈阀套。整个杆 AC 是一个浮动联杆,它并不绕某固定支点活动。图 5 - 5 所示液压助力器的工作原理为:如果输入信号 l_{js} 使操纵阀向右移动 l_v,打开阀孔,使高压油液通过右阀孔流入作动筒的右腔,迫使作动筒活塞向左移动 l_y。向左运动的作动筒活塞一方面带动舵面等负载偏转,另一方面也将带着反馈连杆 BC 绕 A 点向左偏转,反馈连杆使操纵阀向左移动,直到操纵活门又重新盖住左、右阀孔为止。这个液压助力器的工作相当于一个比例控制器。

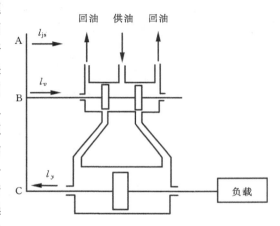

图 5 - 5　外反馈液压助力器的原理结构图

二、舵机

根据使用的动力源的不同,可将飞控系统的执行元件——舵机分为电动舵机(电动伺服作动器)、电操纵液压舵机(电液伺服作动器,以下简称电液舵机)、气动舵机三类。现代飞机广泛采用的是电动舵机和电液舵机。

(一)电动舵机

电动舵机以电力为能源,通常由电动机(直流或交流)、测速装置、传感器、齿轮传动装置和安全保护装置等组成。传感器用作舵回路的反馈元件。

电动舵机一般有间接式与直接式两种控制方式。间接式是在电动机恒速转动时,通过离合器的吸合,间接控制舵机输出轴的转速与转向。常用的间接控制方式有两种:一种是电磁离合器控制方式,如 KJ - 2A 自动驾驶仪的舵机;另一种是磁粉离合器控制方式,如 KJ - 6 自动驾驶仪的舵机。直接式控制方式是改变电动机的电枢电压或激磁电压,直接控制舵机输出轴的转速与转向,如 KJ – 3C 自动驾驶仪中的 DCD – 2 舵机。它由磁滞电动机、齿轮减速器、电磁铁端面齿离合器、摩擦离合器、钢索鼓轮及测速发电机等组成,如图 5 – 6 所示。

当飞控系统处于"准备"状态(不进行飞行控制)时,电磁铁不工作。这时,由于电磁离合器的主、从端面齿轮是脱开的,即使有控制信号使磁滞电机转动并带动测速发电机转动,舵机鼓轮也不转动,舵面不受自动控制,飞行员仍可以通过驾驶杆(盘)或脚蹬实施人工操纵。

当进行飞行控制时,电磁铁工作,使电磁离合器主、从端面齿轮衔接。如果伺服放大器有信号输出驱动磁滞电动机转动时,一方面通过主传动部分的减速器带动鼓轮转动,从而操纵舵面偏转;另一方面,通过测速传动部分的

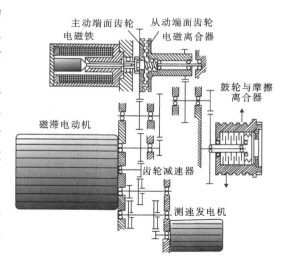

图 5 – 6 DCD – 2 舵机的传动原理图

减速器带动测速发电机旋转,输出与舵面偏转角速度成正比的电信号作为舵回路的负反馈信号,以实现舵回路控制。采用鼓轮与摩擦离合器结构是为了使飞行员在电磁离合器因故障断不开时,可以通过强力操纵使离合器的摩擦片打滑,进行人工操纵,以保证飞行安全。

(二)电液舵机

电液伺服机构是电气和液压联合一体的伺服机构,综合了电气控制、液压传动及控制两者的优点。电气部分一般用作系统信号接收、放大变换、传输、反馈控制,液压部分则作为功率转换、放大和传动执行部件。电液伺服机构是实现机电一体化的重要手段,已成为当今机械传动与控制的发展方向,将广泛应用于飞行控制系统中。

1. 液压舵机原理结构

液压舵机作为电液伺服机构的执行元件,也用以控制操纵杆系的位移。其原理结构如图 5 – 7 所示。

液压舵机伺服阀的种类很多,作用均如液压助力器中的滑阀,由于其输入的是电信号,所以电液伺服阀前设有放大器,对输入的电信号进行放大,液压舵机的执行机构也是作动器;液压舵机内常设置反馈元件,回输作动器杆位移信息。因此,液压舵机一般由电液伺服阀、作动器和反馈元件等组成,具体结构组成如图 5 – 8 所示。可见,电液伺服阀、作动筒和位移反馈传感器构成了一个紧凑的整体。

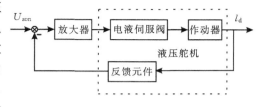

图 5 – 7 液压舵机回路

电液伺服阀又称电液信号转换装置。它将飞行控制的电指令信号转换成具有一定功率的液压信号。电液伺服阀一般由力矩电机和液压放大器组成。

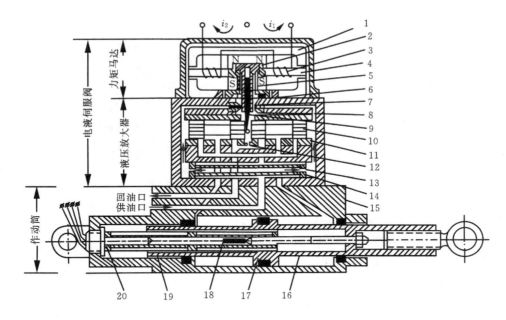

图 5 - 8　典型液压舵机的结构原理示意图

1—导磁体;2—永久磁铁;3—控制线圈;4—衔铁;5—弹簧管;6—挡板;7—喷嘴;8—溢流腔;

9—反馈杆;10—阀芯;11—阀套;12—回油节流孔;13—固定节油孔;14—油滤;

15—作动筒壳体;16—活塞杆;17—活塞;18—铁芯;19—线圈;20—位移传感器

作动器又称液压筒或油缸,由筒体和运动活塞等组成。活塞杆与负载(舵面操纵机构)相连,用以操纵舵面。

反馈元件用以测量活塞运动的位移或速度,并转换成相应的电信号,构成控制舵面的舵回路。

液压舵机常工作于两种方式:直接式和间接式,如图 5 - 9 所示。

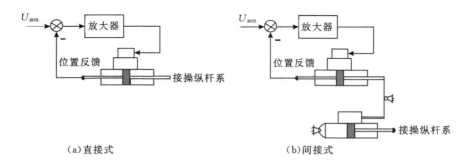

图 5 - 9　液压舵机工作方式示意图

下面着重介绍电液伺服阀的基本原理,之后给出电液舵机的典型结构,以供读者结合上述助力器的原理,理解液压舵机的一般原理。

2. 电液伺服阀

在电液伺服回路中,电液伺服阀将功率很小的电信号放大并转换成液压功率输出,它的输入量是电流,输出量则是与输入成正比的阀芯位移(负载流量、压力)。

(1)组成

根据伺服阀的功能,它必须具有两个基本部分:①电气-机械转换装置,将输入电流转换成与其成比例的位移;②主控制阀,将阀芯位移转换成相应的液压量。这种最简单的电液伺服阀的原理如图 5 - 10 所示。

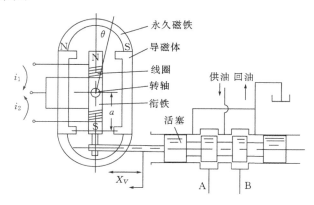

图 5 - 10　单级电液伺服阀

图中跨接在两个导磁体上的永久磁铁使导磁体磁化,在导磁体的两极掌间形成较强的恒定磁场。当线圈内通过电流时,衔铁磁化,使其上、下端有不同的磁性。衔铁处于导磁体极掌产生的磁场内,在两磁场的作用下,衔铁受到吸力或斥力而绕其中心旋转。衔铁中心为一个具有一定刚度的扭轴,当衔铁受到的电磁力矩与扭轴的反力矩平衡时就停止运动,故衔铁的偏转角度与线圈内的电流成一一对应关系。这样的电气-机械转换器称为力矩电机,这是一种衔铁式的力矩电机。衔铁的下端与主控制阀的阀芯连在一起。

在行程不大时,阀芯得到与线圈中电流成比例的位移。在小规格的电液伺服阀或动态性能要求较低的电液比例阀中,这种单级驱动的方式就可基本满足工作要求。但由于阀芯和阀体间存在着由液压卡紧力引起的摩擦力,它几乎与工作压力和阀芯尺寸成比例,当要求伺服阀有较大的功率输出时,其工作压力及阀芯尺寸都较大,势必要求力矩电机的尺寸和产生的驱动力矩也较大。这时,受力矩电机性能的影响,电液伺服阀的静态和动态性能都不理想。因此,多数电液伺服阀中设有一个前置液压放大器,以便将力矩电机输出的力放大后再推动主阀阀芯。所以,一般电液伺服阀由电气-机械转换器、液压前置放大器和主控制阀三部分组成。

(2)工作原理及典型结构

目前应用较多的电液伺服阀是如图 5 - 11 所示的喷嘴挡板型力反馈式伺服阀,它由力矩电机、双喷嘴挡板、前置放大器和滑阀放大器等组成。下面以之为例介绍电液伺服阀的原理。

当有电流(i_1 与 i_2 之差)输入力矩电机时,衔铁在相应的电磁力矩作用下偏转某一角度,使挡板偏离中立位置,左、右喷嘴工作腔便形成压力差,在滑阀的阀芯尚处于静止状态时,反馈杆已随挡板偏转产生变形。当阀芯在两端压力差作用下带着反馈杆端点移动时,则反馈杆继续变形。此时,反馈杆的变形使挡板部分返回中立。当反馈杆变形产生的力矩加上弹簧管变形力矩与力矩电机的电磁力矩相平衡时,反馈杆端点对阀芯的反作用力也与阀芯两端的压力差所施加的作用力达到平衡,阀芯停止运动,保持一定的位移量,其大小与电流的强弱相对应。阀芯位移使油路打开,输出与位移量相对应的油液流量。差动电流消失,衔铁、挡板、阀芯和反馈杆相继回到中立位置,油路关闭,停止输出流量。这样,伺服阀实现了用电流控制油液流量的目的。

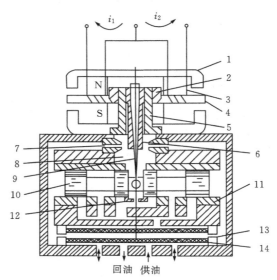

图 5-11 喷挡型力反馈电液伺服阀

1—导磁体;2—永久磁铁;3—控制线圈;4—衔铁;5—弹簧管;6—挡板;7—喷嘴;8—溢流腔;
9—反馈杆;10—阀芯;11—阀套;12—回油节流孔;13—固定节油孔;14—油滤

从上述工作原理中不难看出,反馈杆的力反馈作用表现在:

①在伺服阀的工作过程中,反馈杆变形产生的力矩与力矩电机在控制电流作用下产生的电磁力矩相平衡;

②当反馈杆的变形力矩与电磁力矩相平衡时,反馈杆的变形能使挡板部分回到中立位置,消除挡板的部分位置偏差。同时,反馈杆端点的反作用力又与阀芯的液压作用力相平衡,使阀芯停在与控制电流相对应的位置上。

伺服阀稳态工作时,由于滑阀上反馈杆作用力不大,滑阀两端压差也不大,双喷嘴挡板基本处于中立位置,因此力矩电机的力平衡基本为控制电流引起的力矩和反馈杆力矩平衡,滑阀位移与输入电流成正比。

(三)电动舵机和液压舵机的比较

一般来说,与其他舵机相比,电动舵机的加工制造和维修较为方便,可以和飞行控制系统采用同一能源,信号的传输与控制也较容易,并且线路的敷设较管路方便。但是,电动舵机必须具有减速机构,因而尺寸和重量大。在同样功率的条件下,液压舵机的重量只是电动舵机的 1/8~1/10,如果加上液压源及附件,其重量也只有电动舵机的 1/3~1/5。除此之外,电动舵机的力矩与转动惯量的比值较小,快速性也差。在实用中,电动舵机的功率一般只有几十瓦,通频带也仅几赫兹(航偏角的幅值为最大舵偏角的 1/5～1/4 时),因此,电动舵机仅应用在亚声速轰炸机、大中型客机和小型靶机上。

液压舵机的功率增益大;力矩与转动惯量的比值大;运转平稳、快速性好;结构紧凑,体积小,重量轻;控制功率小,灵敏度高;承受的负载大。但是,加工精度要求高,所以成本高,受环境的影响大,又需要一套液压源和敷设管路,维修麻烦。在实际应用中,液压舵机的功率远比电动舵机大得多,且通频带可达十几赫兹以上(当舵偏角的幅值为最大舵偏角的 1/5～1/4 时),因此,一般用于高速和重型飞机,尤其是现代超声速飞机。

(四)电液复合舵机

复合舵机是将液压舵机与液压助力器综合在一起。其交联原理如图 5-12 所示,液压助力器通过摇臂连杆机构将飞行员和液压舵机的操纵综合在一起。它既是飞控系统的执行机构,又是人工操纵系统的助力器。它一般具有以下三种工作状态:

(1)助力工作状态:此时摇臂杆 A 点固定不动,摇臂可以绕 A 点转动。驾驶员推拉驾驶杆可使助力器的分油阀移动,通过助力器驱动舵面偏转。

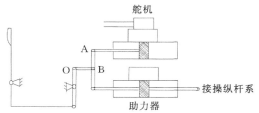

图 5-12　复合舵机的交联原理图

(2)自动驾驶状态:此时驾驶杆不动,即摇臂杆的 O 点不动,舵机拖动摇臂绕 O 点转动,从而带动助力器分油阀移动,使助力器工作,驱动舵面偏转。

(3)复合工作状态:在此情况下,摇臂杆的 A 点和 O 点都在运动,则 B 点作人工驾驶和自动驾驶的综合运动,舵面的偏转是人工操纵和自动驾驶的复合结果。

(五)余度舵机

所谓余度舵机就是在同一架飞机上采用完全相同(或相似)的几套舵机,通过飞行控制计算机软件把它们组合在一起,共同操纵舵面。余度舵机是发展余度飞行控制系统的基础之一。美国在 F-16、F-18 以及航天飞机上,俄罗斯在 SU-27、米格-29 上均采用了配备余度舵机的飞行控制系统。

1.几种余度舵机简介

液压伺服余度控制技术方案和控制方式有很多,其中优点最多、使用最广泛的有三种形式:力综合式、磁通综合式和自监控主/备式。

(1)力综合式

力综合式余度舵机又可分为两种:机械力综合式和液压力综合式。

机械力综合式余度舵机:机械力综合式结构的特点是各作动筒并列,分别通过活塞轴连接到力综合臂上,再由力综合臂转换为单一输出。其优点是综合臂具有表决性质及可防止故障瞬态传至舵面的能力。

液压力综合式余度舵机:它把所有作动筒串列起来,将各个活塞上的液压力叠加后,再由单一的活塞杆输出。由于它是串联相加,因此在发生故障时,故障瞬态传到舵面。当余度数大于2时,余度舵机显得较长,从而限制了其应用。其优点是无力纷争。

(2)磁通综合式

直接驱动式电反馈伺服阀利用的稀土钴永磁电机是一种大功率的力电机。这种力电机足以直接带动动力控制阀,而构成一种简单可靠的多余度伺服控制作动系统。它可以代替电磁式力矩电机、前置液压放大器、功率液压放大器和辅助作动器等环节。应用稀土钴永磁电机实现多余度控制,不需要四套单舵机,只需在力电机的控制线圈中设置余度即可。如四余度飞行控制电子通道,电机设置四个控制线圈,则每个线圈对应一个余度;如果液压作动筒是二余度,则力电机输出轴驱动两个动力控制阀,或设置两个力电机,组成一个四余度电子线路和二余度液压作动系统。国外先进的余度舵机,如F-18中就采用电磁综合方案。显然,采用该方案将使余度舵机的结构大大简化。

(3)自监控主/备式

主/备式余度舵机是最简单的一种余度舵机。它由两台相同的单舵机组成,当主舵机运行时,备用舵机处在热备份状态;而当主舵机故障时,备用舵机立即被接入系统代替主舵机进行工作。主/备式余度舵机最重要的用途是故障发生后,能迅速检测出故障并及时接通备用舵机。自监控主/备式液压余度舵机本身即能实现故障检测、故障隔离和故障转换。

图5-13为某型自监控主/备式液压余度舵机原理图。图5-14为舵机伺服系统原理方框图。舵机伺服器由主/备系统所组成,每个系统又有工作通道和监控通道,每个系统和通道

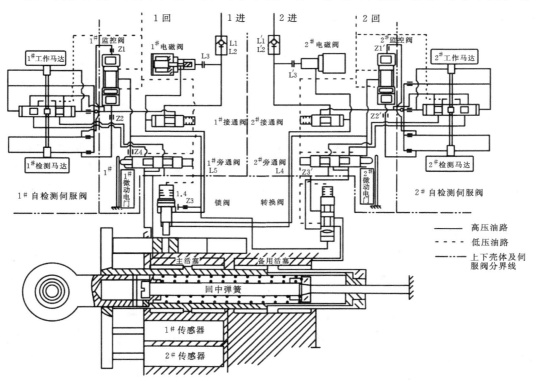

图5-13 自监控主/备式液压余度舵机原理图

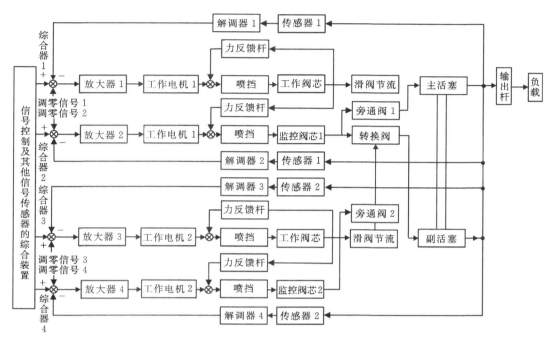

图 5 - 14 舵机伺服系统原理方框图

成闭环控制。包括综合器、直流电子放大器、自检测电液伺服阀、舵机活塞输出杆、位移传感器、解调器等构成。工作通道和监控通道的相应元部件在性能上都有一致性的要求。因此,在正常工作时,只要输入信号一致,工作电机和检测电机是协调同步工作的,在放大器线性段内,伺服阀的输出流量正比于输入信号的大小,在频宽范围内工作,前置级压力差,即两对称喷嘴腔压力差,接近于零,由于检测电机和工作电机协调同步工作,监控通道的前置级压力差也接近于零,在无故障工作时,在转换阀的作用下,使副活塞处于两腔旁通且浮动状态。主活塞使输出杆带动负载按指令信号动作,与此同时,输出杆带动反馈传感器铁心运动而组成闭环系统,输出杆位移的大小与输入信号的强弱成正比例,动作方向取决于信号的极性,由于每个系统中两个通道各自有基本相同的反馈信息,因此,监控通道与工作通道是协调同步工作的。只要在通道闭环系统中,一个元部件失灵或输入信号不一致,就会破坏二者同步工作,此时检测电机前置级压力差随误差信号的增加而增大,当超过预先给定值时,监控阀芯动作,将旁通阀和转换阀端头卸压,其中,转换阀将副活塞两腔隔离,与此同时,旁通阀将主活塞两腔旁通并浮动,这样就切除了主舵机,接通了备用舵机,与此同时,给出相应的故障警告信号,舵机仍依照输入的控制信号继续控制输出杆进行可控的动作。

舵机伺服器的故障检测是由闭环控制来实现的,检测点设在自检测伺服阀的检测前置级。由于采用了液压自监控新技术,使故障检测对应于活塞速度。实践证明这对于检测速度、故障隔离及减小故障扰动是十分有效和可靠的。由于检测速度快,在一次故障-工作转换过程中,助力器来不及反应,因而对舵面没有扰动,自然对飞机没有干扰,这对于主/备式的余度方法是十分重要的。

舵机采用串联活塞,主/备活塞固联于一体,正常工作时,主、备通道及相应配套的放大器、解调器等均进入工作状态,舵机输出杆随主舵机的主活塞工作,备活塞由转换阀旁通使之浮动不参与输出。当主舵机通道发生故障后,通过转换阀转换,主活塞两腔旁通,舵机输出杆随备用舵机的备活塞进行工作。

该舵机不仅能完成常规的伺服控制,还具备以下特点:

①具备可靠的故障识别检测和切换能力,每次故障都能提供故障信号;

②检测阈值为控制电流的 $40\%\sim70\%$,不易造成误切除,从而提高了工作可靠性;

③在任务执行期间,部分电气故障具备"容错"能力,从而提高了余度级别和工作可靠性;

④控制零件设计了自检测伺服阀,能提供电液转换的正确控制,伺服系统故障时能提供压差输出;

⑤反馈元件设计成双激磁双输出位移传感器,从而保证了控制精度及工作通道和监控通道的一致性;

⑥舵机壳体与飞机机体刚性连接,仅活塞杆伸缩,不但安装空间小,而且与之相连的高压管路不易损坏和破裂,提高了飞机液压系统的可靠性;

⑦部件、组件采用了积木集成块式对称结构,给加工、部件调试、互换性及维修性等方面提供了方便,并使性能、效益得到了提高。

该舵机伺服器也可采用当主通道工作时,备通道完全不工作或部分元器件工作,当主通道故障后,备通道迅速投入工作,这两种控制方式可供使用方选用。

力综合式、工作/备用式及磁通综合式定性对比如表 5-1 所示。

表 5-1　液压余度作动器不同方式定性比较

序号	比较项目	力综合系统	工作/备用系统	磁通综合系统
1	电气故障发生后	余度等级降低, 工作性能降低	余度等级降低, 工作性能不降低	余度等级和 工作性能都不降低
2	机械故障发生后	余度等级降低, 工作性能降低	余度等级降低, 工作性能不降低	余度等级和 工作性能都降低
3	故障检测	需要,故障隔离可慢一些	需要,故障隔离要快	需要,故障隔离适中
4	转换	不需要	需要转换装置	需要
5	均衡	需要	不需要	需要
6	负载扰动	无	与检测转换速度有关	无
7	结构	简单	适中	复杂
8	电路	复杂	较简单	复杂
9	功率	消耗大	消耗小	消耗大
10	可靠性	适中	适中	略高
11	故障率	适中	适中	略高
12	对元部件要求	较高	适中	较高
13	技术难关	均衡克服力纷争	故障检测迅速,转换可靠	余度管理及逻辑判断

通过对比,可以看出三种余度方式各有优缺点,主要应根据系统的要求、安装位置等统筹考虑和选用。

根据不同的余度数,一般还有以下两类舵机:

• 三余度舵机

三余度舵机是由三个完全一样的工作通道组成的。每个工作通道都有自己的电液伺服阀、切断-旁通阀、作动筒和传感器等。它们与各自相对应的电子部件组成独立的电液伺服控制系统。只要有一个工作通道及其构成的电液伺服控制系统能正常工作,它就能按系统的控制指令完成对飞机的控制。如要实现双故障-工作能力,三余度舵机必须具有自监控能力,否则只能实现单故障-工作,双故障-安全能力。

• 四余度舵机

四余度舵机由四个完全相同的独立舵机组成,可实现双故障-工作,三故障-安全,多用于模拟式电传飞行控制系统中。

从余度的选择上看,利用多余度可以有效地提高系统的可靠性。然而,并不是余度数越多越好。余度数每增加一级,都会使成本、体积、质量以及维修量增大很多。这与可靠性的增加是不相适应的。对于余度舵机一般要求具有二次故障-工作的能力。因此,国内外的余度舵机大多采用带自监控的三余度或简单的四余度。

国外已有的余度舵机,有采用三余度带备份,也有采用电子装置四余度、液压二余度的,而不是简单的三余度或四余度,从而使余度舵机结构更加合理,整个性能也有所改善。

2. 典型余度舵机实例分析

F/A-18 全动平尾电磁综合式余度舵机具有整体式舵机和人工机械指令输入的串联式双腔作动筒结构的复合式余度舵机。下面利用 F/A-18 全动平尾电磁综合式余度舵机的结构原理对余度舵机加以介绍。

(1)组成结构

图 5-15 是 F/A-18 飞机的全动平尾电磁综合式余度舵机的示意图,其主要组成部件如下。

①主作动筒及伺服作动筒

主作动筒为功率作动筒,即助力器,是双腔串联型作动筒。伺服作动筒为控制增稳作动筒,相当于舵机,但在此不直接带动舵面,而是经主作动筒带动舵面。两者共用两个独立的液压源供油。

②二重主控制阀(MCV)

由两个串联的阀芯组成整体式,并由两个控制活塞驱动,当其中一个发生故障,便将其两腔沟通,由另一个活塞继续驱动。阀芯采用机械位置反馈。

③二重单级电液伺服阀

主控制阀的控制级由两个二重单级射流管式电液伺服阀组成。每个电液伺服阀有四重线圈,分别由四个指令通道提供,即每个指令通道驱动四个串联的线圈,同时这四个线圈分别装在四个伺服阀中。这样,每个伺服阀均接收来自四个指令通道的信号,而每个伺服阀只控制指令活塞的一腔。伺服作动筒由两对四线圈单级电液伺服阀定位,从而实现位置控制。

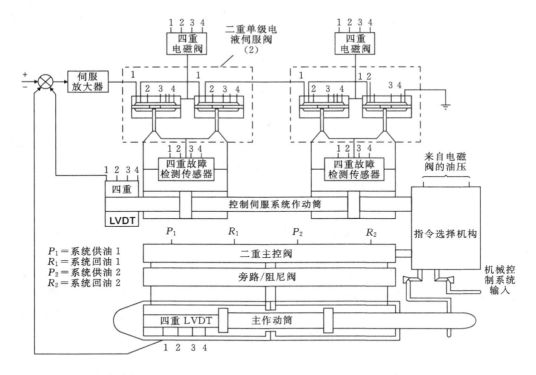

图 5 - 15　F/A - 18 全动平尾余度单级示意图(只显示出一个通道的伺服回路)

④四重故障检测传感器

两个四余度故障检测传感器用来检测伺服阀故障;两个四余度电磁阀用来隔离故障。

⑤两个四直线性可变差动传感器(LVDT)

两个 LVDT 分别用来感受主作动筒及伺服作动筒的位移并作为反馈信号,从而实现主回路和伺服回路的闭环位置控制。

⑥指令选择机构

在正常工作时可提供电控制,一旦电控制指令或电液伺服阀出现故障,即可提供机械控制备份指令。

⑦其他部分

为了满足余度及技术要求,还设置有旁路阻尼阀、安全阀及单向阀等。

(2)工作原理

①正常状态

正常状态下,余度部分的各个通道是同时工作的,而主控制回路中的电流正比于指令信号与反馈 LVDT 输出之间的差值。该电流传给作动器的电液伺服阀,并且四个主控制回路的电流在电液伺服阀的力矩电机里进行磁场综合,即四个通电线圈所产生的磁场强度共同作用于伺服阀芯。另外,控制级(电液伺服阀)是由四个线圈里的电流驱动的。通电以后,使原处于平衡状态的射流管发生偏转,同时使单级液压放大器产生升和降的压力。最后由两个电液伺服阀组成的推挽式指令级产生压差输出,从而推动指令活塞离开中位。

两个指令级驱动一个主控制阀,而主控制阀则控制两个液压源的流量流向串联主作动筒。主作动筒的活塞将克服负载产生位移 l_d。位移 l_d 可以由四重线性可变位移变换器检测,并使变换器产生与主活塞位移 l_d 成正比的反馈信号。当指令信号与反馈信号的差值为零时,指令级伺服阀和主控制阀都回到中位,从而切断了高压油进入主作动筒的油路,活塞也就停止运动。

同样,余度伺服回路由液压放大器、指令活塞和机械反馈组成。指令活塞由两个活塞串联而成,四个液压放大器则各控制指令活塞的一腔。其压力输出在指令活塞上转换成力综合输出。随着指令活塞的运动,由机械反馈机构所产生的反馈力矩逐渐增大,而当反馈力矩等于控制力矩时,液压放大器回到中位,指令活塞也停止运动。

每个电液伺服阀均具有四个来自四个通道指令的独立线圈,而任何两个线圈通电都可获得全性能。这种电磁综合方案可简化四余度电子装置与双腔液压作动筒的接口。全动平尾作动器采用了单级射流管式伺服阀,因为它们的压力增益较低,因而允许依靠两个液压系统工作的伺服阀间的力纷争,而不需要差动压力反馈进行均衡。同时液压系统伺服阀的成对,便于检测液压机械故障。

②故障状态

该作动器采用多数表决和检测-切换方案相结合的余度方案。在故障过程中,作动器控制回路按多数表决形式工作。在检测-切换后,作动器控制回路由剩余的正常通道继续工作。而当少于四个工作通道时,剩余的正常通道的电增益将增强一倍多,并且电液伺服阀设计成只要有两个线圈正常工作就能达到的额定流量。

如果发生了一系列故障而切断了电指令,则全指令能力就交给机械系统,而没有不良的瞬变过程。正常工作时,机械输入并不影响作动器的位置。作动器前腔的油压由飞机液压系统的一条支路提供;其后腔的油压则由两条单独的液压支路通过上游的切换阀提供。若正常液压源发生故障,即由切换阀提供备用液压源。一个液压源故障时,几乎仍能提供全空载速度,但输出力有所下降。而当两个液压源都故障时,作动器就退到阻尼状态,气动力使作动器缓慢地移向顺气流位置。阻尼模式中作动器的速度由旁路阻尼阀的节流孔控制。

(3)余度管理

当一个通道出现电故障时,由于电磁综合作用于伺服回路的前向通路,故一个通道故障不会影响指令的伺服位置和实际伺服位置间的稳态关系,而且其频率响应特性还可以满足飞机的全部性能要求。

当出现两个通道电故障时,作动器仍能继续工作。而在第三个通道也出现电故障后,两个电磁阀的所有四个通道的激励都将切断。若关闭全动平尾作动器上的两个电磁阀,将使作动器转换为机械控制。

该作动器的指令故障检测和故障隔离是由飞行控制计算机内的监控器完成的。液压机械故障则是由作动器里的监控器来检测-切换。每个通道有三种监控器:伺服放大器电流监控器、交叉伺服监控器和电液伺服阀故障监控器。

伺服放大器电流监控器能检测包括放大器在内的伺服回路电子装置中的故障。

交叉伺服监控器用于检测主作动筒 LVDT 和伺服作动筒 LVDT 位置指令中的故障。

伺服阀监控器用于监控伺服阀中的故障。

舵机的电气部分是四余度的,而液压机械部分是两余度的,机械液压故障(除卡死外)具有故障-工作/故障-安全(FO/FS)能力;电气故障则具有双故障-工作/故障-安全(FO/FO/FS)能力。

以上是对 F/A-18 飞机的全动平尾电磁综合式余度舵机的分析。该方案的特点是:充分利用大功率级机械部件的可靠性高、电气及伺服放大低功率级液压机械部件可靠性低的特点,同时采用力矩电机伺服阀级四余度及液压作动器级双余度的合理布局。而磁通综合的优点是允许伺服机构余度管理分为电故障监控和液压机械故障监控两部分,从而简化了设计,提高了可靠性。

(六)几种新型舵机

1. 具有直接驱动式电反馈伺服阀的电液舵机

直接驱动式电反馈伺服阀(Direct Drive Servo Valve,DDV)用力矩或力电机直接驱动主控阀芯而无需中间液压放大级,是近年来发展起来的新型伺服阀。液压放大级是伺服阀的高故障率部位,也是无功损耗的来源,而直接驱动式伺服阀取消液压放大级,使伺服阀结构简化,可靠性也显著提高。它用集成电路来实现阀芯位置的闭环控制。阀芯的驱动装置是永磁直线力电机。对中蝶形弹簧使阀芯保持在中位,直线力电机克服了弹簧的对中力,使阀芯在两个方向都可偏离中位进而平衡在一个新的位置,这样就解决了比例电磁线圈只能在一个方向产生力的不足。阀芯位置闭环控制电路与脉宽调制驱动电路固定在伺服阀内,因此无需配套电子装置就能对其进行控制。

(1)直接驱动式电反馈伺服阀的工作原理

直接驱动式电反馈伺服阀的控制原理如图 5-16 所示。当一个电指令信号施加到阀芯位置控制器集成块上,电子线路在直线力电机上就会产生一个脉宽调制电流,阀芯位置传感器应用的是线位移传感器(LVDT),它的激励电压采用振荡器的输出信号,LVDT 的输出经解调以后与指令位置信号进行比较,阀芯位置控制器产生一个电流输给力电机,力电机便驱动阀芯移动,一直使阀芯移动到指令位置。阀芯的位置与指令信号成正比。

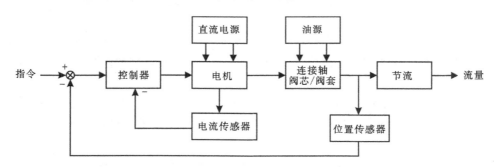

图 5-16 直接驱动式电反馈伺服阀的控制原理框图

典型的具有直接驱动式电反馈伺服阀的舵机的基本原理如图 5-17 所示。当舵机处于正常工作状态时,高压油通过进油油滤和进油单向阀进入直接驱动式电反馈伺服阀的供油腔;直接驱动式电反馈伺服阀控制两负载腔的油通过两系统的旁通转换阀进入作动筒,推动活塞运动。这时,在无任何故障的情况下,两系统的电磁阀接通,驱动两系统的旁通转换阀处于正常工作位置。当单个液压系统出现故障时,旁通转换阀就会旁通作动筒中故障系统的两腔,使作动器输出的铰链力矩减半,而空载速度只是稍有降低。当两个电磁阀都切断时,转换旁通阀通过一个节流孔与阻尼旁通作动筒的两腔相通。

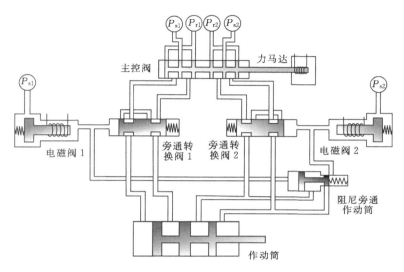

图 5-17　具有直接驱动式电反馈伺服阀的电液舵机原理图

（2）直接驱动式电反馈伺服阀的特点

直接驱动式电反馈伺服阀与双喷嘴-挡板式力反馈两级伺服阀的区别主要在于从结构上取消了喷嘴-挡板前置级,用大功率的直线位移力电机替代了小功率的力矩电机,用先进的集成电路与微型位移传感器替代了工艺复杂的机械反馈装置——力反馈杆与弹簧管,从而简化了结构,提高了可靠性,降低了制造成本,提高了伺服阀抗污染能力,减小了内漏损失,然而却保持了有喷嘴-挡板前置级的两级伺服阀的基本性能与技术指标。DDV 式舵机与 EHV 式舵机的优劣对比见表 5-2。

表 5-2　**DDV 式舵机与 EHV 式舵机优劣对比**

对比项	DDV 式舵机	EHV 式舵机
复杂性	简单	复杂
费用	低	高
重量和体积	重量轻、体积小	重量大、体积大
内漏	小	大
阀芯所需驱动力	小	大
阀的电功耗	高	低
全部机上功耗	低	高
可靠性	高	低
BIT 检测	无需液压源	需液压源

原有的两级伺服阀只能作为伺服系统的一个部分,而带电反馈的直接驱动式电反馈伺服阀则是一个独立的小伺服系统。它可应用在位置、速度、压力及大电流伺服系统中。高能的永磁直线电机使其在停电、电缆损坏或者紧急停车情况下均无需外力推动就能自行回中,而且其动态性能指标与供油压力无关。

对于飞控作动系统来说,DDV式电液舵机完全可以达到EHV式电液舵机的性能要求,同时对于电传飞行控制系统所采用的余度电液舵机,它较EHV方案有明显的优越性。

(3)直接驱动式电反馈伺服阀的应用情况

正因为直接驱动式电反馈伺服阀具有新技术含量多、经济价值高等优点,所以在国外已有一定的应用规模。如F-15、F-22、JAS-39、EFA-2000、IDF等飞机的舵机中已应用了直接驱动式电反馈伺服阀,其中很多DDV方案的舵机用于驱动主控舵面,例如,JAS-39的内、外升降副翼舵机、方向舵舵机及前翼舵机均采用直接驱动阀式舵机;F-22的平尾舵机采用直接驱动阀式舵机。美国MOOG公司研制出D663、D634系列直接驱动式电反馈伺服阀,日本三菱重工也研制出56 MPa下工作的舵机。

直接驱动式电反馈伺服阀具有结构简单、加工装配相对较易、抗污染能力高、内漏小、可靠性高等优点。

2. 功率电传舵机

在常规的主飞行控制系统中,一般都是采用电液伺服舵机,由集中液压源通过管路提供驱动功率。对电传飞行控制系统而言,由于余度等级较高,使液压系统占全机重量的比例偏高,制约了飞机性能、可靠性和维护性的进一步改善。随着多电和全电飞机概念的出现,人们正在努力将次级功率源由多种(电、液、气)简化成一种(电源)。功率电传(Power-By-Wire,PBW)就是在这种背景下提出来的。功率电传作动器技术是指由电机进行功率传输和驱动的作动系统,通过控制电机的运行直接或间接地控制负载的运动,实现控制目标的位置控制。功率电传作动系统与传统的飞控作动系统,包括目前的电传飞控作动系统,不同之处在于:不须依赖机身复杂的液压管路将高压油液送到飞机各舵面作动系统,而是将电能直接传送至舵面作动系统,直接控制舵面偏转,从而实现"全电传"操纵。

PBW对飞机的好处是显而易见的:减轻重量、增加生存能力、提高可维护性、便于综合控制和管理。

目前主要有三种可行的功率电传舵机方案:

①综合作动装置(IAP)或电液伺服泵舵机(ESPA);

②电静液舵机(EHA);

③机电舵机(EMA)。

三种舵机的原理可分别如图5-18、图5-19和图5-20所示。

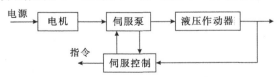

图5-18 综合作动装置或电液伺服泵舵机原理图

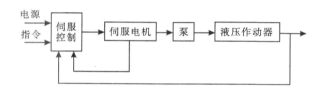

图 5 - 19　电静液舵机原理图

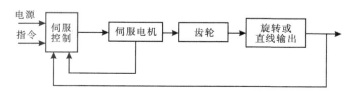

图 5 - 20　机电舵机原理图

随着功率电传舵机高电压、高油压带来的一系列问题以及大功率、全包容产生的高温问题等的逐步解决,这种技术在一些航空工业发达的国家已开始应用。目前 EHA、EMA 已在 F - 35、A400M 等军机及 A380、B787 等民机上被大量采用并定型生产,这标志着欧美 EHA、EMA 控制技术已经适应现代军机及民机的苛刻要求,其在现代飞机上大批量运用的时代已经到来。大功率机电伺服作动技术是支撑未来"多电""全电"飞机/飞行器发展的关键技术之一,随着空域研究的拓展,有从航空向空天一体化方向发展的趋势。

在高温高压作动器技术研究方面,欧美国家和俄罗斯从上世纪 80 年代开始发展更高压力的液压系统,28 MPa~35 MPa 的压力体系被广泛使用,如 F - 35、F - 18E/F、F - 22、C - 17、V - 22苏-27、苏-30、苏-33 等飞机。A380 飞机是第一架使用 35 MPa 压力体系的民用飞机。为了进一步减轻重量,作动器的工作压力将进一步提升,目前,美国已经在验证机上使用 56 MPa 压力体系。空客在 A380 飞机上使用的 35 MPa 压力体系相对于 21 MPa 的压力体系重量减轻较大,相对于波音 747 运营成本减少。而太空飞行器中使用的液压及作动系统,由于飞行器在进入大气层时,表面温度非常高,需要作动器能在高温环境下正常工作,保证飞行的安全性。因此,发展更高压力和耐高温的液压作动系统是航空液压系统发展的趋势。综上所述,未来下一代的作动器将是以高压、功率电传及信号电传/光传为基础,融合智能控制、健康管理技术及基于智能材料灵巧作动技术的高可靠作动器。

3. 灵巧舵机

为了适应飞机由独立控制向综合控制、飞行控制系统由集中控制向分布控制方式等的转变,舵机也在相应地朝着智能一体化的方向发展,即把舵机控制器与作动器集成,直接接受飞控计算机的指令信号由此出现了灵巧舵机。

灵巧舵机的突出特点是用微控制器替代模拟控制器,并将微控制器与作动器组装在一起,成为一种新型的综合电子舵机。灵巧舵机至少具备下述优点:

①由于舵机与飞行控制计算机连线显著减少而使重量减轻;

②由于伺服回路噪声减少而使性能得到改善;

③与飞行综合控制相适应,允许灵活、多模态控制和故障重构;

④适于向智能化方向发展。

将伺服控制器与伺服作动器组合在一起的想法很早以前就提出过,只是因为电子器件很难经受作动器的高温等恶劣工作环境而一直没有实现。对灵巧舵机来说,存在三个主要的热源。

①电液舵机的工作液由于能量消耗而产生热量,对某些型号作动器而言,其最高温度可达135℃;

②高速飞行时,气动力与飞机蒙皮摩擦所产生的热量使飞机环境温度升高,对战斗机而言,短时最高温度可达170℃,如果安装在发动机近旁,发动机的热辐射也是一个热源;

③电子器件发热引起的温升。

很显然,灵巧舵机方案能否实现,在很大程度上取决于高温半导体和高温微电子封装技术的突破。

美国曾在F/A-18原副翼舵机的基础上,先后研制了F/A-18灵巧副翼舵机的原型样机和试飞验证样机,在1988年12月完成原理样机的地面飞行模拟试验后,又于1993年5月进行了首次飞行验证,试验是成功的。特别值得一提的是:F/A-18副翼灵巧舵机集光纤数据传输、直接驱动技术、小型微电子封装等先进技术于一身,它的研制成功标志着飞行控制舵机的发展进入了一个崭新的阶段。

以上介绍了几种形式的舵机,值得一提的是由于受到飞机对舵机质量、体积和安装方式的约束以及设计思想的不同,舵机的形式可以是多种多样的,而且即使是一架飞机,其飞行控制子系统不同,气动面所对应的舵机的形式也可能是迥然不同的。同时各伺服系统的余度配置形式、余度等级和管理方式等,允许存在差别,而不必求全一致。

数字飞行控制系统的迅速发展已使模拟式舵回路向数字式舵回路发展,这已成为伺服系统发展的主要趋势。目前还在研制或已经飞行验证的大部分数字伺服系统都是数字舵回路采用模拟式舵机。这类伺服系统由计算机形成闭合回路,但计算机输出的控制信号一般经数模转换后驱动舵机。图5-21表示了基于总线的飞行控制系统,是新型飞机伺服控制的独特之处。

第三节 舵机与操纵系统的连接

人工驾驶飞机时,飞行员是通过机械式、液压机械式或电动液压式舵面传动装置来驱动舵面的;在自动控制飞机时,飞行控制系统通过上述传动装置推动操纵面的动力设备,乃是各种类型的舵机。由此可见,不论是对飞机的自动控制,还是对飞机的人工操纵,都是通过共同的通道——舵面传动装置来实现的。因此,两种系统的连接,实际上就是舵机与舵面传动装置的连接。它们的基本连接方式有两种:并联式和串联式。由于控制增稳系统需要大的和有效的操纵权限[①],因此,在飞控系统和驾驶杆操纵系统同时工作时,两者应按适当比例分配操纵权限。根据舵机操纵权限的大小,舵机与飞机操纵系统的连接方式有:全权限串联舵机、有限权

---

① 操纵权限就是操纵舵面的行程。有限行程,称为有限权限;全行程,称为全权限。

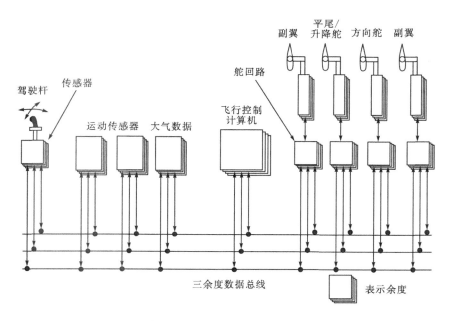

图 5 - 21　基于总线的舵机控制

限串联舵机与大权限自动配平舵机联用、有限权限串联舵机与大权限并联舵机联用,以及近年来发展起来的电传操纵系统等。

一、舵机与操纵系统的并联

在早期轻型亚声速飞机上,飞机操纵系统多采用如图 5 - 22 所示的机械传动装置。人工操纵时,可以通过驾驶杆(1)或脚蹬和机械传动装置——杆系或钢索(2)来推动操纵面。当安装自动驾驶仪(包括 4、5 和 6)时,通常要求在自动驾驶仪工作的同时,飞行员能够观察到驾驶杆或脚蹬的运动,以监控自动驾驶仪的工作,从而获得驾驶仪工作是否正常的信息。为此,将舵机与机械传动装置采用并联连接方式。人工和自动操纵原则上可单独地通过同一机械传动装置来实现。但是,实际两者之间是互相排斥的,原因是在自动控制时舵机的制动力会妨碍甚至阻断人工操纵。为了解决这个问题,在人工操纵时通常要断开舵机与机械传动装置的联系。在舵机和舵面传动装置之间安装离合器(4)来实现自动与人工操纵的转换。但是,当自动驾驶仪出现故障而飞行员来不及甚至无法断开舵机和舵面的联系时,为避免严重事故的发生,就要求飞行员能够用较大的力气对飞机进行强迫操纵。为满足这一要求,通常在舵机中安装图 5 - 6 中所示的摩擦离合器。

由于并联舵机能够给出有关驾驶仪工作情况的信息,使飞行员能够监控系统的工作,而且并联驾驶杆操纵系统容许飞行员对飞机进行强迫操纵。因此,在现代超声速飞机上仍然广泛地应用这种联接方式。值得指出的是,为了操纵安全还应该对舵机的偏转角进行限制,使舵机控制舵面的最大偏转角小于机械极限偏转角,以便在自动驾驶发生故障时,确保飞行安全。

对于大型亚声速或超声速飞机,由于舵面铰链力矩很大,飞行员体力已无法直接推动操纵面。通常,在原有舵面机械操纵系统中增设液压助力器。这样的操纵系统就叫做液压机械式操纵系统。

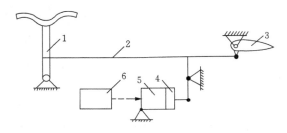

图 5-22　舵机与驾驶杆操纵系统并联

1—驾驶杆;2—机械传动装置;3—舵面;4—离合器;5—舵机;6—自动控制器的敏感元件及放大器等

舵机与液压机械式操纵系统的并联方式如图 5-23 所示。系统的工作原理同驾驶杆操纵系统串并联方式相同。图 5-23 中为无力反传的液压助力器,飞行员在改变飞机的飞行状态时,失掉了很重要的杆力反馈信息,势必将导致人工操纵闭合回路稳定性变坏,为此必须安装载荷机构。

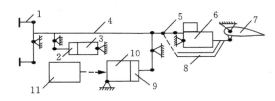

图 5-23　舵机与液压机械操纵系统的并联

1—脚蹬;2—载荷机构断开装置;3—载荷机构;4—杆系或杆索;5—应急断开装置;
6—无力反传的液压助力器;7—方向舵;8—应急操纵装置;9—舵机离合器;10—舵机;11—自动装置

操纵系统安装载荷感应器后,在飞机的长途飞行中,当驾驶杆(盘)或脚蹬又不处在中立位置时,飞行员会因长时间承担较大的杆力负载而非常疲劳。为了减轻飞行员的操纵负担,在操纵系统中要安装一个电动机构与载荷机构相串联或并联,如图 5-24 所示。这种电动机构的作用与机械操纵系统中的调整片相似,因此称作调整片效应机构。当飞行员按压专门的调整片效应机构按钮之后,电动机构工作,使载荷机构的固定点向着减小杆力的方向移动(压缩或扭转),直到杆力消失为止。

应该指出:尽管液压助力器的可靠性是相当好的,而且在液压系统出现故障时还可能有备用液压助力器来代替。但是为了防止出现严重故障,还要配备应急操纵装置,容许飞行员直接操纵飞机。当然,必然是在舵面铰链力矩不致于大到飞行员无力操纵的条件下。在应急状态下,如图 5-23 所示,飞行员接通相应的按钮通过应急断开装置(5)断开液压助力器(6),并接通应急操纵装置(8,无功率放大);同时还断开载荷机构(3)。这样飞行员便可通过应急操纵系统直接操纵舵面。

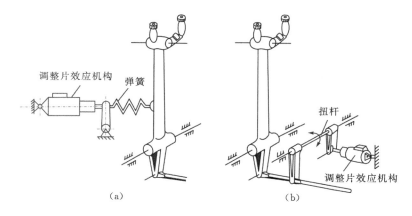

图 5-24　调整片效应机构与载荷机构连接示意图

二、舵机与操纵系统的串联

串联连接方式的原理如图 5-25 所示。舵机串联在驾驶杆和液压助力器的传动杆之间，舵面既可由人工操纵也可自动操纵。舵机不动作时，舵机拉杆被制动，这时舵机相当于一个普通的传动杆，拉动驾驶杆可使整个舵机前后移动，推动助力器阀心，通过作动筒的活塞带动舵面；舵机驱动舵面时，不带动驾驶杆。

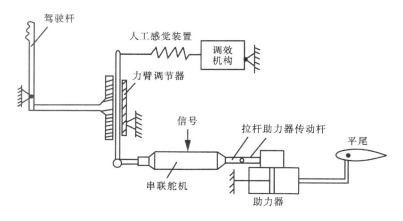

图 5-25　舵机与人工操纵系统的串联

当有信号输入舵机时，舵机的拉杆伸长或缩短，推动阀芯带动舵面。推动助力器阀芯的力虽不大，但仍会传递给驾驶杆，干扰人为操纵。为克服此缺点，人工感觉装置应具有图 5-26 所示的预载非线性特性。显然，只要推动阀芯的力小于 P_{z0}，拉杆的运动就不会影响驾驶杆的运动。此外，采用预载还可克服摩擦和间隙的不利影响，改善驾驶杆回到中立位置的性能，并能局部抵消动态摩擦的影响，降低机械滞环效应，从而减小人工闭环系统(指驾驶员、操纵系统和飞机)在操纵时诱发振荡的可能性。

舵机无论工作与否，在结构上都要有制动力。否则当舵机不工作后，会因舵机拉杆松动而无法进行人工操纵。另外,在断开舵机工作时,舵机输出杆可能处于某一伸长或缩短状态,这样,驾驶杆或脚蹬的中立位置与舵面的实际中立位置就会不一致,为符合驾驶员的操纵习惯,在切除串联阻尼舵机之后应设法使舵机输出杆返回中立。

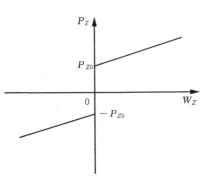

图 5 - 26 具有预载的人工感觉装置的特性

人工操纵系统与舵机串联连接时,人工与自动操纵舵面之间也存在一个操纵权限分配的问题。操纵权限是指这两种操纵方式各自造成的可操纵舵面的行程,对于确定的飞机,舵面最大偏角是一定的。如果舵机拉杆最大位置对应最大舵偏角,我们称舵机的操纵是全权限的操纵,否则就是有限权限的操纵。舵机与操纵机构串联后,当串联舵机出现故障不能回中时,不能像并联舵机那样,通过强行操纵或完全断开舵机的控制来避免事故的发生。特别是当舵机输出杆偏离中立的位移很大而被卡死时,驾驶杆或脚蹬可能还处在中立位置,结果造成驾驶杆或脚蹬的中立位置与舵面的中立位置严重失调,以致驾驶员无法进行操纵。目前常采用限制串联舵机权限的方法,应用多余度技术加以解决。

串联舵机权限的限制势必会影响飞控系统的操纵性能,因此许多驾驶仪将串联舵机与大权限的并联执行机构联用。联用的方法是:①与自动配平系统联用;②与并联舵机联用。

三、有限权限的串联舵机与并联自动配平联用

这种系统的典型结构如图 5 - 27 所示。有限权限的串联舵机与自动配平系统结合在一起来使用,后者采用大权限,从而使舵面动作权限提高到全权限水平。在这种系统中,有限权限的串联舵机只完成增稳或阻尼功能;并联自动配平系统在串联舵机位移超过了预定的极限位置后开始工作,一方面操纵舵面完成稳定和操纵飞机的职能;另一方面,通过中立位置检测开关总是驱使串联舵机脱离极限位置向中立方向移动,使串联舵机经常工作在中立位置附近。中立位置检测开关对串联舵机的中立位置必须有一个明显的死区,才能防止自动配平系统过分频繁地振荡。

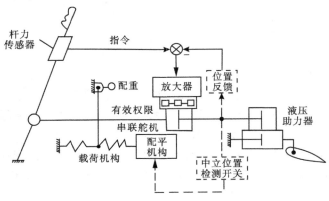

图 5 - 27 有限权限串联舵机与并联自动配平联用

四、有限权限的串联舵机与并联舵机联用

这种系统的典型结构如图 5 - 28 所示。有限权限的串联舵机与并联舵机结构合起来使用,也是将舵面动作极限扩大到全权限水平,甚至并联舵机本身就是全权限的。

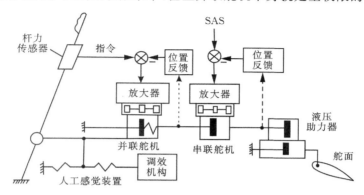

图 5 - 28　串、并联舵机联用

有限权限的串联舵机提供增稳(阻尼、抑制扰动等),并联舵机提供必需的权限以适应对飞机航迹的控制或在驾驶杆输入时,作为功率助力器使用。不仅如此,由于并联舵机给飞行员提供了舵机运动的直接指示,因此飞行员能够监控和抑制串联舵机的硬性故障;在应急情况下,飞行员还可以通过克服并联舵机的打滑力强迫操纵飞机。

第四节　阻尼器和控制增稳系统

超声速飞机出现后,飞机的飞行包线(速度和高度的变化范围)扩大,飞机自身的性能变坏,仅靠飞机气动布局和结构的设计已不能满足角运动控制的要求。于是自 20 世纪 50 年代起,在歼击机上逐步安装了由简单到复杂的飞行控制系统,用于改善飞机自身的特性。例如,为了消除高空中高速飞机由于阻尼性能差而引起的机头摆动,在机上安装了阻尼器,飞机与阻尼器组成回路,改善了飞机的阻尼性能。后来又发展了增稳系统,不仅改善了飞机的阻尼而且改善了飞机的静稳定性。如果安装控制增稳系统,效果就更为理想,不仅能改善飞机的稳定性还能改善飞机的操纵性。

阻尼器或控制增稳系统与驾驶仪一样,也是基于反馈原理与飞机组成闭合回路。但其工作方式与驾驶仪不同,接入阻尼器或控制增稳系统之前,不需要建立基准工作状态,在飞机起飞时就可接入。在阻尼器或控制增稳工作时,驾驶员仍像平常一样进行驾驶,但所驾驶的是性能得到改善的飞机。由此可见,增稳系统与驾驶员同时操纵飞机(同时控制舵面)的问题也就是本节所要讨论的有人驾驶情况下的自动控制问题。

一、阻尼器

由自动控制理论可知,引入某变量信号,形成反馈回路就可实现对该变量的控制和稳定。那么以飞机角速度作为反馈信号,就可稳定飞机的角速度,这相当于增大飞机运动的阻尼比,

使之不出现强烈振荡。

如图 5-29(a)所示,阻尼器由角速度陀螺、放大器和舵回路组成。阻尼器与飞机组成的回路如图 5-29(b)所示,其相当于一架阻尼性能得到改善的飞机,如图 5-29(c)所示。

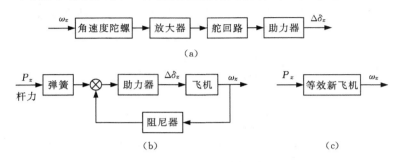

图 5-29 飞机阻尼器系统

由于飞机的姿态运动可以分解为绕三个机体轴的角运动,因此,以姿态角变化率为被控变量的阻尼器也相应地有俯仰阻尼器、偏航阻尼器和滚转阻尼器。

(一)俯仰阻尼器(又称纵向阻尼器)

俯仰阻尼器主要用以增大飞机纵向短周期运动的阻尼。由纵向运动分析结论知,纵向短周期近似模态的阻尼比 ξ_b 主要取决于 $n_{3\dot\theta}$,$n_{3\dot\theta}$ 的大小反映了飞机自身俯仰阻尼力矩 $M_z^{\omega_z}$ 的大小。如果俯仰阻尼器使平尾舵面的偏转角与俯仰角速度成比例

$$\delta_z = L_{\dot\theta}\dot\theta \tag{5-1}$$

舵面产生的力矩就等效于阻尼力矩,因而等效地增大了飞机的俯仰阻尼。式(5-1)正是俯仰阻尼器的控制律。下面分析使用阻尼器的优点和存在的问题。

图 5-30 为未装阻尼器的飞行操纵系统与飞机结构框图。图中 K_j 为机械传动装置的传动比,即人感装置弹簧刚度的倒数,$K_j P_z = W_z$ 为驾驶杆的位移;K_z 为助力器的传递函数。由图 5-30 得出系统的传递函数

$$\frac{\omega_z(s)}{P_z(s)} = \frac{-K_j K_z K_\theta(T_\theta s + 1)}{T_d^2 s^2 + 2\xi_d T_d s + 1} \tag{5-2}$$

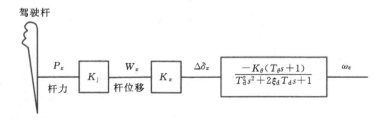

图 5-30 无阻尼器的飞机操纵系统与飞机结构框图

图 5-31(a)为装有阻尼器的飞行操纵系统与飞机的结构框图。图中 $K_t^{\dot\theta}$ 为俯仰角速度陀螺的传递系数,K_a 为放大器的放大系数,K_∂ 为舵机(或舵回路)的传递系数。这里忽略了各元器件的惯性。由图 5-31(a)得出整个系统的闭环传递函数

$$\frac{\omega_z(s)}{P_z(s)} = \frac{-K_j K_z K_\theta (T_\theta s + 1)}{T_d^2 s^2 + (2\xi_d T_d + L_\theta K_\theta T_\theta)s + (1 + L_\theta K_\theta)} \quad (5-3)$$

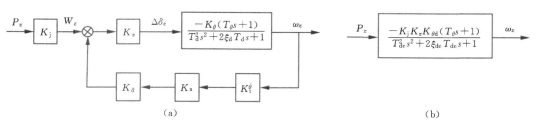

图 5-31　有阻尼器的飞机操纵系统与飞机结构框图

式中，$L_\theta = K_t^{\dot\theta} K_a K_\theta K_z$ 为角速度到升降舵偏转角的传动比。式（5-3）分子、分母同除以（$1 + L_\theta K_\theta$)，可得：

$$\frac{\omega_z(s)}{P_z(s)} = \frac{-K_j K_z K_{\theta d} (T_\theta s + 1)}{T_{de}^2 s^2 + 2\xi_{de} T_{de} s + 1} \quad (5-4)$$

式中

$$\begin{cases} K_{\theta d} = \dfrac{K_\theta}{(1 + L_\theta K_\theta)} \\[2mm] T_{de} = \dfrac{T_d}{\sqrt{1 + L_\theta K_\theta}} \\[2mm] \xi_{de} = \dfrac{\xi_d + (L_\theta K_\theta T_\theta / 2T_d)}{\sqrt{1 + L_\theta K_\theta}} \end{cases} \quad (5-5)$$

式（5-4）与式（5-2）在形式上完全一样，我们可把式（5-4）看成是图 5-31(b) 中的等效飞机的传递函数。但其传递系数、时间常数和阻尼比均与原来不同。

由式（5-5）中的第三式可知，适当地选取 L_θ 的数值就可增大 ξ_{de}。但由式（5-5）中的第一式看出，随着 ξ_{de} 的增大，$K_{\theta d}$（静操纵性）将减小，但飞机的固有频率 ω_d（或 $1/T_d$）却变化不大。由此可见，使用阻尼器的第一个缺陷是降低了飞机的静操纵性。表 5-3 列出了某飞机在 $H=15\text{ km}$，$Ma=1.5$ 情况下，有、无阻尼器的静、动态特性参数（设 $K_j K_z = 1$，$L_\theta = 0.56$）。

表 5-3　某飞机有、无阻尼器的特性参数

特性参数	无阻尼器	有阻尼器
静操纵系数（rad/s）	0.163	0.14
阻尼比	0.094	0.7
固有频率（rad/s）	4.895	5.1
阻尼器增益	—	0.56

从表中可以看出，阻尼比由 0.094 增大到 0.7，而静操纵系数减少 14%，固有频率只增加 4%，引入阻尼器大大改善了飞机的阻尼性能。

具有 $\delta_z = L_\theta \dot\theta$ 控制律的阻尼器的另一缺陷是，飞机在稳定盘旋或转弯时存在一个固定的 $\omega_z = \dot\psi \sin\gamma$ 分量，如图 5-32 所示，速度陀螺感受到这个分量，会通过俯仰阻尼器产生一个固定

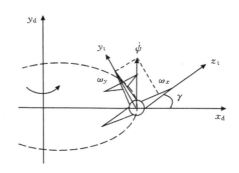

图 5 - 32 飞机稳态转弯时 ψ、ω_y、ω_z、γ 之间的关系图

的舵偏角

$$\delta_z = L_\theta \dot\psi \sin\gamma \tag{5-6}$$

这个负反馈使俯仰角速度减小,而这是飞行员操纵飞机时所不希望出现的,因此不得不操纵驾驶杆来补偿这个舵偏角。此外,阻尼器中的舵机是串联舵机,权限很小(仅±1°),如不采取措施,固定的 ω_z 信号分量就可能超过串联舵机的权限,使增大阻尼的作用失效。因此一般加入清洗网络(高通滤波器)滤去速度陀螺输出信号中的稳态分量。

俯仰阻尼器引入清洗网络后的控制律为

$$\delta_z = L_\theta \frac{\tau s}{\tau s + 1} \dot\theta \tag{5-7}$$

式中,τ 表示清洗网络的时间常数。

(二)横航向阻尼器

小展弦比的飞机在超声速或大迎角飞行时,滚转阻尼力矩显著减小:滚转速率增大,驾驶员难以操纵。为此,通过安装滚转阻尼器来增加滚转阻尼,改善滚转衰减模态运动;安装偏航阻尼器来改善荷兰滚模态振荡阻尼。由于飞机的横航向运动紧密联系且相互影响而难以解耦,所以,在一般情况下,都是在滚转、偏航两个轴上均安装阻尼器。但是也有飞机只装偏航阻尼器(如 F3H、F-101、波音 707 等),以改善荷兰滚阻尼。图 5-33 为横航向阻尼器原理框图。

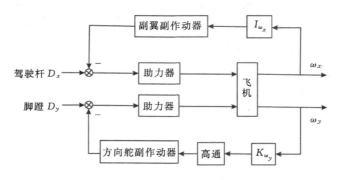

图 5 - 33 横航向阻尼器原理框图

1. 偏航阻尼器

偏航阻尼器原理结构如图 5-34 所示。偏航角速度 ω_y 反馈到方向舵,使其产生偏航力矩,以抵消荷兰滚模态建立的偏航速率,改善荷兰滚阻尼。当以 ω_y 近似表示 $\dot\psi$ 时,偏航阻尼器控制律可写为

$$\delta_y = K_{\omega_y}\omega_y \tag{5-8}$$

式中,K_{ω_y} 表示 ω_y 到 δ_y 的传递系数,称作偏航阻尼器传动比。

方向舵偏转的极性与 ω_y 极性相同,舵偏量 δ_y 大小与 ω_y 成比例。此舵偏角所产生的附加力矩与飞机运动方向相反,阻止飞机的偏航运动,而且随 ω_y 的变化而变化。因此该附加力矩性质与飞机航向阻尼力矩性质相同,起增大偏航阻尼力矩的作用。

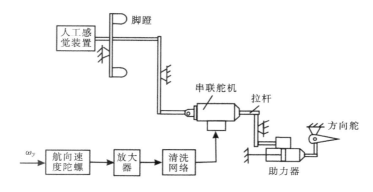

图 5-34 偏航阻尼器原理图

由于速度陀螺测量轴与机体坐标系是一致的,飞机在稳态转弯时速度陀螺也会感受到 $\dot\psi$ 在机体轴上的分量,如图 5-32,即

$$\omega_y = \dot\psi\cos\gamma \tag{5-9}$$

于是偏航阻尼器也产生恒定的方向舵偏角

$$\delta_y = K\omega_y\dot\psi\cos\gamma \tag{5-10}$$

由此产生附加阻尼力矩,阻止飞机机头偏转。为减小阻尼器对稳态转弯的影响,提高机动性,引入清洗网络。此时偏航阻尼器的控制律为

$$\delta_y = K_{\omega_y}\frac{\tau s}{\tau s + 1}\omega_y \tag{5-11}$$

式中,τ 表示清洗网络时间常数。

2. 滚转阻尼器

滚转阻尼器用以提高滚转阻尼。采用小展弦比机翼的飞机在超声速或大迎角飞行中,滚转阻尼力矩显著减小,出现较大的滚转角速度,给驾驶员的操纵带来困难。

某滚转阻尼器原理如图 5-35 所示。

控制律一般为

$$\delta_x = I_{\omega_x}\omega_x \tag{5-12}$$

式中,I_{ω_x} 表示滚转角速度到副翼的传动比。

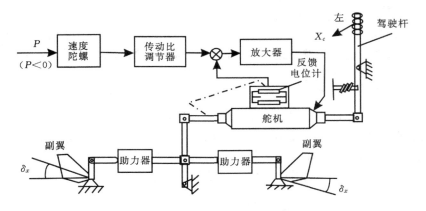

图 5-35 某滚转阻尼器原理图

实际上大多数飞机并不是绕机体轴 Ox_t 滚转,而基本上绕 V 滚转,如图 5-36 所示,即

$$\omega = \omega_{xq}$$

式中,ω 表示飞机的滚转角速度;ω_{xq} 表示飞机绕 V 滚转的角速度分量。

由于速度陀螺的测量轴与机体轴 Ox_t 一致,所测得的滚转角速度为

$$\omega_x = \omega_{xq}\cos\alpha$$

由此可见,副翼偏转角是 α 的函数,偏转角随 α 增大而减小,相当于阻尼效能减小。为不降低阻尼效能,通常采用传动比调整机构,即

$$I_{\omega_x} \propto \frac{1}{\cos\alpha} \tag{5-13}$$

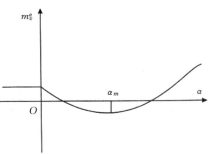

图 5-36 角速度陀螺的测量值

二、增稳系统

增稳系统是在阻尼器的基础上发展起来的,用于改善飞机的动稳定性(阻尼)和静稳定性。阻尼器可以提高阻尼系数,改善飞机的动态性能,但并不能改善其静稳定性。增稳系统的性能比阻尼器更好,能够在整个飞行包线内为飞机提供良好的稳定性。它比阻尼器引入更多的反馈,一般采用两种以上的反馈。

众所周知,阻尼比 ξ 和固有频率 ω 反映了飞机最简单的飞行品质。阻尼器虽可提高 ξ,但对 ω 的影响却较弱。此外,现代战斗机往往需要在大迎角下飞行,而飞机静稳定性会随迎角增大而降低,甚至改变极性,变为纵向静不稳定,如图 5-37 所示。这样的

图 5-37 M_z^{α} 随 α 变化的曲线

飞机对于飞行员来说是难以操纵的,必须采用增稳系统来改善飞机静稳定性。另外,为了提高机动性,飞机还特意被设计为静不稳定的,而静不稳定的飞机是不可控的,必须采用俯仰增稳系统来补偿纵向静稳定性。再有,一般情况下现代高性能战斗机机身细长、垂尾面积很小,从而导致航向静稳定性不足,即 m_y^β 太小,使飞机经常处于产生侧滑的状态。这样不仅增大阻力,且不利于协调转弯和格斗。故需设计包含侧滑角 β(或侧向过载 n_z)反馈的偏航增稳系统。由于滚转与偏航运动的相互影响,所以均采用横航向增稳绕系统轴来改善飞机的横航向性能。

(一)俯仰增稳系统

纵向短周期运动的固有频率 ω_d 主要与 $n_{3\alpha}$ 有关。图 5-38(a)为以迎角 α 为输出的传递函数结构图。如果引入如图 5-38(b)所示的 α 的比例负反馈,那么根据自动控制理论,可影响二阶环节的常数项($\omega_d^2 = 1/T_d^2$),从而改变固有频率。显然,迎角反馈只能改变常数项 ω_d^2,而不能改变阻尼比 ξ_d,如图 5-38(c)所示,其中 $K_z^\alpha = K_z^\alpha K_a K_\delta K_z$。因此,还需保留俯仰角速度 $\dot\theta$ 反馈来增大 ξ_d。同时引用这两种反馈就形成了俯仰增稳系统。

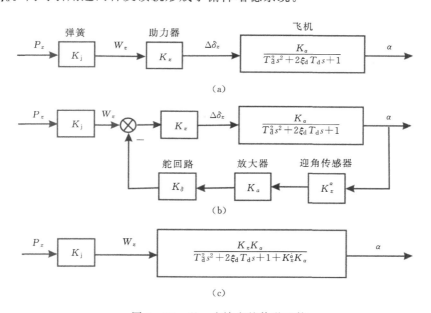

图 5-38　以 α 为输出的传递函数

由于迎角传感器精度低,测量时又存在气流扰动的影响,一般采用间接方法来测量迎角值。

在纵向运动法向力方程中,考虑纵向短周期运动时 $\Delta V \approx 0$(飞行速度变化不大),则方程可简化为

$$(s\Delta\theta - s\Delta\alpha) - n_{2\alpha}\Delta\alpha = n_{2\delta_z}\Delta\delta_z \tag{5-14}$$

认为 $n_{2\delta_z}$ 很小可忽略(升降舵偏转产生的法向力很小),则上式可写为

$$\Delta\dot\Theta = n_{2\alpha}\Delta\alpha$$
$$V_0\Delta\dot\Theta = V_0 n_{2\alpha}\Delta\alpha$$
$$\Delta a_y = V_0 n_{2\alpha}\Delta\alpha \tag{5-15}$$

由式(5-15)看出,飞机在重心处的法向加速度与迎角成正比,测量法向加速度即可近似获得迎角信号。

加速度计固连于飞机,其测量轴与机体轴 Oy_t 一致。实际情况中,法向加速度计不仅感受重心处的法向加速度,而且还感受重力加速度分量。所以实际测结果为

$$\Delta A_y = \Delta a_y + g\cos\theta\cos\gamma \qquad (5-16)$$

式中,ΔA_y 表示实际测量的法向加速度。

当飞机作正常巡航飞行时,$a_y = 0$,由于重力分量的影响,俯仰增稳系统会输出一个恒定的升降舵偏角,其值为

$$\Delta\delta_z = L_{a_y} g\cos\theta\cos\gamma \qquad (5-17)$$

式中,L_{a_y} 表示从加速度计到升降舵的传动比。

恒定的升降舵偏角产生 $\dot\theta$,破坏飞机原有的配平状态,驾驶员必须操纵驾驶杆产生一个极性相反的舵偏角来抵消这个恒定的舵偏角,这给驾驶员的操纵带来麻烦。在实际应用中采用补偿方法,使

$$\Delta\delta_z = L_{a_y}(\Delta a_y + g\cos\theta\cos\gamma - g) \qquad (5-18)$$

当 $\theta = \gamma = 0$ 时,得到

$$\Delta\delta_z = L_{a_y}\Delta a_y \qquad (5-19)$$

显然,如果 θ、γ 值较大,那么仍有恒定的舵偏角,可采用清洗网络来消除这个稳态分量的影响。

俯仰增稳系统引入两个反馈信号:Δa_y(或法向过载 $\Delta n_y = \Delta A_y/g$)和 $\Delta\omega_z(\dot\theta)$,如图 5-39 所示。其控制律如下

$$\Delta\delta_z = L_{a_y}\frac{\tau_1 s}{\tau_1 s + 1}(\Delta a_y + g\cos\theta\cos\gamma - g) + L_{\omega_z}\frac{\tau_2 s}{\tau_2 s + 1}\Delta\omega_z \qquad (5-20)$$

式中,τ_1、τ_2 表示清洗网络的时间常数。

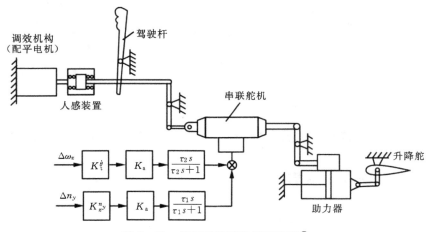

图 5-39　俯仰增稳系统原理框图[1]

因为

---

① 图中 a 表示放大器。——编者注

$$\Delta n_y = \Delta A_y / g = (\Delta a_y + g\cos\theta\cos\gamma)/g \tag{5-21}$$

所以式(5-19)又可写为

$$\Delta\delta_z = L_{a_y}\frac{\tau_1 s}{\tau_1 s + 1}g(\Delta n_y - 1) + L_{\omega_z}\frac{\tau_2 s}{\tau_2 s + 1}\Delta\omega_z$$

$$= L_{n_y}\frac{\tau_1 s}{\tau_1 s + 1}(\Delta n_y - 1) + L_{\omega_z}\frac{\tau_2 s}{\tau_2 s + 1}\Delta\omega_z \tag{5-22}$$

式中，$L_{n_y} = L_{a_y}g$ 表示法向过载到升降舵的传动比。

(二)航向增稳系统

航向静稳定性 $n_{3\beta}$ 不足，采用航向增稳系统可增大 $n_{3\beta}$。在飞机侧向运动方程式(2-26)的第三式中令 $\delta_x = 0$，可得偏航力矩方程

$$n_{3\beta}\beta + n_{3\bar{r}}\omega_x + (s + n_{3\dot\psi})\omega_y = -n_{3\delta_y}\delta_y \tag{5-23}$$

上式右边的 $\delta_y = \delta_{y_1} + \delta_{y_2}$，其中 δ_{y_1}、δ_{y_2} 分别表示由 ω_y、β 产生的方向舵偏转角，$\delta_{y_2} = K_\beta\beta$（$K_\beta$ 表示 β 到方向舵的传动比），因此式(5-23)可写为

$$(n_{3\beta} + n_{3\delta_y}K_\beta)\beta + n_{3\bar{r}}\omega_x + (s + n_{3\dot\psi})\omega_y = -n_{3\delta_y}\delta_{y_1} \tag{5-24}$$

只要 $n_{3\delta_y}K_\beta > 0$，$(n_{3\beta} + n_{3\delta_y}K_\beta)$ 就大于 $n_{3\beta}$，则可增加航向静稳定性。如果为了弥补荷兰滚阻尼的不足而引入偏航角速度信号，则航向增稳系统的控制律为

$$\delta_y = K_\beta\beta + K_{\omega_y}[\tau s/(\tau s + 1)]\omega_y \tag{5-25}$$

直接获得侧滑角信号也是比较困难的，一般采用侧向加速度计来间接获得。利用侧向加速度计作为反馈元件的航向增稳系统控制律为

$$\delta_y = K_{\omega_y}[\tau s/(\tau s + 1)]\omega_y - K_{a_z}a_z \tag{5-26}$$

式中，K_{a_z}[①] 表示侧向加速度到方向舵的传动比。

(三)横侧增稳系统

飞机的滚转与偏航运动紧密联系，相互影响，在研究增稳系统时也应考虑这种交联，因而出现了横侧增稳系统。图5-40为某超声速飞机横侧增稳系统框图，从图中可以看出，航向通道实际上是在航向增稳的基础上引入副翼交联信号 $-K_{\delta_x}\delta_x$ 所组成的。滚转通道与滚转阻尼器不同，其反馈信号是 β(实际上是 a_z)而不是 ω_x。这是因为该飞机的 m_x^β 很大，m_y^β 较小，会导致严重的荷兰滚，而滚转阻尼的问题并不严重。用 β 信号控制副翼，I_β 取负值，相当于引入 β 的正反馈，其结果等效于减小 m_x^β。

横侧增稳系统的控制律为

$$\delta_y = \left[\frac{\tau s}{(\tau s + 1)}(K_{\omega_y}\omega_y - K_{\delta_x}\delta_x) + K_\beta\beta\right]\left(\frac{1}{Ts + 1}\right)^2 \tag{5-27}$$

式中，K_{ω_y}、K_{δ_x}、K_β 分别表示速度陀螺、副翼、侧向加速度计到方向舵的传动比；$\delta_x = -I_\beta\beta$，I_β 表示侧滑角到副翼的传动比；$\frac{1}{(Ts + 1)^2}$ 表示低通滤波器。

式(5-27)的横侧增稳系统的控制律解释如下：

1. 为了减小或消除进入滚转和恢复原态时产生的有害侧滑角，使副翼操纵具有自动协调

---

① 这里的 a 表示加速度，是变量。——编者注

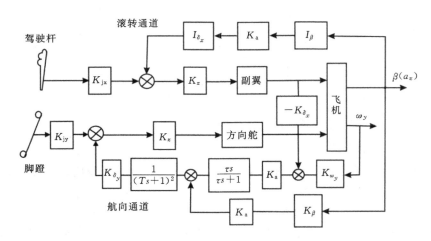

图 5-40 横侧增稳系统原理框图

转弯的能力,在航向通道中加入了一个极性与副翼偏转相反的比例信号,即"$-K_{\delta_x}\delta_x$"。副翼正偏(飞机左倾斜,产生左侧滑)时,此信号使方向舵负偏,机头左转,减小侧滑,实现自动协调。

2. 飞机飞行过程中,会由于各种原因造成不平衡,而出现小的滚转角速度。为了保持飞机平衡,驾驶员必须操纵副翼。方向舵由于存在与副翼交联的信号,必将偏转,使飞机出现偏航角。清洗网络$[\tau s/(\tau s+1)]$过滤了常值或低频的副翼交联信号,从而避免了不希望的偏航,提高了飞机的转弯机动性。

3. 引入β(相当于a_z)信号能提高m_y^β,使飞机航向运动的固有频率增加,提高了消除侧滑的能力,从而提高恢复速度。

4. 飞机在高空飞行时,方向舵易出现频率较高的自振,从而使飞机也产生振动,敏感元件感测这个振动,进而输出信号。考虑到舵机和助力器的固有频率较低,高频自振信号的响应有较大的相移,因此可能使这种振荡持续或加剧。低通滤波器$[1/(Ts+1)^2]$可以滤掉敏感元件输出的高频信号,保证系统正常工作。

5. 由于飞机m_x^β较大,导致较大的荷兰滚振荡。在副翼通道中引入β正反馈信号,产生副翼舵面力矩使横向静稳定力矩减小,这相当于减小了m_x^β。当然,如果m_x^β减得过小,又会导致螺旋不稳定。

总的来说,增稳系统的功能比阻尼器完善,但对飞机操纵性的影响也比阻尼器大,其阻尼比、固有频率或静稳定性的提高都是以牺牲飞机的静操纵性为代价换来的。

三、控制增稳系统

(一)问题的提出

首先,无论是阻尼器还是增稳系统,显然都只是影响飞机控制系统传递函数的分母部分,即只是通过改善飞机的动稳定性和固有频率,从而改善稳定性;同时,传递系数的减小使飞机操纵性下降,这是不利于控制的;所以有必要解决稳定性与操纵性之间的矛盾。其次,加速度计由于不是安装在飞机重心处,所感受的角加速度会比实际值小,影响对角加速度的灵敏度。

而在大机动飞行时,驾驶员要求飞机有较高的角加速度灵敏度(简称灵敏度),且杆力不宜过大;在小机动飞行时要求有较小的灵敏度且杆力不宜过小。对一般系统而言,灵敏度和杆力很难兼顾两种机动飞行情况下的要求,往往只能选取折中的灵敏度和杆力值。这样,在大机动飞行时驾驶员感到灵敏度不够,而在小机动飞行时又嫌灵敏度太高。基于上述原因,增稳系统发展成为控制增稳系统。

控制增稳系统是在增稳系统的基础上增加前馈,即增加杆力(或杆位移)传感器和指令模型,将驾驶员的操纵指令与飞机的响应构成闭环控制,这是控制增稳系统与增稳系统的根本区别。控制增稳系统设计可以兼顾飞机的稳定性与操纵性,所以需要较大的操纵权限。其功用主要有:增大杆力灵敏度、改善机动飞行时的操纵力、增大静态传动比、放宽静稳定性的补偿、实现飞机运动参数限制。

(二)俯仰控制增稳系统的工作原理

图 5 - 41(a)为典型的纵向控制增稳系统示意图,图 5 - 41(b)为纵向控制增稳回路框。比较图 5 - 41(a)与图 5 - 39 可看出,控制增稳系统在增稳系统基础上,添加了一个杆力传感器 K_p 和一个指令模型 $M(s)$。由图 5 - 41(b)可以看出,驾驶员对飞机的操纵有两条并行的通道。一条是原有的机械通道,另一条是电气通道。电气通道的作用正是增大传递系数,并使角加速度灵敏度满足驾驶员的要求。

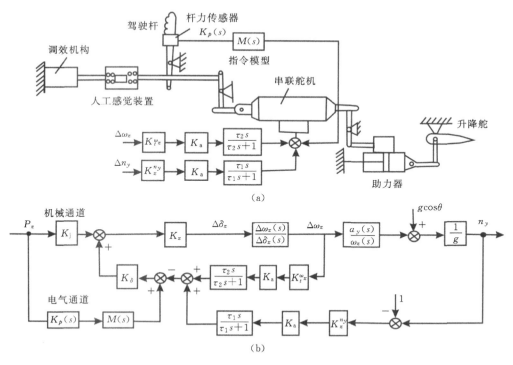

图 5 - 41　俯仰控制增稳系统

当驾驶杆不动时,控制增稳系统的指令信号为零,系统只起增稳的作用。当作机动飞行时,驾驶员的操纵信号一方面通过机械通道使舵面偏转 $\Delta\delta_m$,另一方面又通过杆力传感器发出指令信号,经指令模型到放大器,与反馈信号综合后,使舵面偏转 $\Delta\delta_M$,总的舵偏角为 $\Delta\delta_z = \Delta\delta_m + \Delta\delta_M$。可见电气指令信号的作用是使操纵量增强,因此控制增稳系统又称为控制增强系统。显然,控制增稳系统能兼顾稳定性和操纵性两方面的要求。

控制增稳系统由于增设了电气通道,因此可使系统开环增益取得较高。如果没有电气通道而过分增大 K_a、K_δ,将会使以机械通道为输入、n_y 为输出的闭环传递函数的传递系数变得过小,即静操纵性太差。有了电气通道,可通过增大 $K_pM(s)$ 来弥补由 K_a、K_δ 增大所引起的很强的负反馈作用。增大 K_a、K_δ 的好处是使闭环特性只取决于 K_a、K_δ 所处的反馈通道,而与飞机所处的正向通道无关。这样一来,飞机上的干扰以及飞行状态的变化就不会影响整个系统的特性。因此,控制增稳系统往往是高增益的控制系统。

总之,控制增稳系统有下列优点:

①较好地解决了稳定性和操纵性之间的矛盾;

②减少干扰和飞行状态变化对系统的影响;

③能够实现杆指令与飞机响应之间的任何动、静关系和驾驶杆启动力的要求;

④可简化机械系统的设计,只要保证飞行安全即可。

(三)俯仰控制增稳系统的控制律

俯仰控制增稳系统的控制律,一般有比例和比例加积分两种。

比例控制律

$$\Delta\delta_z = L_{\omega_z}\Delta\omega_z + L_{n_y}\Delta n_y + K_zK_pM(s)K_\delta P_z + K_zK_jP_z \tag{5-28}$$

比例加积分控制律

$$\Delta\delta_z = L_{\omega_z}\Delta\omega_z + L_{n_y}\Delta n_y + K_zK_pM(s)K_\delta P_z + K_zK_jP_z$$
$$+ \int(L_{\omega_z}\Delta\omega_z + L_{n_y}\Delta n_y)\mathrm{d}t + K_\delta K_z\int K_pM(s)P_z\mathrm{d}t \tag{5-29}$$

式中,$L_{\omega_z} = K_t^{\omega_z}K_aK_\delta K_z$,$L_{n_y} = K_z^{n_y}K_aK_\delta K_z$。

比例加积分控制律的结构框图如图 5-42 所示。该图与图 5-41(b)的差别仅在于 K_δ 环节换成 $K_\delta(1+s)/s$。引入积分环节不仅是为了提高稳态精度,更重要的是为了实现飞机的自动配平。纵向力矩不平衡时,将出现 ω_z 和 n_y,通过反馈使舵面偏转;由于有积分环节,舵面将继续偏转直至 ω_z 和 n_y 为零,从而实现了自动配平。舵机既已担负配平任务,就无需驾驶员干预,因而不存在杆力的配平问题。应当指出,比例加积分的控制律虽能实现自动配平,但要实

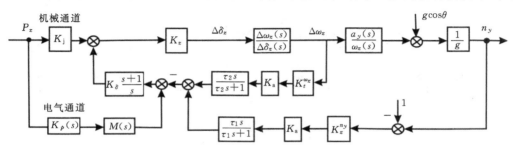

图 5-42　比例加积分控制律结构框图

现积分作用,舵机必须有较大的权限。所以权限不大的控制增稳系统,无法采用比例加积分的控制律。

权限不大的控制增稳系统宜用比例控制律。只要与调效机构配合动作也可实现自动配平(如图 5-43 所示)。当纵向力矩不平衡时,出现 ω_z 和 n_y,并通过反馈使舵机动作,舵面偏转。当舵面偏转到规定权限位置时,舵机停止转动,同时接通调效机构,这相当于有杆力作用于机械通道,使舵面继续朝原方向偏转。调效机构是积分环节(例如电动机),它使舵面偏转直到 ω_z 和 n_y 消失,从而实现了自动配平。可见引入作为积分环节的调效机构,使比例控制律变为等效的比例加积分控制律。但要指出的是,调效机构的转速很慢(约为舵机转速的十分之一),只能起配平作用,即只在稳态时起积分作用,而在动态变化时不起作用。但调效机构与机械通道并联,故对它并不要求有极高的可靠性。

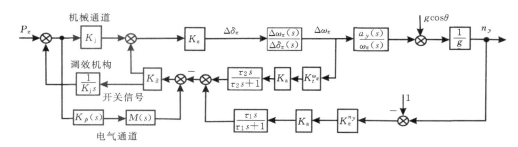

图 5-43　有调效机构的控制增稳系统

需要说明的是,采用比例加积分控制律后,舵面的偏转与杆力(或杆位移)失去了固定的关系。在起飞与着陆时,过载和角速度变化不大,杆力是不大的,但微小的杆力随时间积分可产生较大的舵偏角,有可能引起事故,因此,在起飞和着陆时,应断开积分环节,改接成比例控制律。

飞机跨声速飞行时,会出现速度不稳定,引起纵向力矩不平衡。接入比例加积分控制律后,纵向力矩可自动平衡,使速度不稳定变成中性速度稳定,因此称这种工作模式为中性速度稳定性模态。而在起飞和着陆时,速度较小,不会出现速度不稳定现象,飞机是处于正的速度稳定性状态(即速度是稳定的),而这时采用比例控制律,因而此时的工作模态称为正速度稳定性模态。

第五节　电传操纵系统

随着飞行性能的逐渐提高,特别是增稳与控制增稳技术的运用,机械操纵系统的一些缺点逐渐显露出来,如体积、重量很大;不可避免地存在一系列非线性特性;容易传递机体弹性振动引起的杆偏移,甚至会造成人机诱发振荡;机械操纵系统与飞控系统,特别是力臂调节器与控制增稳系统,在安装位置和工作协调上常常会出现矛盾等。机械操纵系统的这些问题曾一度制约着飞行控制技术的进一步发展。20 世纪 70 年代,由于计算机技术迅速发展,同时现代控制理论和余度技术也日趋成熟,出现了一种利用反馈控制原理将飞行器的运动作为受控参数的电子飞行控制系统——电传操纵系统,以取代机械操纵系统。

一、电传操纵系统的基本组成与原理

与机械操纵系统类似,电传操纵系统也分为俯仰、滚转和航向等通道。典型单通道电传操纵系统主要由侧杆控制器、杆力（位移）传感器、飞行控制计算机、舵机及其作动器、速度陀螺、加速度计、过载传感器、迎角传感器、控制/显示接口装置等组成。由图 5 - 44 可见电传操纵系统的基本特征:飞行员的操纵杆传感信号、飞机运动传感信号和控制面作动器位置信号全部通过电信号传递。电传操纵系统能够快速、准确地处理飞控计算机产生的控制面偏转角指令并以电信号的形式传送给控制面伺服作动器。闭环机动指令控制通过增加运动传感器反馈回路的增益实现。控制面作动器根据飞行员指令信号与相应传感器测得的飞机运动状态之间的差异或偏差进行飞行控制,驱动相应的控制面运动并使飞机能够快速平稳地跟踪飞行员的指令。

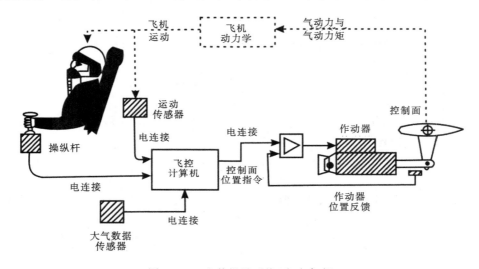

图 5 - 44　电传操纵系统（省略余度）

电传操纵系统能较好地克服机械操纵系统的所有不利因素,如摩擦、间隙、死区、惯性及弹性等,能显著减小驾驶员向机构发送指令的相位滞后和信号失真。

二、电传操纵系统的分类

电传操纵系统一般按照元件的电器特性分类。采用了模拟式传感器、模拟式计算机和输入输出设备的系统被称为模拟式电传操纵系统;采用了数字式传感器、数字计算机和输入输出设备的系统被称为全数字式电传操纵系统;采用模拟式传感器、数字式计算机的被称为半数字式电传操纵系统。

早期的电传操纵系统基于模拟计算技术来实现,在模拟电传操纵系统中设置了迎角和过载传感器,使飞行员在整个飞行包线内、任何飞行状态下均可以放心大胆地操纵飞机,不必担心由于操纵疏忽引起的大过载使飞机结构破坏和大迎角造成横侧不稳定或进入失速状态,改善了飞机的操纵性。但模拟电传操纵系统也是有局限性的。首先,它在设计过程中所有余度通道均采用的是模拟电路,这不仅提高了批量生产的成本费用,而且灵活性差,不具备数字电子设备的可编程性。其次,当模拟电传操纵系统硬件设计完毕后,为了精确获取各调节器参数以达到最优控制,必须确立各种飞行状态下的飞机飞行动力学模型,其设计相当费时费力。所以,虽然模拟电传操纵系统现在仍有使用,但主要用于提供非相似余度的备份系统。

数字电传操纵系统与模拟电传操纵系统相比具有绝对优势,如:

(1)节省硬件:一台计算机可以控制所有三个控制轴,而模拟系统要求每个控制轴都有一套专门硬件。

(2)高度灵活性:可通过修改软件而不是硬件来改变控制律或增益,从而在设计和改进阶段具有更大的灵活性;容易与自动驾驶仪、导航系统和推力控制系统、火力控制系统交联,实现如图 5-45 所示的综合控制,从而使飞机的性能和攻击精度均发生质的变化。

(3)减少无谓断开次数:数字计算可以使用复杂的表决统一算法,可以尽量减少无谓断开次数。

(4)更小的故障瞬态:可以实现复杂的统一算法,从而能尽量减小断开故障通道时的瞬态变化量。

(5)自检测能力:可以使系统具有起飞前进行系统自检测的能力。

(6)数字数据总线:通过采用多路数据传输和数据总线网络使电缆重量大大降低;可以获得很强的数据传输能力,并同时具有综合的自校验和数据验证能力。使用三个或者更多的完全独立的数据总线网络能够满足故障生存的要求。飞行控制数据总线配置参见图 5-21。

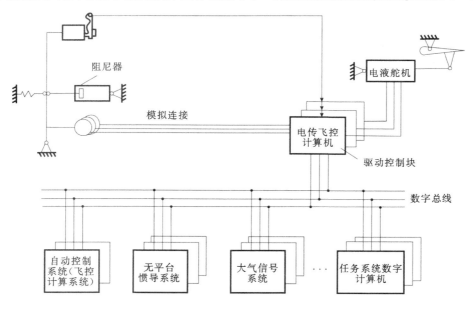

图 5-45　电传操纵系统的综合控制示意图

数字电传操纵系统已广泛地应用于第三代军机和先进民机。实现数字电传操纵系统与自动驾驶仪、导航系统和推力控制系统、火力控制系统交联的综合控制技术的应用也成为第四代军机的典型标志之一。F-22 战斗机上被列为飞行关键系统第一位的飞行器管理系统,就是以三余度数字电传操纵系统为支柱,具有综合飞行/推力控制功能的综合控制系统。

为了提高飞机安全可靠性,常有备份系统,其工作原理与主系统不相似。数字式电传操纵系统的备份系统可以是机械操纵系统、电气操纵系统或模拟式电传操纵系统。目前基本不采用笨重的机械杆系作为备份系统,而常用模拟式电传备用系统。但是,如果主系统的安全可靠性相当高,就可以不采用备用系统,而通过四余度或自监控的三余度系统,可以使电传操纵系统达到双故障安全等级。

三、软件

在高度综合化的数字电传飞行控制系统设计中,软件生成是最具挑战性的任务之一,可以占整个电传系统工程全部开发费用的 $60\%\sim70\%$。这是由于实现全部飞行控制功能要求的软件规模较大,并且在建立软件安全性方面涉及许多难题。

飞控计算机的软件所实现的主要功能可分为三个在某种程度存在交叉的基本方面,包括余度管理、控制律、自检测。

余度管理软件所执行的功能是进行故障检测、故障隔离和系统重构。具体包括如下任务:

(1)传感器数据验证:检查每个传感器的数字数据是否正确编码,是否在数据传输中被破坏。

(2)传感器故障检测:通过传感器数据交叉比较、多数表决进行故障传感器检测。

(3)故障隔离与系统重构:通过隔离失效传感器和系统重构实现故障生存并最小化瞬态过程。

(4)传感器统一:将来自一组传感器的数据进行统一,用一个有代表性的数据为后续控制律计算使用。

(5)通道间数据交叉传输:各计算通道间数据交叉传输以进行输出的交叉比较。

(6)计算机输出表决与统一:各计算机输出之间交叉比较以检测和隔离故障计算机,并对"好"计算机的输出进行统一,以产生控制面指令信号传输给控制面的伺服作动器。

(7)计算机迭代周期同步:须对不同计算机的迭代周期进行一定同步处理,以避免出现数据过时的问题。

(8)故障数据记录:以进行维护功能管理。

(9)系统状态:指示给机组人员。

(10)控制:控制整个系统。

图 5-46 给出了仅一个传感器发生故障时的故障检测与输出统一的流程图。

控制律软件与自检测软件在本质上同样关键。

控制律软件任务包括:

(1)复杂的大量控制项的增益调参,这些控制项是高度、空速、迎角,可能还有姿态及飞机结构的函数。对于军用飞机而言,这一点特别重要,因为在空战中可能需要工作在其飞行包线的边界附近,这时所增加的交叉耦合等因素需要对控制项进行调整。控制传递函数包括比例、微分和积分环节,都必须根据不同工作传感器通过适合的算法得到。

(2)自动限制飞行员输入指令,以避免飞行员控制飞机进入不能接受的姿态或过于接近失速或超过飞机的结构极限,从而实现"无忧"机动。

(3)在传感器发生故障时修改控制律以维持有效控制。

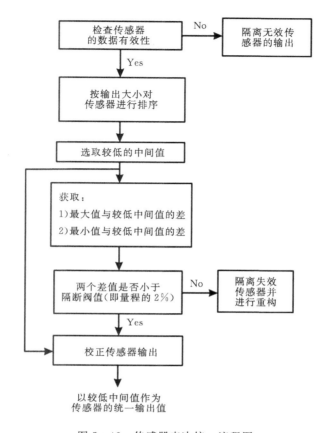

图 5-46　传感器表决统一流程图

（4）控制辅助控制面，包括前缘襟翼/缝翼、后缘襟翼及扰流板。

（5）控制发动机推力及推力矢量。

四、电传操纵系统的优点

设计良好的电传操纵系统具有以下优点：

（1）具有很好的操纵一致性，在大飞行包线和载荷范围内操纵性为常值。

（2）自动增稳。

（3）采用多余度技术能够提高系统任务可靠性与安全可靠性。

（4）便于与自动驾驶仪集成。具有较高带宽的"内环"操纵指令，可保证电传系统对外环自动驾驶仪指令的响应迅速并具有较好的阻尼特性，从而保证在自动驾驶仪模式下实现较好的飞机航迹控制。

（5）"无忧"操纵能力。电传飞行控制计算机持续监控飞机的状态，检测其与机动极限和控制极限的接近程度，并对飞行员的指令输入进行自动限制。这样保证了飞机不会进入不希望的飞行姿态，或者不会过于接近极限迎角，或者不会进行超出机体结构承载极限的机动。

（6）附加控制自动集成的能力。除主控制量（水平尾翼或升降舵、副翼、方向舵）外，还可能有其他控制量,如前缘缝翼/襟翼和后缘襟翼,它们不仅在起飞着陆时起作用,还可以进行自动控制,以在机动飞行时产生附加的升力;可变后掠翼;推力矢量,以控制喷管和发动机推力。

(7)取消机械控制机构。研究表明,采用电传操纵系统可显著减轻飞机重量,战斗机可减轻58%,直升机可减轻86%,大型、高性能战略轰炸机可减轻84%。电传操纵系统还能有效减少操纵系统的体积,一般情况下,可减少原机械操纵系统所占有空间的50%,战斗机可减少体积2 400 cm³,战略轰炸机可减少4.39 m³。

(8)小操纵"杆"。电子信号传递使小的控制杆的使用成为可能。电传操纵系统可以使如图5-47所示的操纵杆安装在侧面或中间,其优点各不相同。这样的操纵杆具有很好的位移和力的对应关系,如图5-48所示。小操纵杆还能为优化座舱的控制与显示布局提供更大的自由度。

(9)可采用不稳定的飞机气动布局。飞机的稳定性由电传操纵系统实现,从而解决了飞机设计中机动性和稳定性之间的矛盾。例如,超声速飞行时气动中心后移导致纵向静稳定性增大,此时需要更大的俯仰操纵力矩。稳定性很高的飞机不容易改

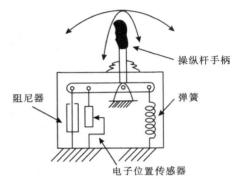

图5-47 电传操纵操纵杆的结构示意图

变迎角,但机动性却要求飞机的迎角能够快速改变。与稳定性较好的同类飞机相比,气动布局不稳定的飞机有利于降低重量和阻力并能提高飞机的性能。对于战斗机而言,机动性的提升是决定性的因素,据称它可将转弯角速度提高35%——空战中最重要的是躲避导弹攻击或机动获取进攻机会的能力。

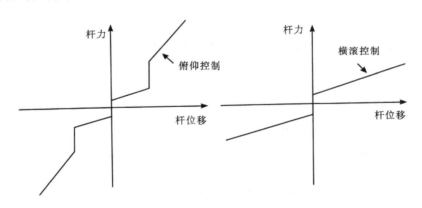

图5-48 电传操纵系统操纵杆的力——位移曲线

(10)空气动力与"隐身"。降低飞机的雷达反射截面,提高了飞机"隐身"能力。采用多平面外形将雷达波反射到远离探测源的方向,并改进发动机进气口设计和在结构中大量使用雷达波吸附材料,从而使雷达接收到的反射信号最小。隐身性能的要求会与空气动力方面的要求发生冲突,但可通过电传操纵系统实现飞行包线内可接受的、安全的飞行操纵。

(11)提高作战飞机的战伤生存力。电传操纵系统采用多余度设计后,其总线可在机翼和

机身内分散布置。

五、电传操纵系统实例

(一)F - 16 飞机电传操纵系统

F - 16 战斗机采用放宽静稳定性技术,装有利尔/辛格勒公司研制的模拟式四余度电传飞行控制系统。系统的结构方案是在六自由度飞行模拟器初步开发并经过 YF - 16 原型机的飞机系统性能验证试飞的基础上确定的。这是一种纯电传飞行控制系统(无机械备份系统)。

F - 16 飞机的主操纵面的飞行员操纵是通过位移型力敏感驾驶杆和方向舵脚蹬,并通过三轴飞行员的配平指令来实现的。驾驶杆和舵面之间无机械连接。其电传飞行控制系统的主要构成部件如图 5 - 49 所示,系统输入参数、功能关系如图 5 - 50 所示。四个独立的电子通道(四余度系统)由四余度侧杆力传感器接收驾驶员指令输入信号。四余度飞机运动传感器(速度陀螺和加速度计)提供动态或静态增稳信号。系统通过自动故障检测和系统结构重构来提供 2 个相似故障之后的故障/工作能力。主要电子部件是飞行控制计算机,它具有数据处理、增益调整、滤波和信号放大线路,其输出指令信号去控制主操纵面的 5 个组合式作动器。各控制轴的信号增益是静压、全压的函数或全压对静压比的函数,这些函数值由大气数据系统以四余度形式提供。大气数据系统感受的全压、静压和迎角信息都是三余度的。

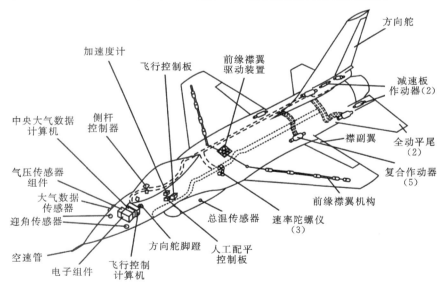

图 5 - 49　F - 16 电传飞行控制系统的主要部件分布图

在采用电传飞行控制系统(无机械备份系统)时,对各种类型故障的系统的容限是主要考虑的因素。电子装置、作动器、电源和液压装置是要考虑的四个基本方面。为保证任务成功,上述四个方面均应提供足够的余度。在 F - 16 上采用双故障/工作方案,如图 5 - 51 所示。

(二)AFTI/F - 16 飞机电传操纵系统

AFTI/F - 16 是 F - 16A 的大改型飞机,去掉了原有的模拟式电传飞行控制系统,装上一

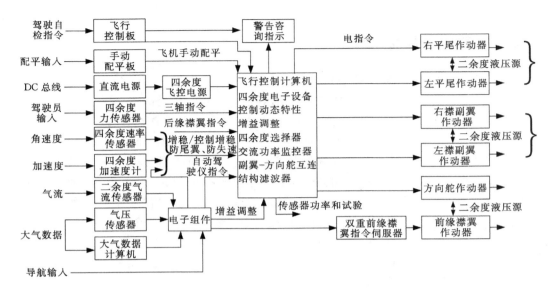

图 5-50 F-16 电传飞行控制系统原理图

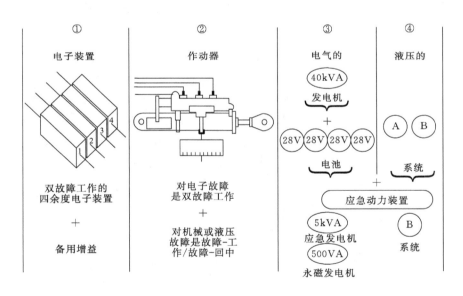

图 5-51 电传飞行控制系统余度方案

套三余度数字式飞行控制系统。AFTI/F-16 验证机数字式飞行控制系统是一种无机械备份的纯电传飞行控制系统。在座舱控制器、舵面、减速板作动器和前缘襟翼驱动装置间无机械杆系和操纵钢索。AFTI/F-16 数字飞行控制系统与现役 F-16 飞机上的模拟式电传系统相比代表了一个重大的技术进步。数字式飞行控制系统允许飞行员对多模态任务/功能进行选择,以便使作为飞行状态、飞机布局和任务阶段的函数的飞行控制任务达到最优化。

1. 功能

(1)在整个飞行包线内提供优良的飞行品质,为飞行操纵任务提供最大的灵活性;

(2)实现三轴控制增稳并提供精确的控制和极好的操纵品质;

(3)实现自动迎角和法向过载限制,飞行员可以最大限度地发挥飞机的能力,不必担心由于疏忽而造成失控;

(4)前、后缘襟翼综合编程,在巡航和机动飞行过程中为高升阻比提供最佳翼型弯度;

(5)有效的余度部件和信号通道,提供高的安全性和完成任务的概率;

(6)实现机内自检能力,保证系统以最短的地面维护时间做好飞行准备;

(7)使整个飞行包线内飞机六自由度解耦以及阵风缓和,并实现飞行/火力控制的综合。

2. 工作原理

AFTI/F-16飞机数字式飞控系统原理结构如图 5-52 所示。它是具有三条独立电子通道的三余度系统,主要电子组件是三个相同的数字式飞行控制计算机。三余度飞机运动传感器(速度陀螺和加速度计)向飞行控制计算机提供飞机状态反馈信息。四余度飞行员侧杆和方向脚蹬力传感器接收飞行员指令,并将这些输入信号转换为模拟电信号传输到三余度飞行控制计算机进行处理。这些信号被控制律用来计算舵面的偏转指令。数字式飞行控制系统采用了多数表决原理的自动故障检测、串联监控、解析余度、故障隔离和故障后的系统重构等余度管理技术。

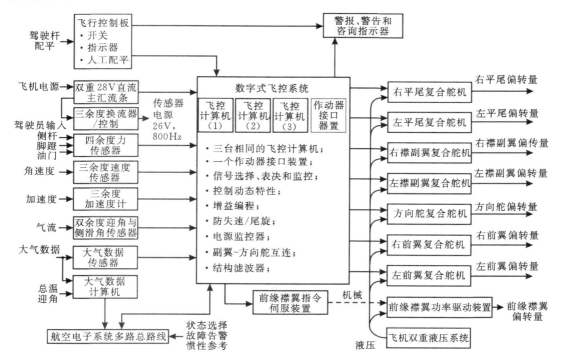

图 5-52 AFTI/F-16飞控系统原理图

三余度数字式飞控系统能提供包括飞控计算机故障在内的双故障工作能力(概率

为 95％)。

AFTI/F-16 数字式飞行控制系统的可靠性和故障工作要求如下：

第一次故障,不降低全部工作性能；

第二次故障,仍具有安全飞行能力,可达到全部工作性能(1 级)的 95％。

可靠性要求：

失控概率：1×10^{-7}/飞行小时；

任务失败：1×10^{-5}/飞行小时。

六、电传操纵系统的发展趋势

目前国外现役先进作战飞机和新型民用运输飞机,均已采用多余度数字式电传飞行控制系统。经过 30 多年的发展,电传控制系统已充分展现了巨大的优势,并积累了大量的使用经验,为今后的发展打下了基础。目前,电传飞行控制系统正逐步应用到教练机、直升机、公务机等飞机平台。但是随着对飞机性能需求的不断提高,例如马赫数高达 6～8 的高超声速飞行器或是能够主动改变气动外形的智能变形飞行器的出现,现有的常规飞行控制方法很难胜任,必须采用智能控制。

一方面,这要求飞行控制系统具备自主控制能力,包括自主完成预先确定的航路和规划的任务,或者在线感知形势,并按确定的使命、原则在飞行中进行决策,并自主执行任务。从根本上说,它需要建立不确定性前提下的处理复杂问题的自主决策能力。

另一方面,这要求飞行控制系统具备重构控制能力。重构飞行控制系统是在系统发生故障时具有一定带故障工作能力或故障安全能力的飞行控制系统。当飞机在执行任务过程中,飞行控制系统发生故障或遭受战斗损伤时,应能根据故障情况切断失去功能的部件,并自动连接备用的部件,使系统恢复全部或部分功能。国外很早就开始了重构飞行控制系统的研究。开始发展的是专家式重构飞行控制系统,但由于飞机的故障情况非常复杂,专家式重构系统很难对飞机各种故障进行准确判断,而神经网络由于具有很好的容错和自适应能力,神经网络式重构控制系统成为近些年来重构控制系统的研究热点,并将成为未来飞行控制系统的关键技术应用。

此外,随着对环境适应性和数据存储、处理能力要求的提高,采用光纤代替电缆来传输控制指令和信号,即由电传操纵系统发展成为光传操纵系统,将成为未来飞行控制系统发展的重要方向。

第六节　光传操纵系统

电传操纵系统本身具有难以克服的缺陷,如不能防御雷电,抗电磁干扰和冲击的能力较差。然而,现代飞机越来越多地采用复合材料,这使电传操纵系统失去了原来金属蒙皮飞机所固有的屏蔽作用,使抗电磁、防雷电的问题变得更加突出。而且随着现代战争向着数字化、信息化的方向发展,在飞机系统的有限空间内,电气和电子设备的密度急剧增加,设备的发射功率越来越大,接收机灵敏度越来越高,致使有限空间和战区的电磁环境日趋恶化。所以,在当今电磁环境日益恶劣、电子对抗更加激烈的情况下,提高操纵系统的抗电磁干扰能力势在必行。光纤具有很好的抗电磁干扰及防雷电的能力,所以把光纤传输技术应用于飞行控制系统的信号传输就成为改善现代操纵系统的最有效途径。

一、光传操纵系统的基本组成和原理

光传操纵系统(FBL)是指在飞行器的航空电子系统和飞行控制系统中采用光纤作为信号传输的媒介,信号以光的形式传递。

(一)基本组成

光传操纵系统主要包括驾驶员指令模型、传感器/变换器、计算机、光/电和电/光转换器、数据总线、连接器及舵机等组成部分。

(二)基本原理

光传操纵系统的简化原理(省略余度)如图 5-53 所示。

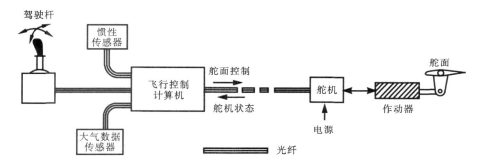

图 5-53　光传操纵系统原理示意图

飞行控制信号源包括惯性传感器、大气数据传感器和驾驶杆等。飞行控制信号是脉宽调制的数字式信号。驾驶杆控制信号、惯性传感器和大气数据传感器信号输送到飞行控制计算机,与舵机状态反馈信号进行综合,形成舵面控制指令,舵回路驱动舵面偏转,从而完成对飞机的操纵。光纤连接可以是双向的,可以将系统状态传递给飞行员控制/显示板。例如,可以执行"回绕"测试以检查数据是否已经到达其目的地,通过监视伺服误差信号和作动器液压可以检查控制面作动系统的状况是否良好。

(三)光传感器

光传感器是光传操纵系统的重要组成部分,主要包括光纤旋转传感器、光纤线加速度计、电无源光传感器、光功率传感器和主动光学传感器等。

被动式光传感器不会受到电磁干扰的影响,在如图 5-54 和图 5-55 所示的边缘位置使用具有独特的优点。被动式光传感器定义为不需要电源或进行任何电子处理的传感器,其输出为根据被测量调制后的光信号。光信号的处理由完全屏蔽电磁干扰的独立电子元件进行,传感器与该电子元件之间唯一的连接就是光缆。被动式光传感器的基本原理如图 5-56 所示。

利用光干涉测量原理测量压力、温度、加速度等信号的新型被动式传感器是今后积极开发的方向。这些被动式传感器能够在高温(可达 600℃)环境中工作,除用于飞行控制外,还可用于发动机控制系统。

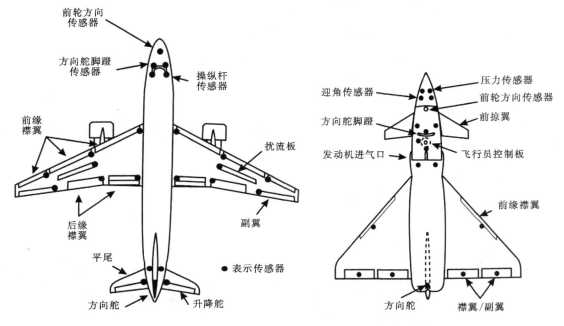

图 5-54　民用飞机的传感器分布　　　　图 5-55　高机动战斗机的传感器分布

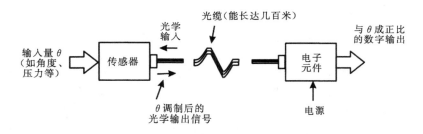

图 5-56　被动式光传感器原理图

二、光传操纵系统的分类

光传操纵系统通常可分为时分复用光传操纵系统和波分复用光传操纵系统两大类,它们的共同特点是均采用了光纤多路复用技术。

所谓光纤多路复用是指在一根光纤中同时传输若干路信号。光纤多路复用可极大地提高传输效率和容量。在飞行器上采用多路复用技术可进一步减轻重量,减小体积,增加传输系统灵活性,有利于实现多余度技术,从而提高系统可靠性。

(一)时分复用光传操纵系统

时分复用(Time Division Multi-plex,TDM)方式是在一根光纤中同时传输若干路信号,它把传输时间分为若干时隙,在每一时隙内传输一路信号,各个信道按照一定的时间顺序进行传输。TDM 方式在光纤通信领域得到广泛应用,是传统数字信号传输中提高传输效率、降低成本的有效手段。

光传操纵系统中信号的最大特点是超低频,有的甚至是直流信号,需传输的信道数相对较少,TDM 方式所传输信息的速度和容量能够满足飞控系统信号传输的要求。随着计算机和电子技术的飞速发展,TDM 方式所传输信息的速度和容量大大提高,因此,在飞控系统信号传输中采用 TDM 技术是完全可行的。

(二)波分复用光传操纵系统

波分复用(Wavelength Division Multi-plex,WDM)是指在一根光纤中同时传输若干个不同波长的光信号。

WDM 方式的特点是:可充分利用光纤的巨大带宽资源,使传输容量成倍增加;可实现单纤双向传输,即在一根光纤中实现正反两个方向的信号传输;不同波长的信号在同一光纤中传输时是彼此独立的,因此可同时在一根光纤中传输多种信息,如数字信号、模拟信号、音频信号和视频信号等,实现多媒体传输。

在 WDM 系统的发送端,不同波长的光信号 λ_1,λ_2,…,λ_n 通过合波器,使各光波耦合进入一根光纤传输,在接收端通过分波器对各光波信号进行分波处理,获得各路信号,WDM 方式总的传输容量为各个波长信号传输容量之和。波分复用系统有单向和双向两种传输结构。在单根光纤中,不同波长的光信号只能沿同一方向传输,称为单向结构,如图 5-57 所示。

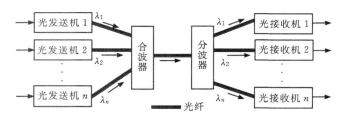

图 5-57　单向 WDM 传输系统

不同波长的光信号可以进行正反两个方向的传输,称为双向结构,如图 5-58 所示。

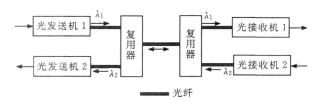

图 5-58　双向 WDM 传输系统

WDM 方式在光传技术中占有重要地位,对提高传输容量、降低成本、实现多功能传输具有重要意义,我们可利用 WDM 方式建立新一代的光纤传输技术。

三、光传操纵系统的优点

(1)光传操纵系统能够有效地防御电磁感应、电磁干扰以及由雷击、闪电引起的电磁冲击;

(2)可以有效地消除各信号之间的串扰；

(3)可以极大地减少系统的重量和尺寸；

(4)不存在金属导线所固有的地环流和由此引起的瞬间扰动；

(5)光纤的频带宽、容量大,传输信号速度高,而且利用时分复用或波分复用技术可实现多路信号的传输；

(6)光纤的电隔离性好,消除了电火花的产生及引起爆炸的危险；

(7)光纤的抗腐蚀性和热防护品质优良,故障隔离性好,当一个通道发生故障时不会影响到其他的通道；

(8)光纤传输损耗低,同轴电缆 1.5 km 需要有中继站,而光纤可传输上百千米无需中继站；

(9)光纤价格低,比同轴电缆低约 30%。

由于以上所述的种种优点,光纤用作信号传输线获得广泛的应用。新一代的自适应飞行控制系统也将利用光纤来传输大量数据。光传操纵系统在军、民用飞行器上的应用研究和使用被称为继陀螺和加速度计应用以来飞行控制技术最重大的进展。

四、光传操纵系统实例

图 5-59 给出了某型直升机原理样机上的三余度光传操纵系统,下面以该直升机原理样机为例,说明典型的光传操纵系统在该机上的实现及其工作原理。

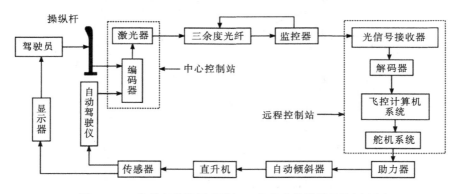

图 5-59　某型直升机原理样机三余度光传操纵系统原理图

(一)系统组成

该样机光传操纵系统主要由三部分组成,即中心控制站、三余度光传操纵系统和远程控制站。

1. 中心控制站

中心控制站设在直升机的驾驶舱内,将来自驾驶杆、脚蹬和自动驾驶仪的操纵信号通过编码器变换成光学数字操纵信号。

2. 三余度光传操纵系统

在直升机实际三余度光传操纵系统中,光纤从驾驶舱一直连接到直升机的变距操纵机构和尾桨操纵机构附近的远程控制站。因为该距离比较小,所以不必考虑光信号的畸变和衰减。监控器是一种具有解码、误差检测以及自动转换功能的大规模集成电路。当三根光纤中任一根或两根有故障时,误差检测器能将无故障的光纤中的信号转接至远程控制站的光信号接收器内,使系统正常工作。

3. 远程控制站

远程控制站实际是个电气绝缘封闭体,在该封闭体内装有光信号接收器、解码器、飞控计算机系统、舵机系统等。因为飞控计算机系统以及舵机系统都需要电源供电,而远程控制站与外界又无任何电气联系,所以封闭体内须自备供电系统。一般是将机上液压通向远程控制站,去驱动数个液压电机带动涡轮而发电。这样,完全屏蔽的远程控制站就可以防止电磁干扰和雷击等问题。

(二)系统工作原理

该型直升机光传操纵系统的工作原理是:指令信号从中心控制站发出,经三余度光传操纵系统传入远程控制站内的光信号接收机,指令信号经变换解码后再传给远程控制站内的飞控计算机系统,在加工成操纵所需的信号后,又传给远程控制站内的舵机系统,从而实现了对直升机的飞行操纵控制。

光传操纵系统余度技术是一门工程性很强的技术,开发光传操纵系统余度技术是光传飞行控制步入工程应用的必然。

复习思考题

1. 画出伺服系统的原理框图,并说明伺服系统的具体功能。
2. 舵机根据其使用动力源的不同可以划分为哪三类?
3. 图 5 - 6 所示舵机为何要采用摩擦离合器? 采用这种舵机的驾驶仪应用了何种形式的控制律?
4. DDV 式舵机与 EHV 式舵机对比有何优点?
5. 根据舵机操纵权限的大小,舵机与飞机操纵系统的联接方式有哪几种?
6. 简述阻尼器、增稳系统、控制增稳系统的作用,并说明系统设计时为何应限制增稳或控制增稳的操纵权限。
7. 简述电传操纵系统的基本组成和工作原理。
8. 简述电传操纵系统与机械操纵系统相比都有哪些优点。
9. 简述光传操纵系统与电传操纵系统相比都有哪些优点。
10. 数字电传操纵系统与模拟电传操纵系统相比具有哪些优势?
11. 简要说明时分复用光传操纵系统和波分复用光传操纵系统各有哪些特点。

第六章
现代飞行控制技术

第一节 主动控制技术

正如绪论中所述,飞行控制系统的基本功能是实现飞机的自动飞行、改善飞机的性能。主动控制技术就是为改善飞机的性能而设计的。

主动控制技术(Active Control Technology,ACT)是在飞机总体设计的最初阶段就将飞控系统的作用综合进去,将飞控系统与气动布局、结构和发动机等集成设计,从而提高飞行性能、改善飞行品质的反馈控制技术。因此,采用主动控制技术设计的飞机又被称为随控布局飞机(Control Configured Vehicle,CCV)。现代自动控制理论和电子计算机的飞速发展,为主动控制技术的实现奠定了基础;随着空气动力学的发展出现了许多新的气动布局方案,也为在飞机设计中应用主动控制技术创造了条件。

20 世纪 60 年代,在 B-52 轰炸机上最早开展了载荷减缓单功能的研究,目的是利用主动控制技术减缓飞机的结构疲劳,延长使用寿命。70 年代初期,又实现了 B-52 CCV 多功能单项验证,从原理上证明了 CCV 实现的可能性和性能效益。70 年代后期,在 F-16 战斗机上正式采用了电传操纵和主动控制的部分功能,成为第一架生产型的主动控制战斗机。主动控制在军用机上的成功应用也为其在民用机上的应用创造了有利条件,如 A310-300、A-320、图-204 等客机已采用了 ACT 技术。目前,该技术已广泛应用于三代后战机,并从单项技术应用逐步向综合控制方向推进。

ACT 功能主要包括:

- 放宽静稳定性(Relaxed Static Stability,RSS);

- 直接力控制(Director Force Control,DFC);

- 机动载荷控制(Maneuvering Load Control,MLC);

- 阵风减缓(Gust Load Alleviation,GLA);

- 乘坐品质控制(Ride Quality Control,RQC);

- 颤振模态控制(Flutter Mode Control,FMC);

- 边界控制(Boundary Control,BC)。

一、放宽静稳定性

(一)概念

静稳定性的概念在第一章中已经阐述,可用静稳定度衡量。静稳定度表征飞机气动焦点与其重心的相对位置,可用 $C_{m_{C_L}}$ 表示:

$$C_{m_{C_L}} = \overline{X}_G - \overline{X}_F \tag{6-1}$$

式中,$\overline{X}_G$ 表示飞机重心在平均气动弦上的相对位置;$\overline{X}_F$ 表示气动焦点在平均气动弦上的相对位置。

静稳定度定义为重心与焦点的距离除以平均气动弦长。焦点在重心之后则静稳定度为正,飞机是静稳定的;焦点在重心之前则静稳定度为负,飞机是静不稳定的。一、二代战机均采用常规气动布局,焦点在重心之后,三代后战机的气动布局设计使焦点在重心之前,在受扰动作用初始便不具有削弱扰动影响的趋势,是静不稳定的。

(二)静稳定性飞机的不足

由于静稳定性飞机尾翼产生的气动力与机翼产生的升力力方向相反,因而使飞机总的升力减小。而且由于飞机的静稳定特性,飞机具有恢复受扰动作用前原有飞行状态的趋势,操纵性较差,这使得飞机在空战中的机动性降低,影响作战性能。

在超声速飞行状态,由于飞机焦点往往急剧后移导致静稳定性显著增强,静稳定性飞机本身的静稳定度为正,则在超声速飞行时静稳定度更高,飞机操纵性大幅下降。而且由于焦点大幅后移,由此带来的稳定力矩变大,此时平尾必须提供很大的配平力矩,如图 6-1 所示,故需要增大平尾面积或平尾配平角;当飞机在高空接近升限飞行时,平尾配平角几乎到极限位置,可用于机动飞行的平尾偏转范围大幅减小。又由于平尾偏角增大,导致尾翼负载增大,结构重量也随之增加。另外,机翼升力除了平衡重力以外,还需克服尾翼产生的向下升力,因而可用的法向力减小,影响飞机的机动能力。此时,为了增加机动性,就必须增大迎角,又会导致诱导阻力骤增,使升阻比明显减小。

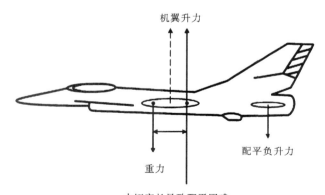

图 6-1　静稳定性飞机超声速飞行时的配平

因此,现代战机一般采用放宽静稳定性设计——放宽自然飞机静稳定性的要求,特意把飞机的静稳定性设计得小于常规要求,甚至静不稳定。通过气动构型设计使飞机的焦点前移,靠近重心或与重心重合,甚至在重心之前,从而使自然飞机响应为欠稳定、中性稳定或者静不稳定。一般采用减少平尾面积或鸭式布局的方式使飞机焦点前移,以实现放宽静稳定性的要求。

放宽静稳定性带来的益处主要有:①减少配平阻力,提高升阻比;②减少燃料消耗,增加有效航程;③提高飞机加速性;④增加飞机的爬升速度与升限;⑤减小平尾与垂尾的面积与重量;⑥增加有用升力;⑦增大飞机法向加速度;⑧减少飞机盘旋半径,提高机动性。

(三)基本原理

静不稳定飞机需要依靠飞控系统作稳定性补偿。常规飞机与采用放宽静稳定性飞机(非常规飞机)的气动焦点和重心的相对位置与 Ma 数的关系如图 6-2 所示。由图可见常规飞机的重心始终位于焦点之前。当飞机作超声速飞行时,焦点大幅度后移,飞机的静稳定度可能增大 3～4 倍,使飞机机动性大为减小。为提高机动性需采用非常规设计,在亚声速区把飞机设计成静不稳定的,依赖飞控系统提供稳定性补偿;在超声速区飞机焦点后移,成自然安定性,而且正稳定裕度较常规飞机小,仍然具有优良的升阻比,如图 6-3 所示。

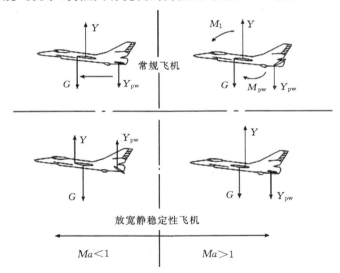

图 6-2 常规飞机与放宽静稳定性飞机的重心与焦点位置图

放宽静稳定性可以设法将重心后移,在结构上缩短机身前段或去掉机身前段的配重,也可以在飞机上加装前翼使气动焦点前移,实现放宽静稳定性布局。

二、直接力控制

(一)概念

直接力控制是在不改变飞机姿态的条件下,通过某些控制面直接产生升力或侧力,改变飞行轨迹,使飞机机动飞行,故又称"非常规机动"。常规方法操纵飞机是通过控制舵面改变飞机力矩平衡,对作用于飞机上的力产生间接的影响;而直接力控制是直接地只对作用于飞机的力

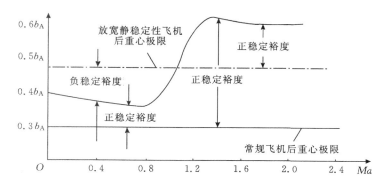

图 6-3　常规飞机与放宽静稳定性飞机的焦点随马赫数变化图

产生影响,它可以消除力和力矩之间的耦合及飞行轨迹与飞机姿态运动间的耦合,故也称"解耦控制"。

直接力控制的优点是:①直接产生按要求改变轨迹的力,减小从操纵到轨迹改变的时间滞后;②提高飞机机动性,保证航迹控制精度;③提高空对地轰炸的命中率;④改善侧风着陆能力,保持正确的着陆航迹。

根据控制目的的不同,直接力控制可以分为直接升力控制(用以改变垂直速度和高度)、直接侧力控制(用以改变侧移速度和侧向位置)和直接阻力或推力控制(用以改变飞行速度)。下面以 YF-16 CCV 飞机为例,论述直接升力和直接侧力控制的基本原理。

(二)基本原理

1. 直接升力控制

直接升力的控制面应符合下列要求:①控制面必须能引起正的和负的升力变化,以便在两个方向上修正轨迹偏差;②合成的升力作用点靠近重心;③控制面必须快速可调。

产生直接升力的方法有:①采用前、后缘襟翼;②吹气(吹散附面层);③推力矢量转向;④机头控制面(鸭翼);⑤采用扰流板。

YF-16 CCV 飞机的直接升力控制基本原理如图 6-4 所示。图中实线为该机基本电传操纵系统的信号通道,由飞行控制计算机实现;虚线为增加的直接升力控制系统的信号通道,由 YF-16 CCV 辅助计算机完成。它是用开环直接升力指令 $U_{\delta_{jf}}$ 让左右襟副翼作对称偏转、平尾作协调偏转实现的。

直接升力控制又分为直接升力、俯仰指向和垂直平移三种方式,如图 6-5 所示。

(1)直接升力方式

直接升力方式如图 6-5(a)所示。它的特点是飞机迎角不变,控制航迹,采用使空速向量与机体轴作等速转动的办法加快垂直平面内飞行航迹的改变,提高航迹机动性。

直接升力方式的动力学关系如图 6-6 所示,例如,欲使飞机向上改变航迹,开环指令信号 $U_{\delta_{jf}}$ 驱动左、右襟副翼对称向下偏转 δ_{jf},产生向上的直接升力 Y_{jf} 和低头力矩 M_{jf},同时控制平尾向上偏转 δ_z,产生附加升力 Y_{pw} 和抬头力矩 $M_z^{\delta_z}\delta_z$,当抬头力矩 $M_z^{\delta_z}\delta_z$ 与襟副翼下偏产生的低头力矩 M_{jf} 以及飞机运动阻尼力矩相平衡时,产生净直接升力。

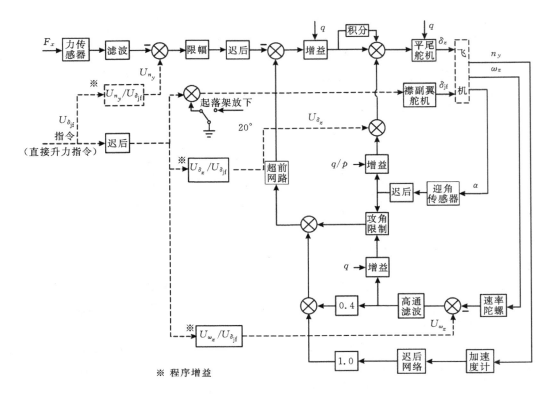

图 6 - 4 直接升力控制原理

图 6-4 中经 $U_{n_y}/U_{\delta_{jf}}$ 产生的辅助信号 U_{n_y} 与经 $U_{\omega_z}/U_{\delta_{jf}}$ 产生的辅助信号 U_{ω_z} 是为抵消基本电传操纵系统中的过载反馈和速度反馈而设置的,这两个反馈信号对直接力控制产生的法向加速度和俯仰角速度起抑制作用。由于直接力控制要求稳定迎角不变,基本电传操纵系统中的迎角反馈回路正好兼顾这一要求,故没有设置迎角辅助信号。直接升力控制通道中的迟后环节是为建立过载控制的时间常数,防止飞机机动动作过猛而设置的,$U_{\delta_{jf}}$ 指令(经 $U_{n_y}/U_{\delta_{jf}}$ 环节后)在限幅器之前与杆力指令综合,用来限制直接升力防止法向过载超过允许范围。这种方案属于开环补偿原理,襟副翼与平尾的偏转必须精确协调才能获得纯净的直接升力。$U_{\delta_z}/U_{\delta_{jf}}$、$U_{n_y}/U_{\delta_{jf}}$ 和 $U_{\omega_z}/U_{\delta_{jf}}$ 都是气动导数的函数,它们的传动比应随飞行状态的变化由动压 q 自动调节。

(2)俯仰指向方式

如图 6-5(b)所示,俯仰指向方式是在法向过载增量为零(即法向加速度保持不变,通常为 1g)的条件下,不改变飞机的轨迹角而控制飞机的俯仰角。其工作原理是,开环指令信号 $U_{\delta_{jf}}$ 使襟副翼偏转,同时引入辅助信号使平尾作协调偏转,最终只改变飞机的俯仰姿态(迎角),而不产生法向加速度,这种运动方式能迅速构成导弹和航炮射击条件,以利于战术攻击。俯仰指向方式的动力学关系如图 6-7 所示,例如,欲使飞机抬头,$U_{\delta_{jf}}$ 指令使襟副翼 δ_{jf} 上偏,产生向下附加升力 Y_{jf} 和抬头力矩 M_{jf}。同时经 $U_{\delta_z}/U_{\delta_{jf}}$ 产生辅助信号 U_{δ_z} 使平尾向下协调偏转 δ_z,产生向上附加升力 Y_{pw} 和低头力矩 $M_z^{\delta_z}\delta_z$,使 Y_{jf} 和 Y_{pw} 两个升力之和为零,M_{jf} 和 $M_z^{\delta_z}\delta_z$ 力矩综合

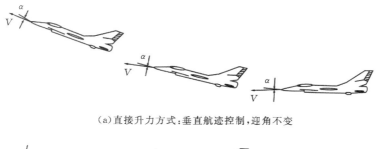

(a)直接升力方式:垂直航迹控制,迎角不变

(b)俯仰指向方式:俯仰姿态控制,航迹不变

(c)垂直平移方式:垂直速度控制,俯仰姿态不变

图 6 - 5 直接升力控制的三种方式

构成总力矩,从而只改变飞机的俯仰姿态(迎角),而不改变法向加速度和俯仰轨迹角。由于迎角改变,在基本电传控制系统中会出现相应的俯仰角速度 ω_z 和迎角 α 的反馈信号,抑制飞机俯仰运动和 α 的变化。故引入辅助信号 U_{ω_z} 和 U_α 以抵消这些反馈信号。由于法向过载基本保持不变,不需要抵消此反馈信号,而是把它用于法向加速度修正。

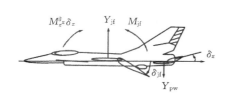

图 6 - 6　直接升力方式的动力学关系

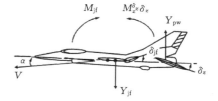

图 6 - 7　俯仰指向方式的动力学关系

(3)垂直平移方式

如图 6 - 5(c)所示,垂直平移控制方式是保持俯仰姿态不变而控制飞机垂直速度。这种运动方式适用于修正微小的垂直位置,如编队飞行时的航迹调整。其动力学关系如图 6 - 8 所示,例如,欲使飞机向上平移,U_{δ_f} 指令驱动襟副翼 δ_{jf} 下偏,产生向上附加升力 Y_{jf} 和低头力矩 M_{jf},同时经 $U_{\delta_z}/U_{\delta_{jf}}$ 产生辅助信号 U_{δ_z},使平尾向上协调偏转,产生向下附加升力 Y_{pw} 和抬头力矩 $M_z^{\partial_z}\delta_z$,使 M_{jf} 和 $M_z^{\partial_z}\delta_z$ 力矩相互平衡,Y_{jf} 和 Y_{pw} 合成产生向上升力,控制飞机向上垂直平移。控制过程中,由于迎角变化会引起飞机稳定力矩改变,从而改变俯仰角,因此,需引入俯仰角保

持系统,保证在俯仰角不变的情况下控制垂直平移。垂直平移控制方式需引入 U_α 信号抵消电传操纵系统中出现的附加迎角反馈,以免其抑制垂直平移运动。当俯仰保持功能接通时应断开 n_y 反馈,这样既可保持俯仰姿态又不影响建立垂直速度。

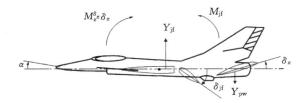

图 6-8 垂直平移方式的动力学关系

2. 直接侧力控制

直接侧力是借助于安装在机头腹部的垂直鸭翼产生的,如图 6-9 所示。当鸭翼与方向舵协调偏转时,可以直接产生侧力,也可以通过推力矢量转向产生直接侧力,在 20°的转向范围内几乎呈线性关系,且侧力分量较大,对纵向推力影响较小,它特别适用于短距离起落的飞机。

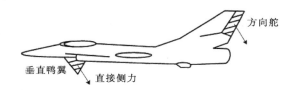

图 6-9 飞机直接侧力操纵面

YF-16 CCV 飞机的直接侧力控制基本原理如图 6-10 所示。图中实线为该机基本电传操纵系统的信号通道,由飞行控制计算机实现;虚线为增加的直接侧力控制系统的信号通道,由辅助计算机完成。它是用开环直接侧力指令 $U_{\delta_{ya}}$ 让垂直鸭翼偏转、方向舵和襟副翼作协调偏转实现的。

直接侧力也有三种非常规机动状态,如图 6-11 所示,即直接侧力方式、偏航指向方式和侧向平移方式。

(1)直接侧力方式

直接侧力方式如图 6-11(a)所示,是在无侧滑、无倾斜的条件下,控制飞机的侧力和侧向加速度,使飞机"平转弯"。这种运动方式适用于航向修正和后期瞄准修正,以消除瞄准摆动效应。其动力学关系如图 6-12 所示,例如,欲使飞机右转弯,开环直接侧力指令 $U_{\delta_{ya}}$ 让垂直鸭翼左偏 δ_{ya},为使偏航力矩和滚转力矩保持平衡,同时经 $U_{\delta_y}/U_{\delta_{ya}}$ 产生 U_{δ_y} 辅助信号使方向舵向左协调偏转,经 $U_{\delta_x}/U_{\delta_{ya}}$ 产生 U_{δ_x} 辅助信号使襟副翼左上右下协调偏转,以实现平转弯。为消除基本电传操纵系统中的侧向过载与偏航速度反馈对平转弯的抑制作用,还设置经 $U_{n_z}/U_{\delta_{ya}}$ 产生的 U_{n_z} 和经 $U_{\omega_x}/U_{\delta_{ya}}$ 产生的 U_{ω_x} 两个辅助信号。此方式以开环补偿的方式使机头跟踪速度矢量(保持 $\beta=0$),并引入闭环修正,即 β 及其积分反馈。直接侧力控制方式在飞机跟踪地面目标过程中,可消除为修正航向偏差与瞄准偏差而出现的横滚摇摆现象,在对地投弹时能显著

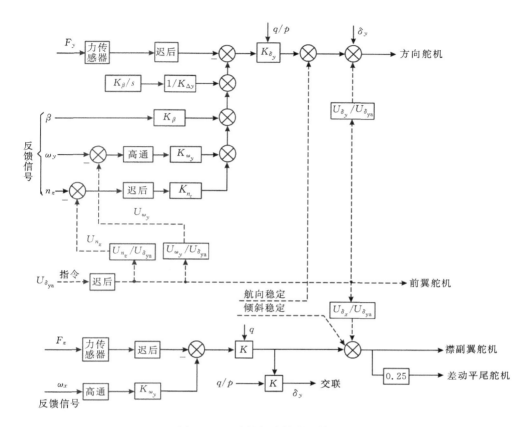

图 6-10　直接侧力控制系统原理

提高准确性。

（2）偏航指向方式

偏航指向方式如图 6-11(b)所示，是在不改变航迹角的情况下控制飞机的偏航姿态（即侧向加速度为零的情况下改变飞机的侧滑角），其动力学关系如图 6-13 所示。例如，欲使飞机机头右偏航，开环直接侧力指令 $U_{\delta_{ya}}$ 使垂直鸭翼右偏 δ_{ya}，产生左侧力 Z_{ya} 及左偏航力矩 M_{ya}，同时经 $U_{\delta_y}/U_{\delta_{ya}}$ 产生 U_{δ_y} 辅助信号使方向舵向右偏转，产生左侧力 Z_{δ_y} 及大于 M_{ya} 的右偏航力矩 $M_y^{\delta_y}\delta_y$，飞机右偏航，出现左侧滑，左侧滑产生的右侧力 Z_β 与左侧力 Z_{ya} 和 Z_{δ_y} 相平衡，从而保持航迹不变。同时，经 $U_{\delta_x}/U_{\delta_{ya}}$ 产生 U_{δ_x} 辅助信号使襟副翼协调偏转（左上、右下），以平衡因侧滑以及鸭翼、方向舵偏转引起的滚转力矩，使飞机姿态保持水平。经 $U_{\omega_y}/U_{\delta_{ya}}$ 产生的辅助信号 U_{ω_y} 用以抵消基本电传操纵系统中偏航速率反馈的抑制作用。偏航指向方式可使机头偏转 $\pm5°$，在空空、空地攻击中与火控系统交联，扩大攻击范围，为战术攻击提供有利条件。

（3）侧向平移方式

侧向平移方式如图 6-11(c)所示，是在不改变航向及滚转角的条件下，控制飞机的侧向速度，使飞机侧向平移。其动力学关系如图 6-14 所示。例如，欲使飞机右平移，开环直接侧力指令 $U_{\delta_{ya}}$ 使垂直鸭翼左偏 δ_{ya}，产生右侧力 Z_{ya} 及右偏航力矩 M_{ya}，同时经 $U_{\delta_y}/U_{\delta_{ya}}$ 产生 U_{δ_y} 辅助信号使方向舵向左偏转，产生右侧力 Z_{δ_y} 及等于 M_{ya} 的左偏航力矩 $M_y^{\delta_y}\delta_y$，M_{ya} 与 $M_y^{\delta_y}\delta_y$ 相平

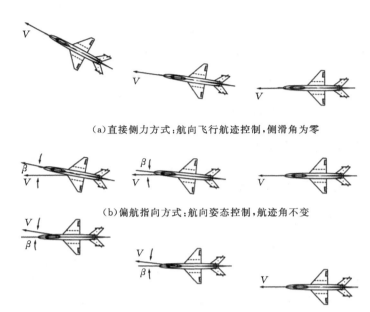

(a)直接侧力方式:航向飞行航迹控制,侧滑角为零

(b)偏航指向方式:航向姿态控制,航迹角不变

(c)侧向平移方式:侧向速度控制,航向不变

图 6-11 直接侧力控制的三种方式

衡,右侧力 Z_{ya} 与 Z_{δ_y} 相一致,合力使飞机产生向右的侧向加速度和速度,并引起侧滑角 β,由于侧滑角 β 会产生偏航稳定力矩使飞机向右偏,因此,它必须同时接通航向角稳定系统以保持航向稳定,为了保持滚转力矩平衡,还应接通副翼通道稳定系统,保持飞机水平姿态向右平移,当侧滑角引起的侧力与直接力平衡时飞机就以恒定速度作稳态平移。 侧向平移过程响应较慢,因此,侧向平移方式主要用于小幅值、慢响应的修正,如空中加油、编队飞行时的小位移修正及抗侧风着陆。

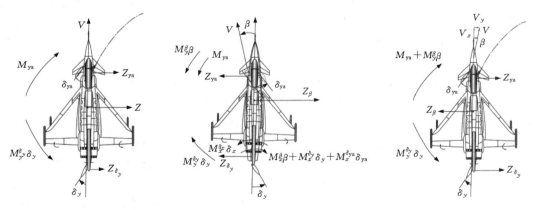

图 6-12 直接侧力动力学关系   图 6-13 偏航指向动力学关系   图 6-14 侧向平移动力学关系

三、突风载荷减缓控制

(一)概念

突风载荷减缓控制是指利用主动控制技术减小突风干扰引起的过载,达到减小机翼弯曲力矩和结构疲劳的目的。

1. 突风类型及影响

①水平突风,其影响较小;

②垂直突风,其影响较大,可分恒值突风和交变突风。

2. 突风的危害性

①产生有害的法向过载;

②缩短飞机耐疲劳寿命;

③引起飞机强迫振荡;

④影响飞行员正常操纵;

⑤侧风使飞机偏离航向,着陆时影响对准跑道,造成着陆困难。

3. 基本方法

增稳系统和自动驾驶仪一定程度上具有改善突风干扰影响的作用,但它是利用线加速度反馈,通过主操纵面(平尾、副翼、方向舵)产生间接升力和侧力抵消突风引起的过载;或者是利用角速度和角位移反馈,抑制飞机姿态变化。这种间接力控制方法无法解决运动耦合问题,不能获得满意的效果。

突风载荷减缓控制,能利用主动控制技术对突风产生的载荷进行补偿,有时也称主动突风载荷减缓。突风载荷减缓控制分为开环控制与闭环控制两种方法。

(二)基本原理

1. 开环控制

开环突风载荷减缓控制,是采用法向加速度计测量法向过载,经清洗网络和低通滤波后驱动左右水平鸭翼偏转产生直接升力,抵消由垂直突风引起的过载。清洗网络的作用是消除定常的过载信号,保证不影响正常的机动。

主要优点:①不影响飞机构架自身的动力学;②飞机飞行品质不受影响;③不影响飞控系统的控制律设计;④系统可以独立设计,设计比较简单。

主要缺点:①对飞行状态变化比较敏感;②易受飞机动力学影响;③只能做到部分升力补偿;④不适用于减小飞机结构弹性振动引起的疲劳载荷。

2. 闭环控制

闭环突风载荷减缓控制原理如图 6 - 15 所示。

闭环突风载荷减缓控制系统是基于测量垂直于机身和机翼的加速度,并把它反馈到外副翼和扰流板的伺服器,来实现突风载荷减缓功能的。机身加速度信号经过滤波以消除结构弹性影响,机翼载荷的低频影响可以用这种方法减缓,翼尖和机身不同信号的反馈用来减小高频结构动力学载荷。

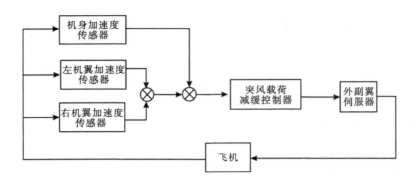

图 6-15 闭环突风载荷减缓控制原理框图

闭环突风载荷减缓控制系统的主要优点有:①利用负反馈实现突风载荷减缓稳定性较好;②可以减小突风产生的高频结构动力学载荷;③可以消除弹性影响,提高飞机耐疲劳强度。

闭环突风载荷减缓控制系统的主要缺点是:①飞控系统的控制律受到影响;②设计复杂;③影响飞机飞行品质。

(三)突风载荷减缓控制系统示例

L-1011飞机机动载荷控制/弹性模态抑制/突风载荷减缓控制系统原理如图6-16所示,其突风载荷减缓控制功能与机动载荷控制及弹性模态抑制功能共同考虑。它利用平尾偏转作突风缓和,用翼尖扩展和小的尾翼作机动载荷控制,用外副翼偏转解决弹性模态抑制。它属于闭环突风载荷减缓控制系统。

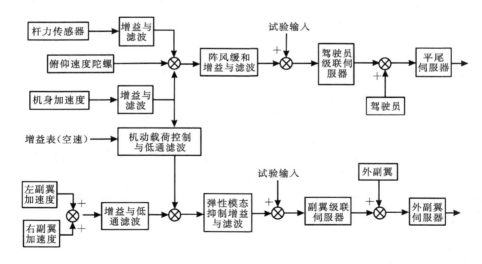

图 6-16 L-1011飞机机动载荷控制/弹性模态抑制/突风载荷减缓控制原理

四、乘坐品质控制

(一)概念

对于机身细长且挠性较大的高速飞机,当遇到阵风干扰导致机身发生弹性振动时,乘员会感到不舒服,甚至影响驾驶员操纵飞机,机体也容易疲劳,上述现象就是所谓的乘坐品质问题。

试验表明,通常在垂直震动过载超过 $0.1g$ 时,乘员会感到不适;当超过 $0.2g$ 时,判读仪表困难;当超过 $0.5g$ 并持续几分钟后,驾驶员就会担心飞机出事故而改变飞行高度和速度。

飞机乘坐品质的评价指标——乘坐舒适性指标,在美国 MIL-F-9490D 中有所规定。该指标定义为

$$J_{RD} = kC_Y^{\alpha}/(W/S) \tag{6-2}$$

式中,W/S 是机翼的翼载,C_Y^{α} 是机翼升力 Y 对迎角 α 的导数,k 为比例系数。飞机越大,该指标越小。通常,若该指标小于 0.1,则意味着乘员是舒适的或乘务人员工作负担是轻的;若该指标大于 0.28,则驾驶员就需要改变飞机的运动状态以减少大气扰动对飞机的影响。

(二)基本原理

乘坐品质控制与突风载荷减缓控制的基本原理类似,都是通过操纵额外的主动控制操纵面偏转来控制飞机的过载。乘坐品质控制通过减少沿飞机机身分布的附加过载来保证乘员在大气扰动下的舒适性;而突风载荷减缓控制则通过减小大气扰动引起的沿机翼翼展分布的附加过载,从而减少机翼弯矩并减小结构载荷。但总的来说,乘坐品质控制可全面提高飞机的乘坐舒适性,但会增大负过载时的机翼弯矩,控制设计与应用相对复杂,使用成本相对较高,因而现役成熟的民用客机多采用突风载荷减缓控制。

美国波音公司曾在小型民用客机 DHC-6 上开展了乘坐品质控制系统研究,如图 6-17 所示。重心处的法向加速度信号通过清洗网络反馈给副翼和扰流片,以改善飞机的乘坐品质。

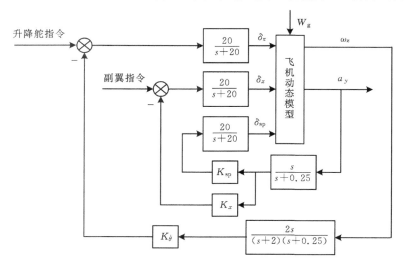

图 6-17　DCH-6 飞机纵向乘坐品质的控制系统结构

但分析表明,加速度反馈会减小飞机的短周期固有频率并增大阻尼,使飞机对驾驶员输入的响应变得迟缓。为此,乘坐品质控制必须与飞机的增稳控制系统结合起来进行设计。在该系统中,俯仰角速度信号通过低通滤波器和清洗网络对升降舵实施控制,以改善飞机的操纵品质。各反馈通道均采用了清洗网络,这是为了消除转弯时对稳态加速度和俯仰角速度的影响。

五、机动载荷控制

机动载荷控制(Maneuvering Load Control,MLC)是主动控制技术在改善结构特性上的应用,就是根据飞机的过载情况,操纵机翼上的增升装置,改变机动飞行时的机翼载荷分布,使其趋于理想分布,以达到减小机翼结构重量、提高机动性的目的。

机动载荷控制的目的对于大型飞机(轰炸机、运输机)与小型飞机(歼击机)是不一样的。大型飞机的目的是提高巡航经济性,而小型飞机则是提高其机动性。

(一)轰炸机、运输机的机动载荷控制

轰炸机、运输机机动载荷控制的目的是降低翼根弯矩、减轻机翼结构重量和改善结构疲劳,从而提高巡航经济性。

大型飞机具有相当大的机翼面积和机翼载荷,长时间工作于 1g 法向过载的巡航飞行状态。巡航飞行时,机翼载荷一般呈椭圆形分布,翼根处载荷最大。机动飞行时,机翼上的载荷加大,从翼尖到翼根的机翼弯矩迅速增长。机动载荷控制就是在机动飞行时,通过控制舵面,提高机身附近翼段升力,降低外翼段升力,使气动中心被迫向内翼段移动,以降低翼根弯矩,减轻机翼结构重量。一般采用三种方法:①利用对称外副翼向上偏转与后缘机动襟翼运动相配合实现 MLC;②借助外副翼与前缘机动襟翼配合运动实现 MLC;③利用后缘襟翼与扰流板配合实现 MLC。

B-52 飞机在采用机动载荷控制系统后,翼根弯矩减小 10%～15%,机翼结构重量减小5%,航程增加 3%。

(二)歼击机的机动载荷控制

歼击机机动载荷控制的目的是使机动飞行时机翼的升力呈椭圆形分布,从而减小机翼的诱导阻力,同时延缓亚声速时机翼上气流分离,以提高升力及最大法向过载,从而提高飞机的机动性。一般采用前缘控制和后缘控制两类技术途径,前缘控制面一般为前缘机动襟翼和前缘缝翼,后缘控制面通常有机动襟翼和襟副翼。

譬如,YF-16 飞机采用控制前缘襟翼实现机动载荷控制,如图 6-18 所示,使其偏转角随迎角增加而增加,从而改变机翼弯度,减小机翼大迎角气流分离,减小机翼阻力,提高升阻比,提高飞机机动性。分析计算表明,当飞行高度为 9000 m,以最大推力做稳定盘旋时,采用机动载荷控制系统后,其稳定盘旋过载可提高 18%。

六、主动颤振抑制

(一)概念

具有自动增稳与控制增稳功能的飞机都装有敏感飞机角运动与角速度信号的传感器,正常情况下,它们引入负反馈增加飞机的稳定性,但是由于飞控系统中的非线性因素会使反馈信

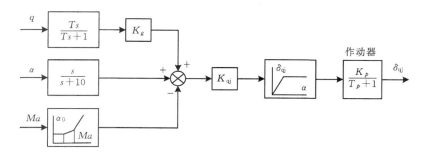

图6-18　YF-16飞机前缘襟翼控制系统

号产生时滞,且这种滞后随信号频率的增大而增大,在某一个频率点上时滞可能达到180°,从而使负反馈变成正反馈。原来的阻尼作用变成加速系统发散作用,而且当与飞机结构模态相耦合时就会产生自激振荡——颤振,因为它是由伺服器引起的,所以又称伺服颤振。它是飞机上最剧烈、最危险的一种振动,还与飞机的飞行速度有关,飞机结构与气动弹性作等幅振动时的飞行速度称颤振临界速度,当速度再增加时,即发生颤振,颤振可能造成飞机结构破坏或断裂,颤振抑制技术设法提高颤振临界速度,以实现主动颤振抑制。

(二)基本原理

　　一种用于机翼/外挂物主动颤振抑制系统的原理结构如图6-19所示,颤振抑制回路通过安装在机翼上的迎角传感器感受飞机的迎角 α,迎角信号 α 先经高通滤波滤掉飞控系统测量的较低频正常迎角信号,以免(高频)主动颤振抑制回路干扰飞控系统的正常工作。高通滤波器信号经增益和相位调整补偿网络处理后,作为抑制颤振的补偿信号参与操纵面控制,达到只抑制颤振又不影响飞控系统的正常工作的目的。图6-19中补偿网路如图6-20所示。

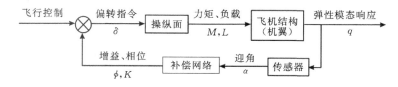

图6-19　主动颤振抑制原理框图

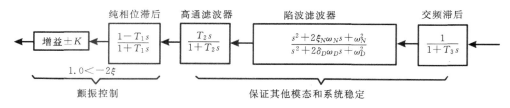

图6-20　通用补偿网络

　　提高颤振临界速度的方法主要有:①增加配重,利用复合材料从结构上采取措施,改变结构质量分布和刚度分布;②采用主动控制技术作颤振抑制;③采用滤波器把高频结构模态信号从系统中滤掉,使舵机对这种信号不反应。

七、边界控制

(一)概念

边界控制(又称包线限制)是指对飞机重要状态变量的边界值实施限制,其目的是减轻飞行员的工作负担,实现"无忧操纵",保证飞行安全和实现飞机的作战性能。通常考虑的包线限制主要分为以下两种:

(1)与飞机失控相对应的限制主要为飞机的迎角、侧滑角和空速的限制。迎角超过最大升力迎角,将会引起飞机失速和尾旋,迎角过大还将引起横侧向不稳定。侧滑角也应限制在允许的范围内,否则会造成过大的侧向过载。飞机空速既不能过高,也不能过低。飞行速度不断提高,会引起飞机机翼的弹性振荡模态阻尼降低,从而引起飞机伺服弹性颤振,为此应将飞机的飞行速度限制在临界颤振速度之内;而飞行速度过小,将有可能造成失速。

(2)与飞机结构应力过大相对应的限制主要为过载和滚转速度等参数的限制。过载过大,将会造成飞机部件的应力疲劳,甚至损伤、破坏。与此类似,滚转速度过高,将使机翼承受较大的载荷。

此外,可能还有其他参数的限制,如与发动机正常工作相关的参数以及与武器投放相关参数的限制等。

在进行边界控制时,应区分下述两种边界的差别:

(1)限制边界,允许飞行员在应急情况下,超过该边界(如为避免坠机),其后果可能发生某些永久性的结构变形。

(2)极限边界,超过该边界将会引起飞机损毁。

(二)迎角边界控制

在飞机许多参数的边界控制中,迎角限制是一种重要且常见的控制方案。迎角边界控制常用的调节规律为迎角误差的 PID 控制:

$$\begin{cases} \delta_z = L_{P\alpha}\Delta\alpha + L_{I\alpha}\int\Delta\alpha\mathrm{d}t + L_{D\alpha}\Delta\dot{\alpha} \\ \Delta\alpha = \alpha_B - \alpha \end{cases} \tag{6-3}$$

式中 α_B 为迎角的限制值。由于对迎角信号难以进行直接微分,所以经常采用俯仰角速度反馈 q 来代替:

$$\delta_z = L_{P\alpha}\Delta\alpha + L_{I\alpha}\int\Delta\alpha\mathrm{d}t + L_q q \tag{6-4}$$

由于迎角边界控制也需要利用升降舵来实现,因而存在如何与控制增稳系统相兼容的问题。通常,飞行员进行小机动操纵时,是在一般控制增稳模态下工作。一旦飞行员需要进行大迎角机动操纵,系统就自动切换到边界控制模态;反之,一旦希望退出大机动状态,系统应能自动切换到正常控制增稳模态。可采用如下的信号选择器方案:

$$U_{\delta_z} = K_B e_N + (1 - K_B)e_B \tag{6-5}$$

式中:e_B 为迎角边界控制器计算求得的控制指令,e_N 为控制增稳系统的控制指令,K_B 为逻辑控制参数。当 $K_B = 1$ 时,$U_{\delta_z} = e_N$,此时系统处于控制增稳模态;当 $K_B = 0$ 时,$U_{\delta_z} = e_B$,此时系统处于迎角边界控制模态;若 $K_B \in (0,1)$,则系统处于两种系统共同控制模态,迎角在大操纵

量下将会超过 α_B，但增长速度缓慢。后者被称为软限制，前两种情况被称为硬限制。

第二节　余度技术与故障监控

新型飞控系统，特别是运用电传操纵技术的飞控系统，均在部件级（如传感器）和系统级（如控制通道）采用了余度技术，以提高飞行控制的可靠性、安全性和容错能力。

一、余度技术

（一）概念

依据美国军用标准 MIL－F－9490D 的定义，余度即为"需要出现 2 个或 2 个以上的独立故障，而不是一个单独故障才能引起既定的不希望工作状态的一种设计方法"。

余度可采用的方式是：

（1）采用 2 个或 2 个以上的部件、分系统或通道，每个部件都能执行给定的功能；

（2）采用监控装置，能检测故障，完成指示、自动切出或自动转换；

（3）采用上述 2 种方式的组合。

由此定义可知，余度系统采用多套相同的分系统来实现同一功能，因此，当一些通道或分系统出现故障时，飞机仍能工作。那么，多个通道怎样参与工作？他们之间如何协调？如何对运行中的部件进行故障监控？出现故障怎样隔离？余下完好的通道怎样重新组织运行？这些都是余度管理应当完成的主要工作：信号选择（表决）、故障监控与隔离。

（二）余度技术的形式与分类

余度技术的形式与分类可以从结构与运行方式两方面划分。

1. 余度结构划分

从余度结构划分，有下列三种形式。

（1）无表决、无转换的余度结构

这种系统，当结构中任一部件出现故障时，不需要外部部件实现故障的检测、判断和转换功能，如并联开关系统。

（2）有表决、无转换的余度结构

这种系统需要一个外部元件和判断（表决）机制，但无须实现转换功能，如多数表决逻辑系统。

（3）有表决、有转换的余度结构

这种系统需要一个外部元件检测和判断故障，并转换到另一个通道或系统，以代替故障通道或系统，如备份式余度等。

2. 运行方式划分

从余度系统运行方式划分，有下列两种形式。

（1）主动并列运行

这种系统有多个系统同时并列工作，由表决器（信号选择器）输出经过选择的正确信号。表决器具有信号选择功能，如取中值、均值、次大及次小等，可用软件实现。这种系统又被称为表决系统。该系统又分为系统并列结构与部件并列结构两种,如图 6-21 所示。

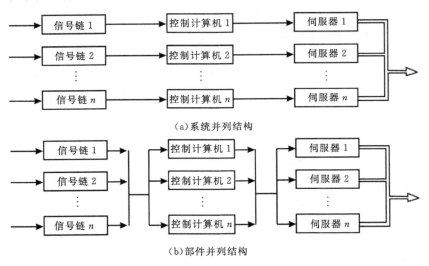

(a)系统并列结构

(b)部件并列结构

图 6-21　主动并列运行余度形式

(2)备用转换运行

这种系统中一个或部分分系统工作,其余分系统处于备用状态。当工作的分系统出现故障时,通过监控装置检测出故障并转换至完好的备用分系统,使系统继续正常工作。这种系统又分为热备份系统与冷备份系统两种状态。热备份系统与工作系统处于同步随动状态,但输出不起作用;冷备份系统处于中立位置,仅在转换时才启动工作。

从上述分类中可见,设计余度系统时,主要应解决余度数和表决/监控面的设置及运行方式。

(三)余度系统的等级、配置及余度管理

余度等级又称容错能力,按美国军用标准 MIL-F-9490D 的规定,电传飞行控制系统的最低余度等级如表 6-1 所示。

表 6-1　电传飞行控制的最低余度等级

飞控系统重要性	最低余度等级
重要的	故障-工作
飞行阶段重要的	故障-消极保护
不重要	故障-安全

余度配置主要应解决如下三个问题。

1. 余度通道数

目前多数采用双余度、三余度及四余度。余度数的多少主要从可靠性、重量、体积、费用及余度管理水平等方面权衡考虑。余度系统中各级部件的余度数并不一定相同。并不是余度数越多,可靠性就越高。分析表明,当余度数超过一定数量时,可靠性提高的效果不尽人意;此

外,相同的余度数,采用不同的管理方式,亦可获得大不相同的可靠性。先进的余度管理技术,可使达到同样的可靠性指标及余度等级所需的余度数减少。

2. 表决/监控面的设置

余度系统往往是采用多级、多余度部件组成的。应在系统不同的部件上对信号进行监控选择,及时检测出部件级故障,故应在系统不同位置设置表决监控面。余度配置任务之一就是确定在哪一级采用表决/监控面。设置表决/监控面的一般原则是:

(1)满足可靠性指标的要求。一般分级余度的可靠性高于整机余度。表决/监控面的设置正是将余度系统分为若干级,使生存通道增多,可靠性提高;但分级过多,系统将变得过于复杂,反而不利。

(2)满足部件级(可更换故障单元级)故障-工作容错能力的要求。在有些余度系统中,往往要求部件也具有双故障-工作的容错能力,并需要进行信号选择和故障监控。图 6-22 为AFTI/F-16 飞机设置的表决/监控面示意图。

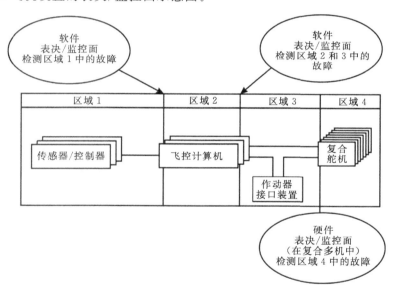

图 6-22　AFTI/F-16 飞机的表决/监控面配置

(3)满足信号一致性的要求。例如,输入到力综合式余度舵机的信号,如果差别太大,将会造成舵机的力纷争,因此,需要在部件中设置表决面进行信号选择。

(4)降低系统部件故障效应及故障瞬态的影响。

3. 信号传递方式

在余度配置中,信号传递是靠部件间及通道间的信息交换与传输来完成的,这与表决面的设置密切相关。一般信号传递有以下两种方式。

(1)直接传递方式

即余度系统中每条通道的信号源组成单一通道进行单独处理,任一信号源出现故障,该通道即宣告故障。

(2)交叉传递方式

每个信号源的数据交叉传输至每条通道中的下一部件,这是提高系统可靠性的有力手段,不会因一个信号源的故障而损失整个通道。交叉增强传递方式如图 6-23 所示。

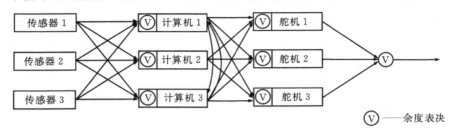

图 6-23 交叉增强传输

4. 余度管理

余度管理的目的是最大限度地提高系统的可靠性,使系统在正常工作时高效运行;产生故障后,使系统性能降低最小,并对故障瞬态提供保护。余度管理方式的优劣对余度系统的可靠性、质量、体积、复杂性和费用起决定性作用,是余度系统设计的核心。余度管理的主要内容是信号选择(表决)和故障监控与隔离。

(1)信号选择

信号选择就是从各余度通道的信号中选择一个信号,作为工作信号。信号选择是由信号选择器(表决器)执行的,在数字系统中,通常由软件实现。信号选择有两种类型:中值选择与平均值选择。目前,数字式飞控系统常采用这两种类型的组合,即输入为 4 路信号时,取次大值和次小值的平均值为输出;输入为 3 路信号时,取中值信号为输出;输入为 2 路信号时,选择其平均值为输出。在余度系统中,通过信号选择可提高系统的可靠性,以及各通道信号之间的一致性。

(2)故障监控与隔离

故障监控与隔离,用以感受各通道的工作状况,从而检测并隔离故障,可用硬件或软件实现。余度系统中必须包括故障监控与隔离装置。

监控主要分为两种:比较监控和自监控。

①比较监控

比较监控有跨通道的比较监控(输入与输入比较)、跨表决器的比较监控(输入与输出比较)以及模型比较监控(构造一个简单的相似数字或电子模型,与真实物件的输出进行比较)。

a. 跨通道的比较监控是将所有通道输入信号都进行两两比较,取其差值,当其差值超过规定的监控门限时,其结果与其他通道监控结果相"与",并依此结果判断故障通道。

b. 跨表决器比较监控是将各通道输入信号经信号表决器比较后选择一个正确的信号输出,然后将输入信号与该正确信号进行比较,若某通道的差值超过规定门限时,即可判定该通道故障。

c. 模型比较监控即构造一个简单的、与实物动、静态特征相似的数学或电子模型,在输入信号相同的条件下,通过比较输出来判断实物系统是否出现故障。

②自监控

自监控就是不需要以外部相似数据作基准,而是在被监控对象本身建立基准,完全依靠自身的基准来监控自身的故障。具体的自监控(自检测和在线监控)方法应依对象的特性进行专门设计。目前,自监控通常采取以下三种方法:

a.自检测:被监控的对象无须设置专门的试验或监控装置(硬件),仅利用一些现成的手段(包括软件)检测自身的故障,如计算机内的各种检测即属此类。

b.自监控:被监控的对象通常要借助在自身内部专门设置的故障检测装置来检测故障,如角速度陀螺内部设置的电机转速监控器等。

c.在线监控:被监控系统在工作过程中采用现成手段即可监控自身的故障,如在电传操纵系统中常用的感应式位移传感器(LVDT),就可以依照自身的工作过程进行监控。

③故障隔离与切换

故障监控的另一个问题是故障隔离与切换,即对检测出有故障的通道实现隔离与切换。在故障隔离与切换时,会改变系统的状态,所以还必须确定系统的状态并及时通告飞行员。数字式电传操纵系统主要采用软件隔离与硬件切换,并应保证切换瞬间满足要求;同时,切换装置的可靠性应高于被切换部件的可靠性。

二、非相似余度技术

在采用多通道方法构成余度系统时,如果各通道均采用相同的硬件和软件,则容易发生共点故障。非相似余度技术就是采用完全不同的硬件和软件来组成余度通道,产生和监控飞行控制信号,以避免多通道余度系统的共点故障,提高系统可靠性。例如现代民用飞机,要求其电传操纵系统的失效故障概率达到 10^{-9}/飞行小时,因而均采用非相似余度技术。非相似余度方案主要有:

(1)使用两种(或更多)类型的微处理器,并采用非相似软件;

(2)除四余度或三余度主数字系统外,增加模拟备份系统;

(3)采用不同的传感器、计算机和控制手段(如舵面分开控制)的备份系统;

(4)上述(1)~(3)的组合。

A320飞机的数字式飞控系统采用非相似余度结构。该系统的计算机由两个独立计算机子系统组成:两台副翼/升降舵计算机和三台扰流片/升降舵计算机;五台计算机中的任意一台均可控制飞机安全飞行。但是,这两个计算机子系统的硬件是不同的。前者是 MOTOROLA 公司的 68 000 微机,后者是 INTEL 公司的 80 000 微机,子系统相互独立,相互间不传输信号。每台计算机又分为两条通道,一条通道产生控制指令传送给舵机,而另一条通道监控其结果。当两个计算结果不一致时,该台计算机被切除。每条通道采用不同的软件结构,控制指令用 Pascal 高级语言编程,监控通道则用汇编语言编程,并且每条通道均由不同人员独立开发。

三、解析余度

相对于硬件余度,解析余度不是通过"相似"硬件的多重设计,而是用数字(软件)方法来构成余度。通常采用与测量变量有关的物理过程的解析模型来形成余度。现阶段采用的多套硬件余度有一个本质的弱点——其基本可靠性,即平均无故障间隔时间会成倍下降,给地面维护工作增加负担,而解析余度技术可在提高系统安全可靠性的同时,保证系统的平均无故障时间不降低。例如,美国 F-8C 数字电传计划进行的解析余度研究,即利用惯性测量部件的输出来求得飞机运动的角速度。

由于采用解析余度,在角速度陀螺的余度配置设计时,只设置硬件二余度,再增加一个解析余度,即可实现速度陀螺的故障检测和定位。类似地,对飞机的其他变量亦可采用不同的物理关系,由其他可测的变量求得。因此,飞控系统中所需的很多变量,不用硬件余度配置,而是利用少量可测输出,依据控制理论中的状态观测器方法完全由计算机计算求得。但必须看到,解析余度在计算机实现时,理论和技术方面还有大量问题需要解决。由于计算量很大,现阶段的飞行控制计算机还难以胜任。

四、数字式飞控系统的软件可靠性

数字式飞控系统是在计算机支持下工作的,因此,它的可靠性还取决于计算机软件的可靠性。了解软件可靠性的概念,应该首先明确以下术语。

(1)软件故障:若实际的软件行为违背了它的需求规则,则称发生了一个软件故障。软件故障是由软件错误造成的一种外部表现。

(2)软件错误:软件运行时,若到达了一个不正确的内部状态,则称发生了一个软件错误。软件错误是由软件缺陷造成的。

(3)软件缺陷:一段程序,若用来进行某些数据处理会产生软件错误,则称该段程序存在缺陷。软件缺陷是一种静止现象,只在一定的输入条件下才会发生软件错误。

(4)软件可靠性:软件在规定的时期内无故障运行的概率。

软件失效现象具有随机性质。因此,应采用概率的观点来研究可靠性,但它与硬件的可靠性问题不同,研究方法也不一样。软件可靠性技术大致包括如下两个方向:

(1)软件可靠性改进技术,包括软件避错技术、软件容错技术及软件测试、除错技术;

(2)软件可靠性预测技术。

严格按"软件工程"方法进行软件开发是保证得到可靠性较高软件的根本方法。

五、备份系统

为使电传操纵系统有极高的安全可靠性,除主余度通道外,还设有备份系统或通道,以保证主余度通道万一失效时,飞机也能安全返航和着陆。

现代飞机的电传操纵系统多数都设置备份系统。譬如,苏-27飞机采用机械操纵系统为电传操纵系统提供备份。其主要目的是:当电传操纵系统由于系统主要余度部件,如重要的传感器和计算机等完全失效时,或电传操纵系统受到环境因素,如雷电或电磁等干扰以及软件因共点故障的影响完全失效时,可保证飞机有所要求的生存能力。由于电传操纵系统某些部件的完全失效,如迎角传感器、某机体轴的角速度陀螺等,而引起的电传操纵系统故障,飞控系统并不一定要进入备份系统,此时,可设置电传操纵系统控制律重构的降级模态。在降级模态,控制律依据完好的系统部件特性进行设计,使飞机仍具有一定的控制功能,不过不能保证系统具有优良的飞行品质。

但是,电传操纵系统重要部件的余度等级一般较高,出现完全失效的可能性很低,因此,电传操纵系统设置备份系统的主要原因是：当由于环境因素和系统软件未知因素，特别是通用软件设计误差而引起整个电传操纵系统功能失效时，系统不至于失去控制功能。经验表明，在电传操纵系统设计时，若能充分考虑到对环境因素影响的抑制，并对软件进行认真的测试与验证，或采取必要的提高软件可靠性的措施，将会降低对备份系统的需求程度。

为了达到设置备份通道的目的，通常要求备份通道的功能及结构简单、可靠性高。在保证整个飞行包线内具有至少 3 级飞行品质和着陆阶段具有 2 级飞行品质的前提下，应力求使系统简单、可靠；同时，它应与主余度通道是非相似的，尽量采用不同的信号传递介质。目前多采用下述几种类型的备份系统。

（一）多余度的模拟式备份系统

由于模拟式系统的抗电磁干扰能力强于数字式系统，并且没有软件故障问题，因此是一种较好的数字式系统备份系统。如 AFTI/F－16 即采用三余度模拟式备份系统，又如 X－29 飞机三轴电传操纵系统以及 F/A－18 的滚转轴和偏航轴也是模拟式备份系统。

（二）多余度的数字式备份系统

尽管备份系统仍然是数字式的，但它与主余度系统是非相似的。如 F－16C/D 飞机主余度系统是四余度数字系统，而备份系统是一个软件不相同的四余度数字系统。

（三）机械备份系统

采用机械备份系统时，无法实现飞机的控制增稳。因此，这种飞机本身必须是静稳定的，且在无增稳及控制增稳的条件下，飞机具有可接受的飞行品质。例如 F/A－18 的纵轴备份系统就是机械式的，该飞机本身是静稳定的，在机械操纵系统控制下，也具有可接受的飞行品质。

为了增强飞机飞控系统的可靠性和飞机的安全性，在现代采用电传操纵系统的先进民用飞机上，往往还采用双重备份系统。如 B777 的主飞行操纵系统中，除具有模拟式备份系统外，还采用机械式的配平操纵系统作为主飞行操纵系统的应急备份系统。

综上所述，采用独立备份系统具有很多优点，但采用备份系统也存在某些缺点：使系统的复杂性增加，成本提高，将可能成为飞控系统额外的故障源，当数字主系统没有问题时，独立系统可能形成问题，如意外的自动接通或飞行员有意或无意接通；独立备份系统还要求进行额外的飞行试验，要求飞行员进行额外的训练去掌握这种操纵状态；在电传操纵系统设计时，还必须进行精心设计，以保证两种系统可实现良好的转换。

所以，当可保证主余度能实现对外界环境干扰的抑制以及不会产生通用软件的设计错误时，不设置备份系统也是一种可选择的方案。实际上，在某些研究型甚至生产型飞机的电传操纵系统中就不采用备份系统，如 F－16A/B（模拟式）、"美洲虎"（数字式）以及"幻影 2000"（模拟式、数字式）等飞机就没有采用备份系统。

第三节　现代战机攻击导引技术

一、概述

精确制导技术是现代高科技武器发展的新趋势。近 20 年来，美军多次运用"震慑"（Shock

and Awe)战略思想,实施不接触战术,采用"精确打击"武器对敌方雷达、桥梁、机场、坦克、车辆、舰船等固定或活动目标实施"点穴"式精确打击,有效地保存了有生力量,沉重地打击了对手,为赢得战争的最后胜利起到了决定性作用。

精确打击武器是由载机等航空器发射,主要用来攻击地面、水面和空中目标的精确制导武器。精确打击过程中,对于武器系统的发射平台——载机,如何按选定的作战战术控制它的飞行轨迹和姿态,对尽快满足机载火控武器发射条件起着极其重要的作用。因为,不论是超视距攻击,还是近距格斗,不论是空对空作战,还是对地、水面目标的空中攻击,都必须根据战术要求并结合作战态势自动或辅助飞行员控制载机的飞行轨迹,快速准确地导引载机追踪、锁定目标,尽早满足机载武器发射条件,通过载机的火力与指挥控制系统进行武器发射与跟踪,实施有效攻击。可见,与载机火控系统和飞控系统密切相关的导引控制技术,对实施精确打击起着举足轻重的作用。

本节主要介绍攻击导引的有关原理和方法。

二、战机攻击导引

载机机载飞控系统与地面或空中的指挥系统协同工作,或与本机的火控系统协同工作,使载机飞向预定空域或追踪/拦截飞行目标的工作方式,称为载机攻击导引。

与地面指挥系统协同时,导引系统工作原理如图6-24所示。

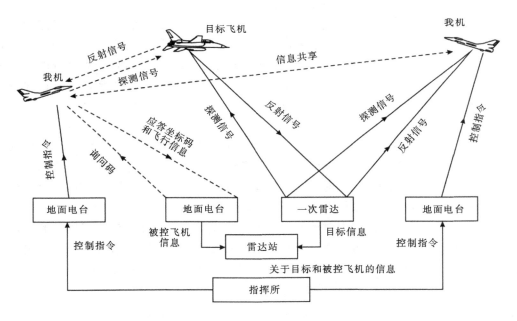

图6-24 地面指挥导引系统

当远方一次雷达探测到敌机后,通过雷达站对敌机信息进行处理并传至指挥所,指挥所再经地面电台全向发出特定频率的控制指令,装有机载数传导引指令接收系统的载机根据该指令自动追踪敌机(目标),并迅速进入指定空域,使机载雷达搜索目标并迅速接敌——机载火控雷达截获目标。

之后,由载机火控系统继续导引载机占位,使之尽快满足载机制导武器的发射条件,以发射武器实施攻击。载机火控雷达接敌后,导引控制系统的原理结构如图6-25所示。

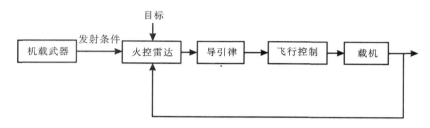

图6-25 火控雷达接敌后载机攻击导引系统原理图

载机导引过程可分为以下三个阶段:

(1)远距导引:载机根据地面指挥系统所给的目标信息,飞向指定战区(与目标的距离小于机载雷达视距)。此阶段机载雷达可一直处于关闭状态,使载机具有较好的隐身性,如图6-24中实线所示;也可通过我机之间、我机与地面电台之间的信息交联来完成导引任务,如图6-24中虚线部分,以实现整个系统的交联。

(2)近距导引:到达指定空域后,载机雷达开机,探测、发现、识别、跟踪、锁定目标后,实施追踪与战术占位。追踪和占位策略与目标飞行条件、载机及其武器的性能有关。载机导引系统应能根据敌我双方的作战态势,做出最合理的导引决策,通过飞行控制使载机与目标的相对位置(包括距离与目标进入角)满足武器发射条件后,实施对敌攻击。

(3)机动导引:载机使用导弹在机动飞行中对空、地、水面目标有效攻击后,迅速飞离敌方空域,安全返航。

使用制导炸弹时,一般采用高空投射攻击方式,只需向地面目标空域导引使其满足投放条件,而不必采用超机动攻击方式。

三、战机导引的几个关键技术

(一)远距追踪导引技术

远距导引要研究导引问题的描述、追踪捕获域的计算与分析、导弹制导的各种导引方法比较及其运用于战机远距导引时的特殊问题、针对机动目标的载机追踪/拦截导引律研究以及超机动飞行控制技术等。研究目标是使所设计的导引策略以时间最短或能量消耗最省、面临的威胁最小为目标,引导载机迅速接敌。

可以运用最优控制与微分对策理论进行研究,并以计算机仿真手段进行验证。当目标没有发现本机时,运用单边优化方法设计优化追踪轨迹;当目标发现本机,企图逃逸时,则以对策论考虑双边优化比较实际;当目标发现本机,企图对抗时,用微分对策进行研究。也可结合实战要求,进行更合实际的优化研究,以方便工程实现。

(二)近距攻击导引技术

近距导引要研究载机所带武器的发射条件,如导弹发射区计算与制导炸弹可达域计算,空战态势和作战效能评估方法,攻击战术与优先占位方法研究等。

导弹发射条件主要包括:载机到目标的距离应在最大允许发射距离和最小允许发射距离范围内,要按不同攻击方式,如全向攻击和尾后攻击等,分别计算;目标进入角与导弹离轴发射角的计算;载机的法向过载应小于允许过载;目标位于瞄准误差圆内。

当载机与目标的性能相当,则要考虑目标的逃逸,而导弹攻击目标的条件——捕获域的计算更为复杂。

(三)机动导引技术研究

机动导引是基于现代超机动飞行控制技术,如低速大迎角飞行控制等,运用有效的攻击战术,对敌实施有效攻击。因此,要研究具有超机动飞行能力的战机攻击战术问题,尤其是如何进行超视距攻击;要研究机动攻击中智能化飞行控制律的实时实现问题。

可以针对不同的空战对象,基于态势与威胁评估进行优化攻击战术的研究;运用先进的方法进行非线性飞控系统设计,以实现大迎角超机动飞行;运用神经网络技术解决超机动飞行控制中的鲁棒与实时控制问题,使机动导引控制系统能够克服目标机动和测控时延等不确定因素对导引性能的影响。

(四)追踪捕获域研究

捕获域是指在有限的时间内,采用所确定的导引律,能捕获目标的追踪控制的初始状态点的集合。捕获域又称不可逃逸包线,用 c_s 表示。描述初始状态的量可选为两飞行器间的相对距离与相对速度(r_0,V_{r0}),或者相对速度与相对角速度(V_{r0},V_{∞})等。当初始状态不在 c_s 内时,所采用的导引策略不能捕获目标。

载机导引中,捕获域研究可分为两个方面:远距导引中,载机对敌机的追踪捕获域;近距导引攻击中,载机空空导弹对敌机的攻击捕获域。

(1)远距导引中,载机捕获敌机的条件主要是:与目标的相对距离 r 应小于机载雷达的视距;当载机与目标的相对运动初始状态不在捕获域内,则应放弃追踪。

(2)近距导引中,除了考虑载机与目标的相对距离,还要考虑与目标相对速度和相对方位等武器发射条件的要求。因为,只有当载机与目标的相对运动初始状态在武器对目标的攻击捕获域内,才能发射武器实施攻击。

由此可见,捕获域计算非常重要,对于决定我机的有效导引策略,使载机进入捕获包线,实施远距追踪导引或近距攻击导引,具有指导意义。

(五)导引律研究

导引控制律主要研究如何根据目标的相对运动调整载机的控制指令,以给定的指标(时间、油耗、过载、脱靶量等)自动导引载机飞到目标捕获域。对战机而言,当战机导引系统获得目标的信息后,以何种轨迹截获目标是导引控制律研究的问题。设计中要考虑以下几个方面的问题。

1. 简化三维导引模型,设计导引控制律

三维导引问题可简化描述为两个互相垂直平面内的二维问题来研究。

载机(P)和目标(T)在同一水平面内的二维运动几何关系与各变量定义如图 6 – 26 所示,LOS 为目标视线。基于运动学原理可获得式(6 – 6)给出的用极坐标描述的导引追踪模型,进

行导引控制律的研究。

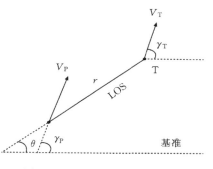

$$\begin{cases} \dot{r} = -V_\mathrm{P}\cos(\theta - \gamma_\mathrm{T}) + V_\mathrm{T}\cos(\theta - \gamma_\mathrm{P}) \\ \dot{\theta} = [V_\mathrm{P}\sin(\theta - \gamma_\mathrm{T}) - V_\mathrm{T}\sin(\theta - \gamma_\mathrm{P})]/r \end{cases}$$

$$(6-6)$$

式中，r 为载机与目标的相对距离，θ 表示视线角，γ_P 和 γ_T 分别表示载机和目标的飞行轨迹角。

导引律的一般形式为

$$f(\gamma_\mathrm{P}, r, \theta) = 0 \qquad (6-7)$$

导引控制是基于目标视线角的变化适当控制载机的飞行轨迹角，使载机以优化的轨迹追踪目标。

图 6 - 26　二维导引几何关系图

2. 载机导引不同于导弹导引，需要考虑其特殊性

（1）载机导引的控制量有所不同。一般有三个基本控制量：发动机油门杆位置、法向过载（或迎角）和横滚倾斜角。油门杆用于控制战机的增减速，法向过载（或迎角）控制纵向运动轨迹，横滚倾斜角控制侧向运动轨迹。因此，与导弹导引相比，载机导引更为复杂，应当分不同模态进行设计。譬如，远距导引中，为了尽快追踪敌机，应当设定较大油门杆位置，使载机加速后以一定飞行速度追踪目标，这样可只考虑轨迹的优化问题，设计优化的法向过载和横滚角导引控制律。这一般用于我机飞行速度明显占优的远距追踪导引中。

（2）载机导引的最终目标有所不同。特别是近距导引时，要求载机尽快占位，以满足所带武器发射条件，而不被目标伤及，更不能与目标相撞，武器发射后，又要机动逃逸；导弹导引侧重于末端脱靶量要小和过载符合限制等。导引载机需要面对复杂空战态势，进行空战决策，这就决定了载机导引律设计的复杂性与导引系统工作模态的多样性。

3. 载机导引模态与导引阶段及其所用战术有关

按导引阶段可分为远距、近距和机动攻击三种导引模态。

远距导引可设计两种工作模态：快速接敌与飞行管理。分别以追踪时间最短和追踪油耗最省为目标函数，优化导引轨迹。

近距导引可按目标多寡和所采用的具体攻击战术确定工作模态，如单目标攻击和多目标攻击。单目标攻击又可分为超视距攻击与视距内攻击；视距内攻击又可分为前向攻击、后向攻击与侧向攻击等。

机动攻击导引可设计两种工作模态：对地攻击与对空攻击。对地一般采用俯冲拉起攻击方式；对空则可采用多种方式，如跃升、跃降、"眼镜蛇"机动转弯与最小半径筋斗等攻击方式。

第四节　低空突防技术

一、概述

人们发现，地球的曲率、山地和大型建筑物等，可以遮挡空雷达探测波，形成雷达盲区。于是，在空战中应运而生了低空突防战术（Low Penetration Tactic）。飞行员依靠详细的任务规划、周密的战略情报以及利用地形跟随/地形回避(Terrain Following/Terrain Avoidance,TF/TA)技术进行低空飞行,以自动/半自动方式飞向敌区实施精确打击,成功地减少了被敌方探测及跟踪打击的危险。低空突防飞行过程如图 6-27 所示。

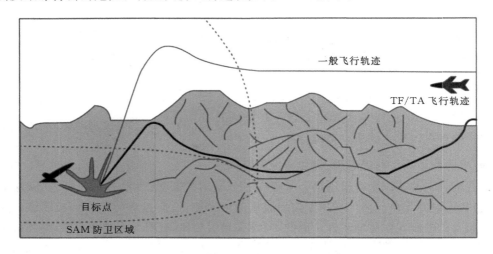

图 6-27　低空突防中的 TF/TA 飞行

实施超低空突防飞行时,不仅需要进行地形跟随而且需要对山峰、高大的建筑物以及各种威胁(譬如敌方地面防空系统)进行回避。因此,低空突防飞行控制主要包括地形跟随和地形回避两种基本形式。地形跟随是指保持飞机的航向不变,靠纵向机动随地形起伏而改变飞机高度,使飞机尽量贴近地面飞行;地形回避是指保持飞机高度不变,通过改变飞机航向,使飞机绕过山峰等地面障碍。可见,低空突防技术是指快速地突入敌区,进行突然袭击的一种按预定飞行航线进行低高度飞行的控制技术。

现代防空技术的不断发展,使得单纯、被动式的经典低空突防系统暴露出更多的弊端,迫使现代低空突防系统逐步向综合式、自主式方向发展,出现了具有地形跟随/地形回避/威胁回避(TF/TA²)的现代低空突防系统。它利用全球定位系统进行飞机定位,利用机载数字地图(Digital Terrain Map,DTM)或者数字高程模型(Digital Elevation Model,DEM)提供飞机前方的地形信息,利用最优控制技术进行航迹优化与航迹跟随,以有效避免敌方地面火力的攻击。

TF/TA² 超低空突防技术具有许多特点。在 TF/TA² 超低空突防飞行中,通过对山峰的回避而不是飞越山峰,有效地降低了飞行高度,提高了低空突防的效果;通过对航迹的实时调整,及时回避事先未被发现的敌方地面防空武器阵地等威胁点,也是提高突防安全性的有效措施。此外,TF/TA² 超低空突防技术有利于提高飞机攻击的突然性、精确性和多样性。TF/TA² 超低空突防飞行时,利用地形遮蔽避开了敌方的探测和防空武器的攻击,充分接近目标,提高了武器投放的精确性和打击的突然性,减少了敌方干扰和防御的可能。TF/TA² 超低空突防技术使用了数字景象匹配(Scene Matching,SM)、地形轮廓匹配(Terrain Contour Matching,TERCOM)等现代精确制导技术,实现对目标的精确打击。

目前,TF/TA² 超低空突防技术已被应用于直升机、巡航导弹和其他飞行器。本节主要介绍自主式低空突防系统,及其相关地形基准导航(Terrain Reference Navigation,TRN)技术。

二、GPS/MAP 自主式低空突防系统

(一)自主式低空突防系统

地形跟随飞行实质上是飞机贴地航迹的制导问题。要在满足各种约束条件(如乘坐品质、机动极限、间隙高度和系统精度等)的情况下,尽量使飞机航迹跟随地形的高度轮廓。为了产生地形跟随控制指令(例如采用适应角法),进行地形跟随飞行控制需要三组信息:沿飞机航线的地形轮廓信息、飞机相对于地形的位置信息以及飞机的飞行状态信息。

在早期的地形跟随系统中,主要依靠前视地形跟随雷达和雷达高度表来获取前两组信息,依靠机载仪表与导航设备(如惯导)来确定第三组信息。由于雷达电磁波易受干扰,可能会使地形跟随飞行的基本信息得不到保证;雷达电磁波可被探测,隐蔽性不够。于是,迫使地形跟随系统向自主式方向发展。基于 GPS 和电子数字地图相结合的地形跟随(GPS/MAP TF)系统可以完全克服前视雷达的不足,完全依靠自身的数字地图和被动接收信息的 GPS,获得原前视扫描雷达的测量信息,以确定本机的即时位置和所处的环境和地形信息,因此称之为自主式低空突防系统。

(二)实现自主低空突防的基本原理

GPS/MAP TF 系统的组成如图 6-28 所示。它利用 GPS 和 MAP 信息,以一定的算法计算 TF 控制指令,经交联耦合器供飞控系统实现自主地形跟随飞行控制。

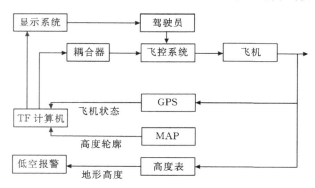

图 6-28 GPS/MAP TF 系统的组成

1.低空突防过程

GPS/MAP TF 系统具有事先设置航路点,引导飞机沿航路点飞行的功能。执行飞行任务前,可根据任务、敌情选择最佳航线,并可将沿途可能出现的各种威胁存入 TF 计算机,MAP 只需存入沿航线一定范围内的地形数据。

计算 TF 指令时,只需从装入计算机的地形数据库中,取出当前位置前方一定距离的地迹走廊内的地形高度数据,由这些数据计算出 TF 指令,输入飞控系统的高度控制(或指示)通道,通过自动(或手动)控制飞机的爬升角(俯仰轨迹角),使飞机以设定间隙高度飞越前方障碍点。

GPS/MAP TF 飞行过程如图 6-29 所示。当载机已接近需 TF 飞行的地形段,即将要到达第一航路点 $WP1$ 时,选择 TF 功能,由 TF 系统控制飞机低空飞行,飞机以间隙高度 H_0 在 $WP1$ 至 $WP2$ 之间作 TF 飞行。整个 TF 飞行过程中,载机的飞行轨迹角由存入低空突防系统的 TF 算法确定。在 $WP2$,飞机结束 TF 飞行,以恒定的爬升角爬升至预定高度。

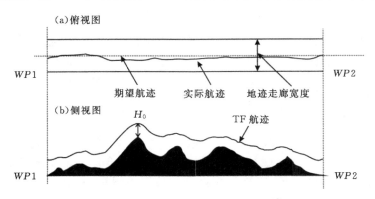

图 6-29   GPS/MAP TF 飞行过程示意图

TF 飞行的地形段可在事先选定的最佳航线上任意设置,只有间隙高度 H_0、乘坐品质、飞行速度需根据具体情况随时设置。选择地形跟踪地段时,只需将进行飞行的地形段起点 $WP1$、终点 $WP2$ 的位置数据存入 TF 计算机,飞机即可在飞到该段地形时,自动转入 TF 飞行。

地形跟踪飞行过程中,机载雷达高度表主要起告警作用,不直接参与飞行控制。

2. 爬升角指令计算

爬升角指令计算是实现 TF 飞行控制的关键。

(1)地形轮廓的描述

地形高度数据是实现 GPS/MAP TF 系统的关键。仅就 TF 飞行而言,只需将地形轮廓用地形高度数据来描述,并存入 TF 计算机以计算 TF 控制指令,这要比实现数字地图系统相对容易得多。

在载机根据 TF 算法控制下滑,以 H_0 通过航路点 1 前以及离开航路点 2 爬升到预定高度后,为了更安全起见,对于在 $WP1$、$WP2$ 两点之外的沿地迹一定范围内的数字地图分析(Digital Map Analysis,DMA)数据也要进行检查,以确保地形点均低于载机进行低空突防的下滑和爬升航线。

(2)地形跟随期望爬升角的计算

目前,常用适应角地形跟随算法计算 TF 指令,计算原理如图 6-30 所示。

设 GPS 提供的载机位置为 L、H,L 为载机与 $WP1$ 之间的水平距离,H 为飞机当前海拔高度与航路点 1 处海拔高度之差,间隙高度取为 H_0,前方参考地形点 B 的高度 H_B 与 $WP1$ 的高度差为 H_B,距离 $WP1$ 点为 L_B。则可推算出对应 B 点的期望爬升角 Θ_C:

$$\Theta_C = \arctan[(H_B - H + H_0)/(L_B - L)] \tag{6-8}$$

指令计算的每一采样周期由 GPS 信息和存储的地形轮廓数据计算 TF 控制指令。先由

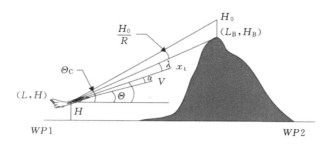

图 6-30　爬升角指令计算原理

机载 GPS 接收机提供飞机在当地地理坐标系中的即时位置、速度和航迹角,然后取一个参考地形点,对飞机当前位置前方一定范围内所有参考地形点均依次计算出相应的 Θ_c;之后由指令产生回路,按安全策略取出最大的 Θ_c 计算值作为低空突防飞行控制指令。

不难看出,上述 GPS/MAP TF 系统采用 GPS 弥补了前视雷达隐蔽性差的不足,但是所构成的"自主式低空突防系统"实际上存在严重的问题:战时 GPS 的使用权有可能被敌方破坏或者发生暂时故障而失效。因此,需要寻找一种安全可靠、无需 GPS 的高精度完全自主的导航与制导方法。

从原理上讲,运用惯导系统 INS 替代 GPS 可以实现完全意义上的自主导航。但是,由于 INS 存在定位漂移(积累误差),需要与地形基准导航系统配合使用才能实现上述低空突防指令计算。

3. 地形基准导航技术

地形基准导航(TRN)一般与推算导航配合使用,以修正推算导航的卡尔曼定位计算误差。TRN 常用于贴地飞行,并且需要准确的数据库信息支持。TRN 可分为三类:地形轮廓导航技术、地形特征匹配技术和数字景象匹配。这三类导航定位的精度量级为:

地形轮廓导航——50 m 左右;

地形特征匹配——10 m～20 m;

数字景象匹配——1 m～2 m。

事实上,TRN 是项系统工程,涉及诸多方面的理论。本书只介绍其一般原理及地形轮廓匹配和景象匹配精确导航定位技术。

(1)地形轮廓匹配定位技术

①基本原理

地球表面起伏的地形、交叉的道路、蜿蜒的河流、星罗棋布的海港等,形成了不同地区独特的特征信息,并且这些特征难以伪装,不随时间变化,在地球陆地表面上任何地方的地理方位都可根据其周围地域的地形轮廓唯一确定。利用地形轮廓特征来确定飞机所处区域的地理位置就是地形匹配导航系统所依据的基本原理。它适用于丘陵地区低高度的自主式导航系统。由于隐身式高度表向下发射的旁瓣小、能量低,几乎不会被发现和干扰,所以它的隐蔽性好,抗干扰能力强。而且,地形匹配系统具有很高的稳定性,不受四季变化的影响,也不受地面建筑物的影响。

地形匹配的基本原理如图 6-31 所示。雷达高度表扫描飞机正在通过的地面,如图 6-32

所示,与气压高度表信号综合获得载机下方实时地形数据,参考飞行前装订于地形跟随计算机、INS 等机载导航系统的地形高层源数据,提供载机的即时航位推断信息,供地形轮廓匹配计算机进行相关处理分析,并计算出精确定位信息。相关处理的目的是,希望在存储的数字地图上找出一条路径,使得该路径平行于 INS 所指示的路径,并与高度表实测的地形轮廓测量值序列最接近。

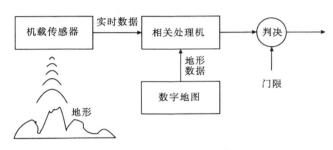

图 6-31　地形匹配的基本原理图

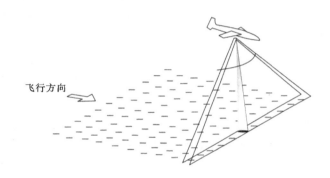

图 6-32　地形匹配激光扫描示意图

系统正常工作时,如果相关处理计算比较结果显示 INS 等发生了位置漂移,则应根据计算结果对 INS 等进行校正以使载机回到期望航线上。

地形轮廓匹配导航是有地域限制的,不适宜在非常平坦的地带或海平面上工作。即使在有起伏变化的陆地上,因机载计算机存储量有限,没有必要从起飞到着陆全程采用地形匹配导航,而间歇地对 INS 修正就可以保证比较精确的位置定位。例如,把整个任务飞行区间划分为若干段,各段之间用 INS 导航,一段时间后采用地形匹配以修正前一段 INS 的误差,可以避免机上存储大量的数字地图数据,且使系统一直可用。系统主要工作流程如图 6-33 所示。

事实上,地形轮廓匹配导航首先用于导弹制导,美国"战斧"巡航导弹系统在发射前的准备阶段需要事先规划出一条航路,使其能够有效地避开敌防空基地。而且,为了使导弹在离这些区域最近的一段航路上安全飞行,不要偏离太大而靠近威胁处,在到达威胁区域之前就很有必要进行地形轮廓匹配,以便于进一步校正偏离,准确回避威胁。在离目标点较近的一段区域,也要进行地形轮廓匹配末端修正,以便之后能够顺利进行景象匹配。

②基本组成

地形匹配系统主要由以下功能部件组成:

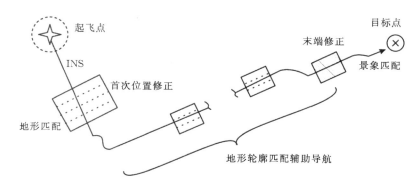

图 6-33　间歇地形匹配修正示意图

a.雷达高度表:用于测量飞行器相对于地面的相对高度。

b.气压高度表:测量飞行器的海拔高度。它可能是与 INS 集成在一起的或者直接由 INS 提供所需的信号。

c.INS:为载机提供航位推算导航信息。

d.导航计算机:对航迹进行实时规划,完成导航计算。

e.大容量存储器:存储数字地图数据。

f.完成地形相关运算的硬件设备,如 DSP、ROM、RAM、接口、总线等,以及用于实现数字相关算法、调度数字地图数据的系统软件。

③工作过程

如图 6-34 所示,在采用 INS 导航高空飞行时,必然会发生位置漂移,当其下滑到低空时,所处的位置定义为地形匹配初始航路点 P_0。它由 INS 提供,作为 P_0 经纬度的最好估计初值。如果 INS 的漂移率已知,就可围绕这个预估位置确定一个区域来形成一个误差篮子,载机的真实位置可以在该范围内经地形匹配算法确定。

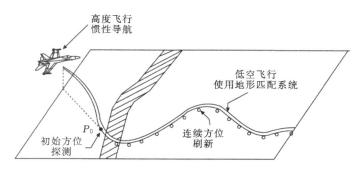

图 6-34　地形匹配的工作过程

载机下方地形轮廓(高度)测量过程如图 6-35 所示。当载机飞越存储的数字地形区域的一个网格时,将记录下载机距地面的高度(这是该网格内各个测量值的平均值,由雷达高度表确定),与 INS 提供的即时海拔高度比较就可获得该点的地形轮廓高度。这个过程将不断进行下去直到载机飞行已经覆盖了指定距离,这个距离称之为"集成距离"。当然,这个距离不应过大,以免INS误差影响各个高度表测量值之间相对位置的有效性。

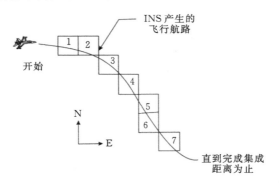

图6-35　地形轮廓测量的过程

　　飞行路径被分割成一系列待飞越的小单元,这些小单元构成了飞行航路。对于每一组雷达高度表的测量值序列,其对应的经纬度用一个单元位置矩阵来表示。这个矩阵记录了高度表在测量时刻由INS给出的位置信号(常以增量形式给出)。当然,需要记录测量值序列第一点的INS绝对位置,以备进行INS修正时使用。这个增量位置矩阵和所对应的测量值将用来与数字地图数据进行相关运算,以确定飞机的确切位置。也就是说,增量位置矩阵比较精确地记录了飞行航路的形状和走向,而其具体坐标则将根据相关匹配结果最后确定。其网格分布是严格按照数字地图的网格坐标走向排列的。因为INS系统的漂移不可能很大,在短时间内按照INS所给出的航路点信息是足以比较精确地描述出在集成距离范围内飞行航路的整体形状和走向的。要按一定的相关处理算法确定相关点的位置,确定飞机的确切位置。

　　(2)景象匹配定位技术

　　①基本原理

　　景象匹配定位辅助导航技术是近30年来发展起来的一种基于地表特征与地理位置之间的对应关系,实现精确导航或制导的先进技术。本质上,它把两个不同传感器从同一地块录取下来的两幅地图在空间上进行对准,以便确定出两幅地图之间相对平移的过程,进而确定实际飞行的地理航线及其与期望航线的偏差。

　　其基本原理是在执行低空突防飞行任务之前储存景象匹配的基准图。飞行中,利用机载传感器录取一定范围的实时图,并依此从基准图中裁取大小适中的图像块,作为匹配的搜索区域进行匹配,最终获得飞机当前的确切位置。

　　②基本组成

　　景象匹配导航系统通常由以下主要功能部件组成:

　　a.惯导系统:自主地提供几乎所有导航信息。

　　b.图像遥感器(图像雷达、红外成像仪等):获得飞行区域的实时地面景象。

　　c.机载图像相关处理机:完成遥感器数据预处理、实时成像、坐标变换、几何畸变校正、运动补偿、图像边缘特征提取、图像相关计算、实时定位计算等。

　　d.数字参考图:一般由航空摄影或卫星摄影照片绘制。根据匹配时利用的信息不同,它既可以是地面景象的灰度图像,也可以是经过预处理的不同地物的边缘特征。

　　e.景象相关处理软件:由边缘提取算法、度量函数(计算实时图与参考图上某子区域图相似程度)和搜索算法等三个主要部分组成。

　　f.制导计算机和控制系统:制导计算机根据飞行器的实时位置,计算出位置误差控制飞机进行综合 TF/TA^2 飞行。

　　③工作过程

　　景象匹配系统的工作过程如下:首先,在飞机执行低空突防任务之前,把整体参考航线下面事先侦察到的二维地面图像网格化,形成景象匹配的基准图。其次,在飞机飞行过程中,一方面利用机载传感器录取大小为 $K \times L$ 像元的实时图,且对它的每一个像元赋予一个灰度值;另一方面利用其他传感器粗略估计飞行器在基准图中的位置,并依此从基准图中裁取大小为 $M \times N$ 的块(应确保实时图位于其中)作为匹配的搜索区域。

　　为了确定实时地面景象在基准图中的位置,就必须把实时地面景象与基准图中尺寸大小相等、与飞行方向相同的部分逐个进行匹配比较,以便找出与实时地面景象匹配的那个基准子图。一旦找出之后,实时地面景象左上角的第一个像元在基准坐标系 (u,v) (它的原点设在基准图左上角的第一个像元处)的位置 (u^*, v^*) ,或者实时地面景象中心偏离基准图中心的偏移量 (S,T) 也就确定了。这样的位置 (u^*, v^*) 就被称为匹配位置。

　　由图 6-36 可以看出,匹配位置 (u^*, v^*) 和偏移量 (S,T) 之间有下列关系:

$$S = u^* - \frac{1}{2}(M - K) \tag{6-9}$$

$$T = v^* - \frac{1}{2}(N - L) \tag{6-10}$$

式中 M、N 表示已知基准图的尺寸, K、L 为已知实时图的尺寸。

　　由此可见,只要知道了匹配位置 (u^*, v^*) ,就可以计算出两图中心之间的偏移量 (S,T) 。

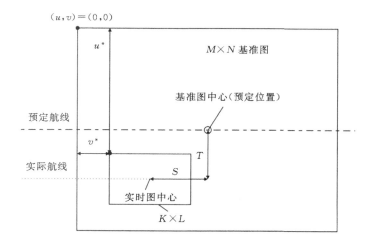

图 6-36　匹配位置与偏移量之间的关系

　　由于景象的灰度与其成像机理、成像过程以及获取的季节、天气和时间有关,实时地面景象与基准图中的同一块地面的影像色调往往会相差较大,甚至完全相反。此时,基于灰度的相关算法难以实现正确的景象匹配。基于边缘特征的相关匹配可以降低由"灰度差异"而引起的误匹配,已被当代的景象匹配定位辅助导航与制导系统所广泛采用。景象匹配中如何提高匹配与搜索的准确性和速度,已成为实现飞行器(飞机)实时景象匹配导航的关键。

三、综合地形跟随/地形回避/威胁回避(TF/TA²)系统

综合地形跟随/地形回避/威胁回避飞行控制技术,充分利用飞机的纵向和横侧向机动能力,使飞机尽量以地形作掩护,进行超低空机动飞行,有效回避山峰、建筑物以及各种威胁,迅速通过敌方防御系统盲区,快速突入敌区进行突然袭击,提高飞机突防飞行的生存率。

TF/TA²系统的原理结构如图6-37所示,其中JTIDS代表联合信息分配系统,可以表述为"数据链定位"。地形、威胁和障碍等是系统进行低空突防飞行轨迹控制的约束。传感器综合/控制模块使用存储和测量到的数据(包括飞机的即时飞行位置)产生地形状态信息,供突防轨迹计算模块进行最优航迹计算,考虑地形形状、飞机约束和驾驶员操纵(间隙高度设置、乘员品质、预选航迹等)计算出期望飞行航迹。必要时还要考虑目标探索、武器发射、协同攻击战术等问题,产生有效的控制指令。之后,由飞行轨迹控制模块根据飞机的即时飞行状态,最终生成实施低空突防的控制指令,通过飞控系统的外回路精确控制飞机沿最优航迹飞行。由此可见,期望飞行轨迹计算是实现TF/TA²低空突防的关键。

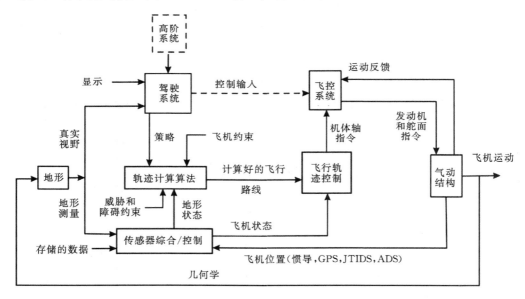

图6-37 TF/TA²飞控系统的原理结构图

设计TF/TA²飞控系统涉及的主要技术包括:①飞行任务规划技术;②航迹优化技术;③制导方法研究;④飞控系统设计;⑤传感器控制与综合技术;⑥驾驶员监视信息设计;⑦多任务综合控制;⑧大气拟制扰动等。

第五节　自修复飞行控制技术

一、概述

20世纪80年代以来,电传飞控系统已成为高性能战斗机的关键机载系统。它大大增强了飞控系统的控制能力,并通过余度技术提高了系统可靠性。但是,电传飞控系统的余度配置对于执行机构和操纵面的损伤不具有容错作用。美国军方通过对越战时期的大量数据研究发现,20%的飞机损失是由飞控系统损伤造成的。其中,操纵面损伤和执行机构机械锁死是主要原因。因此,操纵面和执行机构故障成为提高飞控系统可靠性的障碍。

为解决上述问题,1982年,美国空军动力实验室制定了一项自修复飞控系统(Self-Repairing Flight Control Systems,SRFCS)研究计划,其关键技术包括:

(1)故障检测与诊断(Failure Detection and Identification,FDI)技术——对执行机构或操纵面的卡死、损伤故障进行实时检测与精确定位,及时提供故障信息,用于控制重构、在线告警和自主维护。

(2)控制重新布局(重构)——根据故障检测信息,利用操纵面的控制冗余,用有效操纵面自动代替或补偿损伤操纵面以保证继续完成任务或安全着陆。

(3)自主维护诊断——利用FDI信息和基于专家系统的自主诊断系统,对故障进行准确定位和记录,可能时进行自主维护。

(4)在线告警技术——根据FDI提供的信息,实时进行驾驶员告警并给出操纵限制信息等,防止驾驶员在故障下的误操作引发飞机事故。

自修复系统的意义在于提出了"主动安全"的新概念。它打破了传统控制的对称控制概念和格局,并利用剩余有效操纵面抵消或补偿故障操纵面的影响。它通过实时故障检测与控制重构实现,从而提高了飞机的飞行安全性。

美国在执行自修复系统研究计划时,首先利用AFTI/P-16进行验证,内容包括操纵面的故障检测、分类和定位;确认飞机的剩余气动力和力矩;采用适于正常与故障的混合控制器作为重新布局方案等。重构的仿真研究是在地面仿真器上进行的。仿真结果表明,重新布局的飞机在故障下具有轨迹偏移减小、机动性能增加、跟踪误差减小、操纵品质改善和瞬态响应加快等优点,从而降低了操纵面损伤的影响,70%的严重故障产生的偏差可以得到补偿。

另一项研究是设计控制重构战斗机(Control Reconfiguration Combat Aircraft,CRCA)。CRCA利用前翼和襟翼协同其他操纵面进行俯仰和航向操纵,从而消除了关键操纵面故障造成的不利影响。它具有较强的鲁棒性,在任何单、双及三操纵面故障下均可着陆(除非鸭翼和方向舵同时损坏)。

NASA用于自修复飞控系统研究的F-15战斗机具有高集成化的数字电传飞控系统,其自修复功能于1995年试飞成功。对单操纵面故障,成功地进行了故障检测、故障隔离和控制律重构,并利用各有效操纵面(升降舵、副翼、方向舵及襟翼等)代替故障操纵面,使飞机可以安全着陆。同时,该研究为NASA引入了"主动安全"的概念,用于未来的先进飞机设计。在F-15试飞成功的基础上,NASA将"推力矢量控制飞机"研究加入到自修复飞控系统研究计划中。研究表明,该计划利用推力矢量控制飞机,完成了在所有操纵面锁定状态下,仅利用推力矢量控制的安全着陆,从而证实了飞机在多操纵面故障下安全着陆的可能,推力矢量的应用使自修复概念得到进一步的扩展。

1997 年在由美国提出,英、法、德三国参加的新型飞机的灵活结构研究计划中,除对飞机外形、结构及气动布局的要求以外,还专门提出了推力矢量控制和可重新布局的操纵面要求,以增加飞控系统的容错能力,从而改善飞行性能和飞机的生存性。自修复概念已经深入到当代各种新型飞行器的设计过程中。对于飞行器来说,自修复技术已经成为改善生存性、增加可靠性的重要标志之一。

二、故障检测与诊断技术

自修复飞控系统研究的主要目的是针对操纵面或执行机构卡死、操纵面松浮和损伤故障进行检测与隔离。这些故障会造成突发的气动效益变化,严重时会给飞机带来致命的影响。如操纵面的机械卡死,通常会产生大的常值气动力和力矩,会在极短的时间内造成飞机失控;而操纵面的损伤破坏了原有的气动力平衡,增加了控制耦合和驾驶员负担,损伤程度较高时也会使飞机失控。自修复飞控系统的 FDI 方法直接面向飞行器和飞控系统,比一般地面系统的 FDI 方法具有更多的特殊性和复杂性。

(一)操纵面或执行机构卡死故障的 FDI 方法

1. 基于飞机模型的全局检测

该方法是利用飞机输出响应进行故障检测和诊断,一般采用基于观测器概念的故障检测滤波器方法。该方法构造基本观测器的检测残差,针对每个操纵面卡死故障,共设置 m 个滤波器构成故障检测滤波器组。当第 i 个操纵面卡死时,对应的故障检测滤波器就会给出检测结果,而其余滤波器给出的信号则没有规律。由于每一个滤波器均为 n 维向量,而检测结果经过 n 次确认,可以保证没有误报。但该方法受飞机方程、舵机模型的复杂性、系统建模误差和测量噪声等因素影响较大,在工程应用上受到限制。

2. 基于舵机模型的局部检测

由于操纵面卡死直接使执行机构输出锁定,因此,利用舵机反馈信号进行检测更为直接和有效。基于舵机模型检测的方法是:首先构造正常舵机模型,在飞行中将正常舵机模型输出与实际舵机输出比较,当残差超过一定的门限值时,即判断为执行机构卡死,而当前的舵机输出角度为卡死角。但是,该方法受到执行机构模型准确性的影响。由于是开环检测,往往存在较大的检测误差,其门限值的确定也较为困难。

3. 基于故障特征的直接检测

该方法不构造舵机模型,而是直接取舵机输入指令与输出信号进行比较。当输出为常值且在一定时间间隔内与输入不同时,则判断为卡死故障,舵机当时的输出为卡死角。当舵面恢复正常时,还可以给出正常信息。该方法实现简单,判断准确、快速,而且与飞机模型无关,因此得到了工程上的认可。

(二)操纵面损伤故障的 FDI 方法

操纵面松浮或损伤故障造成了操纵面的效率降低,主要表现为气动力和力矩的骤减。由于气动力通过操纵面直接作用在飞机上,对于执行机构来说,仅仅是负载减少了,而操纵面仍会根据舵机指令照常偏转,因而无法从系统内部获取信息,只能够从飞机响应中去估算。由于飞机本身又是高度非线性的复杂系统,因此加大了检测的难度。

目前,国内外所有的操纵面损伤故障检测方法都是利用气动力的正常数据与故障数据进行的,即要求具有与故障有关的先验知识,主要分为以下两种方式。

1. 实时气动参数识别

实时气动参数识别就是将正常与故障下的气动数据经过离线学习,从而建立多层神经网络络。在飞行中进行实时解算,并与实际测量数据比较,若与实际气动力不符时,则利用模糊逻辑、专家系统等方式进行故障诊断与隔离。这种方式曾分别用于 F-16、F/A-18 等飞机的线性模型进行 FDI 方法研究。可判断的损伤率在 25% 左右,但是检测时间一般较长。

采用模式识别加智能决策方式是另一种方式。模式识别方式是根据给定的正常及故障吹风数据,并利用飞机的线性或非线性方程,实时求解气动力/力矩,最后判断和解算出气动效益,并根据模式识别和智能算法加以确认并定位到故障操纵面。该算法的工程应用性较强。

2. 基于模型的故障检测滤波器

基于模型的故障检测滤波器就是根据飞机的线性或非线性模型,建立观测器型的故障检测滤波器。在飞行中与飞机响应比较,若残差超过预定阈值,则判断为故障发生,进而根据故障系统的稳态情况进行故障定位,并进行在线故障隔离。

而面向多个舵机的损伤故障,常用的方法是利用故障检测滤波器组的 FDI 算法。它构造基本观测器(对应正常无故障状态)检测残差信号。并针对 m 个操纵面损伤故障,设置 m 个故障检测滤波器,而且每一个都使用该操纵面的全损模型构成。当第 i 个操纵面发生故障时,对应的故障检测滤波器会给出损伤率的检测结果,而其余滤波器给出的信号则没有规律。由于每一个滤波器均为 n 维向量,所以检测结果可以经过 n 次确认,从而保证没有误报。该方法还考虑了故障发生时的结构跳变,并利用故障数据建立飞机操纵面全损模型,从而使相应的故障检测滤波器更接近实际系统。

三、控制律重构技术

故障时的控制律重构一般分可为以下三种方式。

(一)不依赖 FDI 信息的方式

不依赖 FDI 信息的方式又称为强鲁棒控制或高可靠控制,是一种在飞行控制律设计的开始阶段即将执行机构与操纵面故障考虑在内的鲁棒设计方法。设计得到的鲁棒飞控系统可以在故障下保持稳定飞行或安全着陆。

(二)在线重新设计方式

在线重新设计方式在飞机正常飞行时仍然使用原有控制律,但在故障发生时,则根据 FDI 结果进行故障隔离,面向改变的飞机参数和结构,在线重新设计控制律。设计方式包括适用于线性系统的多变量系统设计、特征结构配置设计及最优卡尔曼滤波器设计等,以及适用于非线性系统的动态逆方法。该类方法在线设计过程较为复杂,加上 FDI 所需的时间,完成控制重构需要的时间较长。

(三)控制布局在线重新分配方式

控制布局在线重新分配方式不改变飞控系统的控制律,而是在故障发生时,根据 FDI 结果,重新分配控制指令,以抵消卡死操纵面的影响或补偿损伤操纵面的影响,并利用剩余有效操纵面继续完成飞行任务或保证安全着陆。它利用先验的故障及其影响的各种信息,预先设计重构方案并储存在机载计算机中,从而在故障发生时根据 FDI 结果实施;也可以在线计算重构控制律,重新分配控制指令。

以上方法中,重新分配方法在国内外应用中成为首选。由于它具有不改变正常控制律、重构后可以复现正常控制以及重构速度快等优点,因而得到设计者和驾驶员的认可。

四、自主维护诊断与实时告警技术

自主维护诊断主要是要求可以在线隔离故障,与地面维修系统结合,从而减轻地面维修的工作量,降低不可复现(Can Not Duplicates,CND)和再测试成功(Re Test Oks,RETOK)等表达维修工作的无效率指标。它通过网络通信、信息共享等将机载 BIT 和地面维护专家系统组合起来,在一定程度上减少了地面再测试的需求。

驾驶员实时告警系统主要完成了在故障发生时在驾驶员座舱内利用字符、声音和图像显示 FDI 信息和操纵限制信息等。

五、自修复飞控系统的可靠性

自修复飞控系统利用飞机本身气动力的控制冗余和 FDI、控制律重构技术提高飞控系统在故障下的可靠性和安全性,因此对其进行可靠性估计成为自修复飞控系统设计与评价的重要指标之一。国内外文献中都已经对飞控系统的执行机构故障进行了基本分析,并提出了该系统基于串并联形式的可靠性模型,同时验证了在执行机构和操纵面发生故障时,自修复飞控系统在基本可靠性和任务可靠性方面,较传统的飞控系统有较大的提高。

可以预见,自修复飞行控制技术在未来各种航空航天飞行器的安全飞行控制领域将得到更为深入的研究和广泛的应用,对于加强飞行器的安全保障将具有愈来愈重要的意义。

复习思考题

1. 试分析说明大型飞机与战斗机在机动载荷控制的目的及方法方面有何异同。
2. 你对主动控制技术未来的发展有何看法。
3. 思考第四代战机为实现自动攻击将会对飞控系统有何要求。
4. 地形跟随与地形回避有何不同?低空突防系统的功能是什么?
5. 通过查阅资料,了解低空突防的发展历程及其在导弹制导等方面的运用情况。
6. 低空突防系统使用主动式传感器的致命问题是什么?
7. 理解地形跟随的原理,说明实现地形跟随低空突防系统的基本飞行控制原理。
8. 地形回避的基本内容是什么?TF/TA^2 超低空突防技术具有哪些特点?
9. 自主式低空突防的含义是什么?运用这一技术的目的是什么?

10. GPS/MAP TF 系统与传统地形跟随系统相比有哪些优点？

11. 为了产生地形跟随控制指令，需要哪三组信息？

12. 阐述 GPS/MAP 自主式低空突防系统的组成与工作原理。

13. GPS/MAP 自主式低空突防系统解算 TF 指令时，为何要考虑沿地迹航线一定范围内的 DMA 数据？

14. 指令产生回路为何要取出最大的 Θ_C 计算值作为低空突防飞行控制的 TF 指令？

15. 思考地形匹配的相关算法。

16. 为什么景象匹配精确定位技术需要地形轮廓匹配技术的支持？

17. 叙述综合 TF/TA^2 飞行控制系统的主要组成模块和基本原理。

18. 思考低空突防系统控制算法要涉及哪些方面的内容。

19. 了解自修复飞行控制技术的最新进展。

20. 了解自主飞行控制技术的基本原理及其涉及的关键技术。

第七章
飞行综合控制系统

第一节　概述

一、飞行综合控制技术产生的背景

飞行综合控制系统(Intergrated Flight Control System,IFCS)是飞行控制系统发展的飞跃。它将飞行控制系统与其他多种机载系统,甚至是外部指挥控制系统综合,以在复杂环境下完成多任务、多功能的自动/半自动飞行综合控制,达到总体优化的目的。

传统飞机上的各个控制系统,如飞控、火控、推进等基本上是独立设计并独自完成其功能的。各子系统之间的信息交互很少,大量信息被汇集到驾驶员处,由驾驶员协调控制各系统工作,使驾驶员承受的负担过重,特别是在复杂战术环境下,由于固有生理因素的限制,如估算精度、动作准确性和反应时间等,驾驶员并不能充分利用飞机的全部能力。一些有利的攻击方式由人工操纵难以实现,如机翼非水平(Non-Wing-Level,NWL)机动投弹,迎头(Front-Quarter)及大离轴(High Angle-Off)目标机炮攻击等。

从系统设计的角度来讲,传统方式设计的飞机各子系统可能是最优地完成其功能,但作为一个整体则未必最优。此外,传统飞机设计技术已经比较成熟,在此基础上要通过飞机点性能的提高或某个系统的改善来提高飞机整体作战能力的潜力较小,而代价较高,但通过对各子系统的综合来提高飞机整机作战能力则效果显著,花费也相对要小。所以应该以一个整体来考虑各子系统的设计要求,以求达到整机作战效能最佳。

先进技术的快速发展为飞机各个方面的设计和实现都注入了新的因素。如主动控制、随控布局及电传操纵技术可以在减轻飞机重量的同时提高飞机的机动性、航程和操稳性能等。在航电系统、作动伺服系统、推进系统以及气动、控制律设计等方面新的软硬件也不断出现,从而产生了一个新的问题:如何把它们结合在一起安全有效地工作?

此外,为了确保安全性和可靠性,要求现代飞机采用控制冗余、故障检测与隔离、可重构飞行控制等技术,并要求各个系统有自检测和在线完整性管理能力,以便能够随时了解各个部分的工作状态、故障状态、降级状态和潜在能力等。这些技术的采用无不为飞机控制系统的综合化、自动化和智能化奠定了基础,同时对机载控制系统的功能、结构和信息等方面的综合集成提出了更高的要求。

可以说,综合控制技术的出现是现代航空技术发展的必然,也是飞机飞行控制系统的发展方向。

　　飞行综合控制技术的研究始于 20 世纪 70 年代,从飞/火综合、飞/推综合、飞/推/火综合、飞行轨迹优化到推力矢量控制,美国的研究和应用水平始终处于国际领先地位,俄罗斯及欧洲各国也争相展开飞行综合控制技术的研究。现在,飞/火综合技术已应用于现役第三代、第四代战机,飞/推综合及推力矢量技术在第四代战机和部分第三代战机改型上也得到应用并投入使用。

　　1975 年,美国通过 FireFly 研究计划最先确立了飞/火综合的概念。飞/火综合可以实现快速精确的瞄准攻击,并可完成一些人工无法完成的机动攻击。之后,系统综合扩展到几乎所有与作战、飞行有关的系统,如推进、导航、通信、任务管理等。将飞/推综合,可以增强航迹、姿态控制能力,实现发动机多模态控制;将飞/推综合后再与导航系统综合,可以实现准确的四维航迹控制,也可以实现低空突防飞行控制,如地形跟随/地形回避、威胁回避等;将座舱显示控制与导航、通信、指挥控制网相综合,可以自动响应指挥控制命令,自动更新战术环境信息,再与任务管理系统综合可以自动或按指令进行航线规划。将任务、飞行和作战三方面进行综合,可提高综合化、自动化、智能化水平,使系统具有自主任务计划、自主飞行决策和自动机动攻击等能力,这是未来作战飞机的发展方向。今后将把飞机整体作为控制对象进行以飞行控制为基础的综合控制,以实现飞机在整个飞行战斗过程中的自动/半自动控制与决策。

二、飞行综合控制系统的主要功能

　　飞行综合控制系统可以实现以下功能:

　　(1)具有各高度、速度范围内的空空、空地攻击能力;能在复杂气象条件及电子战环境下有效地发现、识别并跟踪空中、地面、海上目标并估计目标参数,具有告警和电子对抗能力;可为航炮、火箭、导弹、炸弹等武器提供快速准确的火控解算,自动控制飞机实施机动攻击,人工/自动地进行武器投射。

　　(2)具有良好的人机界面,能为驾驶员显示攻击方案、攻击参数、本机目标信息、武器状态等;可让驾驶员通过控制面板开关、键盘、油门杆、驾驶杆等装置,调整攻击方案和参数;可让驾驶员握杆完成攻击过程。任何时刻也允许驾驶员超越控制。

　　(3)能够使用任务数据传输系统输入预先设计的飞行计划,可以使用座舱显示与控制系统在线生成或更新飞行计划。与导航(定位)系统结合进行三维、四维航迹控制,能够生成满足战术任务要求和约束范围内的飞行轨迹,包括地形跟随、地形回避、威胁突防、空/空拦截、武器投放等,并提供姿态、轨迹控制指令。在不同飞行状态下,尤其在低速、大迎角状态,都有良好的飞行控制品质和飞行轨迹控制能力。

　　(4)具有高安全性、高可靠性,具有良好的操纵性和稳定性,自动控制时有较好的座舱乘坐品质,可达到要求的飞行安全标准。可以监控系统工作状况,进行故障检测、隔离;能够充分利用常规舵面、升力、矢量推力/反推力所提供的冗余控制能力,在故障时按要求重构飞行器的控制系统。

　　(5)能在不同任务阶段采用不同的推进控制方案以达到最小油耗、最大推力、最短调节时间、延长发动机寿命等飞行目的。

(6)具有与外部数据源的自动接口(控制、指挥、通信数据链路)。

三、飞行综合控制系统的模块划分

飞行综合控制系统可以划分成为以下几个功能子系统:

(1)本机信息系统:提供本机(载机:我方飞机)方位、姿态、运动的信息,部分参数需要估计得到。涉及的系统有导航定位、大气数据、本机传感器(速度陀螺、加速度计、动静压传感器、迎角与侧滑角传感器等)。本机信息系统使用多传感器融合技术以准确可靠地获得本机运动信息。

(2)目标信息系统:目标信息系统主要包括目标传感器、跟踪器、探测数据处理。传感跟踪系统要测量目标的距离、方位、运动状态,利用光电探测器形成目标图像。数据处理包括传感器数据融合、目标运动状态估计和攻击态势分析。目标信息系统要给驾驶员提供一幅完整、清晰的目标信息图像。

(3)综合飞/火控制系统:火控系统的任务是接受目标、本机信息及驾驶员输入信息并计算攻击参数,确定攻击武器、攻击模式,生成攻击方案,在瞄准过程中连续计算攻击条件及偏差,为自动操纵机动攻击提供依据。综合飞/火控制通过飞/火耦合控制器,能根据火控攻击要求生成操纵指令以实施飞机控制,并根据不同高度、速度、状态及不同攻击模式选用不同综合控制律,以生成实施不同攻击策略的控制指令。该指令可用于自动/辅助飞行员进行飞行控制;辅助飞行员控制时,在平显或多功能显示器上提供攻击指引信息。

(4)综合飞/推控制系统:飞/推控制将飞机操纵指令进一步分解,确定输出到各作动器,驱动舵面或其他设备(如发动机矢量喷管)。飞/推控制直接涉及飞行安全,因此需要很高的可靠性。其控制律要满足飞行品质要求,还要将自动控制指令与驾驶员指令综合起来(超控耦合器)。需要指出的是,现代飞行控制系统的概念已不限于传统气动舵面操纵,具有飞行控制能力的各种方法都可以加以利用并成为飞行控制系统的一部分,比如改变机翼形状、发动机进气道、推力大小和方向等。

(5)战术飞行管理系统:用以提高攻击效能和生存能力。战术飞行管理(TFM)系统具有航线规划、预测和协调能力,能够选择不同的飞行计划,具有在线任务重新规划和执行的灵活性。TFM涵盖从起飞到突防、攻击、退出、返回的全过程,能够通过飞行自动控制进行航线飞行、地形跟随/回避、威胁信息管理、能量管理,并与综合飞行/武器控制系统相耦合进行低空突防飞行,在机动飞行时完成武器投放。TFM已应用于计划发展的先进飞机、武器技术的设计,并能在现有飞机性能和武器基础上提供这种能力。

(6)外挂/武器管理系统:现代飞机可能使用的武器范围非常广泛,除武器外还可能挂载探测器、电子战吊舱等。外挂/武器管理用以使不同的武器/外挂物能与航电系统进行数据通信,与控制系统、传感装置协调工作。它可以监视武器状态、投射条件,与外挂物通信,生成投射指令,控制投射程序。武器管理对武器的控制及参数显示通过系统控制板、武器控制板、辅助仪表板、驾驶杆、油门杆、平显、多功能显示器等完成,一般在外挂管理计算机中进行计算。武器管理系统通过增加接口可使飞/推/火综合系统能够自动完成武器参数装订和武器投射的任务。

（7）座舱显示/控制系统：要求现代座舱能够显示飞/推/火综合控制信息和常规飞行信息，便于驾驶员使用。目前主要显示设备是平显和多功能显示器，另外在相关控制板上以指示灯显示系统状态。综合显示控制要随时使驾驶员了解工作状态、攻击模式、攻击参数；攻击过程中要显示的目标位置、攻击范围、攻击条件、瞄准误差及由传感器得到的目标图像与参数；对地攻击中还要显示距末端投放的机动时间（如距拉起的时间）和距投放的时间；俯冲攻击时要有拉起预警；航线飞行要显示路由信息及油量、导航图等。在有驾驶员参与操纵时（全人工或半自动状态）要给出操纵提示，人工/自动复合工作时要显示自动控制权限范围，供驾驶员将目标保持在自动修正权限范围之内。座舱控制除保证已有的控制功能外，驾驶员要能够设置系统工作模式，改变攻击方案，调整攻击参数。要求驾驶员能握杆完成攻击过程，并在任意时刻驾驶员可以超越自动驾驶进行人工驾驶。

（8）数据通信：数据通信链路对于飞/推/火综合系统来说相当于一个信息输入源，可以输入任务数据及指挥控制指令。综合系统采用的目标、威胁、飞行计划的一些数据是在执行任务前就装入飞机数据库的，另一些数据是飞机通过机上传感器实时测量得到，还有一些数据如飞行计划更改、目标或威胁变化、协同攻击的调整等需要由数据链路实时传入。综合系统需要对通信系统的这些数据输入自动响应，更新机上的数据，提示驾驶员并进行飞行计划等的修改。通信系统需要增加对综合系统的接口。

实现上述综合控制的系统组成如图 7-1 所示。应当指出，一些系统如电源、液压等虽然也是综合控制不可缺少的，实际工程设计时必须考虑的，但与功能要求并无直接关系，故不赘述。

四、飞行综合控制系统的特点

飞行综合控制系统的交联综合一般包括五个方面：

功能的综合——多种功能的协调与配合；

结构的综合——布局上集成设计；

信息的综合——资源共享以避免信息源的重复；

软件的综合——软件接口的统一调度，软件模块化设计，支持软件、应用软件及执行软件的一体化、标准化设计；

检测的综合——各分系统、功能、模块的综合检测、故障隔离、显示与处理。

根据综合化程度的不同，综合控制系统的形式也多种多样，但它们有着共同的特点，均以飞行控制为核心或通过飞行控制这一主要途径对系统进行综合。譬如，将机载火力控制系统与飞行控制系统综合，控制飞机自动地完成对目标的拦截和攻击；将发动机推力控制系统与飞行控制系统综合，实现短距快速起降、超机动格斗等；将导航系统、推力控制等分系统与飞行控制系统综合构成飞行管理系统，控制飞机自动地实现最佳飞行性能和飞行轨迹，以最小运行成本完成飞行任务，或者实现航线交通管制，进行防撞飞行控制等；将大气数据系统、雷达/无线电定高系统、地形探测/导航系统等与飞行控制系统综合，形成地形匹配/跟随系统，可以实现现代战机的低空突防功能；现代战机上，火力指挥与管理系统，又称任务系统，与飞行控制系统综合，可以实现自动/辅助战术攻击导引；舰载飞机上的飞行控制系统与舰面无线电信标系统综合，可以实现精确着舰导引。

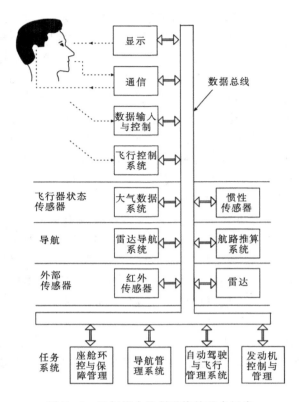

图7-1 飞行综合控制系统的基本组成

必须指出,飞行综合控制系统涉及的范围很广,有些问题需要通过专著论述,本书只介绍其中与飞行控制相关的一般原理与技术,侧重于系统的原理结构与飞行控制系统交联关系的叙述。

第二节 飞行/火力综合控制系统

一、航空火力控制

(一)基本概念

机载武器系统:军用航空器(载机)上用来杀伤目标的装备,由机载武器弹药、火力控制系统(Airborne Fire Control System)和悬挂/发射装置等组成,其功用是正确投射武器弹药,命中、杀伤目标,完成作战任务。

航空火力控制技术:完成从运动的飞机(载机)向目标发射弹药,准确命中目标的半自动或自动瞄准射击的技术手段,简称航空火控技术。

航空火力控制系统:跟踪、瞄准目标,控制武器弹药投射方向、时机、密度和持续时间的机载电子设备,一般由目标参数测量装置、机载参数测量装置、火力控制计算机、瞄准显示装置、操纵控制部件和外挂物管理系统等组成。

飞机平台、武器弹药和航空火力控制系统是形成和决定军用作战飞机的作战能力的三大要素,缺一不可。

（二）基本功能

不同的火力控制系统所起的作用各不相同,但都涉及作战过程的所有阶段,主要完成以下基本任务:

（1）引导载机沿最佳航路接近目标和占位;

（2）获取作战区域内的作战信息,对目标的特性及威胁程度进行判定,以供飞行员作出战斗决策;

（3）探索、识别、跟踪目标,测量目标及载机的各种参数;

（4）将作战态势数据进行融合,进行战斗决策、编队作战指挥与信息交换;

（5）进行火力控制计算,为飞行员提供武器准确攻击目标的发射条件和时机;

（6）将导引、瞄准、告警、指挥、决策和武器信息形成显示符号与画面,供飞行员判定与使用;

（7）控制武器发射方式、数量、装订武器引信和发射制导武器时需装入的制导武器飞行参数;

（8）作战过程的记录与重现,进行战斗效果分析与评价;

（9）进行退出攻击的处理和返航着陆。

（三）分类

根据各种作战飞机担负的使命任务、作战对象和携带的武器弹药,可构成不同类型的火力控制系统。

1. 按飞机的种类,可分为三种:

（1）歼击机火力控制系统;

（2）强击机导航/攻击火力控制系统;

（3）轰炸机射击/轰炸瞄准火力控制系统。

2. 按武器弹药的种类,可分为三种:

（1）射击火力控制系统:主要控制航炮、航空火箭弹和空空导弹的发射,进行空中拦截/格斗兼对地目标攻击;

（2）轰炸火力控制系统:主要控制炸弹、空地导弹的投放,进行对地、对海目标攻击;

（3）反潜火力控制系统:主要控制鱼雷和水雷的投放,进行对海目标攻击。

3. 按发展过程、技术水平和功能特点,可分为四种:

（1）瞄准具火力控制系统;

（2）平显/武器瞄准火力控制系统;

（3）综合武器火力控制系统;

（4）综合航空电子火力控制系统。

4. 按数据处理方式,可分为三种:

（1）分布式模拟系统。由几种分散的、具有独立功能的或某种武器专用的设备组成。这种系统包括航空瞄准具、机载雷达、轰炸和导航计算机等。有些系统还包括武器投放计算机、导弹发射计算机和专用武器控制设备等。在这种系统中,设备的数量随载机的作战任务、装备的武器和使用的攻击方式而异。

(2)集中控制的数字式系统。采用数字式中央火力控制计算机,负责所有数据处理和控制。系统包括各种传感器、中央火力控制计算机、显示-控制装置和作战飞行程序。其优点是只要修改作战飞行程序就可改变系统功能。缺点是中央计算机工作负担重,要求运算速度快和存贮量大,可靠性较差。

(3)分布-集中式数字机网络系统。这是一种按分布-集中原则处理数据的数字式火力控制系统。系统中除中央计算机外,还有显示器、雷达、惯性导航和大气数据计算机等设备中的数字式数据处理机。它们通过数据传输总线联系,形成网络,除担负火力控制等作战任务的计算外,还控制总线的数据传输,完成整个系统的管理和调度。这种系统有较高的并行处理数据能力,能减轻中央计算机的负担,使系统接口设备大为简化,工作可靠。

(四)基本原理

航空火控系统按作战使用可分为射击火控系统和轰炸火控系统。射击火控系统用以控制航空枪炮、火箭弹、导弹等空空武器的瞄准射击;轰炸火控系统用以控制炸弹、空地导弹、鱼雷、核弹等武器的瞄准投放。在现代精确打击过程中,一般使用制导武器,如空空导弹、空地导弹和精确制导炸弹。这里主要介绍射击火控原理。

射击火控系统不能孤立地工作。最初是要与飞行员和飞机组成火控-人-机系统进行火力控制,系统工作原理如图 7-2 所示。

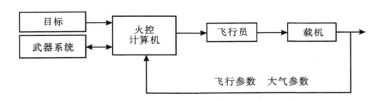

图 7-2 火控-人-机系统

由目标参数测量装置探测、跟踪目标,测得目标位置和运动参数;载机参数测量装置测得载机飞行条件、姿态和运动参数;连同装订的弹道和大气参数,经火控计算机处理并计算出瞄准修正量信息,送给瞄准显示装置,并以符合要求的瞄准符号显示给飞行员,飞行员根据火控雷达显示出的瞄准偏差信息,作出相应的飞行控制(如蹬舵或操作驾驶杆),以修正载机飞行轨迹,满足武器发射条件——指向准确的瞄准位置。此后,可由飞行员人工或由武器发射装置自动地给出发射武器的信息,以准确命中目标。

(五)发展阶段

半个多世纪以来,随着作战飞机和武器装备的发展,火力控制系统的功能、性能、结构、技术不断进步。概括起来可分成四个发展阶段:瞄准具、平视显示/武器瞄准系统、综合火控系统、综合航空电子系统。

1. 20世纪60年代以前的瞄准具

早期飞机上装备的是固定环瞄准具,后来为适应武器的增加,发展成半自动光学瞄准具,即各类射击瞄准具、轰炸瞄准具、射击-轰炸瞄准具等。后来,将与雷达交联工作的瞄准具称为火力控制系统。

各型瞄准具大都采用机械、机电解算装置或电子模拟计算机,采用视准式或望远镜式的光学显示器,采用普通的膜盒式传感器测量载机飞行高度和速度,采用外基线光学测距或雷达测量目标距离,适应的武器有航空机枪、航炮、航空火箭、航空炸弹及红外制导空空近距导弹等。在旧的作战飞机上使用的瞄准具,由于系统精度低,显示信息少,适用武器种类和攻击方式有限,其代表是F-104A飞机装备的AN/ASG-14(MA-1O)火控系统。

2. 20世纪60年代—70年代的平视显示/武器瞄准系统

由一台数字式计算机完成火控计算和显示计算,以既能显示火控信息和载机姿态、参数的字符图形,又能看到外界景物的平视显示器取代光学显示器,发展成平视显示/武器瞄准系统(Head Up Display/Weapon Aiming System),取代了光学瞄准具与传统的机电式航空仪表。后期还将惯性导航系统与火控系统综合,构成了攻击/导航系统(Attack/Navigation System)。随着中距和远距拦射导弹的使用,在空空火力控制上出现了拦射原理,并发展成了由火控雷达、模拟计算机、显示器和惯性导航组成的拦射火控系统。目前还有数量不少的作战飞机装备平视显示/武器瞄准系统,F-16A飞机装备的航空火控系统是这一类系统的代表。

3. 70年代—80年代的综合火控系统

随着计算机技术的发展,信息传输方式由点对点导线传输发展成为多路数据总线传输。美国开始实施DAIS计划,研发了由脉冲多普勒雷达和光电探测设备组成的目标探测分系统,惯导和大气数据计算机等组成的导航和载机信息传感分系统,平视显示器等和握杆操纵系统组成的任务显示/控制分系统,以及外挂物管理分系统,视频记录系统、数据传输系统等的多台微型计算机,以火控计算机为管理中心,用标准多路数据总线连网,功能覆盖了引导、瞄准、控制攻击全过程的综合火控系统。该系统具有全天候、全方位作战能力,适用武器种类多达二三十种,攻击方式十余种,系统精度和可靠性、维修性都大大提高。目前第三代作战飞机上大都装备综合火控系统,其典型代表有美国的F-15、F-16、F-18,俄罗斯的苏-27、苏-30,法国的幻影-2000,英国的"狂风"等飞机装备的火控系统。

4. 20世纪80年代后期以来的综合航空电子系统

自20世纪80年代开始,在保持火控系统功能的条件下,对系统结构进行改进,发展为综合航空电子系统。该系统利用电子技术发展的成果,实现了从系统数据处理的综合到系统功能域的综合,突出高性能航空武器的火力控制,同时兼具导航、通信及电子战能力。将通信导航识别分系统,即对作战飞机的C^3I(Command,Communication,Control and Information)系统(典型的分系统是联合战术信息分配系统和全球定位/导航分系统)、飞控分系统(能根据火力控制信息,自动飞行到投射武器弹药所需要的飞行剖面上并自动投射武器弹药)、电子战分系统(能对威胁进行综合与分类,自动选择最佳干扰方式和最佳干扰时机)以及各种非航空电子系统进行综合,使它们在作战的各个阶段上都与火控系统处在最佳匹配状态,形成统一控制、统一管理与统一显示的高度综合化、数字化、自动化与智能化的电子系统。

依据系统结构的变化,又可以将综合航空电子系统细分为4个发展阶段,即分立式结构、联合式结构、综合式航空电子结构(以"宝石柱"美国F-22飞机机载火控系统为代表)、先进综合航空电子结构(以"宝石台"美国F-35飞机机载火控系统为代表)4个发展阶段。

二、飞行/火力综合控制

飞行/火力综合控制(Integrated Flight/Fire Control,IFFC)是美国20世纪70年代中期开始提出的一个航空火力控制新概念,基本思想是通过飞/火耦合控制器(Flight/Fire Controller,FFC)使飞控系统与火控系统综合为一个闭环的自动化的武器攻击、投放系统。该系统用火控系统输出的瞄准偏差信息自动或半自动地(代替或辅助驾驶员)实施飞行操纵,从而控制载机的姿态与航迹,以快速满足武器发射条件。飞行/火力综合控制系统旨在将原来相对独立的飞控系统和火控系统视为整个控制对象,进行优化设计,将原来孤立的两大子系统及其他相关模块组合成具有特定作用的整体,共同完成作战任务。这种从任务功能上进行的系统综合,增强了子系统之间的协同性,提高了载机作战的自动化水平,从而可获得比原来孤立系统更好的性能。

飞行/火力综合控制系统的基本工作原理如图7-3所示。其基本工作过程是:根据机载跟踪雷达及目标状态估计器提供的目标运动状态信息,以及机载传感器提供的本机运动信息,经火力控制系统解算,给出瞄准偏差信号。该偏差信号一方面通过平显为飞行员提供操纵和状态显示;另一方面输送给飞/火耦合器,产生控制指令,通过飞控系统不断地修正载机的飞行航迹,使瞄准偏差趋向于零,自动完成对目标的瞄准和攻击。

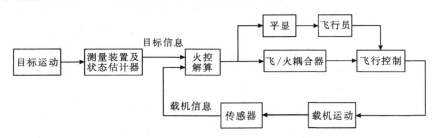

图7-3 飞行/火力综合控制的系统原理

飞行/火力综合控制的优点是:

(1)载机采用主动控制技术,具有多自由度解耦控制功能,或者至少能部分地(或近似地)实现飞行轨迹和飞行姿态间的解耦控制。

(2)综合化、自动化程度的提高,显著地减轻了飞行员的工作负担,使飞行员更专心于把握战场态势,更好地进行战术决策。

(3)在空空作战中,采用适合于自动攻击的火力,可以实现全方位(360°)攻击。

(4)在空地攻击中,新型攻击轰炸机可实施机动攻击(不必飞过目标上空),从而显著提高生存力,改善武器投射精度。

飞行/火力综合控制是以主动控制技术为基础的,为了提高综合控制的性能,飞控系统必须针对不同武器攻击模态的不同要求,实施相应方式的飞行控制。因此,飞行/火力综合控制系统应具有自身的特点。例如,美国某型战斗机上的数字式飞行/火力综合控制系统有以下特点:采用多模态控制律;采用先进的余度管理技术;采用先进的数字电传技术;采用多功能显示器综合化座舱;通过数字总线使飞控系统与机载的其他系统实现最大限度的综合。

三、飞行/火力耦合器

(一)功能

飞行/火力耦合器,使飞控系统、火控系统交联构成武器自动攻击系统,应具有以下功能:

(1)实现解耦飞行操纵;

(2)具有足够宽的频带和合适的阻尼,以保证载机快速而无振荡地消除瞄准误差(空地模态除外);

(3)在飞控操纵权限内,满足飞/火操纵要求;

(4)控制器的输出指令应经过限幅处理,确保飞行安全;

(5)在飞行包线内,控制器参数应具有足够的鲁棒性;

(6)若考虑与飞行员人工控制指令的综合,则应平滑处理控制器的输出与人工控制指令的综合。

总之,该控制器要实现飞/火系统的综合控制,使多变量、时变、非线性的随机控制系统具有令人满意的控制性能。

(二)工作过程

飞行/火力综合控制的工作过程可分为正常模态、空空射击、空地射击和空地轰炸等典型的武器投射方式。这里仅以空空射击过程为例,说明在攻击过程中飞行/火力综合控制系统的基本工作情况。

一种典型的空空航炮攻击过程如图7-4所示。该图表示目标首先按直线飞行,然后作等速圆周机动逃避。载机(攻击机)从目标尾后进入,直线飞行一段距离后到达3点,此时机载目标跟踪器截获目标。驾驶员的任务是操纵飞机使瞄准光环靠近目标,当到达5点时,目标进入有效射程,飞行/火力综合控制系统接通并开始跟踪目标。此时,驾驶员的任务是操纵光环进入并保持在飞行/火力综合控制

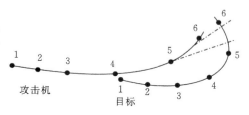

图7-4　空/空航炮攻击过程

系统的权限方框内(该方框表明飞行/火力综合控制系统的最大权限),使得飞/火耦合器有权自动操纵载机使光环压住目标(消除瞄准偏差)。当平视显示器上出现"射击"(SHOOT)字样时,驾驶员开火射击。当载机到达6点时,平视显示器画面显示退出攻击符号,告诉驾驶员他的飞机太接近目标或接近的速度太快(在此点飞行/火力综合控制系统已自动断开),驾驶员应该操纵载机退出攻击。

由此可见,飞行/火力综合控制系统在空空航炮攻击过程中,人—机是有明确分工的:目标的截获、目标的粗跟踪、攻击的退出由驾驶员完成,攻击最后阶段的精确跟踪瞄准由飞行/火力综合控制系统自动完成。这种分工既可充分发挥人的主动性、灵活性和决策性,以及自动控制

系统精确跟踪能力强的优点,又可以避免人的精确跟踪能力差及一般载机自动控制系统不具备主动决策能力的缺点,因而这种人机分工是合理的,效益是显著的。这与现代战机使用制导武器的攻击过程有所不同,有关内容详见第六章第三节。

第三节　飞行/推进综合控制系统

飞行/推进综合控制(Integrated Flight/Propulsion Control,IFPC)是指把飞机与推进系统综合考虑,在整个飞行包线内最大限度地满足飞行任务的要求,以实现推力管理,提高燃油效率和飞机机动性,有效地处理飞控系统与推进系统之间的耦合影响,更好地改善飞机的整体性能,并减轻驾驶员的负担。

高品质的推进系统控制,是实现飞行/推力综合控制、完成高性能飞行控制的基础。下面首先介绍推进控制的有关知识,之后再介绍它与飞控系统交联实现综合控制的原理结构。

一、推进系统控制

(一)推进系统的原理结构

典型的涡轮喷气发动机推进系统由进气道、发动机和尾喷管组成,结构如图 7 - 5 所示。从截面 1′到截面 1 为发动机进气道,截面 1 为压气机进口截面,截面 2 为压气机出口截面,截面 3 为燃气涡轮进口截面,截面 4 为燃气涡轮出口截面,截面 4、5 之间为尾喷管,截面 5 为排气管出口。发动机的压气机、燃烧室、涡轮等部件与进气道和尾喷口共同工作,通过燃烧室出口的高温燃气膨胀作功,从而将热能转化为机械能。这是极其复杂的气动热力工作过程,在此不做详细介绍。

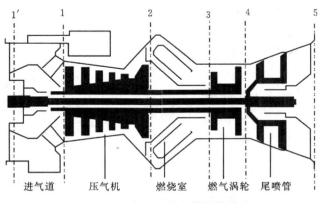

图 7 - 5　推进系统的结构简图

传统的推进系统控制是独立工作的,推力无法自动调节,如图 7 - 6 所示。推力操纵机构完全是机械连接的,驾驶员通过油门杆控制油门供油量使发动机转速等状态改变后,调节推力。

(二)推进控制的主要环节

发动机的工作范围是飞机的整个飞行包线。在飞行包线内,随着发动机的环境条件和工

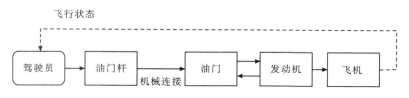

图 7 - 6　传统推进系统的控制结构

作状态改变,如最大状态、巡航状态、加力状态、加减速状态等的变化,其气动热力过程将发生很大的变化,若对这样一个复杂且多变的过程不加以控制,发动机是根本不能正常工作的。因此,研究发动机控制的问题,使其在任何环境条件和任何工作状态下都能稳定、可靠地运行,并且充分发挥其性能效益,是实现飞行/推进综合控制的基础。

进气道、发动机和尾喷管控制是实现推进控制的主要环节。

1. 进气道

早期的飞机由于飞行速度不高,进气道均采用亚声速进气道,对这种进气道一般不需要控制。飞行马赫数大于1.5的飞机必须采用超声速进气道。超声速进气道的性能受进口条件的影响很大,飞机飞行速度、飞行高度和飞行姿态的变化以及武器发射等都将导致进气道气动阻力、总压损失发生很大的变化,甚至导致进气道工作不稳定。为保证超声速进气道在任何条件下都能处于良好的工作状态,必须对其进行控制。

对超声速进气道的控制是指当进口条件变化时,调节进气道的通道几何面积,以调节通过进气道的空气流量,使其与通过发动机的空气流量相匹配,进而减小进气道外阻力和总压损失。

2. 发动机

随着飞行条件和发动机工作状态的变化,发动机特性将发生很大的变化,在一定的条件下发动机可能出现不稳定的工作情况,如压气机喘振、燃烧室熄火、加力燃烧室振荡等。为此,必须对发动机进行控制,以保证发动机工作稳定,在任何条件下性能最佳。

发动机控制就是利用所选控制量(如燃油流量、尾喷口面积等)的控制作用,使发动机的某些参数,如发动机转速、压气机出口空气压力、涡轮进口燃气温度等,按需要的规律变化,从而保证发动机的性能。

3. 尾喷管

早期的航空发动机采用简单的收敛喷管,喷管的出口面积由发动机的工作状态,如慢车、巡航、最大及加力等状态确定,当飞行条件变化时对喷口面积不再进行调节。后期发展的航空发动机采用了收扩喷管(拉瓦尔喷管),以便进一步提高排气速度,使发动机获得更大的推力。对于带有收扩喷管的发动机,随着飞行条件的变化,喷管的喉部面积和出口面积也需相应地变化,以保证发动机稳定工作,同时使推力损失最小。

传统的喷管仅产生反作用推力,现代飞机不仅要求产生正向推力,还要求产生矢量推力和反推力,即根据飞机的不同飞行状态要求产生不同方向的推力,以便为飞机提供不同飞行姿态所需要的力和力矩,这对提高飞机的机动性和缩短起降距离有着十分重要的意义。

进气道、发动机和尾喷管的工作密切相关、相互影响。进气道工作的不稳定必然影响到下游发动机的压气机及燃烧室等部件的工作;发动机各可变几何面积的变化以及压气机的失速与喘振也必然影响到上游进气道的工作;尾喷管节流面积的变化和推力方向的变化也将影响发动机性能。

如果希望发动机在起飞和超声速飞行时能产生最大推力,而在巡航飞行时耗油率最小,最好的方案是采用异常复杂的多变量变循环发动机控制系统,其被控参数往往在 20 个以上。

几十年来,航空发动机控制,已经由基于经典控制理论的单变量控制系统发展到基于现代控制理论的多变量控制系统;由机械液压式控制系统发展到数字式电子控制系统,通过飞行控制计算机和伺服机构,调节发动机油门来控制推力大小;且由进气道、发动机及尾喷管单独控制,发展到由三者组成的推进系统综合控制,实现飞/推综合控制进而实现飞/推/火综合控制。

二、飞行/推进综合控制

(一)飞行/推进综合控制的发展概况

推进系统的综合控制研究起始于推力的自动调节及推进效率的提高,这些方面的要求促使推进系统与飞控及任务管理进行综合以获取更多的信息,从而出现了推进与其他系统的综合以及推进系统自身向多模态、数字化、智能化的发展。推力矢量的出现使推进系统与飞控系统结合得更紧密,使推力控制融入飞行控制中。

1973 年,美国首先利用 F-111 飞机对推进子系统的进气道和 TF-30 发动机之间的耦合作用进行了研究。1983 年,美国开始用麦道公司改装的一架双座 F-15B 鹰式战斗机和 PW-1128 发动机进行高度综合的数字控制项目试验,研究的重点是战斗机短距起降技术。此后又在 F/A-18A 飞机上安装了水平鸭翼,引入变几何进气道,对短距起降、地形跟踪/回避、空空格斗、空地攻击和超声速巡航等模态进行了系统建模、控制律设计、仿真和试飞评估。

1996 年,俄罗斯研制的新型三翼面、带矢量喷口的苏-37 飞机,采用高度一体化的飞行/推进综合控制技术,在机动性和敏捷性方面取得令人瞩目的成就,完成了"眼镜蛇"、"钟摆"和 360° 小半径筋斗等多种过失速机动动作。

(二)飞行/推进综合控制的原理结构

飞行/推进综合包括系统功能和结构两个方面的综合。系统功能综合按不同的综合要求有:按综合模式可分为速度裕度控制模式、快速推力调节模式、格斗模式、推力矢量模式、自动油门模式和效能寻优模式等;按飞机使用要求和效能要求不同的任务段可分为短距起降、巡航、地形跟随/威胁回避/障碍回避、空中格斗和对地攻击等;按子系统综合有进气道/发动机、机体/进气道、飞行/发动机和飞行/矢量喷管等综合控制。

飞行/推进综合控制的原理结构如图 7-7 所示。其核心是机载飞行控制计算机,它依据机载传感器测出的飞行状态参数(姿态角、姿态角速度、马赫数、高度等)和发动机参数(进气道压力比、进气整流锥位置等),进行飞/推控制律计算,一方面向飞控系统发出操纵信号,控制飞机的姿态和轨迹;另一方面又向发动机系统发出控制信号,控制进气锥位置伺服装置和油门,以控制飞机推力。这样,就把飞行控制和推力控制融为一体达到综合控制的目的。

综合飞/推控制在舰载机着舰引导中已得到有效运用,有关内容参见第八章。

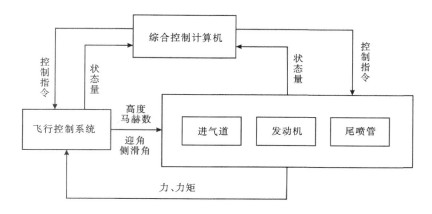

图 7 - 7　综合飞行/推进控制原理结构

三、推力矢量控制

飞行/推进综合控制技术的进一步发展是推力矢量控制。新一代作战飞机性能指标之一就是具有高度的敏捷性,这取决于矢量推力及其控制技术。由于矢量推力与飞机、发动机性能密切相关,因此,为达到敏捷性要求,必须对飞机、进气道、发动机及矢量喷管进行综合控制,这是许多年来国内外持续开展的一项重要研究项目。

推力矢量控制是指飞机的推进系统除了为飞机提供前进动力外,还能在飞机的俯仰、偏航、滚转和反推力方向上,单独或同时提供发动机内部推力,以部分或全部取代飞机的常规操纵面,或取代其他装置所产生的外部气动力,达到矢量化地调整发动机推力的目的。20 世纪80 年代以来,推力矢量控制技术在提高飞机空中应急机动能力、改善舰载机着舰和复飞性能,以及实现垂直/短距起降等方面得到了广泛的研究和应用。譬如,美国刚刚服役的 F - 35B 战斗机就采用了推力矢量控制技术。

第四代战机追求的目标是超声速巡航以及大迎角过失速状态下的亚声速机动飞行。在大迎角过失速下亚声速飞行时,由于飞行速度低,空气动力作用在飞机舵面上产生的力矩不大,因而飞机不可能有良好的机动性。为了获得飞机高度机动飞行所需的力和力矩,就必须依靠喷管,使其不仅能提供沿飞行方向的推力,而且能提供其他方向的推力,即矢量推力。矢量推力能产生比飞机舵面大得多的力矩,足以保证飞机机动飞行的要求。矢量推力通过改变喷口气流方向而获得,这种喷管称为推力矢量喷管或矢量喷管。因此,第四代战机的性能与矢量喷管的工作能力和控制技术有着直接关系。具备推力矢量控制的飞机具有过失速机动能力,增强了飞机法向过载能力,大大减小了转弯半径,从而极大程度上提高了飞机的作战效能和生存力。

四、典型飞行/推进综合控制系统

下面介绍美国利用 F - 15 飞机及 F100 - EMD 发动机进行飞行/推力综合控制系统研发而采用的几项综合控制技术。

(一)ADECS-Ⅰ控制模式

这也称为发动机最优性能控制模式,即发动机数字式自适应控制系统(Adaptive Digital Engine Control System,ADECS)。该模式是将迎角、侧滑角、马赫数等飞行状态数据输入到数字式飞控计算机(Digital Flight Control Computer,DFCC)中,飞控计算机根据输入数据计算当前并预测未来的进气道畸变度,以及发动机失速边界、最优性能压比,以供发动机的数字式电子控制计算机生成压比上调指令,使发动机的喷口面积减小,燃油流量增加,以提高发动机压比,增加发动机推力。

(二)ADECS-Ⅱ控制模式

这也称为恒定推力控制模式。它是通过保持油门杆位置来保持推力恒定,同时利用降低发动机空气流量、提高发动机压比的方法,降低耗油率,降低涡轮进口温度,提高发动机寿命。这种控制模式可以使耗油率降低,增加航程。由于涡轮进口温度降低,因此可延长发动机寿命,并减小红外识别特征,提高飞机隐身能力。

(三)性能寻优控制

性能寻优控制(Performance Seeking Control,PSC)的原理结构如图 7-8 所示,其特点是系统包含有不断修正的机载发动机模型、进气道模型和喷管模型,它们用于确定进气道、发动机及喷管的最佳位置。

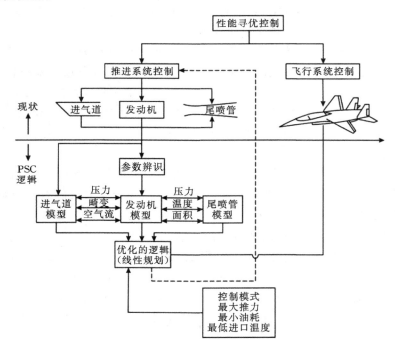

图 7-8　PSC 控制模式原理图

PSC 所采用的控制算法包括三种控制模式:最大推力控制模式,用于加速、爬升和突击时提供最大剩余推力;最小油耗控制模式,用于飞机巡航飞行时使耗油率最低,以增加航程;最低风扇涡轮进口温度控制模式,目的是用降低温度的控制方法延长发动机使用寿命。

五、飞行/推进/火力综合控制

飞行/推进/火力综合控制系统的原理结构如图 7-9 所示。载机惯导系统(INS)和大气数据计算机(ADC)测量并处理载机飞行信息,再送至综合火控系统及耦合控制单元。火控雷达将测得的目标信息送至火控系统,火控系统根据目标信息与载机信息来判断是否满足载机武器发射条件,并将攻击态势信息送至显示系统(HUD)供驾驶员观察空战态势。

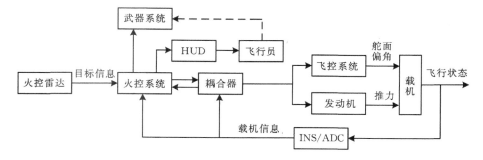

图 7-9 飞行/推进/火力综合控制系统的原理结构

为了满足载机武器发射条件,完成攻击任务,火控系统需要不断通过耦合器向飞控系统、发动机控制系统发出控制指令,飞控系统通过调整气动布局和舵面偏转角,推进控制系统通过控制发动机推力,实现飞机飞行状态的综合控制。这就是飞行/推进/火力综合控制技术的基本原理。

对于不同的攻击方式要选择不同的火力控制、导引控制、机动控制等算法,而系统结构和运行过程并没有很大的变化,图 7-10 给出了飞行/推进/火力综合控制的主要运行模块。

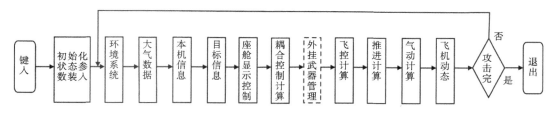

图 7-10 飞行/推进/火力综合控制软件的模块结构

第四节 飞行管理系统

飞行管理系统(Flight Management System,FMS)是协助飞行员完成从起飞到着陆各项任务的系统,可管理、监视和自动操纵飞机,实现全航程的自动飞行,是当今先进飞机上广为采用的一种新型机载设备。它将导航、推进等分系统与飞行控制综合,控制飞机自动实现最佳飞行性能和轨迹,以最小运行成本或作战代价完成飞行任务。它集导航、制导、控制及座舱显示于一体,将飞机的自动化水平推到一个崭新的阶段。

一、发展历史

发展过程分为五个阶段：

(1)区域导航系统：20 世纪 60 年代末到 70 年代初，美国研制出区域导航系统，利用机载导航计算机和控制显示装置，为驾驶员和自动驾驶仪提供纵侧向区域导航信息，实现人工/自动导航。

(2)性能管理系统：20 世纪 70 年代中期，中东石油危机爆发，由于燃料不足和价格上升，美国飞机公司研制了商用的性能数据计算机系统，把飞机手册提供的各种性能图表，以表格形式存放在机载计算机中，在实时的基础上，可按照手册的最优推力调节、巡航高度和当前周围条件的空速，以查表形式提供开环制导。该系统不与自动驾驶仪和自动油门系统相耦合，也没有任何导航能力。因此，后来将它与驾驶仪和自动油门系统综合，构成性能管理系统。

性能管理系统能按照储存的飞机手册数据，计算飞机的爬高、巡航和下降剖面，通过驾驶仪和自动油门系统，控制飞机按预定的垂直剖面飞行。驾驶员仍保留导航责任，并负责爬高/下降起始段的操作。垂直剖面是通过计算而不是通过查表获得的，因此，它较性能数据计算机系统更先进，目前仍在不少机型上应用。

(3)飞行管理系统：20 世纪 70 年代末期，性能管理系统与区域导航系统合并，即发展成今天的飞行管理系统。飞行管理系统的导航数据库很大，飞行管理计算机与自动飞行控制系统交联，可实现自动导航、自动归航及进场着陆。从对巡航段的优化发展到按最少燃料或按最小直接操作成本为性能指标的垂直剖面优化，提供定义该剖面的垂直轨迹和垂直制导能力，以实现飞机的自动飞行与最佳性能管理。现在，这种集导航、制导、控制、显示、性能优化与管理功能于一体的飞行管理系统，可实现飞机在整个飞行过程中自动管理与控制。不仅大大减轻了驾驶员的驾驶负担，而且可通过四维飞行管理，使飞机按规定的时间精确地到达指定地点，提高空中交通管制(ATC)能力，减少飞机空中耽搁时间，节省燃油消耗，提升机场吞吐量，使民航获得良好的经济效益、保证飞行安全和飞行品质。

(4)战术飞行管理系统：战术飞行管理的概念是 1982 年由美国空军莱特航空实验室与麦道公司提出的，意图在综合飞/火/推控制、飞行轨迹控制以及地形跟随/地形回避/威胁回避轨迹控制的基础上，构造一种全任务综合管理系统。其目的是在恶劣的战场环境中，根据战术任务的需要，协调、管理和控制各子系统功能运行，依据各信息源获得的战场信息，自动生成飞行计划、预测战场态势变化并实时规划理想战术航迹，导引、控制战机按轨迹指令执行相关战术机动，完成自动攻击导引，实现相关战术目标。战术飞行管理系统强调了对任务管理、控制、执行的高效性、生存性、完成性及作战效能最佳性的这些要求。

(5)飞行器管理系统：它是采用数据总线和多处理机技术，将公管系统、飞控系统和推进系统等视为一个整体，实行统一管理、科学组合与动态调度，并具有有机协调、动态重构、系统容错以及健康管理等功能，从而实现系统的物理综合和功能综合，形成对相关各子系统及结构的综合管理，实现子系统协调工作、资源共享，达到提高系统整体性能的分布式控制系统。

飞行器管理系统实时检测战机各系统和部件的工作状态，确定可以直接表征或可间接推理判断系统故障、健康状态的参数指标，采集传感器信息，并对故障进行综合分析和高效的诊断计算，具有针对部件的预兆、初发的故障状态、附属元件的失效状态，提供早期检测和预测的能力。系统还可以对当前设备处于退化过程中的任一种状态进行评价,判断这种状态由于何种故障模式引起,并评定当前的状态偏离正常状态的程度,预测设备未来的健康状态,确定部件的残余寿命或正常工作的时限。

二、基本功能与组成

飞行管理系统将制导、控制与导航综合为一体,把区域导航和性能管理综合在一起,使系统的综合化和自动化提高到一个新水平。其功能一般可归结为四个主要方面:自动飞行控制、性能管理/制导/导航、咨询/报警显示和乘员操作。

性能管理是针对飞行垂直剖面而言的。它可根据飞行计划或空中交通管制限定的范围,以及飞机自身的性能限制范围,对飞机的垂直轴(高度)和速度/推力轴的全部飞行剖面图(包括爬升、巡航和下降)予以管理。根据空中交通管制和飞行计划的限定,计算按成本指标最小的各飞行阶段的最佳高度、最佳飞行速度或推力大小,提供相应的空速/推力指令和推力限制,以及为生成垂直飞行轨迹提供依据,并可作相应的预测,为性能咨询提供数据。

导航在飞行管理系统中用来实现对导航设备的导航管理(选择最佳的导航定位方式和导航设备,以及在飞行途中对导航设备实行自动调谐),并能根据导航设备测得的原始数据,计算飞机当前的位置、飞行速度以及风速值。

乘员操作是指驾驶员对飞行管理系统的操作,实现人机交互。驾驶员通过对控制与显示装置和各模态控制板的操作,选择或修订飞行计划,或输入制订飞行计划所需的数据,选择各阶段的飞行模态,并可根据驾驶员的需要,显示飞行途中有关的飞行信息。

咨询/报警显示使驾驶员可通过控制与显示装置,获得许多有用的性能咨询,例如:与飞行剖面有关的信息,以及与飞机性能有关的信息等。此外,当系统、发动机等出现故障或异常,或遇到恶劣气候,或收到 ATC 发出警告和接近地面等信息时,飞行管理系统具有向驾驶员自动报警的能力,确保飞行的安全。

飞行管理系统能为各飞行阶段按飞行计划和性能管理给出的垂直剖面,计算和生成相应的水平和垂直飞行轨迹。由导航设备测得并经计算的飞机当前位置和速度值,与生成的基准轨迹比较产生误差信号,根据此误差信号和相应的控制律,计算侧向与垂直制导指令,并送到飞控系统和推力管理系统,操纵飞机按飞行管理系统排定的飞行计划和垂直剖面,从起飞机场飞抵目的地。上述几个功能的原理如图 7-11 所示。

为了实现上述各项功能,飞行管理系统一般由四个子系统构成,如图 7-12 所示。

处理子系统——飞行管理计算机系统,包括飞行管理计算机和控显装置等部分。

控制子系统——飞行控制计算机系统、推力控制计算机系统,有的还包括飞行增稳计算机系统。

显示子系统——电子飞行仪表系统、发动机仪表与中央告警系统、航姿系统和磁航向系统等。

传感器子系统——大气数据系统、惯性导航系统、无线电导航设备(测距装置、甚高频全向信标、OMEGA 导航和仪表着陆系统等)、多普勒导航及无线电高度表等。

飞行管理系统的核心组成部分是飞行管理计算机系统,其他各子系统均与它交联,相互传递信息。飞行管理计算机好比人的大脑,用于思维、决策和发送命令,控制子系统可比作人的

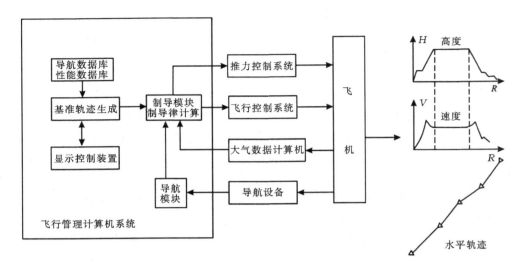

图 7-11 飞行管理系统的原理

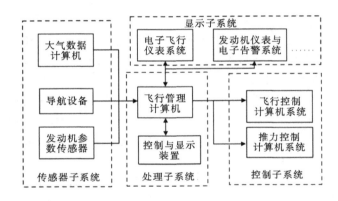

图 7-12 典型的飞行管理系统组成框图

手和脚,通过它们来操纵飞机;传感器子系统和显示子系统可比作人的眼睛和耳朵,通过它们观察飞机的运动,并把信息传递给飞行管理计算机。由这四个子系统实现其各自的功能,代替驾驶员的功能,实现对飞机的自动飞行管理。A310的飞行管理系统组成如图7-13所示。

三、导航功能

由传感器子系统(即导航设备)、导航数据库和控制显示子系统等输出信号,经 ARINC 429 I/O 接口加到飞行管理计算机的导航功能块,经过处理与计算,为显示和制导提供相应的位置、速度和风值信息,并为无线电导航设备提供导航台的频率和实现自动调谐。

(一)导航数据库

导航数据库是飞行管理系统特有的,用以正确地引导飞机完成从起飞一直到目的地的导航。

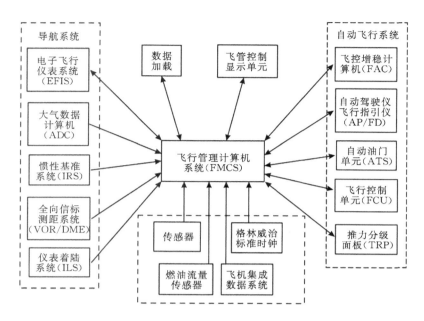

图 7 - 13　A310 飞行管理系统的组成

　　导航数据库如同一张标准的无线电导航图,把图上的导航数据以一定的格式存放在飞行管理计算机中,存放的内容如表 7 - 1 所示。

表 7 - 1　导航数据库

导航台	末端区的操作
• VOR、VORTAC、VOR/DME、DME、TACAN • 位置 • 频率 • 高度 • 标记 • 类型——低层、高层和末端	• SIDS • STARS • 转移 • 进场操作　　　　航向、距离、高度……
机场 • 参考位置 • 门限位置(B767) • 跑道长度和航向 • 海拔高度 • ILS 设备	ILS 进场 • 频率 • 标记 • 穿越高度 • 进场不成功的操作
	公司航线
	保持图形(A310)

　　表 7 - 1 所示数据的具体内容和容量视地理区域、机场个数以及满足操作要求的特定数据类型而定。

　　数据库中的导航数据一般都按类型存放在不同的文件中,如 B767 中导航数据划分成 14个文件:导航台、航路点、航线、保持图形、机场、跑道、公司航线、备用机场等。每个文件由记录组成,每个记录由一组字段组成。例如,航路点文件,数据的字段包括航路点的标记(由国际民航组织规定)等;跑道文件包括机场的标记(由国际民航组织规定)及跑道的数量。导航数据库中的相应内容如图7-14所示。

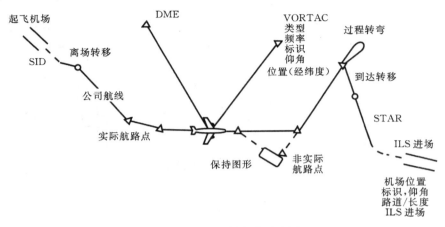

图 7-14   导航数据库示意图

(二)导航管理

导航管理是指对导航接收机的管理,包括导航设备的选择和自动调谐等。如果某些导航设备出现故障,或距离/几何不满足要求时,可重新选择导航设备和重新调谐。此外,还可人工参与调谐。

为了实现这些功能,导航管理模块需要输入的信息有:由电子飞行仪表系统选定的最接近飞机当前位置的20个导航台,供模块选择;由VOR控制板给出的自动/人工调谐信息和ILS选定信息,供模块在决策时作为依据;导航数据库给出的相应的导航数据,例如导航台的位置、频率、海拔高度等。此外,还有制导功能模块提供的参数。这些输入信息经导航管理模块处理后,输出以下信息:选定的导航方式和导航设备;VOR/DME的调谐频率;响应遥控的调谐要求(由控显装置(CDU)输入)等,如图7-15所示。

电子飞行仪表系统根据导航数据库的导航数据,选择在200 nm范围内最接近飞机位置的20个地面台,每2 min编辑一次成表,送入导航管理模块,作为选择ρ-ρ导航一对DME台或ρ-θ导航DME/VOR台的依据。当驾驶员通过VOR控制板选定自动调谐状态,以及通过ILS控制板决定不选用ILS时,导航管理模块即进行自动调谐。

导航台与导航方式的选择,是按照下述准则设计的:

1. 按飞行高度选择导航台类型。

(1)高度 H 大于 18 000 ft 为高层型(HL),此时仅能选用高层型的地面台,最大距离为 25 nm[①]。

(2)高度 H 小于 12 000 ft 为末端型(TM),可采用末端、低层和高层型的地面台,最大距

---

① nm 即 n mile,1 n mile=1.852 km。——编者注

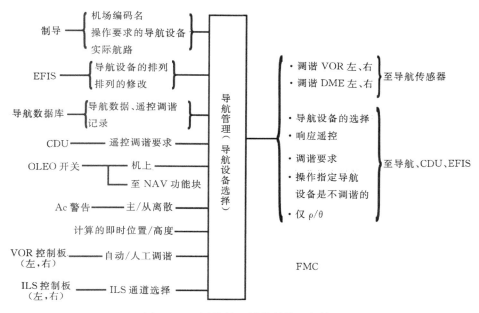

图 7-15　导航管理模块的输入与输出

离为 25 nm。

（3）高度 H 在 12 000 ft 与 18 000 ft 之间的为低层型（LL），在此高度范围内，可选择高层或低层型的地面台，最大距离为 40 nm。

2. 按导航定位方式的优先级别选择导航设备。

其优先级按测距-测距（ρ-ρ）、测距-测角（ρ-θ）排列，前者优先级最高。在选择导航方式时，首先判断各导航设备是否正常工作，如 DME/DME 正常，则首先选用它，否则选择 ρ-θ 或 IRS。当选定 ρ-ρ 后，先删去小于和最接近 9 nm 的台，然后在剩下的台中选择，计算合适的几何关系。如果选出的一对能满足要求，即飞机高度大于 12 000 ft 时，交会角接近 90°，或飞机高度小于 12 000 ft 时，交会角在 30°~150° 之间，则选择该对地面台，并给出这两个台的频率，对 DME/DME 自动调谐。如找不到一对能满足这些要求的，则程序自动转入 ρ-θ 导航，选择一个最接近飞机位置且既能测距又能测方位的地面台。当导航台选定后，必须检验该导航台是否满足要求，如飞机是否处在 VOR 的混乱圆锥区等。若仍找不到一个合适的地面台，程序转入 IRS 惯性导航，并在 CDU 上显示此状况。

导航管理模块每 5 s 自动调谐一次。当导航设备出现故障后，能自动重新选择导航设备，重新自动调谐，以确保导航的正常进行。

（三）位置、速度和风速值的计算

确定飞机的当前位置、速度和风速值是实现导航管理的关键。经导航管理模块选定导航方式和相应的导航设备，并经调谐后，根据各导航设备输出的相应参数，可计算飞机当前位置、速度和风值，以及飞行轨迹角、跟踪角和偏流角等飞行参数。经导航管理模块计算，为 EFIS 和 CDU 提供必要的显示信息，也为以后的制导提供所需的参数。

四、性能管理

性能管理是飞行管理的重要功能。它可以预测飞行进程中的飞机性能和飞行数据,例如:计算最优速度、推力;监控飞机的燃料消耗、飞机重量;估算剩余燃料可用时间及飞行距离;计算某些基准参数(最优高度、进场速度等);优化飞行剖面,为飞行员提供航路飞行及控制性能等咨询信息,并能给推进控制计算机提供推力指令及控制限制等信息。

性能管理在飞行管理计算机中是一个单独的功能模块。它依据飞机性能数据库提供的飞机有关参数、性能成本指标,以及驾驶员通过 CDU 选择的飞行模态,来完成各项计算。计算给出的数据分别输入到电子飞行仪表系统功能模块和垂直制导功能模块。

性能管理功能模块根据驾驶员对各飞行阶段(爬高、巡航和下降等)选择的模态,计算飞机的飞行剖面。当驾驶员选择"经济"模态时,模块计算一个按成本性能最小的优化剖面;选择其他模态时,则按照模态相应的速度排定计算飞行剖面。因此,对三维飞行管理系统的性能管理来说,计算飞行剖面有优化与非优化之分。对于四维飞行管理系统来说,由于空中交通管制(ATC)提出到达时间的要求,性能管理功能模块必须规划满足 ATC 时间要求的飞行剖面。

(一)性能数据库

性能数据库是性能管理的基础,提供飞机性能和发动机等有关系统数据,用以规划飞行剖面。

飞机性能数据库一般包含以下内容:

1. 飞机部分

包括机翼面积、发动机台数、升限高度、升力阻力特性、飞机毛重及飞行速度极限等。

2. 发动机部分

包括燃油油量、发动机增压比、推力、各飞行阶段控制模态的油门控制系统排定、起飞/复飞和湍流操作的各参考数据、成本因素等。

这些数据有许多是以特性曲线形式提供的。在性能数据库中,将这些曲线参数化后,以函数形式存放,库中只存放有关的系数。如升力曲线可以表示为高度、马赫数、迎角、襟翼位置等的函数。

各飞行阶段控制模态的油门控制系统排定,是依据飞机性能按各模态计算后排定的速度存入库中,以表格形式按飞机的重量、高度或襟翼位置等提供各模态期望的速度排定。

库中成本因素可以是燃油最少的性能指标范围值,也可以是直接操作成本最小的性能指标量值,为优化垂直飞行剖面提供性能指标。

(二)垂直轨迹生成

民航飞机轨迹优化的主要内容是垂直轨迹生成,可分为非最优基准轨迹和最优基准轨迹。

非最优(次优)基准轨迹一般根据飞行手册及传统的操作模式生成。等表速/等马赫数爬高/下降轨迹是一种典型的次优轨迹。如图 7-16 所示为飞机在垂直剖面上的飞行状况。从起飞到进场着陆前,大致可划分成爬高、巡航和下降三个阶段。飞机起飞后爬高到 10 000 ft,速度到 250 kn 后离场转入爬高段。在爬高段上,飞机以等校准空速(CAS)爬高,至某一高度

转入等马赫数 Ma 爬高,直到巡航高度 H_c。在巡航高度上加速至巡航马赫数 Ma_c,以等 Ma_c 作等 H_c 飞行。接近下降开始点将速度减至下降马赫数 Ma_d,使飞机作下降飞行。在下降段,发动机处于慢车状态,飞机先以等 Ma_d 下降,到某一高度后,以等 CAS_d(下降校准空速)下降到 10 000 ft,再转入平飞减速至 250 kn,以等空速下降直至转入进场着陆。

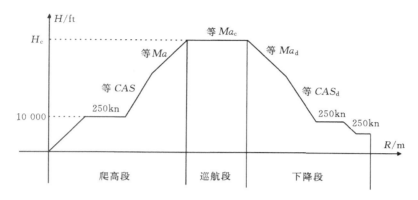

图 7 - 16　飞机在垂直剖面上的飞行状况

在爬高段时,有时为了尽快获取一个速度,还附加一个平飞加速段,然后再继续转入爬高。从整个飞行阶段来看,飞机在垂直剖面上的运动可划分成平飞加速、等 CAS、等马赫数、平飞加速、等马赫数、平飞减速、等马赫数、等 CAS_d、平飞减速等阶段。

最优基准轨迹是按某种性能指标或几种性能指标的组合达到最优而设计的垂直飞行剖面基准轨迹。这些指标是:最小燃油消耗、最小成本、最大爬高/下降航迹角、最大爬高/下降速度、最大续航时间等。优化垂直基准轨迹的方法很多,这里不一一介绍。

为了缓和日益繁忙的空中交通拥挤状况,提高机场的吞吐量和飞行安全,减少驾驶员和地面 ATC 控制员的操作负担,飞行管理由三维发展成四维,使飞机能按 ATC 要求的时间到达机场。

四维飞行管理系统的飞行剖面是在飞行中建立的,根据 ATC 提出的到达时间要求和指定的飞行航路,规划要既满足到达时间要求,又易于实现垂直的飞行剖面。目前经试飞验证过的剖面有二种,一种是优化的,另一种是按驾驶员操作习惯建立的。按驾驶员操作习惯调整飞机的飞行速度,可以在巡航段上,也可以在下降段上。

五、制导功能

制导是当飞机沿基准轨迹飞行时,受到外界扰动或者由于导航的不确定性,引起飞行轨迹偏离后作出的一种决策。制导一般分为垂直制导和侧向(水平)制导。

由图 7 - 11 可以看出,由性能管理模块计算的飞行剖面数据送给制导模块,作为期望飞行计划,由制导模块以一定的制导控制律产生控制指令,通过飞行及推力控制系统,使飞机回到基准轨迹上。

(一)垂直制导

如图 7 - 17 所示,垂直制导功能模块由升降飞行状态解算、升降模态控制、推进控制、升降控制器和推力控制器等5个模块组成。

飞行计划确定后,性能管理功能模块将依据计划计算出飞行剖面数据,存放在垂直制导功能模块的制导缓冲器中,经制导初始化输出垂直剖面的数据,作为纵向轨迹基准,并提供相应的模态要求。制导过程中,性能管理功能模块根据升降模态控制模块由CDU输入的选择模态、巡航高度、目标高度以及驾驶员输入的高度选择等信息,给出目标推力、推力限制、CAS和航迹角,提供期望的模态和控制目标。升降飞行状态解算模块接收导航及惯性基准系统输出的地速、高度及升降速度信号,与制导初始化给出的纵向轨迹基准数据以及制导过程中性能管理功能模块给出的数据比较,计算飞行高度、升降速度及轨迹误差,给出期望的飞行速度和相应模态选择;推进控制、升降控制器及推力控制器等模块依据上述计算结果,选择相应的控制律,计算俯仰/升降和推力/速度控制指令,供俯仰、推进控制通道控制飞机的垂直剖面飞行,使飞机按期望的飞行剖面飞行。

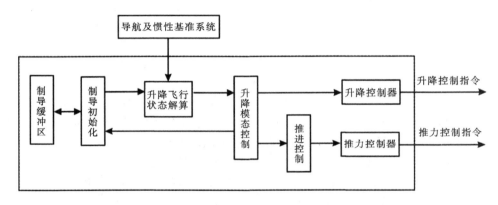

图7-17 垂直制导功能模块

在垂直剖面飞行中,飞行控制系统控制飞行速度、升降速度和轨迹(俯仰轨迹角、高度);自动油门系统控制推力、速度。垂直制导时,飞行管理系统有轨迹/推力、轨迹/速度、速度/推力和升降速度/推力等四种控制模态可供选择。这些控制模态决定了是用升降舵控制速度还是垂直飞行轨迹,以及是用油门杆控制速度还是采用推力的控制方式,它们连同垂直子模态一起决定了控制律的形式。

1. 典型垂直剖面的控制模态

对于典型垂直剖面,飞行控制系统/自动油门系统的控制模态如图7-18所示。

①为平飞加速段。采用轨迹/推力模态,油门杆控制推力,油门处于额定推力状态。

②为爬高段。采用速度/推力模态,升降舵控制速度,当速度误差小于5 m/s时采用速度跟踪模态,否则采用速度跟踪加速模态。油门杆处于额定推力状态。

③为爬高-巡航过渡段。采用轨迹/速度模态,升降舵控制轨迹,用高度截获模态;油门杆控制速度,用速度跟踪模态。

④、⑦为巡航段。采用轨迹/速度模态,升降舵控制轨迹,用高度截获模态;油门杆控制速度,用速度跟踪模态。

⑤、⑥为阶梯爬高段。可用轨迹/速度模态,也可用升降速度/速度模态,升降舵控制升降

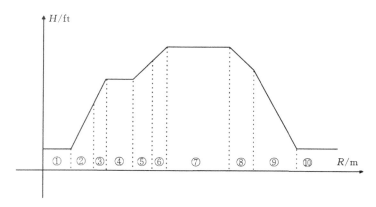

图 7 - 18　垂直剖面飞行阶段

速度,用速度 V/S 模态;油门杆控制速度,用速度跟踪模态。

⑧为下降段。采用速度/推力模态,升降舵控制轨迹,油门杆控制推力,处于慢车状态。

⑨为高度截获段。采用轨迹/速度模态,升降舵控制轨迹,用高度截获模态;油门杆控制速度,用速度跟踪模态。

⑩为平飞减速段。采用轨迹/推力模态,油门杆控制推力,油门处于额定推力状态。

在巡航段如有加(减)速的情况,制导保持轨迹/速度模态不变。

2. 垂直控制律

采用升降舵控制飞行轨迹(即输出相应的俯仰控制指令给飞行控制计算机实现轨迹控制)的方法,一般用于飞机平飞段保持高度、爬高转入平飞的轨迹转移、爬高段的轨迹角保持、平飞转入下降的升降速度捕获等垂直子模态。相应的控制律计算如下:

$$\dot{H} = \frac{V}{57.3}\Theta \tag{7-1}$$

式中,$\dot{H}$ 为升降速度;Θ 为俯仰轨迹角;V 为飞行速度。

俯仰轨迹角 Θ 的变化会引起升降速度 $\dot{H}$ 的变化,又因俯仰角 θ 的变化会引起 Θ 的变化,因此飞机的垂直制导可由俯仰控制指令 θ_g 控制俯仰角姿态回路,改变俯仰角 θ 以实现对 Θ 和 $\dot{H}$(或 H)的控制。

各控制子模态的控制律如表 7 - 2 所示。表中 H、$\dot{H}$、Θ、V 和 Ma 分别表示高度、升降速度、俯仰轨迹角、空速和马赫数;K_H、$K_{\dot{H}}$、K_{θ}、K_V 和 K_{Ma} 表示传动比;H_C、$\dot{H}_C$、Θ_C、V_C 和 Ma_C 分别为相应的期望值;θ_g 为控制律生成的俯仰角控制指令。

需要说明的是,轨迹捕获状态是分几段进行的:首先,在爬高过程中(即捕获前)不断地测量飞机的当前高度和升降速度,并与期望的高度(待捕获的轨迹高度)进行比较和计算,以获得一个合适的转移点,当满足条件

$$|(H_C - H)| \leqslant \frac{K_{\dot{H}}}{K_H}\dot{H} \tag{7-2}$$

时,才接通轨迹捕获状态,使飞机平稳地捕获基准轨迹。当 $|H - H_C| \leqslant 30$ ft 和 $\dot{H} \leqslant 2.5$ ft/s 时,轨迹捕获状态结束,然后转到垂直轨迹保持状态,使飞机保持在新的轨迹上飞行。此外,在

垂直制导的轨迹保持或控制时,还必须利用油门杆来控制飞行速度,使其保持恒定值,才能保证轨迹的保持或控制。

表 7 - 2 各模态垂直控制律

模态	控制方式	垂直控制律
垂直轨迹保持	$\delta_z \rightarrow H$ $\delta_P \rightarrow V$	$\theta_g = -K_H \dot{H} - K_H \Delta H$ $\Delta H = H - H_C$
升降速度捕获	$\delta_z \rightarrow \dot{H}$ $\delta_P \rightarrow V$	$\theta_g = K_H (\dot{H}_C - \dot{H})$
轨迹捕获	$\delta_z \rightarrow \dot{H}$ $\delta_P \rightarrow V$	当 $\|(H_C - H)\| \leqslant \dfrac{K_H \dot{H}}{K_H}$ 时捕获段开始 $\theta_g = K_H (H_C - H) + K_H (\dot{H}_C - \dot{H})$ $\|(H_C - H)\| \leqslant 30$ ft, $\dot{H} \leqslant 2.5$ ft/s 时 $\theta_g = -K_H \Delta H - K_H \dot{H}$
轨迹角保持	$\delta_z \rightarrow 0$ $\delta_P \rightarrow V$	$\theta_g = K_\theta (\Theta_C - \Theta)$
速度保持或控制	$\delta_z \rightarrow V(Ma)$ $\delta_P \rightarrow P$	$\theta_g = K_V (V - V_C)$ 或 $\theta_g = K_M (Ma - Ma_C)$

除采用升降舵控制或保持轨迹外,还可用油门杆控制推力,实现飞行轨迹的控制,这时升降舵控制空速。由飞机运动方程可知,当飞行速度不变时(由升降舵保证),俯仰轨迹角 Θ 可表示为

$$\sin\Theta \approx \Theta = \frac{P - X}{G} \tag{7-3}$$

式中,P 为推力,X 为阻力,G 为重力。

因为飞行速度不变,阻力 X 又是一个慢变化量,因此在轨迹控制过程中,阻力 X 和重力 G 一样,可近似认为是不变的,则式(7-3)的增量形式可表示为

$$\Delta\Theta = \Delta P/G \tag{7-4}$$

式中,$\Delta\Theta$ 为基准 Θ 的增量值;ΔP 为基准推力的增量值。

由式(7-4)可见,增量的推力会引起增量轨迹角的变化,并且两者成比例。显然可以通过控制推力实现轨迹控制(Θ 或 H),其相应的控制律可写成

$$\Delta P = K_P (\Theta_C - \Theta) \tag{7-5}$$

式中,K_P 为传动比;ΔP 为推力增量。

在实际系统中,因为推力与 EPR(发动机压力比)存在一定的关系,因此目前广泛采用 EPR 指令来控制推力,实现轨迹控制。

对于四维飞行管理系统来说,由于 ATC 提出时间控制要求,为了保证飞机精确地沿空间的基准轨迹、按时到达预定地点,对垂直制导来说,要求产生两个控制指令,即俯仰角控制指令和速度控制指令,相应的控制律为

$$\theta_{\mathrm{g}} = K_\theta(\Theta_{\mathrm{C}} - \Theta) \tag{7-6}$$
$$V_{\mathrm{g}} = V_{\mathrm{C}} - K_{V_x}x - K_{V_y}\psi_{\mathrm{C}}y \tag{7-7}$$

式中,V_{g} 为空速控制指令;V_{C} 为期望空速值;x、y 分别表示 X 轴与 Y 轴方向的位移偏差;K_θ、K_{V_x}、K_{V_y} 表示传动比。

(二)空速控制

由前所述,俯仰轨迹控制是通过控制俯仰角运动来实现的。这里有个前提是必须控制速度不变。没有速度控制系统,只通过俯仰角来控制航迹是不理想的。

在垂直制导的轨迹保持或控制时,可以采用升降舵来控制或保持轨迹,利用油门杆控制空速。也可用油门杆控制推力,实现飞行轨迹控制,用升降舵控制空速。

下面分别来看应用这两种方法如何实现空速控制。

1.通过控制升降舵,改变俯仰角以控制速度。其原理如图 7-19 所示:升降舵改变俯仰角,改变重力在飞行速度方向上的投影,引起飞行加速度变化,从而控制速度。与俯仰有关的信号起改善系统稳定性的作用。将空速传感器换成马赫数测量元件,可实现马赫数的自动控制。这种方法的优点是结构简单易行,只需在原有俯仰角控制回路的基础上增加敏感元件。通常在爬升或下降到某一定高度时,或在升限飞行时采用这种速度控制方式。因为在升限飞行时,发动机已处于最大推力状态,只有靠下降时重力的切向分量来加速,靠爬高来减速。这时油门杆不动,调整范围显然受到限制。

图 7-19 通过升降舵控制的速度控制系统

2.通过控制油门大小,改变发动机推力以控制速度,这种方法称为油门自动控制系统或自动油门系统。该方法不仅可以控制空速,还能自动保持俯仰角和高度,其原理如图 7-20 所示。油门自动控制主要是通过控制油门改变发动机推力从而控制空速。

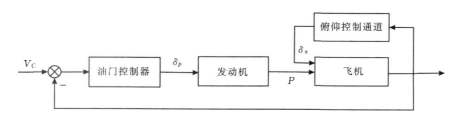

图 7-20 油门自动控制系统

假定驾驶仪处于高度保持状态,在稳定过程中,空速向量始终处于水平,重力切向投影为零。油门杆位移引起推力的变化,最终使空速改变。

如果驾驶仪处于俯仰角保持状态,飞机的航迹倾斜角不为零。重力的切向投影也不为零。当推力改变时,由于俯仰角保持不变,尽管速度变化会引起迎角变化,但航迹倾斜角的变化不会太大,重力分量的变化比推力的变化要小得多,于是空速必然会发生变化。这种油门自动控制系统的外部不存在空速信号与俯仰信号的交联,可是由于被控对象飞机自身是存在这种交联影响的,因此,无论驾驶仪还是油门自动控制器的控制律怎样,在改变速度控制的给定值 V_C(或速度指令)时不可避免地要引起飞机俯仰角发生变化(对于比例式驾驶仪,俯仰角的动态与稳态值都发生变化,对于积分式驾驶仪,至少会引启动态的变化)。如果要消除飞机内部这两种运动参数的交联影响,就要在驾驶仪及油门自动控制器中加上有关的交联信号,于是就出现第三种方法。

3.速度与俯仰角的解耦控制。该方法的目的是互不干扰地控制俯仰角和速度,即解耦。要实现解耦,必须在油门自动控制器与驾驶仪之间增加信号,如图 7-21 所示。

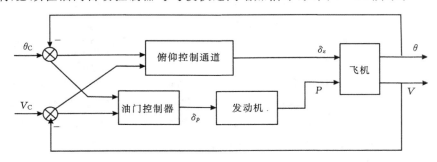

图 7-21 速度与俯仰角运动的解耦控制

但是要想达到严格的解耦,必须考虑所有信号按内部交联影响同样的规律变化,因而实现起来十分复杂,也不易做到准确的解耦。因此,完整解耦没有广泛应用,但部分解耦还是有应用。

(三)侧向制导

侧向制导功能模块如图 7-22 所示。驾驶员通过 CDU 选择航路点、航线等,编制待飞的飞行计划后,导航系统计算航线上各段飞行航路的有关参数,并存放到制导模块的缓冲区内。侧向制导时,制导初始化按航路依次排列的顺序,向制导缓冲区提取航路的有关参数,为侧向制导模块提供数据。侧向制导模块接受导航模块提供的飞机即时位置信息,与初始化调用的飞行计划比较,解算飞行航迹状态及飞机相对于航线转移点的待飞距离、时间等飞行参数。基于按偏差自动控制的原理,经侧向模态控制,选择相应的侧向制导(控制)律,计算侧向制导指令,供飞行控制系统控制飞机按期望航线飞行。飞机飞完一条航路后,依次重复计算,完成存放的实际航线的各侧向航路,使飞机从起飞地点沿期望航线自动地飞抵目的地。

三维飞行管理系统中,侧向制导律是按照控制模态的不同而分别计算的。控制模态分为航向控制与轨迹控制两种,两者通过不同的控制律,产生滚转控制指令,控制飞机的滚转姿态,实现轨迹或航向控制。

1.航向控制

航向控制分为航向保持和航向选择。航向保持主要用于轨迹模态(除不满足捕获轨迹准则外)和飞机沿最后一条航段飞向终止航路点。航向选择用于下一支路为航向支路时,在当前

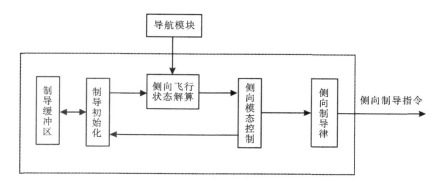

图 7 - 22　侧向制导功能模块

飞行航段结束后,使飞机由当前航向转移到下一航段飞行的一种控制。如假设飞机当前航段结束时的航向为 ψ,下一航段的航向为 ψ_C,则航向选择的控制律为

$$\gamma_g = K_\psi(\psi - \psi_C) \tag{7-8}$$

式中,γ_g 为控制律产生的滚转控制指令;K_ψ 为传动比。

由此可见,如下一航段的航向 ψ_C 为正,当前航段终止时航向为负时,二者之差则为负值,形成负的滚转角控制指令,通过飞控系统使飞机左滚转,作左转弯飞行,逐渐调整航向;随着航向的改变,$\psi - \psi_C$ 减小,γ_g 值随之减小,飞机滚转角速度也随之减小,逐渐转弯到下一航段要求的航向 ψ_C 上。当飞机转弯到选定的航向后,系统自动地转入航向保持模态使飞机按选定的航向飞行。

在航向保持时,ψ 与 ψ_C 一致时,不产生滚转控制指令,$\gamma_g = 0$;当飞机受到外界扰动,偏离原基准航向 ψ_C,即 $\psi \neq \psi_C$ 时,系统产生相应滚转指令 γ_g,修正飞机的航向,直到返回到基准航向,才停止修正,使飞机保持期望航向飞行。

2. 轨迹控制

轨迹控制模态可使飞机精确地沿预定的轨迹飞行。一旦飞机受到外界扰动,能修正飞机返回到预定轨迹。轨迹控制分航线保持和航线转移。

(1)航线保持

侧向制导的主控制信号是偏航距,辅助控制是航向角偏差信号,控制律一般应为

$$\gamma_g = K_\psi \Delta\psi - K_z z \tag{7-9}$$

式中,γ_g 为自动修正航线偏差、控制飞机运动的倾斜角指令;z 为偏航距,规定 z 大于 0 为飞机处于地面迹线的右边;$\Delta\psi$ 为航向角偏差;K_ψ、K_z 为传动比。

(2)航线转移

如图 7 - 23 所示,其控制律可为

$$\gamma_g = \gamma_C + K_\psi \Delta\psi - K_z z \tag{7-10}$$

式中,K_ψ、K_z 为传动比;z 为飞机偏离期望的地面迹线(此处即圆弧段)的垂直距离,即以飞机即时位置到圆心距离 ρ 与转弯半径 R 的差值;$\Delta\psi$ 为飞机跟踪角与期望跟踪角之差,是飞机即时位置到圆心的连线与圆弧段相交点的切线与速度向量的夹角;γ_C 为飞机沿期望地面迹线飞

行时(此处为转弯)要求的基准滚转角。

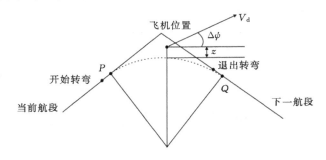

图 7-23 航迹转移的几何关系图

由上述侧向控制律产生控制指令,通过滚转控制回路使飞机自动地从一条航段转移到下一条航段。实际上,飞机的滚转角速度是有限的,不可超过最大滚转角速度 $\dot{\gamma}_{max}$。为了使飞机能精确地跟踪轨迹,飞机不是在转移点 P 开始转弯,也不是在 Q 点退出转弯,而是提前一段距离进入或退出转弯。

以上控制律中,z 信号起稳定作用,以消除侧向偏差;$\Delta\psi$ 信号起阻尼作用,在侧向制导中使飞机受干扰作用后能平稳地纠偏,这一信号非常重要,必须引入,否则侧向制导回路将不稳定。

至于四维飞行管理系统,不仅应精确地制导飞机沿期望的地面轨迹飞行,而且应能控制飞行速度。由于附加了时间控制要求,其侧向控制律与三维不同,除了要求产生滚转角控制指令外,还要求产生速度控制指令,使飞机沿预定的基准轨迹按给定时间到达预定地点。

其侧向制导控制律可选为

$$\begin{cases} \gamma_g = \gamma_C + K_\gamma V_C \Delta\psi - K_{\gamma z} z - K_{\gamma x} \dot{\psi}_\gamma x \\ V_g = K_{Vz} \dot{\gamma}_\gamma z - K_{Vx} x \end{cases} \quad (7-11)$$

式中,γ_g 与 V_g 为侧向控制律生成的滚转角和空速控制指令;γ_C、V_C 为基准给定值;x、z 为纵向和侧向的位移偏差;K_γ、$K_{\gamma z}$、$K_{\gamma x}$、K_{Vz}、K_{Vx} 为传动比。

式(7-11)等号右边各项为修正量,当飞机一旦偏离原基准轨迹后,用以产生附加的滚转角和速度控制指令信号修正飞机的运动,使其返回到基准轨迹,以达到使误差 x 和 z 为零的目的。

六、战术飞行管理

民航飞行管理系统主要考虑飞行交通管制,优化飞行航线,减少油耗以节约营运成本。至于军机还要考虑战术任务飞行管理,以下简称战术飞行管理。

战术飞行管理系统,是根据指挥系统提出的战术任务要求,实时感知飞机及有关子系统的状态和周围环境(包括天气、地形、威胁以及友军)的信息,实时进行任务及飞行轨迹的规划,生成导航和制导指令,控制飞机沿所要求的飞行轨迹飞行。与此同时,按生成的指令控制飞机相关的子系统,以某种优化方式(以生存性、任务有效性及能量消耗等衡量)完成突防和攻击等各种典型战斗任务。该系统是一种全任务综合管理系统,其功能和目标是协调、管理和控制已有的综合飞/火控制和综合飞/推控制等系统,以能量管理和四维导航等技术为基础,自动生成和执行飞行计划和制导指令,增强飞机在复杂和存在多种威胁的环境下执行战术任务的有效性及其生存能力,并减轻飞行员的工作负担。

战术飞行管理要实现的功能主要是:在多兵种协同作战中,攻击机与友机之间、攻击机内部各系统之间需在不同层次上实现信息共享,多种探测器获取的信息需进行数据融合,以获取精确和可靠的信息;在航空电子综合系统的基础上,根据执行不同的战术任务及不同的任务段,对攻击机资源进行动态分配,组成适应战术任务需求的综合控制模态,以便有效地完成战术任务;在预规划战术任务的基础上,能根据作战态势信息在线实时再规划,生成战术飞行控制指令;在恶劣作战环境中,战术飞行管理系统起着辅助决策和咨询作用,需要把所作出的决策、战术预案及实时作战态势信息直观地显示给飞行员,并由其最终选择,因而应有先进的综合显示系统和人机接口界面。

战术飞行管理与综合控制的逻辑结构如图7-24所示。图中上半部分为战术飞行管理系统,是整个系统结构的最顶层;下半部分为综合控制系统,构成系统结构的底层。

战术飞行管理系统一般由下列模块组成:

(1)规划策略模块,实现航迹规划的调度管理,定义任务目标以及进行可用的优先级选择,并顺序调度其他功能模块的执行;

(2)天气、地形及障碍物回避管理模块,产生使飞机回避飞行的指令;

(3)威胁管理模块,对当前航线的威胁进行识别,并产生相应的指令;

(4)目标管理模块,对作战实体的威胁以及对攻击目标进行识别,选择并捕获、锁定攻击目标,输出攻击目标及威胁的有关信息;

(5)轨迹规划模块,根据威胁、天气、障碍物和地形回避的要求重新规划飞行航迹,根据武器投放的战术预案实时规划攻击轨迹;

(6)武器投放决策管理模块,根据地形、天气、威胁及攻击目标状态,完成武器投放战术预案。

综合控制系统由下列模块组成:

(1)轨迹跟踪控制(飞行管理)模块,依据闭环控制算法,生成飞控系统输入指令;

(2)火控解算模块,根据攻击机与目标的相对运动信息,针对选择的待攻击目标,进行目标状态估计、攻击导引指令解算等;

(3)超控耦合器模块,可选择自动或手动控制模态,并进行模态切换动态过程淡化;

(4)飞控系统模块,根据拟采用的控制分配方案生成气动舵面、向量喷管及推进控制指令;

(5)推进控制系统模块,根据飞行控制需求指令或飞行员操纵指令,控制推进系统工作状态;

(6)综合显示模块,在平显和多功能显示器上将各种信息展示给飞行员。

总之,在战术任务飞行管理下,综合飞/火控制系统通过对飞行控制和火力控制的信息综合,实现自动机动攻击,减轻飞行员的负担,提高攻击机武器投放效能;综合飞/推控制系统通过充分发挥推进系统效率,优化和协调飞行控制与推进控制,改善攻击机的飞行性能,满足战术任务管理需求;综合飞/火/推控制系统实现相对独立的飞行控制和推进控制的协调,以及与火力控制系统的需求统一与综合。

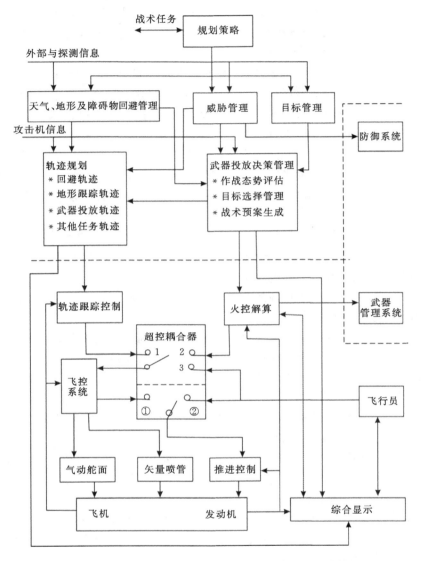

图 7-24　战术飞行管理与综合控制系统的原理结构

七、飞行器管理

　　飞行器管理系统在物理布局和功能上实现公用系统和航电系统的综合与管理,完成信息融合、任务(在线)规划、自动控制、综合管理,保证功能集成的机载设备之间能够共享资源、协调工作,提高飞行器的整体性能。

　　飞行器管理系统是从飞机平台的角度进行综合设计——物理综合和功能综合,超出了飞/火/推综合功能设计,它既要保证飞行安全又要满足飞行效能最佳性要求。系统通过物理综合和功能综合对整个飞行器进行管理,实现子系统协调工作、资源共享,达到提高系统整体性能的最终效果,提升飞机性能,包括机动能力、操纵能力、作战能力等。

　　物理综合通过物理布局、电气连接、模态转化与控制等将传统上分立的子系统部件集成综合，利用空间共享、电源共享、存储共享及处理器共享等硬件共享的方式，减小部件体积/质量，降低设计/生产成本；功能综合通过子系统/设备间的信息交互实现协同工作，获得更多的可调变量，发掘系统潜能，从而进一步提升系统性能和可靠性。物理综合的架构如图7-25所示。

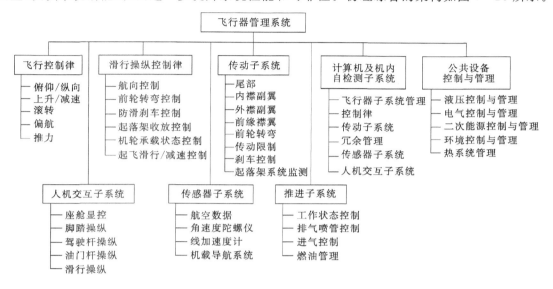

图 7-25　飞行器管理系统物理综合的框架图

　　按照功能综合，飞行器管理系统可以划分为三层：感知层，在综合传感器分系统的支持下与外界进行信息交互，通过显示与监控分系统可以装订作战计划、原始数据和性能参数等；决策层，作为系统的核心，根据综合传感器获得的信息和指挥机构的命令指示，完成信息融合、数据处理，监控载机及其设备的运行状况和当前任务的执行情况，进行态势评估，依据任务要求、飞行状态和战场态势的变化完成任务在线规划，形成新的决策，针对当前任务，调度资源，实时生成指挥控制指令，进而通过管理控制模块转换为驱动相应机载分系统的控制信号；执行层，在管理控制模块的驱动下，相关分系统的执行机构协调运行，有效完成（作战）任务。功能综合的架构如图7-26所示。

　　飞行器管理系统利用传感器获取系统的状态信息，借助智能模型和算法，评估系统自身的健康状态，为使用维护和战勤操作提供准确清晰的系统当前状态和可靠性预测信息，实现系统的视情维修和自主式后勤保障，提高地面维护和空中使用的效率、安全性、完好性和任务成功性。其主要涉及以下四方面的技术：

　　（1）数据采集和融合技术

　　实时检测各系统和部件的工作状态，采集相关数据。数据采集过程中首先要确定可以直接表征或可间接推理判断系统故障、健康状态的参数指标，并对采集的可用数据进行综合分析和分类处理，为故障识别和故障隔离进行特征信息提取，为剔除冗余的原始数据进行数据归类简化。数据挖掘和信息融合技术作为新兴的数据处理技术，是进行故障诊断和预测、管理决策的依据。

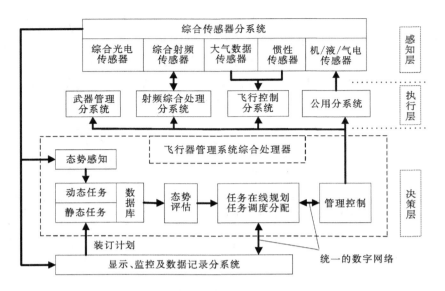

图 7-26　飞行器管理系统功能综合的框架图

(2)高效快速的故障诊断技术

故障诊断推理通常由高层向低层进行。首先由系统级开始,然后是部件级、功能模块级和元器件级。飞行故障具有不均匀性、渐进性和并存性等特点,故障原因与征兆之间的因果关系错综复杂,而且在监测预测过程中存在着许多并行和协作机制。目前故障诊断的常用方法包括基于模型的方法、基于知识的方法和基于信号处理的方法。

(3)故障预测与健康评估技术

故障预测技术首先需要评估当前设备处于何种性能状态(正常状态、性能下降状态或者功能失效状态);当设备处于性能下降状态时,确定诱导性能下降的故障原因,评估当前设备退化到何种程度;预测设备未来的健康状态,估计部件正常工作的寿命。

(4)智能推理与决策支持技术

决策支持是健康管理系统的最终结果,即在健康评估和故障预测的基础上,结合各种资源,进行维修决策的自动生成、维修资源的统一调配以及各相关单位的协同保障等,极大地提高保障的效率和精确度。

复习思考题

1.简述实现空对面精确打击的基本方法和进行火力攻击的基本方式。

2.简述航空火控系统的定义、功能和基本原理,说明实现飞/火综合的意义。

3.对照综合飞/火控制系统原理框图简述实现飞/火综合控制的基本原理。

5.了解综合飞/推控制技术的发展历史,并说明其发展方向。

6.典型的涡轮轴发动机推进系统由哪些基本部分组成? 有哪些基本控制参数?

7.简述涡轮轴发动机的工作原理,并说明为何需要对航空发动机进行综合控制。

8.简述综合飞/推控制系统的基本原理。

9.简述推力矢量控制的含义与原理。

10.简述最大推力控制模式、最小油耗控制模式和最低风扇涡轮进口温度控制模式三种航空发动机控制的意义。

11.简述飞行管理系统的功用和组成。

12.利用框图说明垂直制导与侧向制导功能各子模块之间的关系。

13.写出垂直制导与侧向制导的控制律。

14.利用框图说明空速控制的基本原理。

15.利用框图说明战术飞行管理与综合控制的具体逻辑结构。

16.简述飞行器管理系统的框架结构。

第八章

舰载机飞行控制技术

第一节　概述

与陆基飞机相比,舰载机飞行控制有其特殊性。为保证飞行安全,舰载机不仅要严格按照规定的流程进场着舰,而且要能够实现下滑着舰位置的精确控制,以及能够从航空母舰甲板上安全起飞,这无不依赖于舰载机飞行控制技术。因此,要在充分理解第二章第六节阐述的舰载机基本知识的基础上,学习进场着舰与舰上安全起飞的相关技术。

一、舰载机归航

根据舰载机所处的空域,舰载机归航过程分为四个阶段:引导—待机—进场—着舰。归航区域划分及负责的管制部门如图 8-1 和表 8-1 所示。在进场至着舰段内又有盘旋、对中、下滑、阻拦、复飞和紧急着舰等过程。

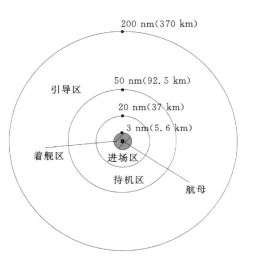

图 8-1　舰载机进场/着舰空域划分

表 8-1　舰载机归航区域及管制部门

阶段	区域范围	负责管制部门
引导	20 nm 至 200 nm 以外	编队航空兵分中心
待机	20 nm 至 50 nm	进场管制员
进场—着舰	20 nm 以内	进场管制员-飞行指挥官

(一)引导—待机

在正常归航引导状态时,舰载机在离航母 200 nm 远处接受舰岛下方的航空飞行管制中心的航行管制和指挥。航空飞行管制中心向舰载机提供情报,使其可获得航母的方位、高度,航母的航向以及在其周围飞行的其他舰载机的位置等情报。通过这些情报,舰载机可确认自已的位置，并利用机载导航系统安全地接近航母。

航空飞行管制中心所在的战斗指挥所附近设有航母航空指挥中心（Carrier Air Traffic Control Center，CATCC）。在 CATCC 内设有指挥 20 nm～50 nm 以内空域舰载机的待机操纵台和指挥 3nm～20 nm 以内空域舰载机的进场操纵台，它们由 CATCC 军官统一指挥。归航的舰载机进入航母控制范围（50 nm 内）后，通常按马歇尔航线等待飞行。CATCC 应及时登记按马歇尔航线飞行的舰载机的位置、高度、燃油状态等信息。

舰载机待机控制台的操作人员应向接近的舰载机传达现在的着舰方式、拦阻方式以及着舰开始的位置等信息，使舰载机顺利过渡到进场着舰阶段。

（二）进场—着舰

进场阶段，从航空母舰交通管制中心截获飞机并引导飞机到精确跟踪雷达的截获窗为止，进场开始点（飞机进场窗口）离航母约 32 km，进场引导由仪表着陆系统（ILS）完成。

着舰阶段，飞机从进入精确跟踪雷达截获窗到着舰为止，航程约为 3.2 km～6.4 km，该阶段中，舰载机在自动或人工着舰引导系统的引导下完成最终的着舰过程。

总之，舰载机归航着舰飞行剖面如图 8-2 所示。

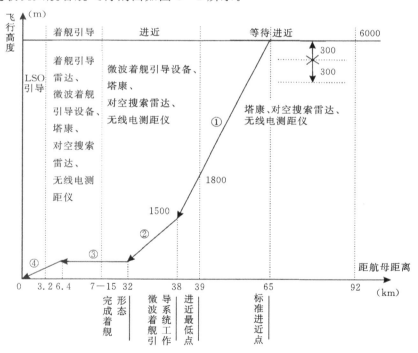

图 8-2　舰载机着舰剖面图

二、归航气象条件

根据天气情况和可视条件等的不同，可将舰载机归航气象环境分为三类，如表 8-2 所示。

环境 I：天气状况良好，航母管制空域内的云底高不低于 3000 ft，能见度不低于 5 nm，预期昼间飞行，进近—下滑—着舰过程不会遇到仪表飞行条件的情况。

环境 II：天气状况不佳，航母管制空域的云底高不低于 1000 ft，能见度不低于 5 nm，预期昼间飞行，进近—下滑—着舰过程可能遇到仪表飞行条件的情况。

环境 III：天气状况很差，航母管制空域的云底高低于 1000 ft，能见度低于 5 nm，昼间飞行的进近—下滑—着舰过程可能遇到仪表飞行条件，或者需要夜间飞行的情况。

表 8 - 2　舰载机归航的三类气象环境

环境	天气状况	云底高	能见度	着舰方式	其他
环境 I	良好	不低于 3000 ft[①]	不低于 5 nm	人工着舰	昼间飞行
环境 II	不佳	不低于 1000 ft	不低于 5 nm	自动或人工着舰	昼间飞行
环境 III	很差	低于 1000 ft	低于 5 nm	人工或半自动	昼间或夜间飞行

三、舰载机着舰方式

进场着舰飞行时航母一般处于迎风行驶中，舰载机有以下三类典型的着舰方式。

(一)人工着舰方式

早期舰载机的飞行速度低，使舰载机与航母的啮合速度也较低，舰载机由人工引导着舰，航母上的着舰指挥官(Landing Signal Officer，LSO)用信号旗和信号牌引导飞行员目视着舰飞行(Visual Flight Rules)。这就是早期的"示牌进场"着舰引导方法，对飞行员和 LSO 的技术水平以及熟练程度要求较高，气象条件要求要好。

二战后的喷气式舰载机进场速度已达 200 km/h，着舰飞行时即使航母处于前驶运动中，舰载机与航母的啮合速度也可达 150～180 km/h，"示牌进场"技术已无法满足精确着舰的需要。于是，英国设计了早期的光学助降装置(助降镜)，它是一面大曲率反射镜，通过设在舰尾的灯光射向镜面再反射到空中，给飞行员提供用光指示的期望下滑轨迹坡面(与海平面夹角为 3.5°～4°)，引导飞行员以此为基准修正纵、侧向下滑着舰飞行轨迹误差，直到舰载机安全着舰。

上世纪 60 年代人们又发明了更先进的菲涅耳透镜光学助降系统，提供直线性极好的柱形基准光束，使飞行员只有在某一个特定的角度才能见到该光束，因此它能为下滑的舰载机指示正确的下滑航迹。这就是直至今日还普遍采用的菲涅尔透镜光学助降系统，用以支持最为可靠的人工着舰。因而，菲涅尔光学助降系统已成为航空母舰必备的助降装置。

鉴于传统菲涅尔透镜光学助降系统作用距离有限，上世纪 80 年代后期，美、法等国采用激光、红外、电视等技术研发了作用距离更大的艾科尔斯激光助降系统，并与菲涅耳透镜光学助降系统组成了新型的人工着舰系统。

(二)半自动着舰方式

半自动着舰方式是介于全自动着舰和人工着舰方式之间的一种着舰方式，主要由仪表着舰系统和微波着舰系统引导着舰飞行。仪表着舰系统起源于 1929 年，采用的是双信标着舰引导，1949 年被国际民航组织正式确定为标准的国际民航着陆系统。

---

① 1 ft＝3.048×10⁻¹ m。——编者注

随着微波及其电子技术在着陆引导中的运用,1978 年 4 月国际民航组织又选定微波着陆系统为新一代国际标准着陆系统,因而,航母上出现了比仪表着舰系统更好的微波着舰系统,它们的基本工作原理相同,均是机上导出数据系统,即飞行员根据机上导出的数据,由指示器指引飞行员自主控制飞机着舰。

(三)全自动着舰方式

完全由全自动着舰引导系统(Automatic Carrier Landing System,ACLS)控制舰载机着舰的方式为全自动着舰方式。1965 年美国海军成功研制了第一代自动着舰系统(AN/SPN-10,随后改进为 AN/SPN-42),使舰载机从依靠飞行员高超驾驶技术及飞机高性能的人工着舰方式逐步发展到完全由计算机控制的高精度自动着舰。

早期的 ACLS 系统仅仅辅助人工着舰,在着舰最后阶段仍然采用光学助降系统与 ACLS 系统共同引导、舰载机飞行员主控方式进场着舰。20 世纪 80 年代初,美国率先实现了真正意义上的全自动着舰。在 1984 年 6 月,AN/SPN-42 的改进型 AN/SPN-46(V) ACLS 系统在 F/A-18A 舰载机上通过相关认证,正式装备于 F/A-18E/F 舰载机,在模式 I 下实现完全自动进场着舰。

进入 21 世纪,全球定位系统(Global Positioning System,GPS)的运用,出现了 SRGPS 系统(Shipboard Relative GPS,舰载相对差分 GPS),使自动着舰精度进一步提高。SRGPS 是美军 SB-JPALS(Sea-Based Joint Precision Approach and Landing System,海基联合精密进近与着陆/舰系统)项目中用于着舰引导的卫星导航系统。SRGPS 能为舰载机提供高精度引导:距舰 200 nm 时的水平引导精度达到 5 m,50 nm 时的水平引导精度达到 2 m,10 nm 时的三维引导精度达到 15 cm。

上述三种着舰方式在新型舰载机上一般是同时存在的,自动/半自动着舰时,飞行员一旦发现系统异常,均可切换至人工着舰方式,按舰面引导信息进行精确着舰。应当指出的是,舰载机不论采用何种着舰引导方式,均要按照严格的程序操作:放下拦阻钩,断开武器开关,放下减速板,放下起落架,着舰检查,截获下滑道等。

四、舰载机起飞方式

舰载机从航母甲板上起飞主要包括滑跃起飞和弹射起飞两种方式。

(一)滑跃起飞

舰载机依靠自身动力首先在航母水平甲板上滑跑,后经航母舰艏斜曲面甲板(一般与水平面成 6°～20°斜面,又称滑跳式甲板)跃出,实现离舰起飞。

(二)弹射起飞

用(蒸汽、液压或电磁型)弹射器给舰载机施加外力,使其迅速提速而弹射升空,实现离舰起飞。现在,美国的舰载机大多采用弹射起飞方式,法国、巴西、阿根廷等国的航母上亦采用这种起飞方式。

过去是采用拖索/短索弹射起飞,现在采用拖拽前起落架的方式弹射飞机(亦可称为首轮拖拽式),这种弹射方式已经成为最常用的标准方法。

为了提高舰载机出动效率,新型航母大多具有弹射舰载机起飞的能力。

第二节　舰载机着舰引导系统

一、概述

　　舰载机着舰环境恶劣,着舰过程会受到很多不确定性因素的干扰,影响着舰精度的主要因素有:

　　1.舰体的运动。航母以一定的速度在水中航行,由于海浪等因素的作用,舰体将作三自由度摇摆及垂直起伏运动,使舰面上预期着舰点随舰体在三维空间不停地运动。

　　2.舰尾气流扰动。研究表明,舰尾气流扰动对着舰飞机的影响很大,若不加修正,仅稳态尾流一项即可导致几十米的纵向着舰误差。

　　3.气象条件。气象条件(尤其是能见度)对目视方式着舰影响最大。在能见度好的条件下,飞机可以采取目视方式着舰;而当能见度很低,或者夜间降落就要靠仪表飞行,这不但对飞行员技能的要求很高,对着舰管制的要求也很高。

　　正如第二章第六节中指出的,为了确保精确下滑着舰,舰载机必须保持下滑着舰的飞行速度恒定和迎角恒定。因此,先进航母上一般配备了着舰引导系统及其数据链,与舰载机机载飞行控制系统等构成了如图 8-3 所示的着舰引导系统,以实现引导精度高、抗舰尾流扰动能力强、可克服舰体运动和不利气象条件的舰载机着舰引导控制。

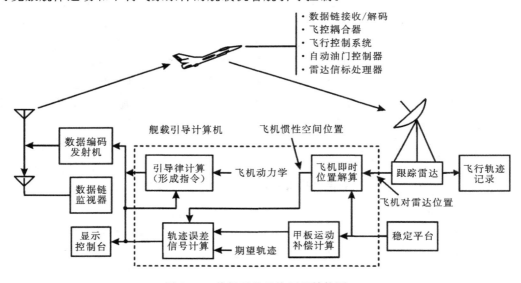

图 8-3　着舰引导系统原理结构图

二、着舰引导系统的原理结构

　　着舰引导系统由舰面(引导)系统和机载(控制)系统两大部分组成,通过无线电数据链联接,如图 8-3 所示。机载系统由数据传输接收/译码装置、机载导航系统、进场/着舰飞控耦合器、飞控系统及自动油门机构等组成;舰载系统包括精密跟踪雷达、引导计算机、稳定平台、显示控制台和数据传输编码/发射装置等组成。

当舰载机进入舰载跟踪雷达截获窗时,系统可进入 ACLS 工作状态,雷达一直跟踪飞机直到着舰前 1~2 s(进入雷达盲区后)为止。在 ACLS 工作状态下,舰载跟踪雷达测量飞机相对于航母的位置信息(方位、高低角和斜距),并根据航母甲板的实时运动状态,通过计算机求出舰载机相对理想下滑道的纵、侧向偏差信息,并通过数据链及舰载机机载接收/译码转换,供机载飞控系统自动地修正下滑着舰飞行航迹偏差,保证舰载机以一定的飞行速度和飞行迎角实现精确着舰飞行。

三、典型的自动着舰引导系统

下面介绍美军 F/A-18F 飞机的自动着舰引导系统。

(一)系统

F/A-18F 飞机的自动着舰引导系统结构如图 8-4 所示。

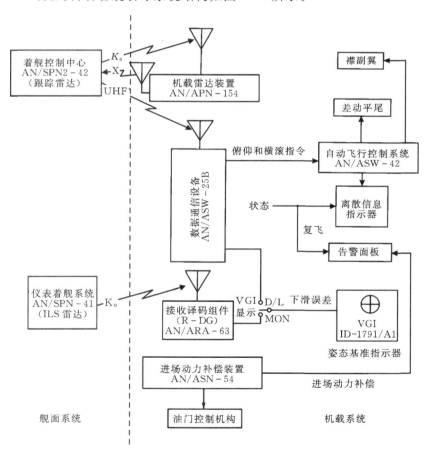

图 8-4　F/A-18F 飞机 ACLS 系统结构框图

1. 舰面系统

(1)雷达着舰引导系统 AN/SPN - 42

跟踪正在着舰的飞机,以 Ka 波段信号从航母向飞机发送询问信号,以获得飞机引导误差信息。其包含五个舰载子系统:

①跟踪脉冲雷达(Ka 波段)

在飞机进入跟踪范围时将飞机锁定,并一直测量被跟踪飞机的距离、方位角和俯仰角等信息,直至飞机降落或复飞。

②稳定组件

建立以理想着舰点为参考的水平坐标系,以克服甲板运动对跟踪测量的不利影响。

③数字计算机

将雷达(在球坐标系中)测得的飞机位置信息实时转换成以理想着舰点为参考的(在水平坐标系中)位置信息,并过滤测量噪声,输出纵、侧向引导信息。

④数据链监控器

此系统不断检查数据链传输的误差,如果检查的信息不准确,监视器会将系统转换至模式 Ⅱ 或模式 Ⅲ,或者发出复飞信号。

⑤控制台

监控着舰引导系统的不同功能状态。

(2)仪表着舰引导系统 AN/SPN - 41

舰载 ILS(仪表着舰系统)雷达系统将飞机下滑线脉冲编码的 Ku 波段信号从航母传送到飞机上,它有两个天线,分别传送方位和下滑信号,并由飞机上的接收—译码组件(R - DG)进行下滑轨迹误差解算。

2. 机载系统

(1)信标雷达 AN/APN - 154B

用于接收从舰面跟踪雷达发出的 Ka 波段询问信号,然后向航母发出 X 波段的应答信号以提供飞机的位置信息。

(2)数据通信设备 AN/ASW - 25B

用于接收数据链的信号,并经滤波处理为自动飞行控制系统(AFCS)和指示器提供纵、侧向引导指令信号。

(3)自动飞行控制系统 AN/ASW - 42

与数据链通信设备交联,供飞行员选择 ACLS 系统的工作状态;实现模态转换、信号处理、控制逻辑转换、指令信号限幅和触发故障保护等。故障保护装置对于数据链信号与 AFCS 系统纵、侧向通道的交联控制是必需的。

(4)接收—译码组件(R - DG)AN/ARA - 63

根据航母上引导雷达所提供的信息计算下滑轨迹误差,并为其指示器提供模拟式指示信息。R - DG 用于模式 Ⅰ 和模式 Ⅱ 进场的空中监测。

(5)姿态基准指示器(VGI)ID - 1791/A

VGI 测量并显示飞机运动的俯仰角、横滚角、侧滑角和转弯速度,其十字指针由数据链或监控链驱动,显示飞机下滑轨迹误差。

(6)进场动力补偿装置 AN/ASN - 54

又称自动油门控制机构,用以自动调整推力以保持迎角,从而保持飞机着舰过程的空速。它可用于所有着舰模式,不过对于着舰模式Ⅰ是必需的,模式Ⅱ和模式Ⅲ则可选用。

(7)离散信息指示器 128AV66836

显示自动驾驶仪和信标雷达等 9 个位置状态的指示信号。

(8)告警面板

上面有三个警告灯"APC STBY"、"AFCS OUT"和"WAVE OFF",分别告知飞行员进场动力补偿、AFCS 工作状态以及是否必须复飞。当 APC 可用时,"APC STBY"灯亮;当自动飞控系统 AFCS 错误运行时,"AFCS OUT"灯亮;"WAVE OFF"灯亮则表示必须复飞。在模式Ⅰ的进场过程中,当"AFCS OUT"或者"WAVE OFF"灯燃亮后,必须立即由飞行员实施人工操纵。

(二)系统工作模态

全天候着舰系统 AWCLS 有四种工作模态。模态Ⅰ为自动着舰控制系统(ACLS),从飞机进入跟踪雷达着舰截获窗到安全着舰实现全自动飞行控制。模态Ⅱ类似于模态Ⅰ,只是在以模态Ⅰ飞行到离舰 800 m 处转为菲涅耳透镜人工目视着舰状态。模态Ⅲ属于仪表着陆方式(ILS),与模态Ⅰ不同的是引导误差信息不与飞控系统交联,只通过座舱显示供飞行员按照偏差修正的控制策略进行人工下滑着舰操纵——半自动着舰;当飞行员能看到航母时(通常离舰1200 m),再通过菲涅耳透镜助降系统目视着舰。模态Ⅳ为人工着舰方式,由舰面引导员观察引导雷达显示画面,获得飞机纵、侧向下滑轨迹误差后,以语音通讯方式引导着舰飞行,直至转为菲涅耳透镜助降目视着舰工作状态。

着舰时,常以前两种模态为主,后两种模态作为备份。其中,后三种模态最终均按菲涅耳透镜助降指示进行人工着舰。因此,研究与改善人工着舰引导系统中的光学助降系统有着重要的意义。

(三)系统工作过程

当飞机到达航母交通管制中心(CATCC)控制的进入点时,飞机便开始着舰,整个过程分为两个阶段:进场和着舰。从进入点到雷达截获窗为进场阶段,从雷达截获窗到触舰为着舰阶段。如图 8-5 所示为模式Ⅰ下的着舰过程。首先根据飞机的燃油和安全状况决定着舰优先权,当允许着舰指示器亮时,飞行员驾驶飞机进场而开始着舰程序。飞行员准备着舰时,必须确保 APC 处于自动状态,其他所有子系统都打开并处于工作状态。

雷达截获窗大约位于航母后方 6.4 km 处,当飞机进入并通过雷达截获窗,舰面跟踪雷达截获飞机,自动着舰准备就绪指示灯亮,航母交通管制中心向飞机发送纵、侧向航迹误差信号,并经过数模转换后在姿态指示器上显示。此时,飞行员需要选择进场模式Ⅰ进行全自动着舰。舰面引导系统发射交联有效离散信号至机载系统,此离散信号表示纵、侧向指令可以与自动驾驶仪交联。此时,飞行员确保 APC 处于工作状态;降落装置、副翼、刹车都处于正常工作状态,并且飞机保持进场速度。当飞控系统处于自动工作状态时,飞行员应将 ACL/OFF/PCD 着舰模式选择开关转换至 ACL——接通自动着舰模态。飞行员必须随即用语音向舰上指挥官通

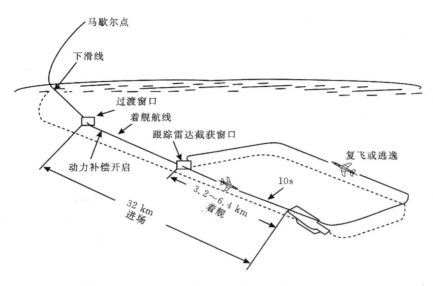

图 8-5　模式Ⅰ下的着舰过程

报确认自动着舰开始工作。

CATCC 随后向飞机发送纵、侧向引导指令信号,随着飞机沿着进场航线继续下降,在触舰前大约 12.5 s,向飞机发送"10 s"信号,提示飞行员在飞机下滑指令中已加入甲板运动补偿控制——根据航母的运动对飞机的状态进行微小的调整。在触舰前 1.5 s,CATCC 中止发送纵、侧向指令信号,而由自动控制系统保持飞机姿态直至触舰。

(四)系统安全措施

着舰引导系统设置了多项保护飞行员和飞机免受人为差错和设备故障影响的安全保障措施。

(1)使用 ILS AN/SPN-41 监视飞机的实际飞行航迹,以供飞行员了解飞机是否按理想下滑航迹飞行。

譬如,1992 年美国研制了一种激光扫描飞机监视系统(Scanning Laser Aircraft Scout System,SLASS),利用两束扫描红外激光,从航母监视进场飞机。一束激光通过柱面透镜后变成竖窄条,并在水平方向扫描;另一束激光变成横窄条,并在上升方向扫描。装在飞机起落架和挂钩上的反射器,将反射信号反射回舰上的接收机。返回信号分别提供了 6 个自由度的信息:距离、方位、高度、偏航、纵摇(俯仰)和横摇(倾斜)。利用逐次扫描,确定进场速度以及下滑率和对中变化率。

激光反射回波的速度要比扫描装置的扫描速度快,因此激光回波信号可以用于确定飞机的姿态和位置参数。如图 8-6 所示,由上升扫描光束的位置可确定飞机的俯仰角,从水平扫描返回的信号可确定飞机的方位角、偏航角和距离。一旦判定飞机类型,那么两起落架之间的距离也就确定,由激光束从一个主起落架到另一个主起落架所用的扫描时间以及速度可确定飞机到舰的距离;从挂钩反射器到机头起落架反射器的扫描时间可确定偏航角;从两主起落架的两个返回信号差可确定滚转角;从机头起落架与挂钩返回的信号差可确定俯仰角。

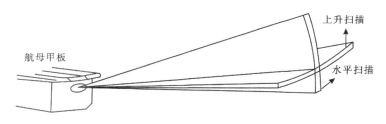

图 8-6 飞机姿态监视系统的激光扫描示意图

（2）当飞机飞过模式 I 的航线控制范围，系统停止发射监控信息，并熄灭指示灯、转回人工操纵模式。飞机可以继续以模式 II 或模式 III 着舰飞行。

（3）如果航迹误差过大必须按规定程序终止着舰时，航母控制中心会发出复飞命令，WAVE OFF 灯连续闪烁，告知飞行员可自定复飞路径终止着舰飞行。

（4）在模式 I 下，飞行员一旦猛拉驾驶杆操纵飞机，则会自动断开 ACLS 使自动控制系统处于准备状态；飞行员可在模式 III、模式 IV 下人工操纵飞机继续进场，或者直接复飞。

（5）如果在接收到下滑轨迹误差数据 2s 内数据链中存储的信息没有被更新，则会在显示器上显示 TILT 离散信号，切断自动着舰状态并使 AFCS OUT 灯燃亮 20s 后熄灭。

（6）当飞行员通过 VGI 姿态指示器十字指针的数据链信息监控下滑航迹误差时，如果出现 TILT 或者 WAVE OFF 显示信息，十字指针则会消失。如果监控链正在用于显示下滑线误差，并且 RF 信号丢失，十字指针则会指示到向上或者向右的状态，从而提醒飞行员及时采取修正措施。如果切断监控或是关闭总电源，十字指针也会消失。当信标雷达被询问并在 ACLS 模式下发射应答信号时，雷达波束灯会亮，告知飞行员信标雷达工作正常。若 VGI 的激励信号中断，警告旗会立即弹出。

四、自动着舰引导的关键技术

下面简要介绍支持自动着舰飞行控制的几项关键技术。

（一）飞行/推进综合控制技术

由第二章第六节可知，为了实现精确下滑着舰飞行控制，必须保持飞行速度恒定和迎角恒定，克服反区操纵带来的下滑轨迹/速度不稳定的难题，这需要协调操纵飞机驾驶杆和油门。低动压着舰状态下的飞行/推进综合控制原理结构如图 8-7 所示。

飞机在低动压状态下自动着舰飞行，当出现着舰高度误差 ΔH 时，舰面自动着舰引导系统经引导律计算、通过数据链发送给飞机的引导信息是通过控制飞机的俯仰角（$\Delta \theta$）以实现对航迹倾斜角（$\Delta \Theta$）的控制，从而完成对高度的纠偏的。因此，飞机 $\Delta \Theta$ 对 $\Delta \theta$ 的响应直接关系着自动着舰引导纵向控制的性能。

（二）进场动力补偿策略

对于图 8-7 中的进场动力补偿（APC）系统，下面给出两种构成方案并分析其工作机理。一种方案是保持速度恒定的动力补偿系统，称作 $APC|_{\Delta u=0}$；另一种是保持迎角恒定的动力补偿系统，称作 $APC|_{\Delta \alpha=0}$。

速度恒定的 $APC|_{\Delta u=0}$ 的设计思想是：通过反馈飞机的速度变化信号 Δu 经过一定的控制

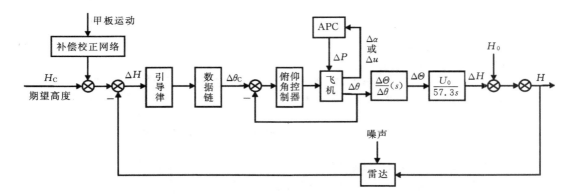

图 8-7　下滑着舰状态下的自动飞行/推进综合控制原理图

律变换后引入油门控制,改变发动机油门偏度以改变推力,从而达到保持速度恒定的目的,进而使飞机航迹角 $\Delta\Theta$ 跟踪上俯仰角 $\Delta\theta$ 的变化,其控制律为

$$APC\mid_{\Delta u=0} = W_u^P(s) = \underbrace{\frac{L_E}{T_E s+1}}_{\text{发动机}}\underbrace{\frac{1}{T_{\delta_P}s+1}}_{\text{油门伺服器}}\cdot\underbrace{\left[-L_P\frac{s+L_I}{s}\right]}_{\text{比例+积分控制}} \qquad (8-1)$$

迎角恒定的 $APC\mid_{\Delta\alpha=0}$ 的设计思想是:由迎角变化量 $\Delta\alpha$ 调节发动机推力(ΔP),使飞机始终保持设计的基准迎角 α_0($\Delta\alpha=0$)下滑着舰飞行,其控制律为

$$APC\mid_{\Delta\alpha=0} = W_\alpha^P(s) = \underbrace{\frac{L_E}{T_E s+1}}_{\text{发动机}}\underbrace{\frac{1}{T_{\delta_P}s+1}}_{\text{油门伺服器}}\cdot\underbrace{\left[\frac{L_a}{T_a s+1}+\frac{L_{aI}}{s}\right]}_{\text{比例+积分控制}} \qquad (8-2)$$

综上分析,$APC\mid_{\Delta u=0}$ 是将速度反馈到发动机推力控制,$APC\mid_{\Delta\alpha=0}$ 是将迎角反馈到发动机推力控制。保持速度恒定的动力补偿系统存在响应时间慢、存在静态误差等不足,因此现在普遍采用保持迎角恒定的动力补偿系统。

譬如,一种改进的迎角恒定动力补偿系统如图 8-8 所示,采用如式(8-3)的控制律。其中,引入迎角变化量 $\Delta\alpha$ 及其积分作为主控信号,引入法向加速度信号 Δn_y 以增加阻尼,同时将升降舵偏转信号 $\Delta\delta_z$ 引入油门控制来调节发动机推力,可使 $\Delta\Theta$ 准确迅速地跟踪姿态指令 $\Delta\theta$,既具有速度恒定的特点,又可消除静差并加快动态过程,使飞机在姿态控制时始终保持基

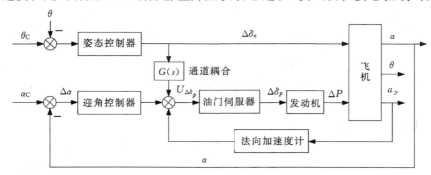

图 8-8　改进的迎角恒定动力补偿系统框图

准迎角。

$$\Delta \delta_P = \frac{1}{T_{\delta_P}s+1}\left[\left(\frac{L_\alpha}{T_a s+1}+\frac{L_{ai}}{s}\right)\Delta\alpha + \frac{L_{a_y}}{T_{a_y}s+1}n_y - L_{\delta_z}\Delta\delta_z\right] \tag{8-3}$$

式中，δ_P 为油门杆偏转角，L（省略下标）为相关控制的传动比，T（省略下标）为相应的时间常数。

（三）舰尾气流扰动抑制技术

舰尾气流扰动是产生着舰误差的一个重要原因，可将其分成稳态尾流、纵摇诱导尾流和随机湍流等 3 种分量。

稳态尾流通常称"雄鸡尾流"，是由于航母迎风行驶时，空气从其平坦的舰尾流出而造成的，如图 8-9 所示，其中，水平风 u_{g_1} 顺风为正，垂直风 w_{g_1} 向下为正。稳态尾流可造成飞机下沉，产生几十米的纵向着舰误差。

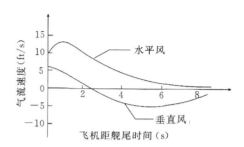

图 8-9　某稳态尾流气流模型

纵摇诱导尾流是由于甲板的俯仰运动而形成的，其水平分量 u_{g_2} 和垂直分量 w_{g_2} 的模型分别为

$$\frac{u_{g_2}/w_d}{\theta_{jb}}(j\omega) = (1.8 - 0.009L)e^{-\left(\frac{248+L}{0.85 w_d}\right)j\omega} \tag{8-4}$$

$$\frac{w_{g_2}/w_d}{\theta_{jb}}(j\omega) = (4.15 - 0.0018L)e^{-\left(\frac{207+L}{0.85 w_d}\right)j\omega} \tag{8-5}$$

式中，w_d 表示甲板风速（ft/s），θ_{jb} 表示甲板俯仰角（rad），L 表示飞机距舰尾的距离（ft）。

随机湍流的水平分量 u_{g_3} 和垂直分量 w_{g_3} 可用白噪声滤波器形式表示。

抗舰尾气流扰动的最初方法是在着舰的最后阶段加一抬头指令进行补偿。但当实际尾流形态与设定形态不同时，这一开环补偿指令会造成飞机飞越拦阻索或脱钩，而无法实现着舰。

具有 H 主反馈的飞控系统将 H 及 $\dot{H}$ 信号引入俯仰姿态控制中，相当于对航迹角信号 Θ 和 $\dot{\Theta}$ 进行反馈，从而把对俯仰姿态角 θ 的控制转变为直接对航迹角 Θ 的控制，也即直接对 H 进行控制，增大飞控系统的频带。在舰尾气流扰动下，系统纠偏速度加快，可有效地抑制气流扰动的影响。

此外，直接力控制、推力矢量控制对提高轨迹跟踪能力以及抑制气流扰动能力的作用更为显著，也可运用于舰尾气流扰动抑制。

（四）甲板运动补偿及预估技术

甲板运动补偿及预估技术可以消除甲板运动对着舰精度的不利影响。运用卡尔曼最优滤波原理设计甲板运动预估器，预估甲板运动位置信息，并在着舰前 10 s～12 s 给 ACLS 引入甲板运动补偿校正控制，以使飞机在着舰的最后时段跟踪着舰点运动。具有甲板运动补偿及预估的 ACLS 原理结构如图 8-10 所示。

（五）着舰引导跟踪雷达噪声处理技术

在自动着舰引导系统中，舰面跟踪雷达测得的飞机位置信息是系统的主要控制信号，而雷

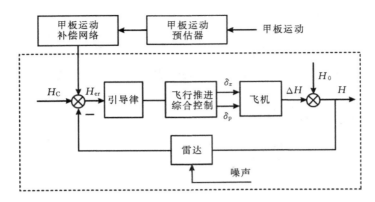

图 8 - 10　具有甲板运动补偿及预估的自动着舰引导系统框图

达在实际工作中存在跟踪惯性和测量噪声,测量噪声的主要频域与着舰系统通常在同一频谱范围内,若不对雷达噪声进行抑制,将会因信号噪声导致飞机颠簸,甚至发生撞舰事故,因此必须进行雷达测量噪声的处理。

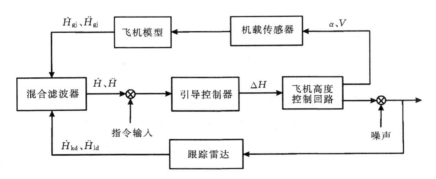

图 8 - 11　具有飞行动力学滤波器的 ACLS

可采用舰载跟踪雷达与飞机传感器相结合的方法估计高度信息,原理如图 8 - 11 所示。根据飞机提供的迎角、空速测量值,利用飞机动力学模型估计飞机升降速度 $\dot{H}_{gj}$ 及加速度 $\ddot{H}_{gj}$,与雷达的高度测量值 $\dot{H}_{ld}$、$\ddot{H}_{ld}$ 一起经混合滤波器获得 H 及 $\dot{H}$ 信息,然后经引导控制器产生俯仰控制以抑制雷达噪声对下滑轨迹高度控制的影响。

(六)复飞决策技术

舰载机在着舰过程中,难免会严重偏离理想下滑轨迹。此时,飞行员应能及时准确地执行复飞,以保证飞机安全。

据统计,舰载机在着舰过程中复飞概率高达 5%,发生飞机撞舰事故的主要原因是由于飞行员不能及时地执行 LSO 发出的复飞指令;若 LSO 能够提前发出复飞信号,许多事故是可以避免的。于是,舰载机复飞决策(Wave off Decision,WOD)系统应运而生。

复飞决策系统具有判断并发出复飞指令的功能。它将实际测得的下滑轨迹与复飞边界值比较,如果飞机进入预先计算好的复飞区(如图 8 - 12 所示),就必须发出复飞指令。但这种存储复飞边界的方法不太准确,存储的仅是在几种进场速度和下沉速度情况下的复飞边界离散值。如果实际数据与这些离散值不同时,必须进行插值处理。终端状态预估技术被认为是一种准确、灵活、有效的复飞决策技术。其设计思想是:根据简化的飞机纵向动力学方程和当前飞行状态,导出飞机的复飞轨迹方程,实时预估飞机在复飞条件下到达舰尾的高度,按照复飞边界准则的要求判断飞机是否需要复飞,如果终端预估高度小于准则要求,则系统发出复飞指令。

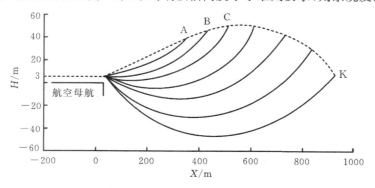

图 8-12　复飞轨迹及复飞边界

　　复飞区的确定是复飞决策设计的关键。形成复飞边界的"航迹临界点"(图 8-12 中 A,B,…,K)应满足事先规定的复飞边界准则。该准则是综合考虑飞机复飞的安全高度、飞行员对复飞指令的反应延迟以及复飞操纵的手段等因素决定的。有关研究提出了三条复飞边界准则:

　　(1)飞机复飞到达舰尾时,离甲板有 3 m 的安全高度间隙;

　　(2)飞行员对复飞指令信号的允许反应时间为 0.3 s;

　　(3)飞行员采用的复飞操纵手段是在无纵向驾驶杆操纵的前提下,仅靠调节发动机推力进行控制。

　　飞机复飞时,飞行员通常通过操纵油门使飞机加速进而增大升力,减小下沉速率,实现安全复飞。

　　舰载机的复飞过程是:舰载跟踪雷达精确测量飞机距舰尾的水平距离及飞行高度,机载系统不断测量飞机的进场速度及下沉速率,这些测量结果都将提供给 WOD 进行判断,若 WOD 判断实际轨迹超过安全区,存在撞舰危险时,复飞决策系统发出复飞指令,迅速终止着舰飞行进入复飞模式。复飞决策系统的执行逻辑如图 8-13 所示。

　　此外,当舰载机着舰接触到甲板后,如果拦阻钩没有钩住拦阻索,飞机要立即加速滑跑,执行复飞,这种复飞称为逃逸。

(七)推力矢量控制技术

　　正如第七章第三节所述,推力矢量飞机的推进系统不仅可以为飞机提供前进动力,还可以在飞机的俯仰、滚转、偏航以及侧向和法向通道上提供直接控制力和力矩,以辅助或取代飞机的常规操纵面来控制飞机。此前,美军在 X-31 飞机上验证了利用推力矢量实现大迎角自动着陆/着舰的关键技术。因此,可以考虑利用推力矢量在以下四个方面来改善舰载机的着舰性能:

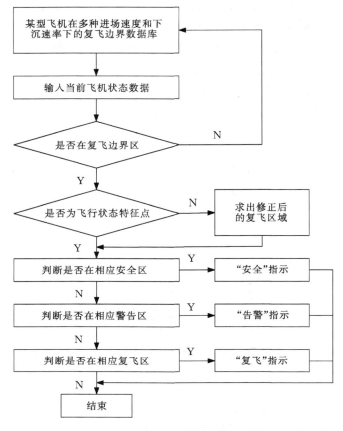

图 8-13 复飞决策逻辑图

(1)飞机的部分重量由发动机推力支撑,因此可减小机翼产生的升力,从而减小飞机配平进场速度;

(2)具有推力矢量的自动动力补偿姿态控制系统,可不断纠正着舰高度偏差,跟踪基准着舰轨迹;

(3)可以明显提高自动着舰引导系统的抗风性能;

(4)具有垂直于飞行轨迹的较大推力分量,可直接改变飞机的飞行轨迹,快速纠正下沉速度误差的影响,因此可明显改善飞机的复飞性能。

五、精确着舰的基本要求

衡量着舰精度的常用指标之一是着舰偏差,它是指舰载机的实际着舰点与理想着舰点之间的偏差,可以概括为纵向偏差和侧向偏差。

精确着舰的基本要求为:纵向水平偏差理想值:-6.1 m～6.1 m,允许值:-12.2 m～12.2 m;侧向偏差理想值:-1.52 m～1.52 m,允许值:-3.05 m～3.05 m。2000 年,美军全自动着舰 AN/SPN-46 系统试飞结果是:纵向均差 1.92 m,纵向标准差 5.18 m;侧向均差 1.13 m,侧向标准差 0.70 m。2001 年 SRGPS 着舰试飞结果是:纵向均差 4.69 m,侧向均差

0.43 m。

另外,着舰成功率也是着舰规范的常用指标之一,要求着舰成功率至少应在65％以上,优秀的着舰成功率则在80％以上。美军统计,当进行自动着舰时,挂第1、4道拦阻索的概率分别约为16％、18％,挂第2、3道拦阻索的概率合计约62％～64％。

此外,对舰载机在着舰过程中的性能指标要求还包括如下几点:

(1)下滑着舰时,速度不能小于失速速度的1.1倍。

(2)飞行员操纵后,在1 s内应能至少产生0.2 rad/s^{2}的俯仰加速度。

(3)舰载机下滑至舰尾时,必须有3 m的净空。

(4)复飞时,飞机下沉率为零的时间不超过3 s,且复飞下沉的最低点在海平面之上。

(5)发动机应具有152 m/min单发爬升潜力以确保安全复飞。

(6)下滑着舰、复飞、逃逸等情况下,俯仰角和迎角变化一般不应大于3°。

(7)复飞和逃逸过程中,升力系数不能超过最大升力系数的0.9倍。

第三节　舰载机弹射起飞系统

一、概述

航空母舰飞行甲板的起飞长度只有80～90 m,而现代舰载机需要加速到350 km/h的速度才能离舰起飞,这就需要使用弹射器来加速飞机,使舰载机能够在约90 m的距离内起飞。现役航空母舰大都采用蒸气弹射器,可弹射20吨～40吨重的固定翼飞机,为了使多架舰载机同时弹射升空,重型航空母舰的飞行甲板前方和斜向甲板一般装有3～4部弹射器,弹射器旁边设有弹射控制台。弹射器的后方设有喷气偏流板,以保护甲板工作人员及停放于甲板上的其他舰载机免受处于起飞状态舰载机的发动机尾气的伤害。图8-14为某型核动力航空母舰弹射器的安装位置情况。新型航母多采用电磁弹射器以提高弹射效率。

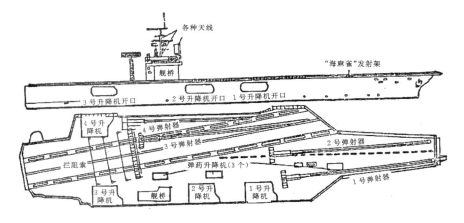

图8-14　航空母舰弹射器配置示意图

舰载机的弹射起飞分为舰面弹射滑跑、自身动力滑跑和离舰爬升三个阶段。舰载机弹射之前要预置好平尾(升降舵)偏角和副翼偏角,然后弹射器开始蓄压,当牵制杆拉断栓承受的拉力达到临界值时,牵制杆断开,舰载机在弹射器牵引力和发动机推力的作用下开始弹射滑跑。

二、弹射起飞流程

(一)弹射准备程序

为安全有效地进行弹射起飞,飞行甲板保障人员和飞行员要严格按照弹射起飞流程作业,并在工作过程中遵循相应的安全规范。弹射起飞前的准备过程涉及到弹射器军官(Catapult Officer)、甲板起飞军官(Deck Launching Officer)、舰载机调度军官(Aircraft Handling Officer)、飞行甲板军官(Flight Deck Officer)、航空燃油军官(Aviation Fuel Officer)、飞行联队武备军官(Air Wing Weapon Officer)、起飞军官(Launching Officer)和飞行机组人员等 8 类人员的工作,具体职责分工如表 8 - 3 所示。

表 8 - 3 弹射起飞工作人员职责分工

人员类别	职责分工
弹射器军官 甲板起飞军官	向航空部门长汇报弹射起飞时的风况要求
舰载机调度军官	(1)根据飞行计划安排,确定执行任务所用的舰载机。 (2)向飞行甲板和机库甲板保障人员下达任务: ①确定舰载机开车和起飞程序; ②处理出现的各类故障并安排备份舰载机; ③在前架次舰载机弹射起飞过程结束后,处理等待拖曳或等待向弹射起飞区滑行的舰载机; ④建立紧急着舰机返航点(当弹射起飞后的舰载机因故需要立即着舰时)。 (3)与对空枪炮手或其指定的代表讨论舰载机弹射起飞和着舰过程中武器使用的安全注意事项或武器管理程序。 (4)确定舰载机弹射起飞阵位,并将相关信息传送至待命室。同时将即将进行弹射起飞的舰载机编号及时通知塔台(PriFly)、航母空中交通管制中心(CATCC)和待命室。 (5)进行外来物损伤巡查(FOD)。每昼/夜至少各完成一次,或者根据实际需要安排。
飞行甲板军官	(1)确保各类舰载机在舰面飞行甲板停放时,相应机型的螺旋桨、发动机尾喷口以及直升机旋翼之间有足够的安全间距,每架舰载机都可以从其停放点进行安全滑行。 (2)确保飞行甲板边缘各类天线设置、定位恰当,及时移除并收起舰艏旗杆、舰尾旗杆、舰艏导轨和舰尾导轨。 (3)检查飞行甲板各类设备的固定情况,确保设备无任何松动。
航空燃油军官	检查所有准备弹射起飞的舰载机(包括备份机),确认各机已按照飞行计划的规定完成燃油加注工作。发现不符合规定要求的情况,立即向舰载机调度军官汇报。

人员类别	职责分工
飞行联队武备军官	目视检查每架舰载机,以确保弹药装填情况符合弹药装填计划规定。发现不符合规定要求的情况,立即向舰载机调度军官和弹药管理军官汇报。
起飞军官	(1)弹射起飞前向干舷弹射器操作员下达命令,确保所有设备准备完毕,弹射辅助设备的数量足以完成弹射任务。 (2)与航空燃油和弹药人员核实燃油和弹药装填情况,并计算舰载机的起飞重量。
飞行机组人员	(1)起飞前 45 分钟完成飞行前检查。 (2)舰载机运输军官(ATO)或其助手须全程陪同飞机乘客上、下舰载机(舰载运输机或舰载直升机)以确保安全。 (3)ATO 或其助手须在现场指挥并监督运输机或舰载直升机进行卸货作业。

(二)弹射起飞程序

起飞前准备工作完成以后,舰载机进入弹射起飞程序。

1. 发动机启动和试车

舰载机安全启动的责任全部由航空部门长承担。舰载机在启动发动机之前,航空部门长通过飞行甲板广播系统向工作人员发布相关命令和信息,并确保所有启动前的准备工作均已完成,飞行甲板上的所有人员处于待命状态。航空部门长还要确保所有飞行甲板人员已明确待弹射舰载机的位置,并在舰载机启动装置旁值守,舰载机之间的距离满足最小停放间距要求。

飞行员只有在收到启动指令,并在塔台的绝对管制之下才能够启动飞机发动机。在启动过程中,如果需要进行飞行前检查,甲板保障人员必须拆除牵引杆,必要时飞机机械师应协助飞行员进行飞行前检查。舰载机引导员对舰载机的预热、试车和检查工作进行全程监督。在完成所有的启动检查工作后,飞行员向引导员发出舰载机状态信号,再由引导员将状态信号传给负责该飞行甲板区域的军官或士官。

2. 起飞前的最后准备

航空部门长在弹射起飞前约 15 min 开始按以下起飞前检查程序进行检查:

(1)风况,核实弹射起飞过程中预计可利用的风况(甲板风),并向舰桥汇报甲板风大小;

(2)横向稳态倾角,检查航母的横向稳态倾角,确保飞行甲板大致处于水平状态;

(3)喷气偏流板的冷却,确保冷却系统对所有使用中的喷气偏流板均有效。

在进行弹射起飞之前,起飞军官预先计算出舰载机起飞所需要的甲板滑跑距离,并与航空部门长核对。弹射军官对弹射器滑轨和附近的飞行甲板区域进行检查,确保无轮挡、牵引杆或其他设备遗留。同时,下列人员应进入弹射起飞战位:

(1)着舰指挥官(LSO);

(2)拦阻装置人员;

(3)综合起降电视(监视)系统操作员;

(4)菲涅尔透镜操作员;

(5)精密进场和着舰系统雷达操作员;

(6)可移动消防设备操作员。

3. 舰载机滑行就位

引导员应控制舰载机向弹射器滑梭或甲板弹射点滑行的速度和方向,以确保舰载机顺畅、平稳滑行就位。在滑行过程中,如果飞行员认为存在或即将发生危险情况时,要立即终止滑行。

当处于弹射器上的舰载机已经启动,并且发动机处于大功率状态时,引导另一架舰载机进入待弹射位置并进行定位的引导员要对下列情况进行观察和掌控:

(1)机翼处于折叠状态或座舱盖处于打开状态的舰载机,不得滑行、定位或拖曳至喷气偏流板后;

(2)舰载机滑行至喷气偏流板后,不得反复折叠/伸展机翼;

(3)对吸入高温排气特别敏感的舰载机进行定位时,必须注意将影响降至最低;

(4)在引导舰载机滑行的全过程中,引导员要注意控制好进入喷气偏流板后方待弹射区域的舰载机的进入角度,防止出现意外情况,特别是甲板风和前方舰载机尾气以及光滑的飞行甲板等对舰载机滑行产生的不利影响。

4. 舰载机弹射起飞

当舰载机接近弹射器时,引导员要确保舰载机处于起飞构型状态,并逐步升起喷气偏流板。当舰载机对接在弹射器上时,由中队飞机检查员对舰载机进行检查,确认飞机的姿态正确,弹射起飞准备完毕,然后中队飞机检查员向弹射器军官连续发出舰载机弹射准备完毕的信号。如出现异常情况,中队飞机检查员要立即向引导控制舰载机的引导员或弹射器军官发出"暂停"信号。

当从舰桥获得舰载机放飞许可指令后,航空部门长对舰载机进行最后的检查,确认相对风速在该舰载机弹射要求的规定范围内,即可进行弹射放飞。

三、弹射起飞准则

舰载机弹射起飞过程应满足以下安全起飞准则:

(一)舰载机的下沉量

舰载机弹射离舰速度比同量级的陆基飞机的离地速度小很多,离舰迎角也会小得多,再加上离舰的瞬间受地效消失等空气动力的影响,舰载机离舰升空后的航迹可能会出现一段下沉的过程。

为保证舰载机能够安全起飞,避免坠入海中,且不会对飞行员的心理造成较大影响,弹射起飞安全准则规定:以航母甲板平面为基准,飞机离舰后重心的下沉量不能超过 3.048 m。

(二)舰载机的迎角

由于纵向过载的存在,舰载机在离舰后的最大下沉点处,迎角也达到最大。为防止飞机迎角超过失速迎角,必须对舰载机离舰爬升段的迎角作出限制,具体要求为:最大下沉点处的迎角要小于最大升力系数的 0.9 倍所对应的迎角。

(三)舰载机的爬升率

达到最大下沉量的时候,舰载机应有一定的爬升率以保证能够迅速上升完成起飞。离舰后的爬升率要求为:舰载机在达到最大下沉点之后的 3 s 内,爬升率要达到 3.048 m/s;如果舰载机离舰后没有出现下沉,则该项准则可忽略。

(四)舰载机的侧向控制

受航母甲板横摇运动的影响,舰载机在离舰时会具有初始的滚转角和滚转角速度,飞机有潜在失控翻转的危险,因此应控制好舰载机的侧向运动,要求离舰后 3s 内滚转角应小于 5°。

四、弹射起飞控制

由于弹射器的冲程范围很短,舰载机加速滑跑的时间也很短,且在弹射冲程范围内飞行员承受的过载很大,这使飞行员无法在弹射滑行段和离舰后的初期调整飞机姿态。因此,舰载机弹射起飞之前一般要预先设置飞机的平尾(升降舵)和襟翼的偏转角度并锁定,以达到调整飞机离舰姿态、保证安全起飞的目的。在弹射起飞的过程中,飞行员不应操纵驾驶杆,舰载机应处于自动控制状态。所以,弹射起飞过程中飞机的姿态保持主要靠飞行控制律的设计。

(一)舵面预置

舰载机在起飞前预置合适的升降舵偏转角是为了帮助飞机建立起飞迎角,并且保证舰载机离舰后的最大下沉量不超过安全准则的要求。升降舵预置偏角使得舰载机在弹射滑跑的过程中具有一个抬头力矩,该力矩能调整舰载机在离开甲板时的姿态,建立起飞迎角,增大升力,从而减少舰载机轨迹的下沉趋势。所以,增大升降舵预置偏角,可以增大飞机离舰时的俯仰角和迎角,减小航迹下沉量。但要注意的是,过大的升降舵预置偏角会使升降舵在弹射冲程内承受的过载较大,且会导致飞机离舰上升段的迎角变化率过大,容易造成飞机失速。

舰载机离舰后,需要在预置升降舵偏角的基础上对舰载机离舰上升段进行飞行控制设计。飞行控制的核心就是通过控制飞机的舵面和推力调控飞机的姿态和轨迹。

(二)姿态控制

舰载机在离舰瞬间,会遇到因地效作用的突然消失而产生的过舰艉下沉问题,同时舰船运动也可能在舰载机离舰时对其在垂向速率上产生不良影响。另外,舰载机还可能在舰艉遇到各种气流的干扰,比如阵风或者风切变。这些都使得在离舰上升的关键阶段需要对舰载机采取一定的控制以保持其姿态。

姿态控制律可使舰载机在离舰后迅速建立并保持期望的迎角和俯仰角,在提供足够的升力的基础上,保证舰载机的迎角不超过最大容许值,完成爬升起飞的过程。由于在弹射起飞离舰上升段,影响舰载机运动的因素众多,因此可以考虑将鲁棒自适应、动态逆等现代控制方法运用于弹射起飞的控制及安全性设计中。

五、弹射器

(一)蒸汽弹射器

蒸汽弹射器是舰载机弹射起飞的核心动力装置,主要由蒸汽系统、弹射机系统、液压系统、润滑系统、张紧系统、复位与驱动系统和弹射控制系统等 7 个系统组成,涉及到蒸汽、液压、气动、电气、机械等众多学科分支。

蒸汽弹射器的运行过程可以分为 4 个阶段,如图 8 - 15 所示。

1. 预备弹射阶段

在预备弹射阶段,复位系统的抓车将滑车和活塞拖回初始位置,待弹射舰载机通过弹射器末端的前起落架自动固定系统与弹射器滑车相连,弹射牵引杆卡住滑车上的拖梭,牵制杆上的制动应力螺栓钩住甲板上的固定装置。张紧系统工作,张紧液压缸将抓车、滑车和活塞缓慢向前顶,使舰载机的前起落架与滑车绷紧,并触发机械装置使抓车和滑车解锁,同时偏流板升起,飞机发动机全功率运行。水刹装置启动,制动水缸充满水。排气阀关闭,弹射器操作员根据弹射飞机的实际重量设置相应的能量选择阀设定值。甲板工作人员清场,飞行员示意弹射器操作人员可以弹射。这一阶段如图 8 - 15(a)所示。

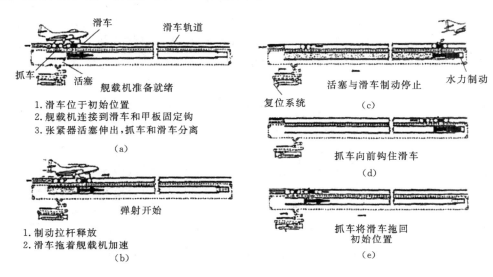

图 8 - 15 弹射器运行过程示意图

2. 弹射阶段

弹射器操作员按下弹射按钮,发射阀开启,高压蒸汽经发射阀进入活塞后部的汽缸空间。在蒸汽压力达到一定值之前,活塞由制动应力螺栓固定,其后部的蒸汽压力不断升高;当活塞后部的蒸汽压力超过一定值时,制动应力螺栓被拉断,高压蒸汽驱动活塞前进,经弹射杆带动飞机加速前进。这一阶段如图 8 - 15(b)所示。

3. 弹射完成阶段

当活塞前进到接近汽缸末端时,排气阀开启,释放汽缸内剩余蒸汽,活塞继续前进,直到活塞前部的制动刺杆刺入水刹装置的水槽中。刺杆将水槽内的水通过阻水环挤出,产生巨大的阻力,吸收活塞与滑车的剩余动能,最终使活塞与滑车停止。在这一阶段,当活塞速度低于飞机速度时,弹射杆自动与滑车分离,飞机离舰起飞,弹射完成。这一阶段如图 8 - 15(c)所示。

4. 弹射器复位阶段

弹射完成后,复位系统驱动抓车沿着滑车轨道前进,直到抓车上的机械装置钩住并锁定滑车。随后复位系统驱动抓车将拖梭与活塞拖回初始位置,完成复位,等待下一次弹射。这一阶段如图 8 – 15(d)、(e)所示。

(二)电磁弹射器

蒸汽弹射技术虽比较成熟,应用范围也比较广泛,但存在弹射器体积、重量较大,操作复杂,维护费用较高,工作过程中能量输出不均匀,弹射时飞机受到的应力较大等缺点。

2013 年,美国"福特"号航母首先装配了电磁弹射器,替代了存在诸多缺点的蒸汽弹射器,进一步提高了舰载机的弹射起飞能力。与蒸汽弹射器相比,电磁弹射器重量轻、体积小、弹射过载波动小,有助于延长舰载机的寿命,减少维修的人力和费用,且最大弹射功率显著提升,允许舰载机以更大的载荷重量起飞,增大了作战半径和武器挂载量,显著提升了战斗力。

1. 电磁弹射的基本原理

电磁弹射是利用电场—磁场作用原理产生的电磁推力使物体加速的。因电磁驱动力与电流的平方成正比,所以只要保证足够的电流输入,便能在弹射装置内产生足够大的推力,使物体达到很高的速度。以导轨式电磁弹射为例,其基本原理如图 8 – 16 所示。

开关 S 接通时,电源 G 通过导轨 A、电枢 D 和导轨 C 构成了电流回路;电流 I 产生磁场 B,它对在磁场中流动的电荷产生力 F。由于导轨固定于刚体上不能移动,而电枢是活动体,所以电枢会在力的作用下以速度 V 向右运动,这就是电磁弹射的基本原理。

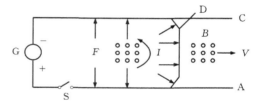

图 8 – 16　导轨式电磁弹射器原理图

2. 电磁弹射的基本结构

电磁弹射器一般由控制系统、电力调节系统、储能系统和驱动系统等组成,基本结构如图 8 – 17 所示。

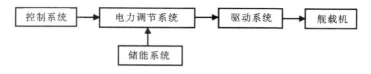

图 8 – 17　电磁弹射器基本结构图

(1)控制系统

根据弹射飞机所需要的末速度、弹射环境及发射质量,向电力调节系统发出相应的控制信号。

(2)电力调节系统

接收来自控制系统的信号,把外界提供的电能量转换成一定频率的电力脉冲电压,并提供给驱动系统。

（3）驱动系统

主要部件是弹射电动机，可采用目前较先进的直线式线性感应电动机，从电力调节系统输入的电能通过直线电动机可以安全、有效地驱动舰载机。

（4）储能系统

提供弹射所需的电能。

电磁弹射器的工作过程是：系统操作战位根据下达的指令输入相关的数据与参数，控制系统进行信息处理后向电力调节系统传递相应控制信号；电力调节系统把储能系统输入的电能转换成精确的脉冲电压和频率，并把该动力输入驱动系统的弹射电动机中，直线电动机的次级便产生与弹射电动机等加速的运动并带动舰载机移动；通过一定距离的加速，使舰载机达到预期速度后，瞬间对电动机次级进行制动，而舰载机在惯性作用下继续向前运动。在电磁弹射器的牵引力和自身发动机推力的作用下，短时间内即可获得很大的动能，实现在航空母舰上的弹射起飞。

3. 电磁弹射器的优点

在实际应用中，电磁弹射器与蒸汽弹射器之间的性能比较如表 8 - 4 所示。

表 8 - 4　外军电磁弹射器与蒸汽弹射器的性能比较

性能	电磁弹射器	C - 13 系列蒸汽弹射器	电磁弹射器与 C - 13 系列蒸汽弹射器比较
能量容量	122 MJ	95 MJ	能量更大
弹射飞机质量	200 kg～35 t	27.6 t	弹射质量更重
末速度范围	55～200 kn(28.3～102.8 m/s)	175 kn(90 m/s)	速度控制范围宽
末速度变化	0～3 kn(1.54/s)	＞5 kn(2.57/s)	末速度变化小
加速度峰均比	1.05	1.20	加速度波动小
系统功能	张紧、弹射、制动、复位	分别由专门系统完成	结构简单、功能齐全
系统质量	＜280 t	538 t	质量更轻
系统体积	＜425 m³	1135 m³	体积更小
效率	≥60%	6%	效率更高
准备时间	＜1 h	≥6 h	准备时间短

从表中可以看出，电磁弹射器相比蒸汽弹射器具有以下优势：

（1）可控性好

电磁弹射器的弹射适应能力很强，不仅能弹射重达 30 t 的重型飞机，也能弹射数百公斤的无人机，提高了航母的作战能力。同时，恒定的加速性能（加速度峰均比＜1.05）提高了弹射末速度的一致性（末速度变化 0～3 kn）。

（2）快速反应能力强

蒸汽弹射器对航母上的辅助系统（如液压、蒸汽、润滑等系统）的依赖性很大，而电磁弹射器从冷态到弹射准备完毕只需不到 1 h 的时间，快速反应能力强。

（3）可靠性高

电磁弹射器主要由固态电力、电子元件和金属结构件组成,固有可靠性高,加之结合了完善的冗余和容错设计技术,因此系统的可靠性大大优于蒸汽弹射器。

（4）效率高

一般的蒸汽弹射器的效率只有 6% 左右,绝大部分能量都被排出的大量蒸汽带走;而电磁弹射器的效率可达 60%,这意味着电磁弹射的能量利用率很高,降低了对舰上动力系统的需求。

（5）体积小、质量轻

美海军现役航母装配的 C-13 系列蒸汽弹射器的质量为 538 t,体积则超过 1100 m^3,而电磁弹射器的质量小于 280 t,体积小于 425 m^3。电磁弹射器的质量轻、体积小,有利于航母的总体布局且节省费用。

（6）使用维护费用低

与蒸汽弹射器相比,电磁弹射器结构简单,可靠性高,维修性好,操作使用自动化程度高,对人力资源的需求少,因而可大幅度降低全寿命周期的成本费用。

第四节　新型舰载机着舰技术

一、概述

（一）传统着舰控制的不足

人工着舰是舰载机着舰最基本的引导方式。在全天候着舰引导系统的四种工作模态中,除了模态 I 是全自动引导着舰外,其他模态最后都要进行光学引导下的人工着舰。另外,由于飞行员在心理上并不能完全信任自动着舰系统,因此在天气允许的情况下,飞行员一般会选择人工着舰方式。现有的人工着舰控制有几点不利:

1. 要同时操纵驾驶杆和油门杆,同时调整飞行姿态、航向和飞行速度,实现"对中、保角、恒速"下滑飞行,其间驾驶杆和油门的操纵相互耦合,着舰操纵难度很大;

2. 飞行员完成整个飞行过程的操纵负担、心理负担过大,最后的着舰尤其如此;

3. 着舰精度和可靠性不足,复飞率较高。

（二）先进的"魔毯"着舰技术

美国最新舰载机着舰辅助技术"魔毯",全称为航母舰载机精确进近与回收增强引导综合控制技术（Carrier Approach and Recovery Precision Enabling Technologies,MAGIC CARPET）,由美国海军航空系统司令部和海军研究署合作开发。其设计初衷是为了在增强安全性的同时优化航母舰载机的着舰流程,提高固定翼舰载机的飞行训练效率和着舰成功率。

在传统的舰载机着舰过程中,飞行员必须不断调整飞机的迎角和下滑道,使飞机的尾钩能够准确钩住甲板上的拦阻索。一次成功的着舰往往需要对姿态、速度等要素进行上百次的修正,使飞行员神经高度紧张,不堪重负。"魔毯"的目的就是简化下滑操控,减轻飞行员的工作强度。采用"魔毯"后,飞行员可以将迎角、下滑道和对准甲板中线等三项关键要素分离,而不必像之前那样,任一要素发生微细的变化,就会对其他两个要素产生重大影响。

"魔毯"技术借用相关参数的关联算法,通过对飞控系统进行调整来实现着舰优化,而不需要对航母进行任何调整。飞控系统将舰载机的俯仰、滚转、偏航等运动参数相关化,可更直接、更简化地对舰载机下滑航迹进行调整。飞行员不需要同时调整纵、侧向角运动和发动机推力,只需对操纵杆进行微小调整,即能实现下滑轨迹调整。当舰载机飞行高度低于理想下滑线时,仅需向后拉动驾驶杆就能恢复到既定下滑道,而不需要像现在这样对驾驶杆、油门等多项影响下滑轨迹的参数进行调整,因而可大幅降低飞行员的操纵难度。试飞验证表明,使用"魔毯"技术后,最后进近阶段飞行员对下滑轨迹的修正次数从数百次降至一二十次。

二、"魔毯"研究进展

2014 年 1 月,美国海军航空系统司令部(Naval Air Systems Command,NAVAIR)与 Boeing 公司签订合同,开始以 F/A – 18E/F 平台开展"魔毯"项目研究。NAVAIR 提出了 F/A – 18E/F 具体的改进方案和控制律设计要求,并且与 Boeing 公司共同完成了"魔毯"的软件开发和测试。

2015 年 4 月,VX – 23 中队开始在"乔治布什"号(CVN77)航母上进行试验,2016 年 7 月在"乔治华盛顿"号(CVN73)上完成了全部试验,并于当年秋季初投入应用。实验与使用表明,"魔毯"技术极大地简化了着舰最后 15～18 s 的飞行操纵,有效提高了着舰的安全性和成功率,飞行员只需要对操纵杆进行微调,就可实现着舰下滑和对中的控制,因此"魔毯"被试飞员评价为"游戏规则的改变者"。

三、"魔毯"关键技术

"魔毯"系统涉及了综合直接升力控制(Integrated Direct Lift Control,IDLC)、飞行轨迹角速率控制(Flight Path Rate Command)、飞行轨迹增量控制(Delta Flight Path Command)和改进的平视显示器(HUD)等关键技术。

1. 综合直接升力控制

综合直接升力控制是在直接升力控制(Direct Lift Control,DLC)基础上开展研究的。其创新点在于 IDLC 舍弃了以往的 DLC 指轮,而由飞控计算机生成指令,控制直接升力操纵面——后缘襟翼和同步偏转的两侧副翼。

2. 飞行轨迹角速率控制

该模态下,飞行员根据改进型菲涅耳透镜光学着舰系统(Improved Fresnel Lens Optical Landing System,IFLOLS)的光学引导以及惯导解算的轨迹角进行飞机轨迹角速率控制。先前的轨迹角保持模态(Flight Path Angle Hold,FPAH)是在常规姿态动力学的基础上实现的,而"魔毯"技术将 IDLC 与 FPAH 综合,进行飞行轨迹角速率控制,从而大幅提高了轨迹响应带宽。

3. 飞行轨迹增量控制

飞行轨迹增量控制模态,又称 DP 模态。这种模态下,当纵向杆偏离中心位置时,轨迹会进行相应地修正。当纵向杆处在中心位置时,飞行控制系统会根据 IFLOLS 光学下滑道和飞行员输入的航母速度计算出着舰的基准轨迹,并控制飞机沿此轨迹飞行。

4.改进的平视显示器

"魔毯"项目对 F/A－18E/F 的 HUD 进行了改进,使显示技术与控制技术有机结合成一个整体,从而充分发挥"魔毯"的着舰控制性能,改进的 HUD 设计如图 8－18 所示。"魔毯"的 HUD 设计需求如下:1)能为飞行员提供控制所需的信息,如控制参数误差、误差变化、模态接通状态等;2)让飞行员有情景感,以使飞行员更有效率、精确、可重复地运行下滑道和误差的纠正;3)具有直观的情景显示,且与控制模态相一致,可根据任务进行裁剪。

图 8－18　"魔毯"着舰的 HUD

四、"魔毯"系统的优势

F/A－18F"超级大黄蜂"舰载机在 CVN73 航母上的着舰试验表明,"魔毯"技术能极大地简化舰载机着舰最后 15～18s 的操纵,使飞行员的操纵次数显著减少,有效提升了舰载机着舰的安全性和成功率。这种新型着舰系统具有以下优势:

(1)降低着舰飞行操纵难度。此前,为了确保着舰飞行安全,除着舰信号官外,所有人员均不能通过无线电与飞行员通话,以免干扰其着舰操纵。但在"魔毯"试验期间,飞行员得到了极大解放,着舰期间能与舰员、工程师保持实时沟通。飞行员使用"魔毯"后,在最后着舰的 18 s 内,与此前动辄 200～300 次的操纵调整相比,飞行员首次使用时进行了 20 次调整,再次使用时仅进行了 10 次调整。当然,飞行员依然是飞行的主体,人为失误和不良天气依然会使着舰变得异常危险。"魔毯"只是调整了飞行员控制飞机的方式,使飞机的响应更快、更好,操纵更简单。

(2)提高着舰精度和成功率。"魔毯"通过计算机系统消除了航母与舰载机相对运动的不利影响,使舰载机着舰点相对固定,类似于在固定的着舰平台着舰,这能够极大地提高着舰精度。美国海军试验表明,未使用"魔毯"时,50％的着舰点位于第二和第三拦阻索之间,66％着舰点位于目标点 12 m 左右范围内;而使用"魔毯"后,66％的着舰点位于目标点 5.5 m 左右范围内,着舰更加精确,成功率更高。

(3)提升舰载机出动架次和航母作战能力。更高的着舰成功率意味着可以有效地减少舰载机逃逸复飞或着舰失败的概率,而失败的着舰意味着舰载机需要重新寻找新的着舰机会。一旦燃油不足,还需要进行空中加油,这将极大地延长舰载机起降时间,降低舰载机出动效率。在美国海军"魔毯"技术验证试验中,舰载机着舰 598 次,仅出现一次逃逸复飞,极大提升了舰载机着舰效率。因此,"魔毯"的使用将有效减少舰载机逃逸复飞或着舰失败的次数,大幅度降低舰载机着舰失败的风险,提升航母舰载机作战能力。

复习思考题

1. 思考舰载机着舰飞行控制与普通战机着陆飞行控制有何异同。
2. 理解并叙述精确着舰的意义和实现精确着舰的基本途径。
3. 针对影响舰载机精确着舰的主要因素,理解人工与自动着舰相结合、进行多模态着舰的必要性。
4. 对照自动着舰引导系统原理结构图叙述自动着舰的一般原理。
5. 理解实现精确着舰飞行控制所要解决的关键技术,并说明复飞决策的意义和方法。
6. 分别画出速度恒定和迎角恒定的进场动力补偿系统框图,并分析其工作机理。
7. 自学并简述舰载微波着舰雷达跟踪舰载机测距、测角的基本原理。
8. 理解并叙述弹射起飞不同阶段的特点。
9. 简述弹射起飞的安全准则,分析这些准则设置的原因。
10. 对比蒸汽弹射方式,说明电磁弹射方式的优势所在。
11. 简述"魔毯"着舰技术中飞行员修正下滑轨迹误差的方法及基本原理。
12. 思考舰载机弹射起飞舵面预置量的计算方法。

附录

主要符号对照表

A——截面面积

a——声速、加速度

B——磁场

b——平均气动弦长

b_A——展弦比

C——常数

c_s——捕获域

c_x——阻力系数

c_y——升力系数

c_z——侧力系数

CAS——修正空速

F——力

f——频率

G——重力

H, h——高度

I——转动惯量、电流、滚转通道的信号传动比

i——电流

K——增益、航向通道的信号传动比、继电器转换触点、开关

L——航程、水平距离、俯仰通道的信号传动比、翼展

l——位移

Ma——马赫数

M——力矩

m——飞机质量

n——过载

O——坐标原点

P——大气压强、推力、杆力

q——动压、俯仰角速度

R——气动力、电阻、地球半径

r——两飞行器间的相对距离

S——机翼面积

T——温度、时间常数

U——电压、控制信号

u——控制信号、水平速度

V——飞行速度、气流速度

V_r——两飞行器间的相对速度

V_θ——两飞行器间的相对角速度

W——外界干扰、飞机

w——垂直速度

x——纵轴、纵坐标

y——竖轴、竖坐标

z——横轴、横坐标、侧向偏离

X——阻力

Y——升力

Z——侧力

ρ——空气密度、油液密度

ψ——偏航角

θ——俯仰角

γ——倾斜角(滚转角)、轨迹角

α——迎角

β——侧滑角

Θ——航迹倾斜角

ψ_s——航迹偏转角

δ——操纵面偏转角

δ_p——油门杆偏转角

δ_x——副翼偏转角

δ_y——方向舵偏转角

δ_z——平尾(升降舵)偏转角

μ——空气粘性系数

ξ——阻尼比

λ——经度

φ——纬度

ω——角速度,频率

ϕ——相位

ω_x——滚转角速度

ω_y——偏航角速度

ω_z——俯仰角速度

$M_z^\alpha \alpha$——俯仰稳定力矩

$M_z^{\delta_z} \delta_z$——俯仰操纵力矩

$M_z^{\omega_z} \omega_z$——俯仰阻尼力矩

$M_y^\beta \beta$——偏航稳定力矩

$M_y^{\delta_y} \delta_y$——偏航操纵力矩

$M_y^{\omega_y} \omega_y$——偏航阻尼力矩

$M_y^{\omega_x} \omega_x$——偏航交叉力矩

$M_x^\beta \beta$——倾斜稳定力矩

$M_x^{\delta_x} \delta_x$——倾斜操纵力矩

$M_x^{\omega_x} \omega_x$——倾斜阻尼力矩

$M_x^{\omega_y} \omega_y$——倾斜交叉力矩

下标

"0"——基准飞行状态、飞行起始点、初始值

"a"——放大器

"b"——北向

"B"——边界

"C"——给定值

"d"——地面、东向、舵机、固有、等效

"e"——等效

"E"——发动机

"f"——反馈、阀门

"g"——地面、控制指令、驾驶杆、干扰

"j"——静态、铰链、机械

"q"——气流

"t"——机体、天向

"x"——沿 OX 轴方向、纵向

"y"——沿 OY 轴方向、法向

"z"——沿 OZ 轴方向、侧向

"gj"——估计

"ld"——雷达

"lj"——临界

"jb"——甲板

"jy"——机翼

"js"——机身、驾驶

"jf"——襟副翼

"pw"——平尾

"qj"——前缘襟翼

"ya"——鸭翼

"sp"——扰流片

"yl"——有利

"zon"——综合

"sr"——助力器

符号前置符

"△"——小扰动量、增量

参考文献

[1] 中华人民共和国航空航天工业部. 飞机飞行控制系统名词术语：HB6486—1991 [S]. 北京：中华人民共和国航空航天工业部，1991.

[2] 张明廉. 飞行控制系统 [M]. 北京：国防工业出版社，1984.

[3] 吴文海，耿昌茂. 直升机飞行控制系统 [M]. 北京：海潮出版社，2001.

[4] 柯林森. 飞行综合驾驶系统导论 [M]. 吴文海，程传金，译. 北京：航空工业出版社，2009.

[5] 吴文海，周思羽，刘锦涛，等. 现代战机攻击导引轨迹控制技术及其应用 [M]. 北京：国防工业出版社，2015.

[6] 周思羽，吴文海，孔繁峨，等. 基于随机决策准则的改进多级影像图机动决策方法 [J]. 北京理工大学学报，2013，33(3)：296 - 302.

[7] ZHOU S Y, WU W H, ZHOU S M, et al. A new situation assessment method for modern within-visual-range air combat [J]. Procedia Engineering，2012，29：339 - 343.

[8] 鲁道夫·布罗克豪斯. 飞行控制 [M]. 金长江，译. 北京：国防工业出版社，1999.

[9] 张怡哲. 火力/飞行/推进控制系统综合研究 [D]. 西安：西北工业大学，2001.

[10] 刘国刚. 综合飞行/推进控制关键技术研究 [D]. 南京：南京航空航天大学，2002.

[11] PAYNE P R. Helicopter dynamics and aerodynamics [M]. London：Sir Isaac Pitman and Sons，1959.

[12] 徐鑫福，冯亚昌. 飞机飞行操纵系统 [M]. 北京：北京航空航天大学出版社，1989.

[13] 张汝麟. 飞行控制与飞机发展 [J]. 北京航空航天大学学报，2003，29(12)：1077 - 1083.

[14] JACOBS S W, SKIRA C A. Vehicle management systems：the logical evolution of integration：AIAA - 1988 - 3175 [R]. AIAA，1988.

[15] CHAKRAVARTY A, BERWICK J W, GRIFFITH D M, et al. Fly-by-light flight control system technology development plan：NASA - CR-181953 [R]. NASA，1990.

[16] 王新华. 光传飞行控制系统实现技术研究 [D]. 南京：南京航空航天大学，2012.

[17] MCRUER D, GRAHAM D. Flight control century：triumphs of the systems approach [J]. Journal of Guidance Control and Dynamics，2004，27(2)：161 - 173.

[18] AHLSTROM K, TORIN J. Future architecture of flight control systems [J]. IEEE Aerospace and Electronic Systems，2002，17(12)：21 - 27.

[19] KNOX C E, MEYER D W. Integrated flight/fire/propulsion controls：AIAA - 1984 - 2493 [R]. AIAA，1984.

[20] CORRIGAN J, SHAW B, ONES J. Fly-by-light flight control system architectures

for tactical military aircraft [C] // SPIE Proceedings Volume 2467. Orlando：SPIE，1995：132 − 141.

[21] 杨一栋. 飞行综合控制 [M]. 北京：国防工业出版社，2015.

[22] 张源原. 智能座舱总体设计及其关键技术研究 [D]. 烟台：海军海空工程学院，2016.

[23] 吴文海，张源原，刘锦涛，等. 新一代智能座舱总体结构设计 [J]. 航空学报，2016，37(1)：290 − 299.

[24] 胡寿松. 自动控制原理 [M]. 北京：科学出版社，2013.

[25] 王小宛，张永顺，邢万红. 航线飞行工程学 [M]. 北京：北京航空航天大学出版社，2005.

[26] 王适存. 直升机空气动力学 [M]. 北京：航空工业出版社，1985.

[27] 文传源. 现代飞行控制 [M]. 北京：北京航空航天大学出版社，2004.

[28] 宋翔贵，张新国. 电传飞行控制系统 [M]. 北京：国防工业出版社，2003.

[29] 李昆，王少萍. 光传操纵系统的发展趋势 [J]. 北京航空航天大学学报，2003，29(12)：1068 − 1072.

[30] 《航空工业科技词典》编辑委员会. 航空工业科技词典：导航与飞控系统 [M]. 北京：国防工业出版社，1982.

[31] 张安，周志刚. 航空综合火力控制原理 [M]. 西安：西北工业大学出版社，1997.

[32] 吴森堂. 飞行控制系统 [M]. 北京航空航天大学出版社，2013.

[33] 吴文海. 针对机动目标的现代载机追踪/拦截导引律研究 [D]. 南京：南京航空航天大学，2004.

[34] 郭锁凤. 先进飞行控制系统 [M]. 北京：国防工业出版社，2003.

[35] DAVIES W D T, NOURY R. AN/SPN-42 automatic carrier landing system：AD74-35209 [R]. ASTIA，1974.

[36] URNES J M, HESS R K, MOOMAW R F. Development of the Navy H-dot automatic carrier landing system designed to give improved approach control in air turbulence：AIAA − 79 − 1772 [R]. AIAA，1979.

[37] HODGES L H, SCHON D A. An analysis of terminal flight path control in carrier landing：AD606040 [R]. ASTIA，1970.

[38] MOOK D J, SWANSON D A, ROEMER M J. Improved noise rejection in automatic carrier landing systems [J]. Journal of Guidance Control and Dynamics，1992，15(2)：509 − 519.

[39] 汪节. 舰载机着舰控制的关键技术研究 [D]. 烟台：海军航空大学，2018.

[40] 余勇. 精确着舰导引及复飞技术研究 [D]. 南京：南京航空航天大学，2003.

[41] DORR D W. Rotary wing aircraft terrain following/terrain avoidance system development：NASA − TM-88322 [R]. NASA，1985.

[42] MOLLOY N K. Impact to defence of lessons learnt using modern precision strike weapons：DSTO-GD-0360 [R]. DSTO，2003.

[43] 比施根斯. 飞行动力学 [M]. 安钢，译. 北京：国防工业出版社，2017.

［44］ 施继增，王永熙，郭恩友，等. 飞行操纵与增强系统［M］. 北京：国防工业出版社，2003.

［45］ LUCAS C B. Catapult criteria for a carrier-based airplane：AD702814［R］. ASTIA，1968.

［46］ 杨一栋，张宏军，姜义庆. 舰载机着舰引导技术译文集［M］. 北京：国防工业出版社，2003.

［47］ URNES J M，HESS R K. Development of the F/A - 18A automatic carrier landing system［J］. Journal of Guidance Control and Dynamics，1985，8(3)：289 - 295.

［48］ 张玉洁，杨一栋. 保持飞行迎角恒定的动力补偿系统性能分析［J］. 飞行力学，2006，24(4)：460 - 464.

［49］ 王俊彦，吴文海，贾临生. 舰载机复飞特性研究与仿真分析［J］. 飞机设计，2010，30(4)：21 - 25.

［50］ 吴文海，拜斌，范海震，等. 基于光电引导的全天候自动着舰模式研究［J］. 飞行力学，2013，31(2)：126 - 129.

［51］ 吴文海，汪节，高丽，等. 舰载机着舰指标体系构建［J］. 飞行力学，2017，35(5)：1 - 7.

［52］ 汪节，吴文海，张杨，等. 飞机反区时的操纵策略特性及物理机理研究［J］. 飞行力学，2017，35(5)：44 - 48.

［53］ 刘星宇，许东松，王立新. 舰载飞机弹射起飞的机舰参数适配特性［J］. 航空学报，2010，31(1)：102 - 108.

［54］ 王福金，姚智慧. 舰载机的电磁弹射器研究［J］. 哈尔滨理工大学学报，2009，13(6)：106 - 110.

［55］ 朱熠. 舰载机起飞控制与仿真技术研究［D］. 南京：南京航空航天大学，2012.

［56］ 朱熠，江驹，甄子洋，等. 舰载机弹射起飞上升段控制律研究［J］. 电光与控制，2012，19(2)：13 - 16.

［57］ 王俊彦，吴文海，高丽，等. 舰载机弹射起飞建模与控制［J］. 飞机设计，2010，30(2)：10 - 13.

［58］ 朱齐丹，张智，张雯. 航母舰载机安全起飞、着舰技术［M］. 哈尔滨：哈尔滨工业大学出版社，2016.

［59］ JAMES W，DENHAM J. Project MAGIC CARPET：advanced controls and displays for precision carrier landings：AIAA - 2016 - 1770［R］. AIAA，2016.